紫《むらさき》裾《すそ》濃《ご》威《おどし》鎧《よろい》

鞆と脇楯《わいだて》，弦走《つるばしり》の韋《かわ》(大鎧《おおよろい》の各部位の名称については41頁の図20参照)は後世の修補であるが，鎌倉時代半ばの典型とされる大鎧で，重要文化財に指定されている．鎌倉幕府将軍惟康《これやす》親王の奉納と伝えられる．「裾濃」とは上を淡く，下を濃くする配色のこと，「威」とは大鎧を構成する札板《さねいた》を上下につなぐこと，もしくはそのための紐(「威毛《おどしげ》」という)を指し，「紫裾濃威」とは威毛の意匠が紫のグラデーションで統一されていることを意味する．大鎧では防禦《ぼうぎょ》機能のみならず，こうしたデザイン性も重視された．

旗指《はたさし》と鑓持《やりもち》

名古屋市博物館所蔵の長篠《ながしの》合戦図屏風の一部．よく知られた成瀬《なるせ》家伝来の屏風と比べて，人物の描き方が穏やかで，より古い時代の制作と考えられる．五人の旗指と四人の鑓持が描かれているが，旗が風で倒されないように，旗指はみな旗の上部から垂らされた手綱《たづな》を左手に持っている．『雑兵物語《ぞうひょうものがたり》』に登場する旗指も「今日は風ががいにつよひに，手綱をかけてひっぱるべい」といっている．

大隊調練図

幕臣下曾根《しもそね》金三郎(信敦《のぶあつ》)と江川太郎左衛門(英龍《ひでたつ》)は，高島流《たかしまりゅう》の伝授をうけ，多くの大名・旗本を門弟とした．本図は，1857年(安政《あんせい》4)4月16日，府下鼠山《ねずみやま》(現在の豊島区目白4･5丁目付近)で行なわれた調練の様子であり，下曾根門下と思われる．銃隊は，剣付の雷管《らいかん》ゲベールで武装し，突盔頭巾《とっぱいずきん》に裁付袴《たっつけばかま》，腰には脇差《わきざし》や弾薬入れがみえる．総人数は2796人．背中の紋がバラバラなのはそれぞれ主家が異なるためである．

米空母ヨークタウンを雷撃する艦上攻撃機「天山《てんざん》」

太平洋戦争下の1944年(昭和19) 2月，日本海軍の根拠地・中部太平洋トラック諸島に，アメリカ海軍の機動部隊が空襲をかけてきた．写真は反撃のため，すさまじい対空砲火のなか，超低空で魚雷《ぎょらい》を抱いてひたすら突き進む日本海軍の艦上攻撃機「天山」．その姿は，破局へと向かう大日本帝国の運命と重なってみえる．この飛行機に乗っている三人の若者は，(おそらく)志願したとはいえ，国民の義務として戦場に向かった．かつての日本では，それが当然のこととされていた．彼らを“当然のように”戦場へ向かわせた力とは何か．またそれは，どのようにして作られていったのか．

日本軍事史

高橋典幸・山田邦明
保谷　徹・一ノ瀬俊也［著］

吉川弘文館

はじめに

本書は、日本の古代から現代までを取り扱った軍事史の概説である。

軍事とは、軍隊・軍備・戦争など、文字通り軍にかかわることをさす言葉であり、一般には敬遠されることの多いテーマかもしれない。しかし、ここ数年の事態を持ち出すまでもなく、戦争や軍隊の問題は現代に生きる私たち一人ひとりにとって、無関係でいられないものになっている。

戦後六〇年をへて、日本国憲法がうたった平和主義は、確実に私たちが共有する価値となったが、その一方で、戦争や軍隊を体験的に知る人々は少なくなり、興味を持つ人々も減っている。では戦争や軍隊がなくなったかというと、そういうわけではない。人々の警戒が緩んでくるとともに、気がつくと戦争や軍隊の問題はすぐ身近にあって、否応なく私たちを巻き込もうとしているように思われる。

武力によらない紛争解決をめざし、平和主義や戦争放棄の精神をどのように継承し発展させていくのか、このことがいま私たちに突きつけられている。このような時代にあって、戦争や軍隊の問題が、どのような経過をたどって現在にいたっているのか、私たちは今どのような地平に立っているのか、これを歴史の中に問うてみることも大切なのではないだろうか。

本書は、大まかには各時代の軍事に関する制度（軍制）の変遷に意識して取りまとめた。したがって、表題としては軍制史概説のほうが適当かもしれないが、ここでは狭い意味の制度史にとどまらず、幅広く軍隊と社会の関係を考える視点にたって叙述することにつとめている。戦争遂行のために動員された数々の社会的な仕組みにも目配りしたつもりである。

戦争は戦場のみのものではない。まして戦闘が行なわれる前線のみを見ていても戦争の全体はわからない。兵士はロボットではないから、たとえば腹も減るし、病気にもなる。死傷者も出る。もちろん物資の現地調達という方法もあったが、それも含めて兵糧《ひょうろう》や物資補給のための兵站《へいたん》という活動が必要になる。医師や職人も軍団に動員され、兵士や武器の面倒をみる。また、兵士自身がどこからどのように供給されるのか、武器や移動手段はどうかなど、戦争をささえる条件も時代によって大きく異なっている。あるいはまた、こうしたことを考えてくると、戦争は軍隊のみのものではないことにも気がつく。戦場の背後にあって戦争を成り立たせたさまざまな装置や仕組みが存在したのである。

本書では、そうした中でもとくに戦争をめぐるヒトとモノの動きに注目し、戦争遂行のためにヒトとモノの調達がどのように行なわれたのかをキーワードに各時代を通して考えようとした。したがって、戦争そのものの叙述は最低限必要な事柄にとどめ、戦争のあり方や戦争をささえたシステムについて具体的な事例をあげて記述することにつとめた。戦争や軍隊に関するちょっとした豆知識から、その時代の国家や社会制度の特質にまで、歴史のおもしろさを味わっていただければ幸いである。

古代から現代までのテーマを取り扱う場合、往々にして近現代の比重は大きくなるが、本書では、おおまかな日本史の時代区分に沿って、叙述の量を平均化した。これは時代ごとの特徴や雰囲気をつかんでいただくためのひとつの試みであり、古代から室町時代・戦国時代・近世（幕末維新）・近現代（戦後含む）を四人の研究者が分担して執筆した。各時代の叙述スタイルには少しずつ色合いの違いが見えるかもしれないが、これもそれぞれの時代の特徴と研究状況を反映しているものと了解していただきたい。また、現代の「軍隊」についてはさまざまな議論があるが、ここでは「軍隊」や「軍事」の実態としての側面から取り扱うにとどめた。

いずれにせよ、平和と民主主義の大切さを考える時に、その対極にあるものを敬遠し忌避するだけでは不十分である。繰り返しになるが、戦争や軍隊の問題を、歴史的な文脈の中でもう一度考えてみる事が今こそ大切であるように思われる。

もちろん一般の読書人を対象としているので、大上段に振りかぶることが本書の目的ではない。戦争や軍隊の問題を通じたヴィジュアルな歴史読み物として、是非楽しんで活用していただきたい。

二〇〇五年十二月

高橋典幸
山田邦明
保谷徹
一ノ瀬俊也

目　次

戦国時代

近世

近代

戦後

古代・中世

1 戦争の始まり　弥生時代から古墳時代

戦いの痕跡　戦争の起源をめぐってはさまざまな議論が行なわれているが、日本列島上で戦争の記録が明確に文献に見えるのは二世紀末のことである。中国三国時代の歴史書『三国志《さんごくし》』「魏志倭人伝《ぎしわじんでん》」によれば、倭国はもともと男性の王が治めていたが、二世紀末に国内が乱れ、何年も内部抗争を続けていたという。こうした戦いの末に擁立されたのが邪馬台国《やまたいこく》の卑弥呼《ひみこ》であった。文献で遡れるのは、とりあえずここまでである。

それ以前の状況については、発掘された遺物や遺跡などの考古資料から確認することができる。一般的に戦争や戦いが存在した証拠として、①武器、②防御施設、③殺傷された人の遺骸《いがい》、④武器が供えられた墓、⑤祭器化した武器、⑥戦争や戦いの様子を表現した芸術作品・モニュメント、の六点が挙げられている（国立歴史民俗博物館・一九九六）。このうち、①②③は戦争や戦いの存在を直接語る証拠である。①武器、②防御施設はあとでまた触れることとして、③殺傷された人の遺骸については、弥生時代の吉野ケ里遺跡《よしのがりいせき》（佐賀県神埼市・吉野ヶ里町）の甕棺墓《かめかんぼ》から発見された首のない人骨が印象的である。戦争で敗れて首を取られてしまった人の遺骸であろう。逆に首しかない人骨も見つかっているし、鏃《やじり》や剣が刺さった受傷人骨の発見も相次いでいる。これらは戦争の被害者の遺骸と考えられている。

吉野ケ里遺跡からは、青銅《せいどう》製の短剣などが副葬されている甕棺墓も見つかっている。他にも弥生時代の遺跡からは、青銅製の剣《つるぎ》や矛《ほこ》でも、異常に大きかったり、きわめて薄かったりして、とても実用品とは思えない物や、こうした武器をかたどった木製品などが見つかったりしているが、これらは実際の戦いの道具＝武器ではなく、祭りや儀式の道具、武器形祭器として利用されたものと考えられている。こうした武器形祭器は戦争が行なわれていた直接の証拠とはならないが、戦争が日常化してい

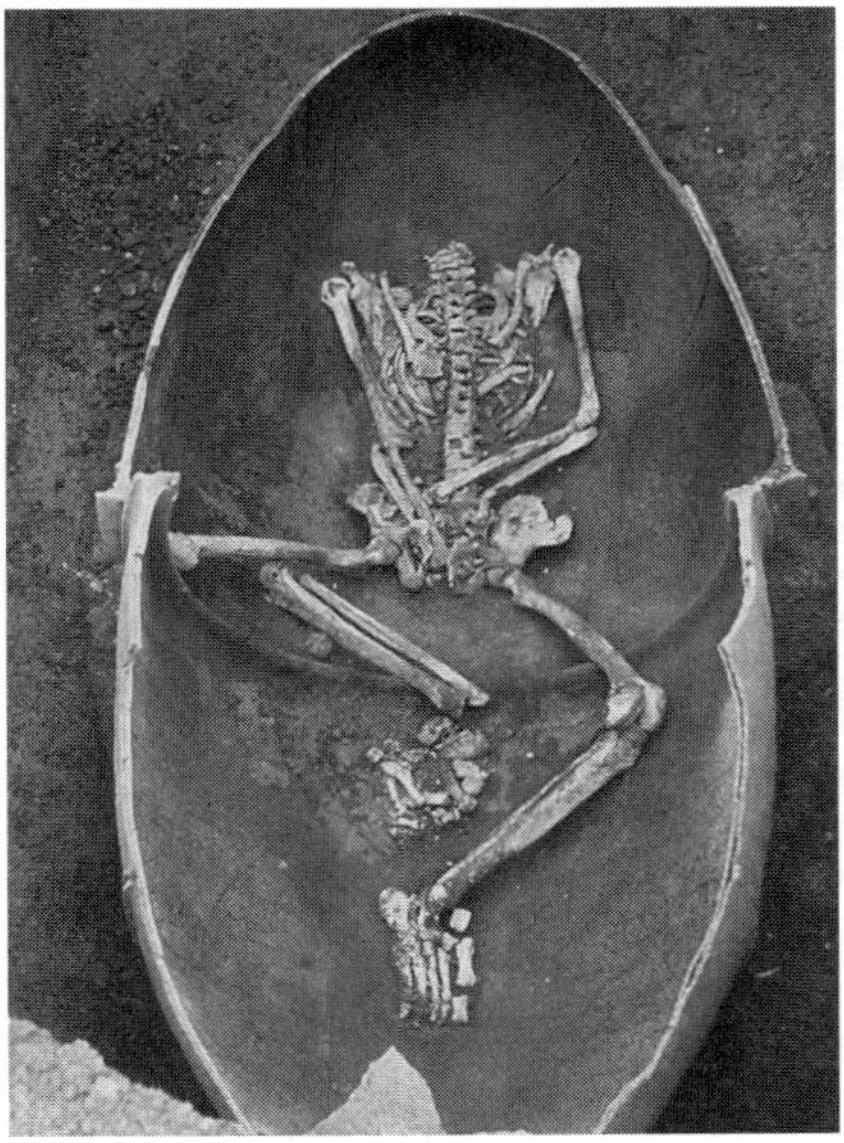

図１　首のない人骨（佐賀・吉野ヶ里遺跡）

図２　熊本・鍋田27号横穴墓外壁の浮き彫り
靫や弓，楯，鞆などの武器が墓を守護するように彫り込まれている．

集落をめぐる逆茂木や杭などのバリケードの跡（右）と復原模型（左）.

た様子を間接的に物語るものである。それは戦争や戦いの様子を表現した芸術作品・モニュメントにも言えることで、戦争がなければこうしたものが作られるはずもないし、武器が死者の供養や祭りの道具に使われることもないのである。

このような考古学的な証拠を突き合わせてみると、日本列島で戦争が始まったのは、紀元前三世紀、すなわち弥生時代のはじめごろのことと考えられている。

稲作の開始と戦争　弥生時代の最大の特徴は、稲作が始まり、人々が集団で定住生活を営むようになったことであるが、そうした集落の中には、わざわざ稲作には不便な山の上に作られるもの（高地性集落）や、周りを壕や土塁《どるい》で囲むもの（環壕集落《かんごうしゅうらく》）が現れた。愛知県清須市の朝日《あさひ》遺跡はその代表的なもので、壕や土塁の他に、斜めに切った杭や枝付きの木をバリケード状に何重にもめぐらして防備を固めていた様子が発掘されている。日本の歴史上、環壕集落が現れるのは、

図3　愛知・朝日遺跡から出土した

他には十六世紀の戦国時代だけであるから、弥生時代も戦国時代に匹敵する戦争の時代であったことがうかがわれる（高地性集落は、十一世紀の東北北部から北海道南部でも出現することが知られている。五七頁参照）。

弥生時代には武器の発達もみられた。弥生時代以前から人々は狩猟《しゅりょう》の道具として弓矢を使っていたが、弥生時代になると、鏃が大きく重いものになる。それだけ殺傷力が増したわけだが、これは弓矢が単なる狩猟の道具から戦争のための武器に発達したことを示し

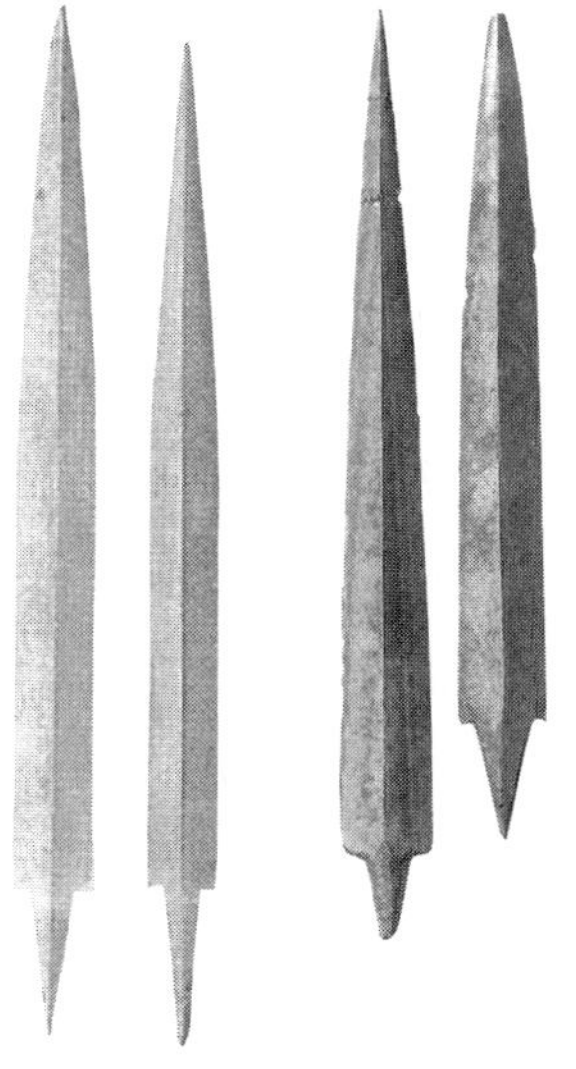

図4　柳葉状の磨製石器（右：福岡・伯玄社遺跡出土，左：韓国・松菊里遺跡出土）

ている（佐原真・二〇〇五）。また、弥生時代初めの九州北部では、柳の葉のように細い磨製石器製の鏃が使われていた。それまでの三角形の打製石器製の鏃に比べれば、これは顕著な変化である。この時期の九州北部では同じく磨製石器製の短剣が使われていたことも明らかになっているが、これら磨製石器製の鏃と短剣は当時の朝鮮半島で使われていた武器の組み合わせと一致している（松木武彦・二〇〇一）。

同じことは、先に紹介した環壕集落についてもあてはまる。実は、この時期、朝鮮半島でも環壕集落が展開していたのであるが、その形式や環壕内の竪穴《たてあな》住居の形態が弥生時代初期の九州北部の環壕集落（江辻《えつじ》遺跡〈福岡県粕屋町〉など）のそれときわめてよく似ていることが、最近の調査で明らかになりつつある。

このように、弥生時代に発達する武器や環壕集落は、技術的には朝鮮半島から、まず九州北部にもたらされたものだったのである。これは稲作の伝来と同じである。近年、すでに縄文時代から一部では農耕が行なわれていたことが指摘されているが、その特徴は、自然発生的なものではなく、当初から体系化された高い技術（高度な灌漑《かんがい》技術など）をもったものとしてスタートしていたことにある。朝鮮半島など大陸から、進んだ稲作技術を身につけた人々が日本列島にやって来て、その技術を伝えたためと考えられているが、こうした人々（渡来人）が、稲作の技術とともに、武器や環壕集落といった戦争の技術を日本列島にもたらすことになったのである。

実際、戦争が行なわれたことの直接の証拠である受傷人骨などは、稲作と同じく、まず九州北部で確認されている。比喩的な言い方をすれば、日本列島における戦争は、稲作とともに持ち込まれたものなのである。

農耕定住社会の成熟が戦争の起源となったことは世界史的にも認められることであるが、弥生時代の戦争も稲作に関わるものとして、生産活動に密着した戦いとして展開されたと考えられている。例えば、稲作を行なう近隣の集落同士が水田開発のための用水確保をめぐって戦ったり、不作をきっかけとした食糧難により富の奪いあいが行なわれたことなどが想定される。

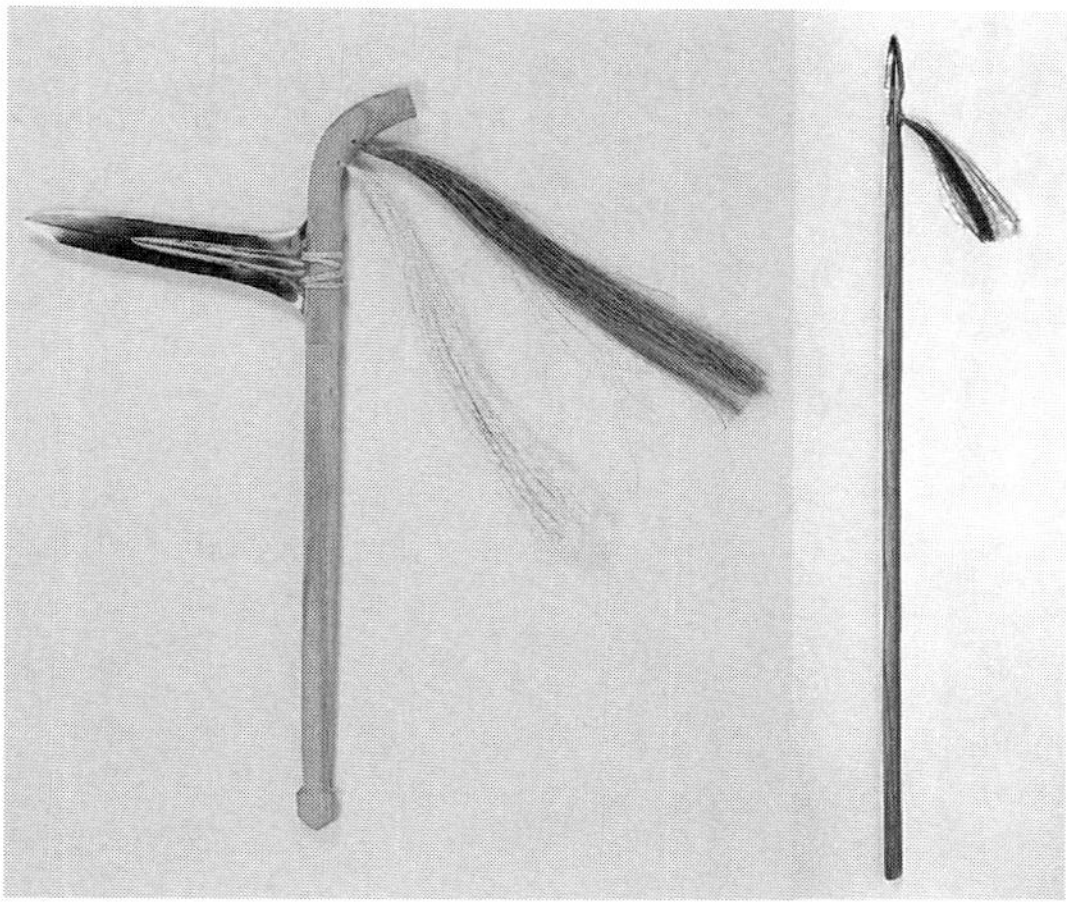

図5　矛（右）と戈（左）

実際の戦闘の様子は、残されている武器から考えて、弓で矢を射かけながら、剣などの打突具《だとつぐ》で決着をつける白兵戦《はくへいせん》・接近戦が行なわれていたようである。打突具については、紀元前三〜二世紀ごろになると、それまでの石剣に加えて、青銅製の剣や矛《ほこ》・戈《か》が朝鮮半島からもたらされた。矛も戈も長い柄に金属製の刃をつけた武器で、相手を突いたり、引っかけるようにして用いられ、剣と組み合わせて使うことにより戦闘動作にバリエーションが加えられるようになった。

ただ、矛や戈は中国や朝鮮半島では馬や戦車に乗った兵士が機動力を生かしながら、車上や馬上から打ち下ろしたり、突き出したりすることによってその威力を発揮する武器であったのに対して、この時期の日本列島には戦車はおろか、馬も伝えられてはいなかった。あくまで歩兵による接近戦が弥生時代の戦いの基本的なスタイルだったのである。また、青銅製の武器は次第に祭りのための武器、武器形祭器《さいき》として用いられるようになり、紀元前後に鉄製の武器が伝えられると、鉄剣が実用武器の中心的な地位を占めることになった（松木武彦・二〇〇一）。

倭国乱　弥生時代が進むにつれて、戦争の様子も変化してきた。すなわち、近隣の集落同士の争いから、より広い範囲で戦いが行なわれるようになっていったのである（橋口達也・一九九五）。その結果、集落の政治的統合が進み、それを束ねる有力者、王が登場する。戦いの範囲が広範になればなるほど、政治的統合の規模も拡大し、王の権威もますます高まっていく。日本列島における「クニ」という政治単位の成立である。中国の歴史書は、紀元前後における「クニ」の登場を証言している。すなわち、『漢書《かんじょ》』地理志《ちりし》には「楽浪海中《らくろうかいちゅう》に倭人あり、分かれて百余国と為《な》る。歳時《さいじ》を以て来《きた》り献見《けんけん》す」とあり、当時の倭人社会では一〇〇以上の「クニ」が分立していたことが知られる。

ここで注目したいのは、こうしたクニグニが定期的に中国の王朝に使節を派遣していることである。西暦五七年に倭《わ》の奴国《なのくに》の王が後漢王朝に朝貢して金印を授けられたり、一〇七年には「倭国王帥《すい》升《しょう》」を名乗る人物が同じく後漢に使者を派遣し、生口《せいこう》（奴隷か）を献上したりしている。

クニグニのこうした動きと関わる現象として、鉄刀という新しい武器が登場してくることに注目したい。紀元前後から、鉄剣など鉄製武器が武装の中心になりつつあったことはすでにふれたが、鉄刀は、片側に刃、反対側にみねを作り出すことによって「打つ」「斬る」ことを可能とした武器で、紀元前一世紀ごろに中国で実用化された、当時の東アジア最新の武器であった。日本列島では紀元後一世紀ごろから鉄刀が登場するようになるが、いずれも中国から輸入されたものである。しかも、出土点数が剣に比べて格段に少なく、クニグニの王と見られる人物の墳墓から中国製銅鏡《どうきょう》などとともに出土する事例が多いことから、これらの鉄刀は中国王朝に対する朝貢への見返り（回賜品《かいしひん》）としてもたらされたと考えられている。東大寺山古墳（奈良県天理市）から出土した鉄刀には「中平《ちゅうへい》」という後漢王朝の年号が刻まれていたし、のちにみる邪馬台国の卑弥呼も中国の魏からの回賜品として五尺の刀を与えられたことが知られている（国立歴史民俗博物館・一九九九、松木武彦・二〇〇一）。

成立期のクニグニにとって、中国の王朝との朝貢関係は不可欠なものであった。朝貢を通じてもた

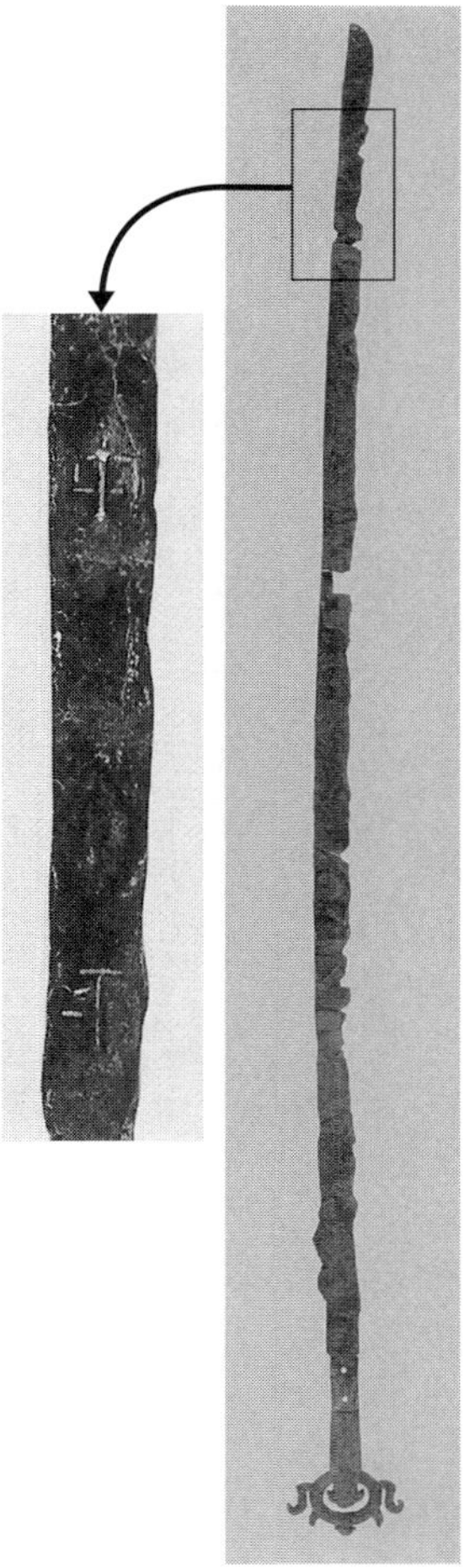

図6　奈良・東大寺山古墳出土の鉄剣と「中平」銘

らされる鉄刀をはじめとする中国のすぐれた文物や進んだ技術が、王の権威や権力を支える重要な手段となっていたのである。

そうした中で、二世紀末に勃発したのが「倭国乱」であった。本節冒頭でもふれたように、これは文献に記録された日本列島上における最古の戦争であったが、『三国志』「魏志倭人伝」によれば、それは倭国王の地位をめぐる三十余りのクニグニの争いであった。倭国王の地位は右にみた中国王朝と交渉する権限と密接不可分のものだったのであり、どこのクニ、どの王が中国王朝との交渉の主導権を握るかが争われたのであろう。紀元前後には各地に分立していたクニグニが、この段階では倭国という政治連合を作り上げるまでになっていたが、それがまだ不安定であったことが知られる。そして、この「倭国乱」をへて倭国王として擁立されたのが邪馬台国の女王卑弥呼であった。彼女は魏に朝貢し、「親魏倭王《しんぎわおう》」の称号と金印、そして数多くの銅鏡や鉄刀などを与えられてその権威を高め、対立する狗奴国《くなこく》との抗争に際しては魏に救援を求めるなど、中国王朝との関係を倭国支配に大いに利用していたことがうかがわれる。

卑弥呼の死後、再び倭国は乱れ、卑弥呼の「宗女」壱与が倭国王に立てられることによって鎮静化された。三世紀半ばのことである。このように「倭国乱」という抗争を経過することによって、日本列島内では政治的統合が進んでいったのであるが、これに関しては次の二つの現象が注目されている。一つは二世紀半ばを境に中国製銅鏡の出土状況が変化することで、それまでは九州に多く出土していたのに対し、近畿・瀬戸内海地方に多く出土するようになるという。これは中国王朝との交渉の主導権が九州から畿内・瀬戸内海の政治権力に移ったこと、すなわち倭国の盟主の地位が畿内・瀬戸内海の政治権力に握られるようになったことを示すと考えられている。もう一つは、これまで四世紀初頭と考えられてきた古墳時代の始まりを三世紀半ばにまで引き上げようとする研究が現われてきたことである（白石太一郎・二〇〇二）。古墳時代の始まり、すなわち前方後円墳《ぜんぽうこうえんふん》の出現は、畿内を中心とする政治連合「大和王権」の成立に直結する現象であるが、これを三世紀半ばに認めると、「倭国乱」後の卑弥呼や壱与の擁立、邪馬台国による覇権《はけん》の確立が大和王権の成立に結びつくことになる。この見解についてはいまだ異論もあり、今後議論を深めていかなければならないが、いずれにせよ二世紀末から三世紀半ばにいたる「倭国乱」が日本列島における国家形成に大きな役割を果たしたことは間違いないところである。

この「倭国乱」に関しては、畿内・瀬戸内を中心に九州から関東地方にかけて高地性集落が現れること、とくに鉄製の鏃が大型化していることなどが激しい戦乱の徴証《ちょうしょう》とされている（佐原真・二〇〇五）一方で、大規模な戦闘は想定できないとする見解も出されている。詳細は今後の研究にまつほかないが、「倭国乱」をへて成立した大和王権による全国支配の実態は、畿内の大和王権と地方の政治勢力（有力なクニグニ）との間の比較的緩やかな政治的連携にとどまったと考えられている。

朝鮮半島への軍事介入と武装の革新　四世紀には、倭国による朝鮮半島への軍事介入の記録が数多くみられる。それは朝鮮半島南部で産出される鉄資源を求めての戦いであった。紀元前後から、武装の中心は鉄製武器になりつつあったが、鉄製品は農具・工具としても重要であり、必要な鉄製品を確保することは重要な課題であった。しかし、日本においてはまだ製鉄が行なわれていなかったので、朝鮮半島南部の鉄資源に頼らざるをえなかったのである。ただ、この地域には、「国、鉄を出だす。韓・濊《わい》・倭、したがってこれを取る」(『三国志』「魏志東夷伝弁辰条」)とあるように、各地の勢力がその鉄資源を求めて入り込んでおり、これらの間で紛争が起こったのである。

倭国、さらには大和王権の朝鮮半島への軍事介入には、この当時の朝鮮半島の政治情勢もからんでいた。四世紀のはじめに楽浪郡《らくろうぐん》が滅亡し、中国の勢力が後退すると、朝鮮半島には高句麗《こうくり》・百済《くだら》・新羅《しらぎ》の三国が分立し、相互に抗争する三国時代を迎える。この抗争は、北の高句麗が南下政策を進めて南の百済・新羅を圧迫するのを基本的構図としたが、百済は倭(大和王権)と結ぶことにより、高句麗の圧力に対抗しようとした。三六九年には両国の軍事同盟が結ばれた。奈良県天理市の石上神宮に伝わる七支刀は、その際に同盟の証として百済王から贈られたものと言われている。

百済の援助要請を受けて、もしくはそれを口実として、大和王権の軍隊は本格的に朝鮮半島に乗り込んでいったが、こうした軍事「支援」に対しては相応の見返りが求められ、鉄資源の提供はもちろんのこと、鞍部《くらつくりべ》など「今来才伎《いまきのあやひと》」と呼ばれるさまざまな技術者がこの時期百済から来日している。こうした技術者の交流を通して朝鮮半島の軍事技術がもたらされたことも想定される。

もちろん、朝鮮半島の軍隊との交戦も、軍制、なかでも武装の革新をもたらした(松木武彦・二〇〇一)。まず、当時の朝鮮半島で用いられた鏃の影響を受けて、刃の後に角柱《かくちゅう》状の軸をつけた鋭い鉄鏃《てつぞく》が日本でも用いられるようになる。その後、軸の部分が伸びて重量の増した長頸《ちょうけい》式鉄鏃が登場し、日本と朝鮮双方で使われるようになるが、これは両者の交戦の中でその改良が進められた結果であろう。

鉄製の甲冑《かっちゅう》は四世紀ごろから現われ、五世紀以降その出土量が急増し、量産体制に入ったことがうかがわれる。当初は鉄板を綴《と》じ合わせて作られていたが、戦闘の継続とともに、革紐で綴じ合わせる形式から鉄板どうしを直接鋲《びょう》で留《と》める方法が開発され、防御性が高められた。

騎馬の風習がもたらされたのもこの時代、四世紀末から五世紀のことで、鞍《くら》や鐙《あぶみ》といった馬具《ばぐ》が出土するようになる。弥生時代以来、日本列島では歩兵による接近戦・白兵戦が基本的な戦闘スタイルであったが、朝鮮半島の騎馬隊と交戦することによって、その威力を思い知らされたのであろう。挂《けい》甲《こう》といわれる騎乗戦士用の軽量な甲冑も現われるようになる。ただ、いずれも出土例が少なく、高句麗の騎馬隊に匹敵するほどの戦力たりえたかは疑問も持たれている。

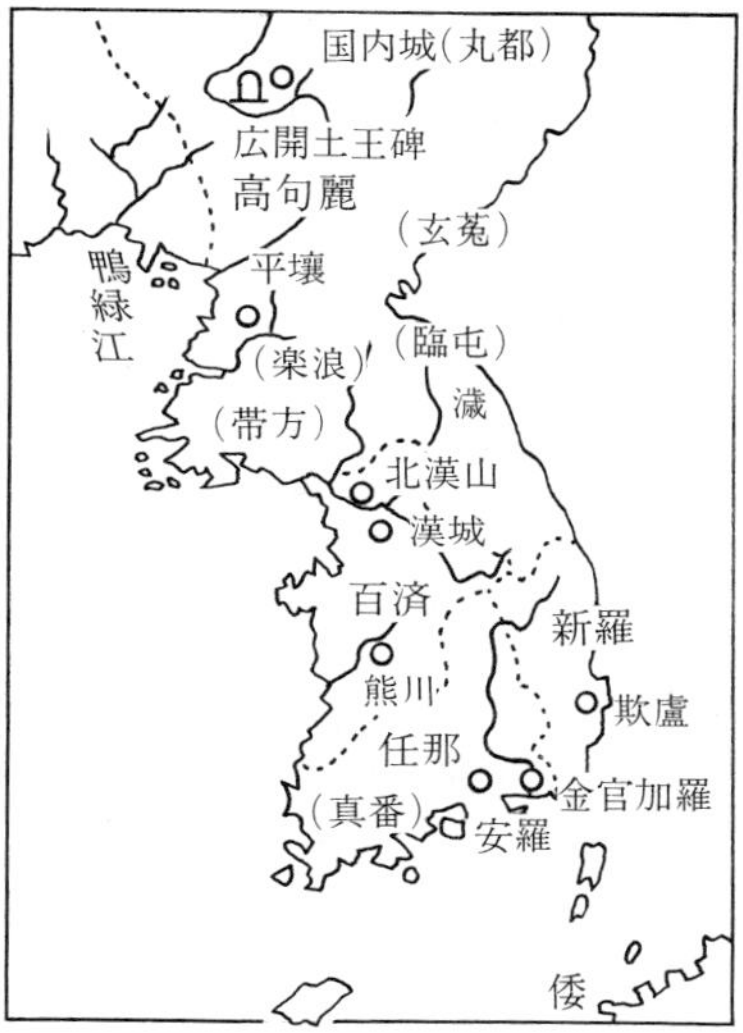

図7　四世紀末の朝鮮半島

この時期の武装革新が画期的なのは、その後の日本における武装の基本的スタイルが全て出揃っていることである。騎馬、騎乗用の鎧《よろい》、長頸式鉄鏃を装着した弓矢、そしてこの間に量産されるようになった大刀、これらは中世の武士

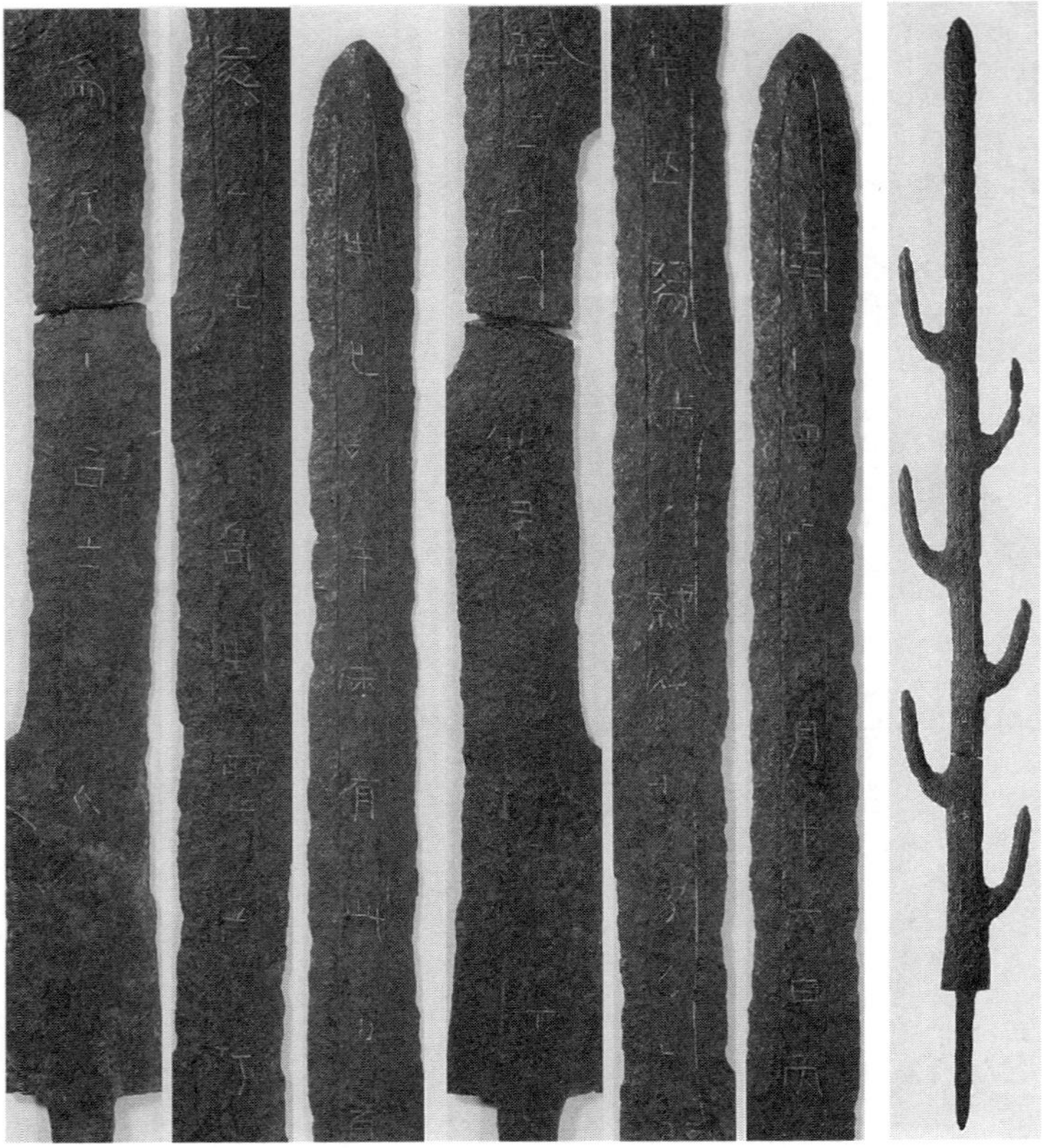

図8　奈良・石上神宮七支刀　銘文から，軍事同盟が結ばれた369年に作成され，百済王から倭王に送られたものとされる．

の装備と基本的に同じである。すなわち、朝鮮諸国との交戦によって中世に通じる武装スタイルが準備されたのである。

波の高い外洋を航行し大規模な軍隊を輸送するために、縄文時代以来の丸木舟《まるきぶね》の船底に別材で船首と船尾部、舷側板《げんそくばん》を取り付けた準構造船《じゅんこうぞうせん》が用いられた（石井謙治・一九八三）。その輸送力については、五五四年に朝鮮半島に派遣された軍隊が船四〇隻に軍士一〇〇〇人・馬一〇〇匹という規模であったこと（『日本書紀《にほんしょき》』欽明十五年正月丙申条）が一つの目安になろう。

こうした船の生産地として想定されているのが、船を描いた装飾古墳が濃密に分布する筑後川《ちくごがわ》上流域（八女《やめ》地方）と、在地の有力豪族紀氏《きし》がしばしば朝鮮遠征軍に顔を見せている紀伊地方である（岸俊男・一九六六、田中正日子・一九九五）。大和王権は紀氏や九州の豪族などの協力を取り付けながら、遠征軍を輸送する船団を組織していたのであろう。

豪族連合軍と白村江の敗戦　地方豪族の協力は、船の調達のみに関わるものではなかった。遠征軍そのものも国造《くにのみやつこ》や伴造《とものみやつこ》といった地方豪族によって組織されていた。彼らは、それぞれ自らの軍隊を率いて遠征軍に加わっていたのであり、実際の戦闘も個々の豪族軍を単位に行なわれていた。大和王権の遠征軍の実態は、各地の豪族軍の連合軍・混成軍だったのである。

こうした軍隊編制は、大和王権による全国支配の実態と関わりがある。先にもふれたように、大和王権は地方を強力に支配したのではなく、地方の豪族・政治勢力と緩やかな政治的連携を結ぶにとどまっていた。こうした政治形態が遠征軍の編制にも反映されていたのである。

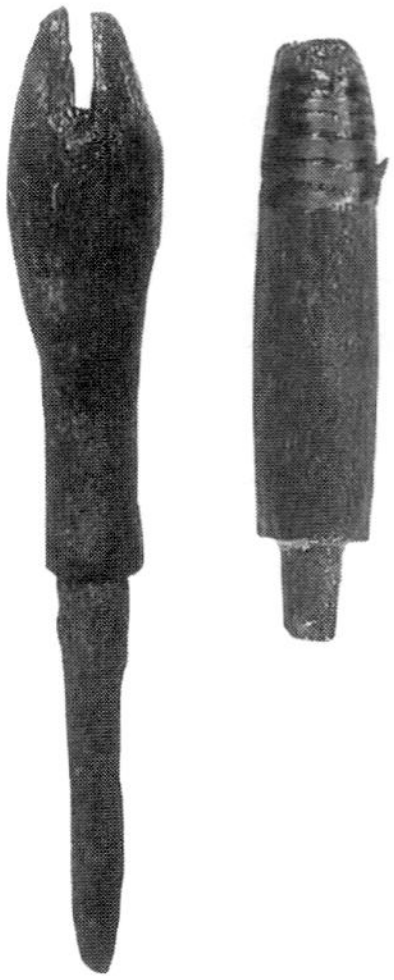

図9　長頸式鉄鏃
(右:長崎・芦辺町原の辻遺跡出土, 左:福岡・雀居遺跡出土)

図10　復原された古墳時代の挂甲

図11　船型埴輪（宮崎・西都原古墳群出土）古墳時代の大型船

大和王権の強力なイニシアチブにより豪族たちの協力を得られれば、大規模な連合軍を組織することができたが、個々の豪族軍の寄せ集めという性格によるデメリットも当然予想される。実際の戦闘に際して、指揮系統の統一も容易ではなかったであろうし、豪族軍ごとの軋轢《あつれき》も発生した。四八九年に新羅に派遣された遠征軍は、指揮権をめぐる豪族どうしの争いにより内部分裂し、撤退せざるをえなくなったことが知られている（『日本書紀』雄略紀九年三月・五月条）。また、豪族たちは常に大和王権に従って行動したわけではなく、中には独自に新羅や百済と結んで、その傭兵《ようへい》や属僚《ぞくりょう》として活躍する者も現われた。

五二七年に九州で発生した磐井《いわい》の乱は、こうした軍事編制の弱点を明らかにする事件であった。百済の要請を受けた大和王権は近江毛野臣《おうみのけぬおみ》率いる遠征軍を編制し、朝鮮半島へ向かわせた。途中、北九州の有力豪族筑紫君《つくしのきみ》磐井に遠征軍への協力が要請されたが、磐井はこれを拒否して遠征軍の渡海を妨害したのである。実は磐井は密かに新羅と結んでいて、遠征軍の渡海を妨害する見返りに賄賂《わいろ》を受け取っていたという（小田富士雄・一九九一）。

磐井の反乱は、新たに大和から派遣された物部大連麁鹿火《もののべのおおむらじあらかび》によって鎮圧された。乱後、磐井の勢力範囲に大和王権の直轄地（屯倉《みやけ》）が設置されるなど、これを機に大和王権による地方支配の強化が進められることになったが、軍事編制自体が大きく変わることはなかった。

そうした中で朝鮮半島をめぐる政治情勢が急展開していく。七世紀はじめに中国で強力な唐帝国が成立すると、新羅は唐と結んで、高句麗・百済を挟撃《きょうげき》する策に出る。最初に狙われたのが百済で、

図12　福岡・岩戸山古墳　磐井の墓と考えられている.

唐・新羅連合軍の攻撃により六六〇年に百済は滅亡する。

百済滅亡後も、その遺臣《いしん》たちは復興活動を続け、大和王権にも援助を要請する。これを受けて大和王権は、百済王から人質として預かっていた太子豊璋《ほうしょう》に護衛をつけて送還し、百済復興運動の旗頭《はたがしら》とするとともに、その後も二度にわたって遠征軍を派遣し、百済復興運動を支援し、唐・新羅との対決姿勢を明らかにした。この時、百済復興支援のために派遣された豪族は九州から陸《む》奥《つ》にまでおよんでいたことが知られている（森公章・一九九八）。大和王権はその軍事編制方法をフルに活用して、唐・新羅との決戦に臨もうとしたのである。

決戦が行なわれたのは六六三年八月、朝鮮半島南西部錦江河口の白村江《はくすきのえ》であった。二日間にわたって日本の水軍は唐・新羅連合軍に突撃攻撃を試みたが、いずれも失敗。四〇〇余隻の船は炎上し、海水は日本軍の死傷者で赤く染まったと伝えられるほどの惨敗であった。

白村江の敗戦がもつ意味は大きかった。敗戦の理由として、戦況判断の誤りという作戦上のミスも指摘されているが、根本的に

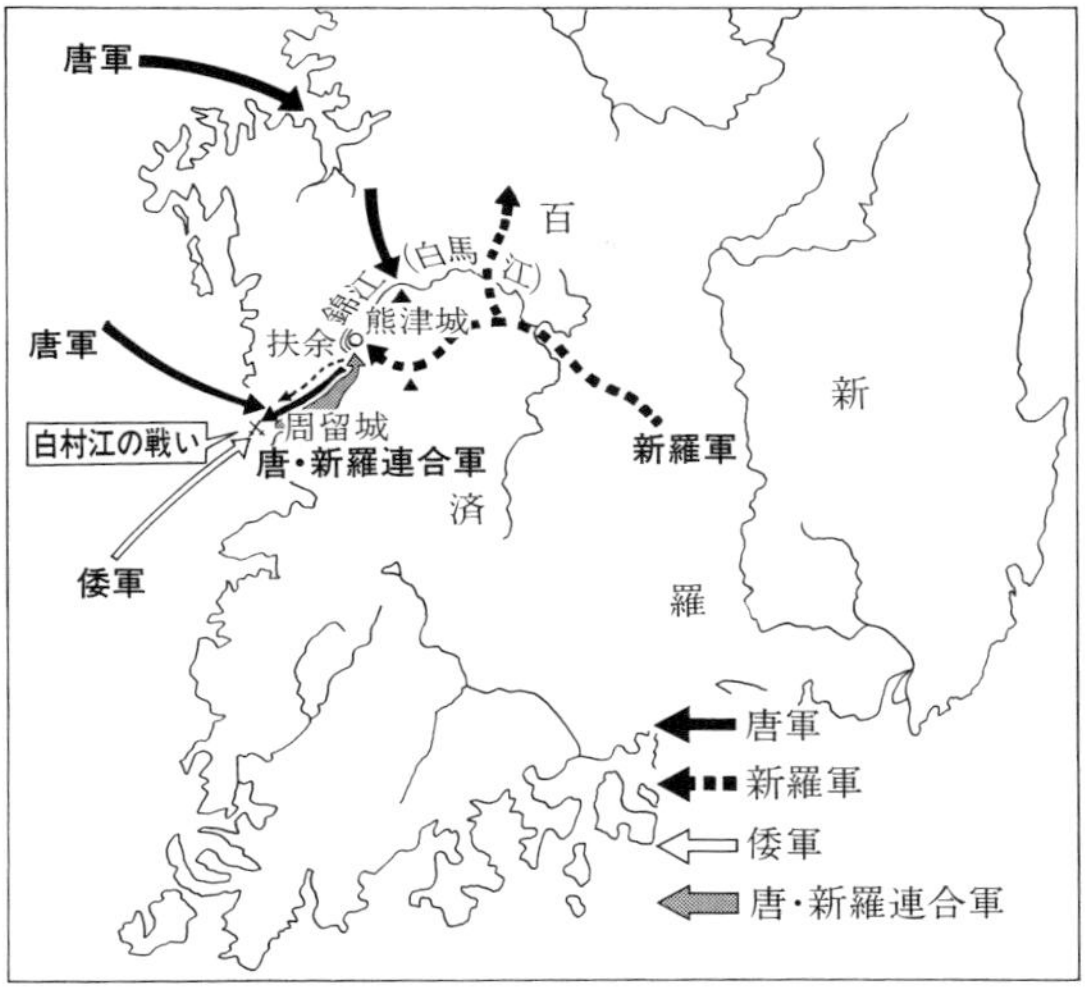

図13　白村江の戦い関係地図

は豪族連合軍という日本軍の編制形態に問題があった。相互の意思疎通《いしそつう》を欠いたまま、豪族軍が個別に突撃を繰り返し、各個撃破されていったというのが戦闘の真相であろう。豪族連合軍のもつ弱点・欠陥が大きく露呈されることになったのである。

ここで、それまでの豪族連合に代わる新たな軍事編制方法が模索されることになる。しかし、それは国制上の重大な変更をともなうものでもあった。すなわち、豪族連合軍という編制形態は当時の政治体制にもとづいた軍事組織だったのであって、それを変更するためには、政治体制そのものを変えていかざるをえなかったのである。こうして形成された新たな政治体制、それが律令制《りつりょうせい》であり、律令国家だったのである。

コラム　縄文・弥生研究の進展と戦争の起源

戦争の始まりを弥生時代に認めるのは大方の見解であるが、その前提には縄文時代を弥生時代に比べて経済的に後れた段階とする発想があった。すなわち、弥生時代は、稲作の開始により富の蓄積が可能になった社会であり、その富をめぐって戦争が発生したとするのに対し、縄文時代はいまだ狩猟や漁労、採集などを主たる生業とする獲得経済段階にあり、富の争奪戦は起こり得なかったとするのである。

戦争の有無は別として、このような縄文時代観・縄文社会観は近年の研究の進展により急速に改められつつある。とくに三内丸山《さんないまるやま》遺跡（青森県青森市）の発掘成果の与えた影響は大きい。縄文社会の多様な生業や稲作以前の農耕の存在、そして数多くの人間が定住生活を営んでいたことなどが明らかとなり、「経済的に後れた縄文時代」という認識を改めさせるのにじゅうぶんであった。

こうした縄文時代研究の進展は、縄文時代においても経済的に戦争が発生する要素がじゅうぶん備わっていたことを示しており、あらためて縄文時代における戦争の有無が問題になってくるところである。

戦争が行なわれていた手がかりの一つとして、本文でも述べたように、武器などで傷つけられた遺骸の有無がある。我が国の土壌は強酸性であるため人骨が残りにくいという制約はあるが、縄文時代の人骨の中には武器などが刺さっていたり、武器による受傷の痕が認められるものもあり、少なくとも人々の間で戦いがあったことは明らかである。だが出土人骨全体に占める受傷人骨の割合はごく低く、集団間の戦争が広範に認められるとは言いがたい状況にある（鈴木隆雄・一九九九）。

本文に述べたような武器の形状変化や集落における防御施設が弥生時代に現われることを勘案すると、やはり戦争の起源は、縄文時代ではなく弥生時代に認めるべきなのであろう。その場合、その要因は単に経済的なものではなく（経済的には縄文時代にも戦争が起こる要素はじゅうぶんあった）、稲作の伝来にともなうもの、例えば耕地や水系をめぐる争いとして考えるべきだろう。

ところで、その弥生時代の始まりについて、二〇〇三年五月、国立歴史民俗博物館は、従来の通説よりも五〇〇年遡るとする新説を発表した。ＡＭＳ炭素年代法という最新の年代測定法を用いて、弥生時代前期のものとされる土器に付着したススなどの炭化物を測定したところ、紀元前八世紀のものであることが判明し、弥生時代の始まりは紀元前十世紀ごろとする新説が提起されたのである（設楽博己・二〇〇四）。その結果、稲作の普及や縄文社会から弥生社会への移行が、従来考えられていたよりも緩やかなものとして考え直されるようになってきたが、あわせて従来の遺物や遺跡の年代観もより古く改められる傾向にある。これまで弥生時代における戦争の証拠とされてきた遺物や遺跡の年代観も改められることになり、戦争の起源についての見解も訂正される可能性が出てこよう。

弥生時代の始まりの新説については、弥生時代における鉄器普及の問題をどのように考えるかなどの異論もあり、今後も議論の展開が予想される。その中で戦争の発生がどのように説明されるようになるか、注意深く見守っていく必要があろう。

２　「東夷の小帝国」の軍隊　奈良時代から平安時代初期

軍国体制としての律令制　日本における律令《りつりょう》国家への歩みは、七世紀後半の天武《てんむ》・持統《じとう》朝にピッチを速めるが、それは軍事制度の改革と密接な関係を有していた。天武天皇自身、壬申《じんしん》の乱という古代最大の内乱を勝ち抜くことによって皇位を手にしたという経験の持ち主であったため、軍事に対する関心は高く、朝廷に仕える官人たちを前に「凡《およ》そ政《まつりごと》の要《ぬみ》は軍事《いくさのこと》なり」とその重要性を強調している（『日本書紀』天武十三年閏四月丙戌条）。その天武天皇は飛鳥浄御原令《あすかきよみはらりょう》を制定し、つづく持統天皇が七〇一年（大宝元）に大宝《たいほう》律令を完成させて、律令制が整えられるに至った。

律令制では、中央政府が全人民を把握し、かつ彼らの生活基盤を保障するのが建前となっていた。すなわち、定期的に戸籍を作成して全人民を把握し、彼らに対して、班田収授《はんでんしゅうじゅ》制により口分田《くぶんでん》という条里制《じょうりせい》にもとづいた水田が分け与えられることになっていたのである。戸籍上で人民は「戸《こ》」という集団を単位に編成されていたので、実際には口分田も戸に与えられていた。

こうした戸籍の作成、条里水田の整備、口分田の班給《はんきゅう》などには相当のスタッフとシステムが必要とされるが、それを支えたのが、二官八省《にかんはっしょう》や国郡制《こくぐんせい》などの中央・地方に張りめぐらされた官僚組織と官制体系であった。また、このスタッフとシステムを動かすための原資となったのが租庸調《そようちょう》をはじめとする律令税制であり、これら全体を効率的に運用させるためのルールが律令だったのである。このように見ると、律令制の眼目の一つは、戸を創出・編成し、維持することにあったと言えよう。

このように戸が重視されたのは、戸がさまざまな賦課《ふか》・課役《かやく》の対象となっており、国家を支える基盤とされていたからであるが、ここで注目したいのは、律令制では戸を単位に兵士が徴発《ちょうはつ》される仕組みになっていたことである。すなわち、一戸から兵士一人が徴集されることになっていたらしく、戸とはまさに兵士を出すための組織だったとも言えるのである。

戸から徴発された兵士は、各地に設置されていた軍団に配属され訓練を受けることになるが、軍団内部では兵士五人で「伍《ご》」というグループが作られて日常生活の基本単位とされ、さらに「伍」が一〇集まって、すなわち兵士五〇人で作戦活動の基本単位となる「隊《たい》」が形成されていた。実は地方の行政組織においても、「戸」が五つ集められて「保《ほ》」という隣保組織が形成され、さらに一〇保、すなわち五〇戸により「里《り》」が組織され、国郡制の末端に組み込まれていたのであるが、これは軍団組織とパラレルな関係になっており、軍団組織に合わせて行政組織も設計されていたことがわかる。

このように考えると、律令制とは、戸を整備し、それを基盤に軍団を編成するためのシステムであり、それにもとづく国家体制は一種の軍国体制と評価することができる（吉田孝・一九八三）。冒頭に引用した「凡そ政の要は軍事なり」という天武天皇の発言も、その個人的な考えではなく、国家を挙げての共通課題だったのである。

図14　軍団と戸の関係（吉田孝・一九八三より）

戸（一戸）	保（五戸）	里（五〇戸）	里長＝五〇戸長
↕	↕	↕	
兵士（一人）	伍（五人）	隊（五〇人）	隊正＝五〇長

上:「御笠団印」　下:「遠賀団印」

図15　軍団の印　軍団も律令制官僚機構の一部であり，印を用いた文書行政が行なわれた．「御笠団」「遠賀団」ともに筑前国に置かれた軍団．

軍団制　では、なぜ律令制は軍国体制となったのであろうか。何を念頭にした軍国体制であったのか、当時の軍事的課題とはいったい何だったのであろうか。これらの点について、律令制にもとづいて組織された軍隊である軍団を素材に検討してみたい。

軍団はおよそ二〜四郡ごとに設置された一〇〇〇人規模の軍隊である。戸から徴発された農民兵が軍団兵士の主体で、兵士五〇人で一隊を編制し、隊正《たいせい》がそれを統率した。隊正は、さらに旅帥《りょすい》や校尉《こうい》といった上級将校の指揮を受け、軍団全体は軍毅《ぐんき》によって指揮・統率されていた。こうした軍団の構成は全国共通である。

軍団は、まず所在国の国司《こくし》によって監督されていた。各国の行政官である国司は毎年、閲兵《えっぺい》形式で各軍団の兵器の数量や状態を調査・点検し、兵士の訓練度を検査するなどしていた。これらの調査にもとづいて、国司は「兵士歴名簿《れきみょうぼ》」や「国器仗帳」などを作成し、各軍団の兵員や装備の状況を中央の兵部省《ひょうぶしょう》に報告した。このように国司を通じて、中央政府は各地の軍団を掌握できる仕組みとなっており、太政官《だじょうかん》・兵部省—国司—軍団という中央集権的な指揮命令系統が確立していた。

ところで、軍団に配属された兵士は常に軍団内に拘束《こうそく》されていたわけではない。一〇〇人ごと、一〇日交代で軍団に勤務することになっており（それぞれ年間六〇日が軍団勤務となる）、それ以外の期間は戸で日常生活を営むこととされていた。一般人民を定期的に軍団に招集し、繰り返し訓練を受けさせることが軍団制の狙いなのであった。

律令の規定（軍防令備戎具条）によれば、兵士は「弓一張、弓弦袋《ゆんづるぶくろ》一口、副弦《そえつる》二条、征箭《そや》五十隻《しゃく》、胡簶《やなぐい》一具、大刀《たち》一口、刀子《かたな》一枚、砥《と》石一枚」などを自弁《じべん》するものとされており、軍団兵士の武装が弓矢や刀を中心とするものであったことがわかる。軍団ではこれらの武器を使った武芸の教習が行なわれたほか、「牟《む》」や「弩《ど》」の操作訓練も課されていた。「牟」は長柄の武器（ほこ）で、個人所有が禁じられていた。また「弩」は中国からもたらされた矢の発射装置（ボーガン。携行用の「手弩」と、大型の据え付け式の「床子弩」があった）で、中央政府の指示によって各地の軍団に配備されていた。弩の装備も個人では不可能で、律令国家による高度な技術管理によってはじめて配備可能となったハイテク兵器であった（櫛木謙周・一九八三）。

もう一つ、軍団兵士に課された重要な訓練は「陣法《じんぽう》」の教習であった。陣法とは、鼓《つづみ》や角（ラッパ）、旗などによって指揮官の命令（整列・進軍・突撃など）を兵士に伝達する方法のことで、これにもとづいて軍隊が動くことになっていた。律令国家は早くから陣法教習に熱心で、六八三年（天武十二）にはすでに諸国に陣法を習わせ（『日本書紀』同年十一月丁亥条）、各地に陣法博士を派遣しており（『日本書紀』持統七年十二月丙子条）、全国共通の陣法により軍団を統制しようとしていたことがわかる。また、兵部省の配下に鼓吹司《こすいし》を設置し、鼓や角を操作して命令伝達する鼓吹兵を中央で育成していたこと、命令伝達手段である大角《だいかく》・小角《しょうかく》・鼓・吹《ふえ》・幡旗《はた》の私有を禁止していたことなども、律令

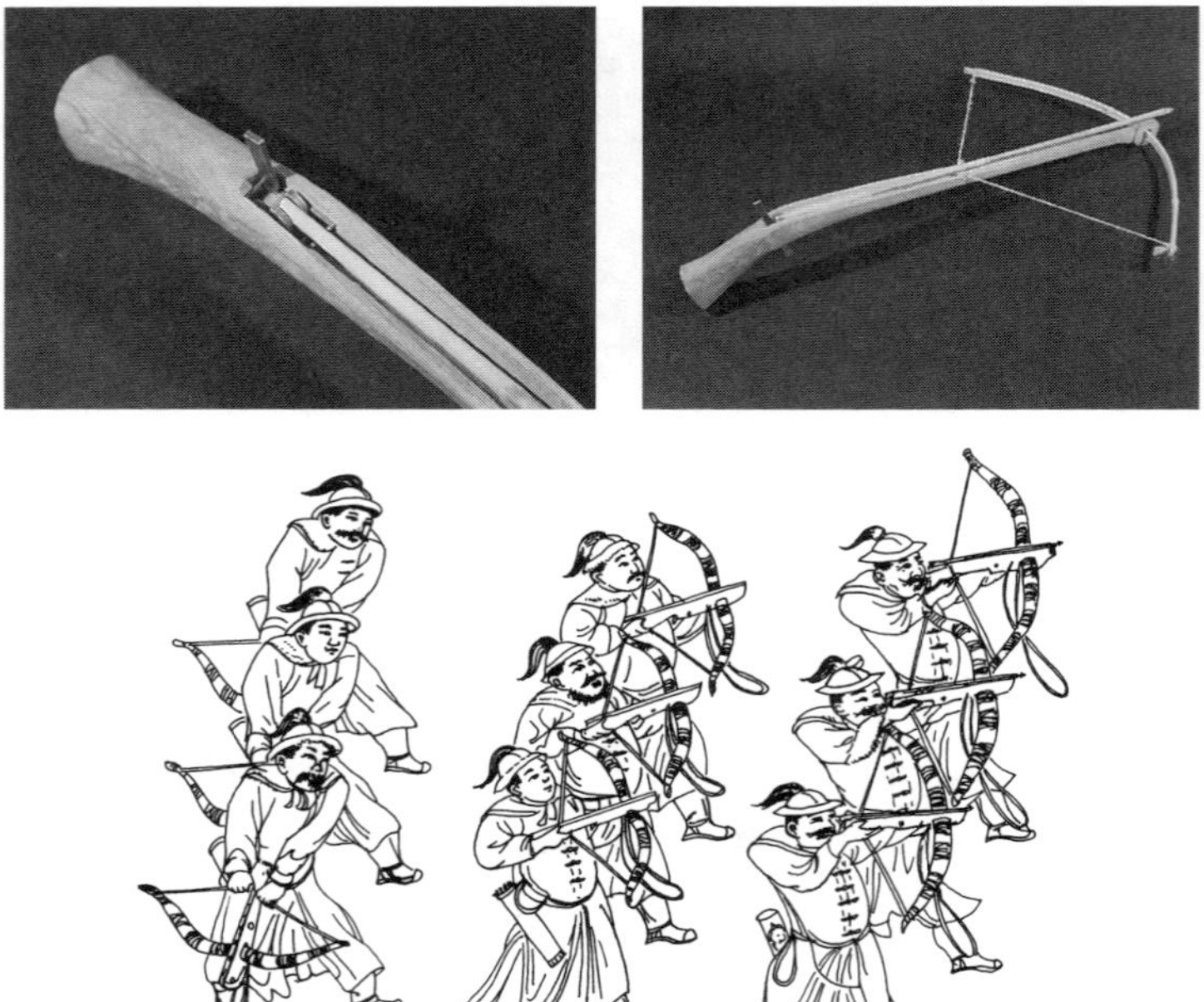

図16　島根・姫原西遺跡出土の弩型木製品から復原された手弩(上)．中国における手弩の使用例(中)．「床子弩」と呼ばれる大型の弩(下)．

国家が陣法を重視していたことを示している。全国共通の陣法教習は、同じ命令で同じ動きをすることができる統制のとれた軍隊づくりを目指すものだったのである（下向井龍彦・一九八七）。

このように、軍団は、その構成のみならず、統制という点でも全国均質で画一的な軍隊であった。それが中央集権的な指揮命令系統によってコントロールされるわけであるが、これが律令制以前の豪族連合軍の対極にあることは言うまでもない。雑多な構成で、個々の連絡を欠いたまま各個撃破されていった白村江の惨敗の経験が、軍団制を生み出したとも言えよう。

東夷の小帝国　もちろん、軍団制は日本の律令国家において独創されたものではなく、先行する中国の軍制、とくに唐の府兵制《ふへいせい》を手本にして設計されたものであることが指摘されている。ただまったくの模倣ではなく、日本の実情や独自の意図に従って制度を変更しているところも少なくなく、両者の相違点を見極めることによって、軍団制の特徴を浮かび上がらせることができる。

唐の府兵制で、日本の軍団に対応するのは各地に設置された折衝府《せっしょうふ》である。成年男子の徴兵および訓練を職務とする点は軍団と共通しているが、軍団が太政官—国司という行政組織の下に位置づけられているのに対し、折衝府は一般行政ラインから外れ、十二衛や六衛府といった皇帝警護や首都防衛を任務とする中央軍に直結しており、中央軍に兵士を供給する役割を担っていた。また、軍団が全国各地に置かれたのに対して、折衝府は長安《ちょうあん》や洛陽《らくよう》など首都周辺に集中していた。唐の府兵制は皇帝の警護や首都防衛を目的とした軍事制度だったのである。

軍団兵士の中にも、衛士《えじ》などとして中央軍である衛門府《えもんふ》や衛士府《えじふ》に派遣される者もあったが、その数は全軍団兵士の三分の一に過ぎず、首都防衛が軍団の主たる目的であったわけではない（中央軍である衛府の中心は、中央・地方豪族出身の兵衛や門部《かどべ》たちであった。笹山晴生・一九七五・八五）。むしろ軍団制の本質は全国規模での兵力動員を可能にすることにあり、それは外敵との交戦、国家レベルでの総力戦を想定したものだったのである（早川庄八・二〇〇〇）。

外敵として想定されていたのは唐や新羅であった。白村江の敗戦は唐や新羅による日本攻撃の危険性を増大させた。実際、白村江の戦いの直後、唐や新羅の使者が来日した際には朝廷に緊張が走っている。しかし、国際情勢の変化は、事態をやや違った方向に変化させていく。すなわち、唐と協力して朝鮮半島から日本の勢力を駆逐した新羅は、今度は唐の影響力を排除しようとしたため、むしろ唐・新羅間に緊張状況が生まれることになった。ここで、新羅は後方の脅威を取り除くため、日本接近策に転じ、日本に「調」を献上することを約束する。「調」の献上は服属の証《あかし》であるから、これは新羅が日本に服属することを意味している。

新羅のこの外交姿勢は、倭の五王の時代以来、朝鮮半島に対する覇権確立を目指してきた日本の支配層にとって好都合なことであった。そして、これは日本の律令国家の構想にとっても重要なことであった。すなわち、律令とともに中華思想《ちゅうかしそう》も継受した日本律令国家は、自らを中華帝国に位置づけ、周辺諸国を「蕃国《ばんこく》」として従属させる国際関係を構想しており、「調」を献上しようとする新羅の外交姿勢は、その外交構想に適合的なものだったのである（石母田正・一九七一、石上英一・一九八四）。この好機を捉え、新羅の服属を今後も強制しつづけるためには、強力な軍事力が必要であった。実際、隋《ずい》や唐は周辺国に軍隊を派遣して帝国秩序の維持を図っていた。軍団制とは、こうした日本型の中華帝国、「東夷《とうい》の小帝国」構想を維持するために創出された軍事制度だったのである。兵部省の配下に主船司《しゅせんし》が設置されていたことは、外敵の侵略だけではなく、積極的に外国に侵攻していくことも想定されていたことを示している（下向井龍彦・一九八七）。

次項でも述べるように、その後、唐との関係を改善させた新羅は、八世紀前半には日本との対等外交を要求するようになり、両国関係は次第に悪化していく。七三七年（天平九）には朝廷内部で「兵を起こして新羅を討て」とする意見も上がったほどである（『続日本紀《しょくにほんぎ》』同年二月丙寅条）。そして、新羅に派遣した使節が追却処分を受けたことに端を発して、七五九年（天平宝字《てんぴょうほうじ》三）には新羅征討計画が発表され、各国に兵員や武器、船の準備が命じられている（『続日本紀』同年九月壬午条など）。「東夷の小帝国」をめぐる国際関係を維持するために、軍団制は実際に機能しようとしていたのである。

なお、中華帝国構想は、「蕃国」の服属だけではなく、周辺の異民族「夷狄《いてき》」の服属によっても支えられていた。「東夷の小帝国」日本にとって「夷狄」として位置づけられていたのは、東北の蝦夷《えみし》と南九州の隼人《はやと》であった。彼らは中央政府の支配が十分にはおよんでいない人々だったのであるが、日本の律令国家は彼らを異民族と決めつけ、その服属を強要することによって、「東夷の小帝国」の荘厳《しょうごん》を図っていた。しかし、こうした「仮想異民族」の設定は南九州と東北を内国化できていないという日本律令国家が抱えていたジレンマの現われでもあった。

新羅関係と軍団制の消長

軍団制は、七〇一年（大宝元）に大宝律令が完成した前後には整備されていたと考えられているが、当初その武力は隼人と蝦夷に向けられた。七〇二年（大宝二）、七一三年（和銅《わどう》六）、七二〇年（養老《ようろう》四）と九州の軍団を動員して征隼人使が派遣されている。蝦夷の反乱に対しても、七〇九年（和銅二）、七二〇年（養老四）に坂東《ばんどう》諸国の兵士を主体とする鎮圧軍が派遣されている。その間の七一二年（和銅五）には出羽《でわ》国が、翌年には大隅《おおすみ》国が設置されていることから、これらの派兵が律令国家の版図《はんと》拡大志向にもとづくものであることは明らかであり、先に指摘したジレンマを解消しようとする動きであった。

ただ、早くも七一九年（養老三）には諸国軍団は大幅に縮小され、志摩《しま》国や若狭《わかさ》国、淡路《あわじ》国では軍団が廃止されている。その背景に、八世紀初めの積極的な軍事活動による疲弊《ひへい》を見る説、全国画一的な制度の弊害を是正し、各地の実情にあった制度変更を想定する説などが出されているが、この時期は新羅との関係が安定していたことも注目されている。

しかし、七三〇年代に入ると新羅の外交姿勢が変化してくる。七三四年（天平《てんぴょう》六）来日の新羅使は、勝手に国号を「王城国」に改めたとして追却され、七三六年（天平八）、今度は新羅が「常例を失い」日本の遣新羅使を受け付けなかった。いずれも対等な外交関係を求める新羅と、それを認めようとしない日本との外交姿勢の差に発するトラブルであり、そうした中で日本国内に新羅征討論が出てくるようになったことは前項で見たとおりである。さらに注目されるのは、七三二年（天平四）から三年間、東海・東山《とうさん》・山陽・西海《さいかい》の四地域に節度使《せつどし》が派遣されていることである。節度使とは、これらの地域の軍事業務を統括する広域軍政官であるが、新羅関係の緊張がその設置の理由とされている（北啓太・一九八四）。

しかし、うちつづく飢饉《ききん》と疫病《えきびょう》は軍団制の維持を困難なものとしたため、陸奥《むつ》・出羽《でわ》・越後《えちご》・越前《ぜん》・近江《おうみ》・伊賀《いが》・長門《ながと》・九州諸国をのぞいた諸国の軍団は七三九年（天平十一）に廃止されてしまう。

図17　多賀城碑（宮城・多賀城）神亀１年（724）12月１日の年紀をもち，多賀城の位置と大野東人により建設されたこと，天平宝字６年に鎮守将軍藤原朝獦によって修理されたことが刻まれている．

その直後に発生したのが大宰少弐藤原広嗣《ふじわらのひろつぐ》の反乱である。九州諸国の軍団や隼人などを率いた広嗣に対して、政府は軍団制廃止直後であるにもかかわらず、九州以外の地域から一万七〇〇〇人もの兵士を動員して、この乱を鎮圧してしまう。

軍団廃止後であるにもかかわらず、政府がこれだけの人数を集めることができた点に、日本の律令軍制の実態を読みとることができる。そもそも軍団を統率する軍毅《ぐんき》には在地の有力者である郡司《ぐんじ》が任用されることになっていたが、これはすべて中央政府からの派遣官によって構成されていた唐の折衝府との大きな違いである。おそらく、日本の軍団の場合、兵士の徴発からその管理および訓練に至る軍事業務は、郡司が握っている前代以来の在地支配権に依拠することによって初めて実現していたのであろう（松本政春・二〇〇二）。そのことは、東国の軍団から九州防衛に派遣された防人《さきもり》の構成に国造軍の名残が認められることからも窺える（岸俊男・一九六六）。すなわち、律令軍制は、郡司ら在地有力者の在地支配力によって支えられていたのであり、軍団の有無にかかわらず、郡司たちの支持を取りつけることができれば、一定数の兵員を確保することはできたのである。実際、広嗣の乱に際しては、多くの郡司が「精兵」や「騎兵」を率いて政府軍に参加したことが知られている。律令軍制のこうした実態は、九世紀以降の軍団制崩壊後の軍制を考える上でも注目される。

七四六年（天平十八）には軍団制もいちおう復活し、折からの新羅関係の緊張の中、七五九年（天平宝字三）には新羅征討計画が策定され、その準備が進められたことは前項でも触れたところである。この遠征計画は、安史《あんし》の乱（七五五〜六三）により動揺する唐の虚をついて進められた可能性があり、それなりに国際情勢を視野に入れた計画であったが、協同作戦を展開するはずだった渤海《ぼっかい》が計画から脱落し、さらに計画の中心にあった藤原仲麻呂《ふじわらのなかまろ》が失脚したために、立ち消えとなった。

一方で、軍団そのものも大規模な遠征に堪えうるものではなくなっていた。「一人が兵士にとられると、その戸は滅びてしまう」といわれるほど兵士役は過重なものだったようで、戸の疲弊は軍団兵士の質にもおよび、軍務に堪えられない「羸弱《おうじやく》」な存在が指摘されている（『続日本紀』宝亀《ほうき》十一年三月辛巳条）。また、八世紀後半には国司や軍毅が私的に軍団兵士を使役《しえき》していることもしばしば指摘されている。こうした状況では、とても訓練どころではなかったであろう。

転機は新羅との関係に訪れる。七七九年（宝亀十）来日の新羅使を最後に新羅との国交が断絶するのである。以後、日本政府は東アジアの中で孤立政策をとっていくことになる。唐末の混乱する東アジア情勢に巻き込まれることを避けたともみられるが、あれほどまで執拗《しつよう》に朝鮮諸国からの「調」を要求しつづけたそれまでの外交方針の大きな変更であったことは間違いない。新羅を「蕃国」として位置づける物的装置であった「調」の放棄は、「東夷の小帝国」構想の放棄でもあった。

征夷戦の終了と「東夷の小帝国」の解体　新羅との関係が政治・軍事上の課題から後退するのと入れ替わるように、八世紀後半の軍事問題として再浮上してきたのが蝦夷問題であった。九世紀初めにかけて「東北三十八年戦争」とも呼ばれる戦争状況が継続するのである。

そもそもの原因は律令国家の版図拡大志向にあった。八世紀半ばまでに大崎地方まで勢力圏を拡げていた律令国家は、北上川《きたかみがわ》を遡上《そじょう》してさらに胆沢《いさわ》地方まで勢力を拡大しようとしており、それが蝦夷社会の反発を招いたのである。七七四年（宝亀五）七月、海道の蝦夷が桃生《ものう》城《じょう》を攻撃したのが「三十八年戦争」の始まりであった。

蝦夷との戦争が本格化するのは、七八〇年（宝亀十一）三月に、陸奥国上治郡大領《たいりょう》の伊治呰麻呂《いじのあざまろ》が蜂起し、多賀城《たがじょう》を攻略してからで（伊治呰麻呂の乱）、以後、蝦夷との全面戦争に突入する。朝廷は、呰麻呂の蜂起直後からたびたび征討使《せいとうし》を任命し、坂東諸国を中心に兵員・兵器と軍糧《ぐんりょう》を準備させて東北に派遣したが、なかなか思うような成果を上げることができなかった。七八八年（延暦《えんりゃく》七）三月に征東大使に任命された紀古佐美《きのこさみ》は、陸奥・東海・東山から五万二〇〇〇の歩兵と騎兵を集めて蝦夷に臨み、先遣隊を胆沢に進入させることはできたが、蝦夷の族長阿弖流為《あてるい》の奇襲攻撃により衣川《ころもがわ》で先遣隊と本隊が分断され、孤立した先遣隊が巣伏村《すぶせ》の戦いで壊走するという惨敗を喫した。軍団兵士を中心とする軍隊では、騎馬に長《た》けた蝦夷の機動戦力には対応できなくなっていたのである。

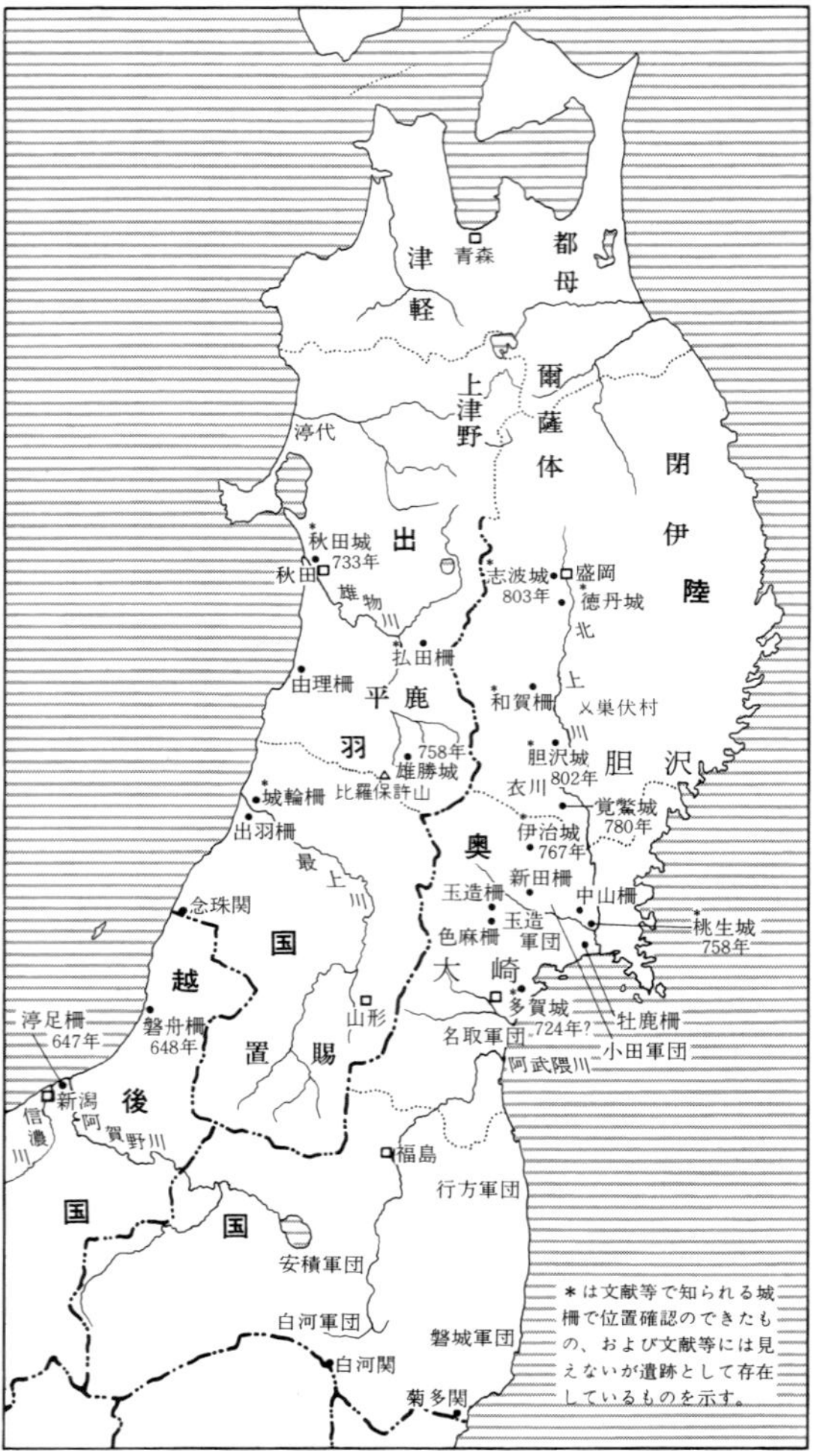

図18　東北関係地図

泥沼化しつつあった「三十八年戦争」を収束させることになったのは、七九一年（延暦十）七月に征夷大使に任命された大伴弟麻呂《おおとものおとまろ》の派遣、とくにその副使坂上田村麻呂《さかのうえのたむらまろ》の働きによるところが大きく、七九四年（延暦十三）十月には田村麻呂からの勝報が朝廷に届いた。この征討使にも一〇万の兵士が動員されていたが、実際は田村麻呂による蝦夷勢力の切り崩し、懐柔《かいじゅう》工作が功を奏したのであった。田村麻呂は八〇一年（延暦二十）にも征夷大将軍《せいいたいしょうぐん》に任命され、胆沢城、さらに志波城《しわじょう》を建設し、胆沢を完全に制圧するが、その際彼が率いた四万の軍士《ぐんし》の中には道嶋御楯《みちしまのおたて》など少なからぬ蝦夷の人々が含まれていた。「蝦夷をもって蝦夷を制す」というのが田村麻呂の戦略であり、軍団兵士により蝦夷を軍事的に制圧することは不可能となっていた。

しかし、朝廷はなお蝦夷征討を企画し、三たび田村麻呂を蝦夷に派遣しようとする。そこには版図拡大を越えた政権の意図が込められていた。すなわち、父光仁《こうにん》天皇の後を受けて即位した桓武《かんむ》天皇は、奈良時代までの天武系の王統に代わる、新たな天智《てんじ》系の王統の権威を高めるために、新都平安京《へいあんきょう》の造営とともに、征夷事業を展開したのである。戦争は王権を荘厳するパフォーマンスと化していたのである。しかし、この時の田村麻呂の派遣は、藤原緒嗣《ふじわらのおつぐ》の建議によって中止される。たび重なる造都と戦争に苦しむ社会はパフォーマンスとしての戦争の継続を許さなかったのである。

その後、嵯峨《さが》天皇が八一一年（弘仁《こうにん》二）に文屋綿麻呂《ふんやのわたまろ》を派遣して閉伊《へい》・爾薩体《にさて》方面を平定させたのを最後に、朝廷による征夷事業は終了する（ちなみにこの時の綿麻呂軍の主力も蝦夷や出羽の帰降蝦夷、俘囚《ふしゅう》たちであった）。注目されるのはその二年後、西海道諸国に兵士削減を命ずる太政官符《だじょうかんぷ》の中で

図19　天皇家関係系図

・数字は即位順
・‖は女帝

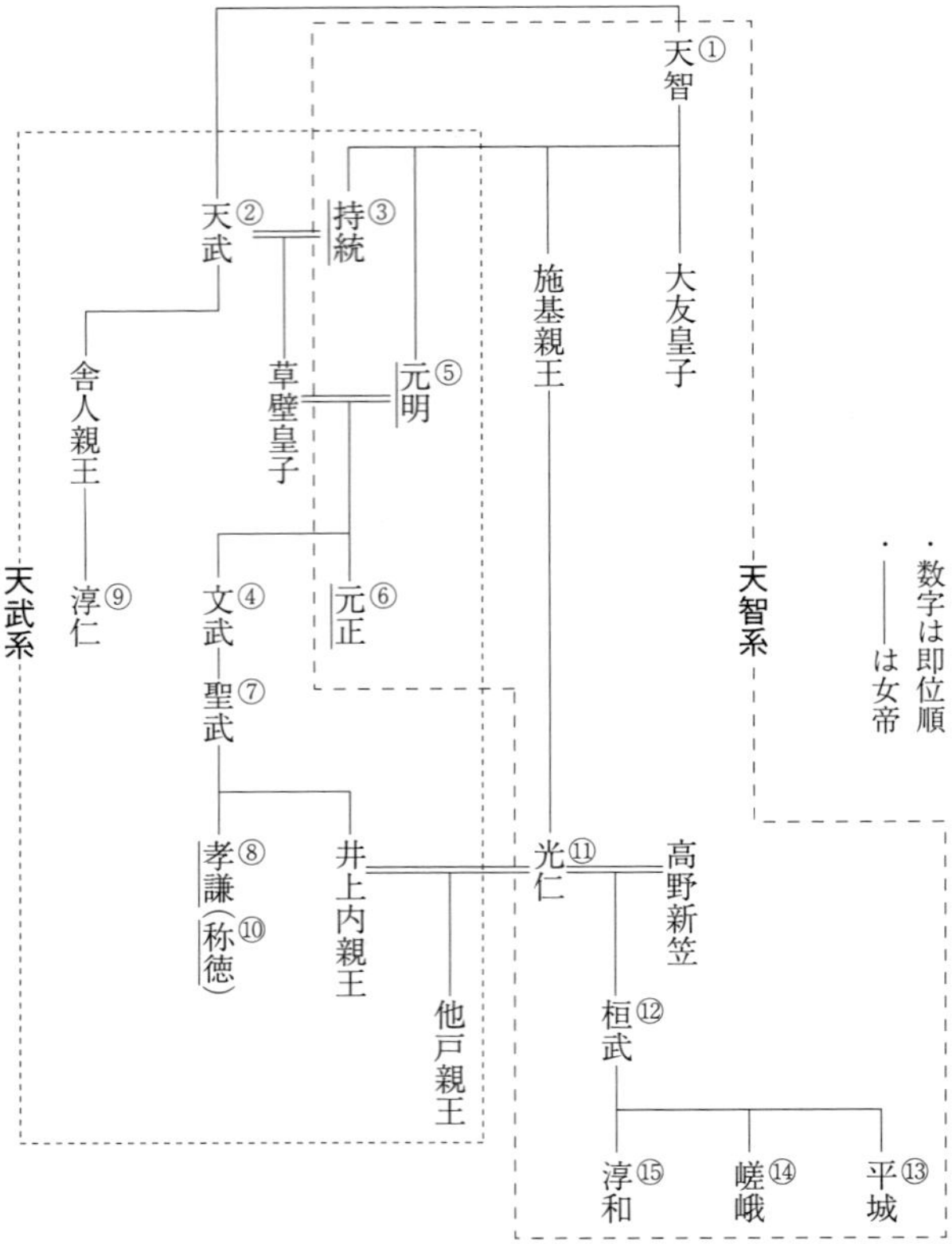

「中外無事」が宣言されていることである（『類聚三代格《るいじゅうさんだいきゃく》』巻十八・弘仁四年八月九日太政官符）。前項で見たように、新羅との政治的緊張関係はすでに消滅していた。東北地方も青森県より南はほぼ律令国家の版図に入った。また南九州でも九世紀に入って全面的な班田収授《はんでんしゅうじゅ》制が始まり、内国化が完了していた。まさに「中外無事」という状況が到来したのであった。

しかし、それは「蕃国《ばんこく》」や「夷狄《いてき》」の消滅をも意味しており、それらによって演出されていた「東夷の小帝国」の解体をもたらした。律令国家はみずから中華帝国構想を清算する道を選択したのであった（坂上康俊・二〇〇一）。同時に帝国構想を実現・維持するために設計された軍事組織も解体されていくことになる。征夷戦の最中であったにもかかわらず、七九二年（延暦《えんりゃく》十一）には陸奥・出羽《でわ》・西海道諸国をのぞく諸国の軍団が廃止された。西海道でも九世紀前半に軍団は廃止されている。

また、八〇八年（大同《だいどう》三）に主船司《しゅせんし》が廃止され、兵馬司《へいばし》が左右馬寮《めりょう》に統合されたのをはじめとして、兵部省《ひょうぶしょう》配下の官司が次々と統廃合されていく。官司の統廃合が大規模に進められたのは平安時代前期の特徴であるが、対外戦争を前提としていたこれらの官司は格好の整理対象となったのである。

3 「弓馬に便なる者」から武士へ　平安時代

騎兵の成長　軍団が廃止された後、諸国に置かれたのは健児《こんでい》であった。郡司《ぐんじ》の子弟から選ばれ、国府《こくふ》などの守備にあてられた。定員は国によって二〇人から二〇〇人とさまざまで、制度も国ごとに異なっており、画一の陣法《じんぽう》により統制された軍団兵士との違いは明らかである。健児は国家の常備軍ではなく、国レベルの守備兵にすぎなかった。

九州諸国でも八二六年（天長《てんちょう》三）には軍団兵士制が廃止され、代わって「富饒遊手之児《ふにょうゆうしゅのじ》」と呼ばれる有力農民層から選抜された選士《せんし》が大宰府《だざいふ》以下の警備にあてられた。また、陸奥《むつ》国でも東国から徴発された鎮兵《ちんぺい》が廃止され、国内の有位者が健士《けんし》として胆沢《いさわ》城などに配備された。これら健児や選士、健士はいずれも郡司や有力農民などを基盤としている点で共通しており、一般農民を徴兵対象としていた軍団制との違いはこの点でも明らかである。

さらに、いずれも騎兵精兵《きへいせいへい》主義が採られていたことが注目される。もちろん、この段階で初めて騎兵が登場したわけではなく、軍団でも「弓馬に便なる者」によって騎兵隊が組織されることになってはいた。実際、征夷戦などでは騎兵の活動も知られている。

しかし、歩兵に関する詳細な規定が存在する一方で、律令には騎兵に関する規定がほとんどない。

また、軍馬についても、いちおう牧の馬が軍団に送られることになっていた（厩牧令牧馬応堪条）が、その実態は明らかでなく、軍馬を兵士に供給して調練《ちようれん》するなど、軍団として恒常的に騎兵を育成・維持することはなかったと考えられている（橋本裕・一九九〇）。むしろ、民間の馬を公的な利用に調達することが一般的であった（山口英男・一九八六）ことからすると、おそらく、軍団における騎兵は、独自に馬を飼育しそれを乗りこなせる者たちの自弁によって組織されていたのであろう。馬を飼育するには相当の財力が必要とされるし、それを乗りこなし騎射《きしや》を行なうにもかなりの技量が求められるので、騎兵となりうる存在は限られてくる。すなわち、郡司や有力農民たちが、自己の馬と技量をもって軍団の騎兵隊を構成していたのである。中には、狩猟を生業とする山民集団も含まれていたであろう。

律令国家もこうした存在に早くから注目していたようである。国司には国内の兵士や装備を中央政府に報告することが義務づけられていたが、その中に「百姓器仗帳」「百姓牛馬帳」の作成・提出があった。国の武器庫に納められている武器ばかりでなく、民間の武装も国司によって調査されていたのであるが、そうした中で騎兵たりうる者も国司によって把握されていたに違いない。八世紀後半、軍団の弱体化が問題になってくると、こうした存在を積極的に活用する方策も採られるようになっていく。七八〇年（宝亀《ほうき》十一）、軍団兵士の定員が削減され、「羸弱《おうじやく》（弱々しい）」な者は農村に帰される一方で、「殷富《いんぷう》の百姓の才弓馬に堪えたる」、すなわち富裕で騎射の才能のある者に武芸を教習させる方針が示されている（『続日本紀《しよくにほんぎ》』同年三月辛巳条）。また、同じ年に大宰府管内・山陰道・北陸道諸国に下された武装警戒令によれば、外国からの侵攻があった場合は、軍団兵士ばかりでなく、現地の「百姓の弓馬に便なる者」も迎撃にあたるべきことが定められている（『類聚三代格《るいじゅうさんだいきゃく》』巻十八同年七月二十六日勅）。すでに八世紀後半の段階で、律令国家は、騎馬を自弁でき、かつ騎射にすぐれた有力農民層に武力として注目していたのである（松本政春・二〇〇二）。前節でもみたように、征夷戦の過程で蝦夷《えみし》の騎兵戦術に接したことも、騎馬精兵による機動戦力への関心を高めることになったのであろう。

このように、九世紀には軍事動員の中心は歩兵から騎兵、それも弓射騎兵《きゅうしゃきへい》へと大きく転換していくのであるが、「弓馬の士」と呼ばれる、のちの武士の登場も巨視的にはこの流れの上に位置づけられる現象であり、九世紀は軍制上の大きな転換点だったのである（戸田芳実・一九九一）。

この後、平安末期にかけて武装のあり方も弓射騎兵にふさわしいものに整備されていく（髙橋昌明・一九九九、近藤好和・二〇〇〇）。その代表が大鎧《おおよろい》である。大鎧の原型は古代の挂甲《けいこう》（両当式挂甲）と考えられており、札《さね》と呼ばれる革製もしくは鉄製の小片を綴《と》じ合わせることによって防御力を高めているが、腕まわりから胸部《きょうぶ》にかけては防備が薄くなっている。これは弓矢を操作する際の両腕の可動性を確保するためで、その防備の薄さを補うために胸部には栴檀板《せんだんのいた》・鳩尾板《きゅうびのいた》という防具がつけられていた。そのうち、右胸を覆う栴檀板も札により構成され、屈伸性《くっしんせい》にすぐれた作りとなっていたが、これも弓を引き絞る右腕の動きが考慮されたものである。また、両肩に付けられた大袖《おおそで》は、体をひねることにより自在に向きを変えることができる楯の役割を果たす防具であった。これにより手に

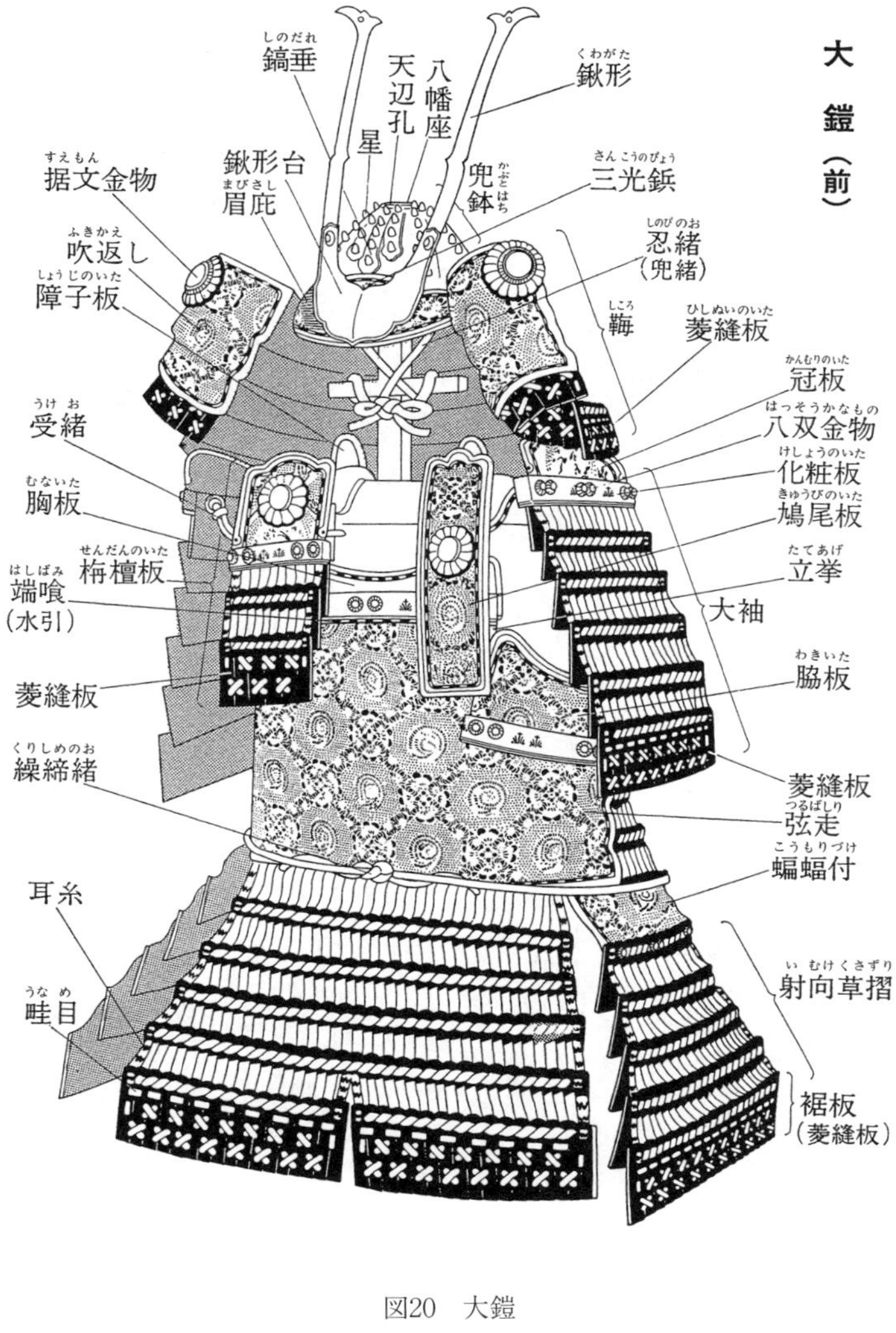
大鎧（前）
鎬垂《しのだれ》
天辺孔
八幡座
星
鍬形《くわがた》
鍬形台
据文《すえもん》金物
眉庇《まびさし》
兜鉢《かぶとはち》
三光鋲《さんこうのびょう》
吹返《ふきかえ》し
障子板《しょうじのいた》
忍緒《しのびのお》
（兜緒）
𩊱《しころ》
菱縫板《ひしぬいのいた》
冠板《かんむりのいた》
八双金物《はっそうかなもの》
化粧板《けしょうのいた》
鳩尾板《きゅうびのいた》
立挙《たてあげ》
大袖
脇板《わきいた》
菱縫板
弦走《つるばしり》
蝙蝠付《こうもりづけ》
射向草摺《いむけくさずり》
裾板
（菱縫板）
受緒《うけお》
胸板《むないた》
栴檀板《せんだんのいた》
端喰《はしばみ》
（水引）
菱縫板
繰締緒《くりしめのお》
耳糸
畦目《うなめ》

図20　大鎧

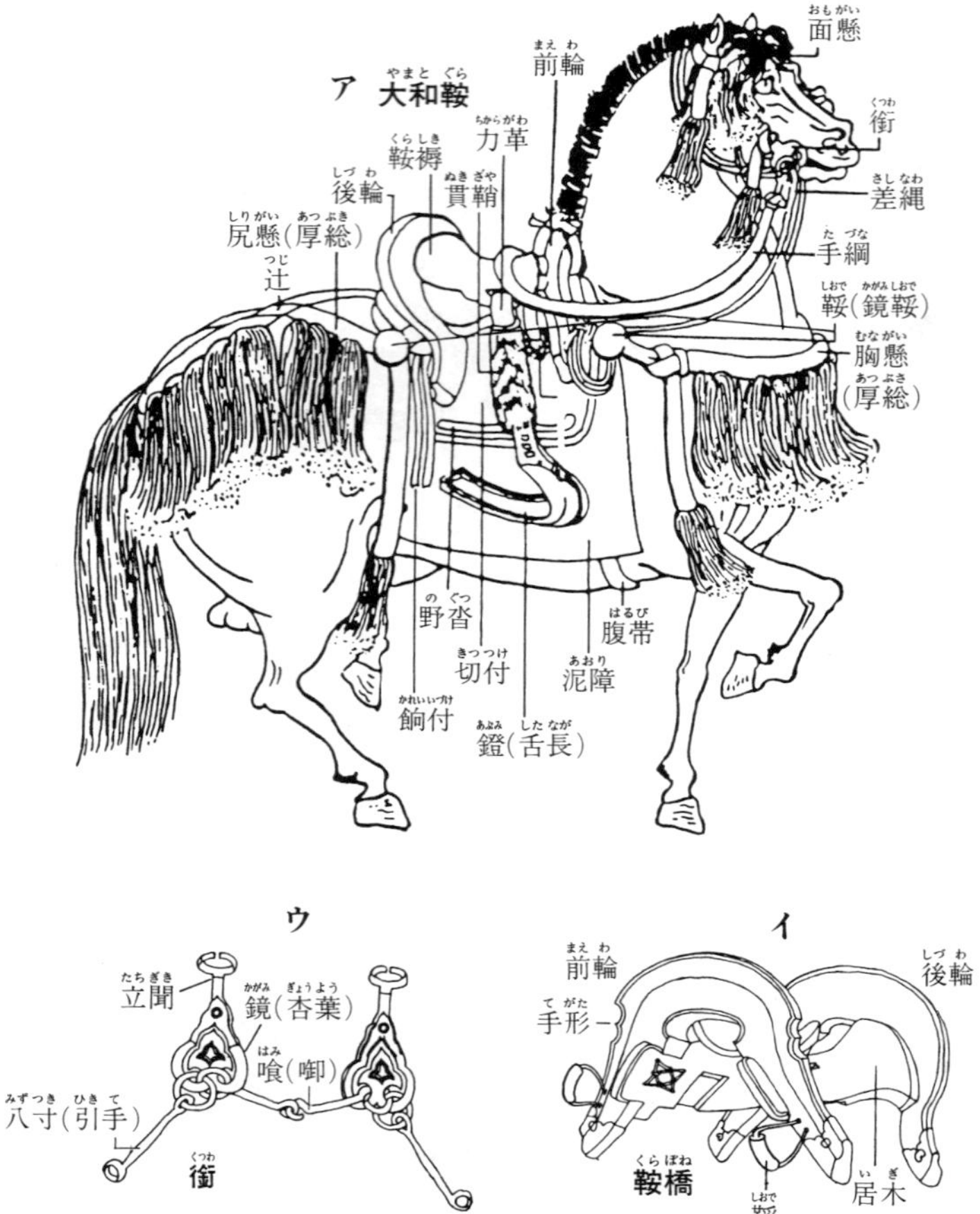

ア
大和鞍《やまとぐら》
面懸《おもがい》
前輪《まえわ》
銜《くつわ》
力革《ちからがわ》
鞍褥《くらしき》
後輪《しづわ》
貫鞘《ぬきざや》
差縄《さしなわ》
尻懸《しりがい》(厚総《あつぶき》)
辻《つじ》
手綱《たづな》
鞅《しおで》(鏡鞅《かがみしおで》)
胸懸《むながい》
(厚総《あつぶさ》)
野沓《のぐつ》
腹帯《はるび》
切付《きっつけ》
泥障《あおり》
餉付《かれいいづけ》
鐙《あぶみ》(舌長《したなが》)
ウ
立聞《たちぎき》
鏡《かがみ》(杏葉《ぎょうよう》)
喰《はみ》(啣)
八寸《みずつき》(引手《ひきて》)
銜《くつわ》
イ
前輪《まえわ》
後輪《しづわ》
手形《てがた》
鞍橋《くらぼね》
居木《いぎ》
鞅《しおで》

図21　馬具

楯を持つことが不要となり、両手で弓矢を操作することが可能となったのである。ただし、兜《かぶと》も含めた大鎧の重量は三〇キロにも及び、移動には不便であった。とくに下半身を保護する草摺《くさずり》は歩行の障害にさえなったが、これらも騎乗を前提とした構造になっていた。すなわち、馬に乗ることによって大鎧の重量は馬に転化され、草摺も騎馬の際には鞍《くら》にかけることによって箱型となり、下半身を保護する役目を果たしたのである。馬具《ばぐ》も、深めの鞍・スリッパ状の舌長鐙《したながあぶみ》が用いられるようになり、馬上で踏ん張って弓を射るのにふさわしい作りとなっていた。

弓も、平安末期には自然木の背面や側面に竹を張り合わせて弾力性を増した合弓《あわせゆみ》が開発され、殺傷力が高められた。軍記物《ぐんきもの》などでよく目にする「重籐弓《しげどう》」というのも、合弓を籐で巻き締めてさらに漆《うるし》で塗り固めたものである。ただ、日本の弓はいずれも二メートルを超える長弓《ちょうきゅう》であり、馬上での弓射行動は左前方から左後方の範囲に制約されていた。

平安末期までには、反りのついた太刀《たち》、いわゆる日本刀も登場し、大鎧・馬・弓矢と合わせて、中世武士の基本的な武装が出揃うことになった。

群党蜂起と国衙軍制　軍団に代わって設置された健児などはあくまでも守備兵であり、九世紀半ばから諸国で頻発するようになる「群党蜂起《ぐんとうほうき》」という新たな軍事情勢には対応しえなかった。この新しい課題の鍵を握っていたのが「富豪層」と呼ばれる人々であった。

富豪層とは、豊富な稲穀を活用して、租税の代納や私出挙《しすいこ》により周辺の弱小農民を包摂し、大規模経営を展開していた有力農民で、土着した前国司や地方に下向《げこう》した貴族層がその権威と資力を利用して大規模経営を展開していた場合もある。編戸制や班田収授《はんでんしゅうじゅ》制が形骸《けいがい》化し公地公民制《こうちこうみんせい》が破綻していく中で、国司は新興の富豪層に狙いを定めることによって地方支配を建て直そうとしていた。すなわち、徴税や調庸《ちょうよう》の京都への運搬に彼らの資力を利用しようとしたのである（戸田芳実・一九九一）。

こうした措置は、富豪層の社会的地位を高める一方で、未納税収分の損失補塡《ほてん》を迫られるなど、彼らの経営を圧迫するものでもあった。これに反発した富豪層が集団で党を結成し、国司に反抗した事件が「群党蜂起《ぐんとうほうき》」で、政治的地位を低下させつつあった郡司などとも結びついて、国司や国府を襲撃したり、調庸の運搬に携わっていた立場を利用して、中央の貴族や大寺社と結託《けったく》して輸送中の官物《かんもつ》を略奪したり、国衙《こくが》の倉庫を襲撃したりした。九世紀末の事例になるが、東山道《とうさんどう》や東海道に出没して強盗行為を行なった「僦馬《しゅうば》の党」は群党蜂起の典型であった。その行動の機動性は、彼らが「弓馬に便なる者」の系譜に連なる存在であったことを示している。また、同じ時期、瀬戸内海で頻発するようになった海賊事件も、富豪層による船を機動力とした群党蜂起の一環であった。

九世紀後半には、俘囚《ふしゅう》（律令国家に投降した蝦夷《えみし》で、内国各地に移住させられていた）の反乱事件や新羅《しらぎ》海賊事件などもしばしばみられたが、俘囚が群党蜂起に加わっていたり、新羅海賊に前国司や郡司が通謀していたことも知られており、群党蜂起との関わりも少なくなかった。

こうした群党蜂起に対して、政府は追捕官符《ついぶかんぷ》を諸国に下してその鎮圧に努めた。追捕官符や勅符《ちょくふ》を受けた国司は国内の武装した兵士を動員することが律令でも認められていたのである（下向井龍彦・一九九一・九三）。「勇敢ある者」「勇敢にして軽鋲なる者」などと呼ばれた人々が動員されたことが知られているが、その実態は「弓馬に便なる」富豪層に他ならなかった。すなわち、富豪層の武力は、国司に反抗する群党勢力にもなりえたし、逆に群党蜂起を鎮圧する国司の武力としても利用されたのである。

なお、俘囚も群党蜂起鎮圧に投入されていた。蝦夷が騎馬戦術に長《た》けていたことはこれまでも指摘してきたことであるが、俘囚として内国に移住させられた後も彼らには特別に狩猟が許可されるなど、蝦夷以来の伝統的な騎馬戦術は伝えられていた。俘囚の内国配置について、「盗賊などがあった場合、彼らに防御させるためである」（『日本三代実録《さんだいじつろく》』貞観十二年十二月二日条）とされているように、彼らが群党鎮圧兵力として大いに役立ったことが推測されるが、九世紀末には俘囚は陸奥国に戻されることになり、兵力として利用された期間は限られたものであった。

九世紀以降、群党鎮圧を通じて、地方の軍事動員は国司・国衙を中心とする体制（国衙軍制）として整備されていく。九～十世紀には群党や海賊鎮圧に、しばしば「諸国兵士」が動員されているが、それはこうした国衙軍制にもとづいて組織された軍隊だったのである。国衙軍制で重要なことは、国司や国衙そのものは軍団のような常備軍を保持していたわけではなく、国内の有効な武力を適宜組織できるシステムを用意していたことであり、有効な武力の保持者を見極め、それを国衙軍として有効に組織することがそのポイントであった。この時期にあっては、その担い手が富豪層だったわけであるが、時代の変化とともに、新たな武力保持者が登場してくることになる。

天慶の乱　あいつぐ群党蜂起に対して政府は、追捕官符を下してそのたびに対応するばかりでなく、情勢が不穏な国には軍事担当官である押領使《おうりようし》を設置し、国司にこれを兼任させて国内の軍事指揮権を集中させた（井上満郎・一九八〇）。とくに東国では、九世紀末から十世紀はじめにかけて「延喜《えんぎ》東国の乱」と呼ばれる大規模な群党蜂起が発生し、その鎮圧のため、またその後の治安維持のために、押領使を兼任する介《すけ》や掾《じよう》が派遣されたが、注目されるのは、平高望《たいらのたかもち》（高望王。桓武平氏の祖）や藤《ふじ》原秀郷《わらのひでさと》（秀郷流藤原氏の祖）、藤原利仁《ふじわらのとしひと》（利仁流藤原氏の祖）など、のちに武士団の始祖として仰がれることになる人々がこの頃、あいついで国司として各地に下向していることである。彼らは、任期終了後も現地に土着し、その後も「兵《つわもの》」として国衙から治安維持機能を期待され、その子孫も再び介や掾、押領使に任命されることもあった。その一方で、彼らは大規模経営を展開する「富豪」、大名《だいみよう》田堵《たと》でもあり、税収などをめぐって国衙と対立したり、用水や農地をめぐって相互に対立抗争するなど、彼ら自身が群党蜂起の中心になる存在でもあった。

九世紀末から十世紀はじめの寛平《かんぴよう》・延喜年間は大規模な国制改革が行なわれた時期であり、地方支配の諸権限が大幅に国守（国司の長官）に委ねられることになった。彼らは受領《ずりよう》と呼ばれ、裁量しだいで自己の収益を増やすことができたから、その支配は苛烈を極めた。「受領は倒れるところに土をつかめ」の説話（『今昔物語集《こんじやくものがたりしゆう》』）で有名な尾張国司藤原元命《ふじわらのもとなが》はそうした受領の代表的存在であり、その過酷な支配は「非法」として九八八年（永延《えいえん》二）に国内の郡司や百姓などから告発されている（「尾張国郡司百姓等解文《おわりのくにぐんじひやくせいらげぶみ》」）が、同じような国司による支配強化は十世紀はじめから問題化しており、各地で群党蜂起を引き起こしていた（福田豊彦・一九九五b）。

こうした中、九三九年（天慶《てんぎょう》二）に東国と西国であいついで勃発したのが平将門《たいらのまさかど》の乱と藤原純友《ふじわらのすみとも》の乱、いわゆる天慶の乱である。将門の乱には、東国の「兵」どうしの争いという側面もあったが、国内支配をめぐる武蔵権守興世王《むさしのごんのかみおきよおう》・武蔵介源経基《すけみなもとのつねもと》と足立郡司武蔵武芝《むさしのたけしば》との対立、徴税をめぐる常陸《ひたち》国守藤原維幾《これちか》と同国の大名田堵藤原玄明《はるあき》の対立も絡んでおり、将門は武芝・玄明援助のため武装蜂起に立ち上がっていることから、天慶の乱も受領支配に反発する群党蜂起の一つと位置づけることができる。

しかし、武装蜂起の規模という点で、天慶の乱はそれまでの群党蜂起とは比較にならないものであった。将門は坂東諸国を席巻《せっけん》し、さらにみずから「新皇《しんのう》」と称して京都朝廷からの独立を宣言するに至った。純友とその与党も一時は伊予《いよ》・讃岐《さぬき》・阿波《あわ》、そして備前《びぜん》・備中《びっちゅう》を制圧し、京都を脅かした。

これに対して政府は、まず東海道・東山道・山陽道に追捕使《ついぶし》を派遣し態勢を固めた上で、参議《さんぎ》藤原忠文《ただふみ》を征東大将軍《せいとうたいしょうぐん》に任じ、将門追討に派遣した。その一方で、東海道・東山道諸国に将門追討官符を発し、勲功賞を約束して広く将門追討を呼びかけた。ここで注目されるのは、平貞盛《たいらのさだもり》（平高望の孫）や藤原秀郷など、東国に盤踞し、かつ将門と敵対関係にあった「兵」たちを坂東諸国の掾に任命し、押領使を兼任させていることである。当時の地方軍制の中心が国衙軍制にあったこと、それを担う存在が押領使であったことを考えれば、将門の乱鎮圧の武力として政府が期待した存在が彼ら「兵」であったことがうかがえる。実際、征東大将軍が戦地に到着する以前に、将門を滅ぼしたのは平貞盛、藤原秀郷であった。一方の純友の乱の鎮圧は山陽道追捕使小野好古《おののよしふる》が担当したが、将門の乱

図22　日振島（愛媛県宇和島市）　豊後水道の中央に位置する瀬戸内海交通の要衝．純友軍はここを集結地とした．

掲げて凱旋する藤原秀郷

鎮圧にあたった人々も転戦し、軍功を挙げている。

天慶の乱は「兵」の武力を内外に示すものであった。こうした経験を踏まえて、国衙はこの後、積極的に「兵」たちを国衙軍制の中に取り込むことに努めるようになる。天慶の乱を契機に諸国に押領使が常置されるようになるが、押領使として「兵」を起用するようになるのはその一例である。こうして国衙によって組織された彼らは「国ノ兵共」と呼ばれ、国衙軍制を支える有力な武力とされた。その一方で、国衙に対して自立的な立場をとり続ける「兵」もいた。実は将門こそ、そのような存在だったのだが、彼らに対しても国衙は戦時の協力を求めるという形で国衙軍制の中に位置づけようとしていた（石井進・一九八七）。こうして国衙軍制は「兵」、すなわち次代の武士たちによって担われていくようになった。

将門ら「兵」は、「従類《じゅうるい》」という機動力にすぐれ

図23　将門の首級を

た騎兵を中心としつつも、「伴類《ばんるい》」とよばれる多数の歩兵を率いて戦場に赴いていたのが、この時期の特徴である。伴類の実態は、大領主でもあった「兵」の経営の傘下にある農民たちであった。そのため、農繁期には動員することはできなかった。将門が敗れたのも、農期を前にして、伴類の多くを解散させていたタイミングを狙われたからであった。戦局が不利になると逃亡してしまうなど不安定な存在であったが、彼ら伴類が重要な戦力であったことは、戦闘に際して彼らの家や耕地までも焼き払う焦土戦術がしばしば採られたことからもうかがえる（福田豊彦・一九八一）。

武士の台頭　将門追討に功績のあった「兵」たちには、追討官符の約束どおり勲功賞が授けられた。とくに藤原秀郷や平貞盛は、それぞれ従四位下下野守《しもつけのかみ》、従五位上右馬助《うまのすけ》に任じられて一気に都の貴族の仲間入りを果たした。また、将門の反乱を政府に告発し、純友の反乱鎮圧に追捕使次官として活躍した源経基《みなもとのつねもと》が大宰少弐《だざいのしょうに》に昇進していることも注目される。

天慶の乱、中でも将門の乱が都の貴族に与えた影響は相当甚大なものがあった（川尻秋生・二〇〇二）。それだけに将門の乱を鎮圧した勲功者の武力に対する信頼・期待は高まり、以後、秀郷や貞盛・経基らやその子孫が意識的に中央・地方での軍事活動や衛門府《えもんふ》・兵衛府《ひょうえふ》・馬寮《めりょう》などの武官に起用されるようになっていく。陸奥国の治安維持にあたる鎮守府《ちんじゅふ》将軍《しょうぐん》に藤原秀郷の子孫が数多く任じられるようになったのはその例であるが（野口実・一九九四）、より重要なことは、そうした軍事的官職の有無とは関わりなく、天慶の乱勲功者の子孫たちが、大規模な盗賊追討や非常時の内裏《だいり》警護などに際して、「武者」や「武勇人」などとして朝廷から直接軍事動員を受けるようになったことで、彼らが朝廷の軍事活動を職掌とするような状況が生まれつつあったのである（元木泰雄・二〇〇四）。先にみたように、地方でも天慶の乱を戦い抜いた「兵」たちが国衙軍制の担い手となっていったのと同じような状況が中央でも展開していたのである。

当時の朝廷社会では、特定の職掌が特定の家柄に家業として伝承される傾向があり、天慶の乱勲功者は軍事や武芸を職掌とする家柄として位置づけられていった。十二世紀初頭に成立した『続本朝往生伝《ぞくほんちょうおうじょうでん》』では、十世紀末〜十一世紀はじめの「時の人」として、管絃《かんげん》・和歌・陰陽《おんみょう》・医方《いほう》などの諸芸の人々を列挙したのにつづけて、「武士には満仲《みつなか》・満正《みつまさ》・維衡《これひら》・致頼《むねより》・頼光《よりみつ》、みなこれ天下の一物なり」と記しているのは、摂関期には武芸を家業とする家柄が「武士」として認められていた状況をよく示すものである。ここに挙げられている人物は、いずれも源経基・平貞盛の子孫にあたる清和源氏（満仲・満正・頼光）・桓武平氏（維衡・致頼）に属する人々であり、彼ら天慶の乱勲功者の中から武士は生まれてきたのであった。

図24　神格化された平将門像

しかし、摂関期には大規模な軍事活動そのものがあまり起こらず、彼らが武人として活躍する機会も多くなく、その活動範囲も都周辺のごく限られた地域に過ぎなかった。

そうした状況が変化する契機となったのが、一〇二八年（長元《ちょうげん》元）に房総半島で勃発した平忠常《たいらのただつね》の乱である。天慶の乱以来ほぼ一〇〇年ぶりとなるこの大規模な地方反乱事件に対して、朝廷では武名の高かった源頼信《よりのぶ》（『続本朝往生伝』に武士として列挙された源満仲の子。いわゆる河内《かわち》源氏の祖）を追討使に推す声もあったが、検非違使《けびいし》の平直方《なおかた》・中原成道《なりみち》が起用されることになった。平直方も貞盛の子孫で武士ではあったが、頼信ではなく彼が起用された理由は、直方が検非違使に任じられていたからであった。将門の乱で征東大将軍に任じられた参議藤原忠文が、その就任前に右衛門督《うえもんのかみ》を兼任させられていたように、政府は衛府の官人や検非違使など軍事官職についている者を正式の追討使に任じるという建前をとっていたのである（元木泰雄・一九九四）。しかし、直方は忠常追討に失敗、一〇三〇年（長元三）にあらためて源頼信が追討使に任じられ、乱を平定するに至る。この事件をきっかけとして、武士が、官職とは関わりなく追討使に起用されるようになっていく。

ところで、頼信は、乱平定の勲功賞として美濃《みの》守への就任を望んだが、これは東国の家人《けにん》たちとの連絡に都合がよいからと噂されていた（『小右記《しょうゆうき》』長元四年九月十八日条）。すなわち、頼信は平忠常の乱を鎮圧する過程で、東国の武士たちと接触し、彼らと関係を取り結ぶようになっていたのである。それまでは都周辺のごく限られた範囲でしか活動していなかった都の武士たちが、広く地方をも活動の対象とし、そこに展開する武士たちと関係を取り結ぶようになった点でも、平忠常の乱は画期的な事件であった。

図25　武装して清水寺襲撃に向かう山僧

院政期の軍事制度　十一世紀後半に始まる院政《いんせい》期は、荘園公領《しょうえんこうりょう》制の成立にともなう紛争や比叡山《ひえいざん》延暦寺《えんりやくじ》や奈良の興福寺《こうふくじ》の衆徒による強訴《ごうそ》の頻発など、中央・地方ともに武力行使が要請される状況にあった。そうした要請にこたえる存在としてクローズアップされるようになったのが、中央そして地方の武士たちであった。白河院《しらかわいん》が、自己に直属する武力として北面《ほくめん》に都の武士を起用するようになったことや、摂関家でも河内源氏を従者として、荘官に任命するなどして摂関家領荘園の保護に努めたことはその表われである。より重要なことは、院《いん》宣《ぜん》や宣旨《せんじ》を受けて彼ら武士が南都北嶺《なんとほくれい》の強訴や地方の反乱鎮圧にさかんに起用されるようになったことである。しかも、それは衛府や検非違使といった軍事的官職の有無とは関わりない動員であり、たび重なる彼らの軍事的起用は、彼ら武士が軍事を職掌とする社会集団であることをより明確に示すことになった。

このように武士が王朝国家の軍事力として活躍するようになると、軍事活動を通じて、彼らを束ねる有力武士、いわゆる武家の棟梁《とうりょう》が登場してくるよ

図26　清和（陽成）源氏略系図

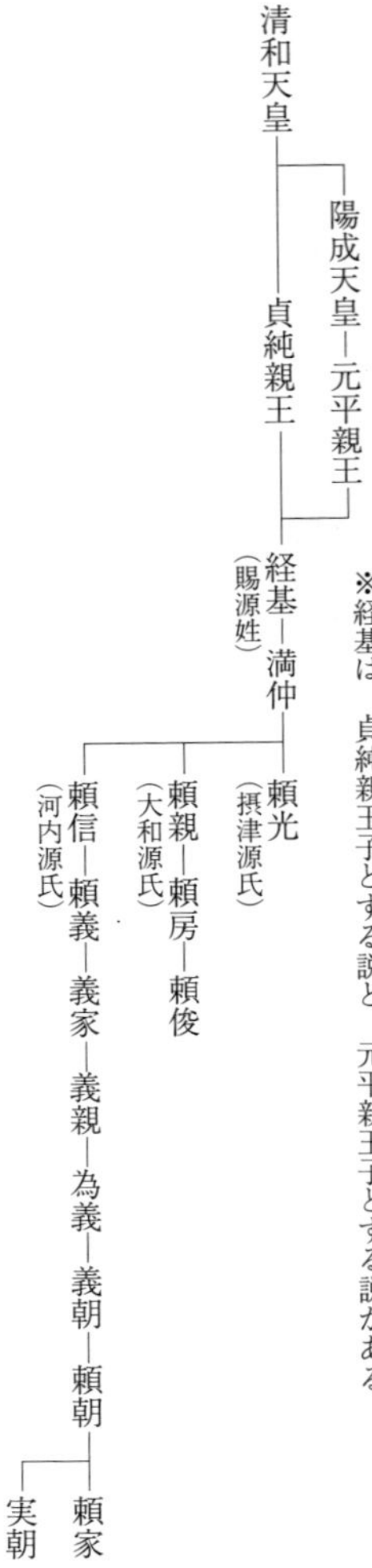

※経基は、貞純親王子とする説と、元平親王子とする説がある。

図27　桓武平氏略系図

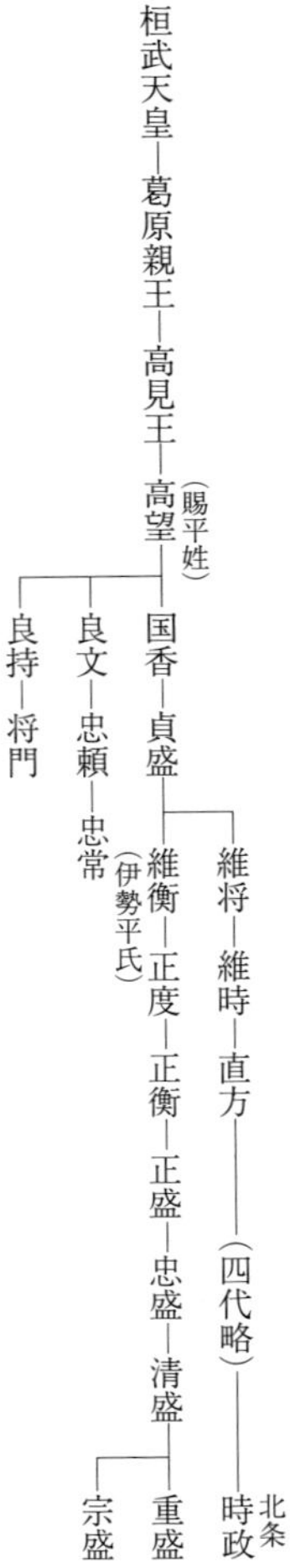

うになる。平忠常の乱を鎮圧した源頼信の子孫、いわゆる河内源氏もそうした有力武士の家系の一つで、頼信に続く頼義《よりよし》・義家《よしいえ》は十一世紀後半、前九年《ぜんくねん》合戦（一〇五一—六二）・後三年《ごさんねん》合戦（一〇八三—八七）と、東北の有力豪族安倍《あべ》氏・清原《きよはら》氏の内紛を反乱事件に仕立て上げ、苦戦しながらもあいついで鎮圧したことにより、その武名を挙げ、とくに義家は「武士の長者」「大将軍」（『中右記《ちゅうゆうき》』天仁《てんにん》元年正月二十九日、嘉承《かしょう》二年七月十六日条）と呼ばれるようになった。注目されるのは、この両度の合戦

図28　空を行く雁の列の乱れから，清原軍の伏兵を見破り進撃する源義家軍

図29　源義親を攻める平正盛軍

には、東国の武士たちが頼義・義家の家人として従軍していることで、河内源氏が東国の武士たちと主従関係を形成していたことがうかがわれる。

その源氏が十一世紀末に一族の内紛などにより勢力を失うと、入れ替わるように台頭してきたのが、平貞盛《さだもり》の子孫伊勢平氏である。正盛《まさもり》・忠盛《ただもり》は院の近臣として西国各地の受領を歴任すると同時に、瀬戸内海の海賊鎮圧の追討使にしばしば起用され、武士としての名声を高めていった。一一一九年（元《げん》永《えい》二）、正盛が肥前《ひぜん》藤津荘下司《げし》平直澄《なおずみ》を追討した際には「西海・南海の名士等」を統率していたことが知られ（『長秋記《ちょうしゅうき》』同年十二月二十七日条）、伊勢平氏の勢力が西国の武士たちに浸透していたことがわかる。

ただ、この時期の源氏や平氏など武家の棟梁と諸国の武士たちとの関係を過大に評価することはできない。前九年合戦を戦った官軍全体に占める源氏家人の割合はごくわずかなもので、頼義はしきりに朝廷に「諸国兵士」の派遣を要請するありさまであった。伊勢平氏の家人にしても、その大半は本拠地の伊賀《いが》・伊勢《いせ》の武士たちという小規模なものであった。武家の棟梁とはいっても、自前の武力のみでは地方の反乱や海賊鎮圧を遂行することはできなかったわけで、そのためには朝廷から追討宣旨《ついとうせんじ》が下される必要があったのである。追討宣旨を通じて他の都の武士の協力を要請することもできたし、国衙を通じて諸国の武士を動員することも可能になったのである。

院政期には、軍事を職掌とする存在としての武士の社会的地位が高まり、軍事体制も武士によって担われるものへと大きく転換していったが、武士はあくまでも武力そのものであった。それが軍事力として有効に機能するためには、追討使の任命や追討宣旨の発令など、朝廷や「治天《ちてん》の君《きみ》」たる院のイニシアチブが必要であった。軍事上の主導権は朝廷や院の側にあり、武士は彼らに駆使される存在にとどまっていたのである。

コラム　北日本の防御性集落と延久蝦夷合戦

集落の周りを堀などで囲んだ環壕集落が築かれるのは、弥生時代と戦国時代、いずれも戦争の時代であり、戦いから集落を守るためにこのような防御施設が営まれたと考えられている。さらに、最近になって、十世紀なかばから十一世紀にかけて、北緯四〇度以北の東北北部および北海道南部にかけて、こうした環壕集落が広く存在することが注目されるようになってきている。青森市の高屋敷館《たかやしきだて》遺跡はその代表的な遺構で、幅約八㍍、深さ約五・五㍍の空堀と高さ約一㍍の土塁で囲われた敷地の中に、二〇〜三〇軒程度の竪穴《たてあな》住居が常時存在していたと考えられている。こうした環壕集落は「防御性集落」と呼ばれ、この時期の北日本が「戦争と緊張」状況におかれていたことを示すものとされている。

この時期には北海道から本州に至る広い範囲で活発な交易が行なわれていたことが知られている。他に戦争状況を示す痕跡《こんせき》が見られないことから、むしろ平和的な交易が行なわれていた時代であったとして、「防御性集落」論に否定的な意見も少なくないが、大規模な交易の展開が何らかの社会変動を呼び起こしつつあったことは間違いないところであろう。

ところが、そうした防御性集落も十二世紀に入るとその数を減じていき、十二世紀末までには消滅してしまう。その背景として、これまた近年大いに注目されるようになったのが「延久《えんきゅう》蝦夷合戦」と呼ばれる戦争である。

治暦四年（一〇六八）七月に即位した後三条天皇は、翌年五月に石清水八幡宮《いわしみずはちまんぐう》に参詣し、「東夷征討」を祈願した。おそらくはそれにもとづいて、陸奥《むつ》守源頼俊が「追討人」に任命され、津軽や閉伊《へい》などこれまで中央政府の支配の及んでいなかった蝦夷の地に攻め込んだのである。それは延久元年（一〇六九）ないし同二年のことで、「延久蝦夷合戦」と呼ばれている（遠藤巌・一九九八）。

後三条天皇は、宇多《うだ》天皇以来一七〇年ぶりに摂関家を外戚としない天皇として即位し、著名な延久の荘園整理令を断行するなど、政治改革の意欲に満ちていた。桓武天皇になぞらえて自らを新王朝の創始者と考えていた節もあり、延久蝦夷合戦もその権威を高めるために企画されたものであろう。

この遠征は、出羽国の豪族清原氏などの活躍により成功を収めたと考えられ、これまで中央政府の力が及ばなかった蝦夷の地にも郡や郷が設定され陸奥国に編入されることになった（入間田宣夫・二〇〇五）。郡郷制施行の時期を、延久蝦夷合戦直後に認めるか、十二世紀初頭まで遅れるとするかなど、研究者の間で意見の一致を見ない部分もあるが、十二世紀には本州最北端までが中央政府の版図となったのは間違いないことであり、「防御性集落」の消長もこの事態とは無関係ではない。

延久蝦夷合戦は、前九年合戦と後三年合戦の間に挟まれており、これまで見落とされがちであったが、右のような重要な意義を持つ事件として近年再評価が進んでいる。ちなみに延久蝦夷合戦の「追討人」に任命された陸奥守源頼俊は大和源氏に属する武士である（清和〈陽成〉源氏略系図〈五四頁〉参照）。前九年合戦を戦い、奥州になみなみならぬ関心を抱いていた源義家が頼俊を危険視し、彼の戦争遂行の邪魔をした可能性も指摘されており、北奥を舞台とする清和（陽成）源氏内部の暗闘も見逃せないところである。

4 源平の戦いとモンゴル襲来 鎌倉時代

平氏軍制　十二世紀半ばに相次いで起こった保元《ほうげん》の乱（一一五六）と平治《へいじ》の乱（一一五九）は、天皇家をはじめとする貴族層の勢力争いをその本質とするが、京都を舞台とする本格的な戦闘が繰り広げられ、武士の武力によって決着がつけられた大事件であった。この後、平清盛《たいらのきよもり》率いる伊勢平氏は、これら二つの戦乱を勝ち抜いた武力を背景に朝廷内における政治的地位を高め、後白河院政《ごしらかわいんせい》を左右するようになる。一一七九年（治承《じしょう》三）十一月には後白河院を幽閉し、高倉院《たかくらいん》・安徳《あんとく》天皇を擁立《ようりつ》して自らの手に政権を掌握するに至った。

　平氏政権の成長は、武家政権の登場として政治史的に重要であるばかりでなく、軍事史的にも注目すべきものがある。まず、保元・平治の乱の結果、都の武士として伊勢平氏に匹敵する地位にあった河内源氏が完全に没落し、伊勢平氏のみが都における有力武士として勝ち残ったことである。前節末で示したように、院政期の軍事体制は都の武士を追討使に起用するというものであったが、どの武士を起用するかは院の判断に委ねられており、軍事上の主導権は院に握られていた。ところが、都の有力武士が実質的に伊勢平氏のみとなってしまった状況下では院の側に選択の余地はなくなってしまう。それを象徴しているのが、一一六七年（仁安《にんあん》二）五月に出された宣旨《せんじ》である。これは、清盛の嫡男重《しげ》

図30　三条殿に夜襲をかける源義朝軍

盛《もり》に東山《とうさん》・東海・山陽・南海道《なんかいどう》の山賊・海賊鎮圧を命ずるものであるが、この当時これらの地域で山賊・海賊事件が起こっていた形跡はなく、これら諸国における一般的な軍事・警察権を平氏に公認したのがこの宣旨の趣旨と考えられている（五味文彦・一九七九）。これが重盛に命じられているのは、この直後に清盛が太政大臣《だじょうだいじん》を辞任し形式的に政界から引退しており、平氏の総帥の地位は重盛に引き継がれていたからである。平氏は全国の軍事・警察業務を中心的に担う存在として位置づけられたのである。

もちろん、追討宣旨の発令権そのものは院にあり、実際の軍事活動に際しては、平氏以外の武士が院から直接動員されることもあったが、平氏の意向を無視して軍事活動を遂行することは不可能であった。一一七七年（治承《じしょう》元）五月、延《えん》暦寺《りゃくじ》衆徒の強訴《ごうそ》に対して、後白河院は平重盛・宗盛《むねもり》に命じて延暦寺攻撃に向かわせようとしたが、両者とも「父清盛の指示がなければ」と出陣を拒否、あらためて後白河院が清盛に交渉して軍隊を出すことを説得しているのである（五味文彦・一九七九）。院政期以来の軍事をめぐる院と武士の関係が、平氏政権段階に至って大きく変化していることがうかがえる。

もう一つ、平氏が大番役《おおばんやく》を掌握したことにも注目しておきたい。大番役とは諸国の武士が交代で上《じょう》洛《らく》し内裏の警護にあたるもので、動員対象になったのは国衙《こくが》によって掌握された地方の武士たち、国衙軍制の担い手たちであったと考えられている。白河院政の頃には始められていたと見る説もある一方で、平氏政権によって創始されたとする説もあるが、いずれにせよ平氏政権が全国の軍事・警察権を掌握する段階に至っては、中央で大番役を統括していたのが平氏であったことは間違いない。そして、大番役の統括を通じて諸国の武士たちと接触する中で、彼らと平氏との間に主従関係が結ばれていったのである。西国に偏っていた平氏の家人組織も、これを契機に全国に拡大することになる。源氏家人として東北の反乱鎮圧や保元・平治の乱に従軍した大庭《おおば》氏や山内《やまのうち》氏など、少なからぬ東国武士がこの時期に平氏の家人として編成されている。

ただし、彼らは「家礼《けらい》」と呼ばれ、平氏との主従関係はあいかわらず緩やかなもので、伊勢・伊賀以来の譜代の平氏家人とは区別されていた。平氏軍制の中心を担っていたのは、これら少数の譜代《ふだい》の家人たちで、まず彼らが先遣隊として派遣され、地方の平氏家人とともに追討の初期段階を戦い、のちに追討宣旨により諸国の武士を動員した追討使本隊が決戦のために下向するという二本立ての軍事編制が、平氏軍制の基本パターンであった（五味文彦・一九七九、田中文英・一九九四）。追討宣旨による諸国武士の動員を前提としている点で、平氏軍制も院政期の軍事体制を継承しており、平氏と諸国武士との主従関係が緩やかなものにとどまった理由もこの点に求められよう。

治承・寿永の内乱　平氏政権や平氏軍制の影響力が全国におよぶようになった中で発生したのが、治承《じしょう》・寿永《じゅえい》の内乱である。一一八〇年（治承四）五月の以仁王《もちひとおう》の乱を皮切りに、源頼朝《よりとも》や源（木曾）義《よし》仲《なか》など各地の源氏が打倒平氏に立ち上がっていったが、源氏対平氏という単純な対立関係で捉えることができないのがこの内乱の特徴である。例えば、下総《しもうさ》国の豪族千葉氏は、同国千田《ちだ》荘を拠点としていた藤原氏と対立関係にあったが、藤原氏が平氏政権と結びつき勢力を強めたため、劣勢に立たされていた。こうした状況を挽回するために千葉氏は源頼朝の挙兵に加わったのである（野口実・一九八二）。このような各地の武士団どうしの地域的な対立が治承・寿永の内乱の根底にあったのであり、平氏政権・平氏軍制そのものが武士団の対立を惹起《じやっき》する側面もあったため、内乱はより深刻なものとなった。しかも、平氏の影響は全国におよんでいたため、内乱も全国を巻き込むものとなったのである。

平氏が一一八五年（文治《ぶんじ》元）三月に滅亡した後も戦争状況は継続し、一一八九年（文治五）九月の奥州藤原氏の滅亡によって、ようやく一〇年におよんだ内乱に終止符が打たれる。質と規模という点で、治承・寿永の内乱はまさに未曾有《みぞう》の内乱だったのである。

新しい戦闘方法　この内乱を戦った戦力の中心が武士であり、弓射騎兵《きゅうしゃきへい》であったことは前代と変わりないが、『平家物語《へいけものがたり》』などによれば、新しい戦闘方法が見られるようになったのがこの段階の特徴である（石井進・一九六五）。騎兵どうしの戦いでも、お互いに矢を射掛《いか》けあうばかりでなく、相手の馬を射たり、「馬当《うまあ》て」といって自分の馬ごと相手の馬に突進してともに落馬し、徒歩立《かちだ》ちでの格闘（「組討《くみうち》」）によって敵の首を取るという戦い方がしばしば見られるようになる。『平家物語』の中でもっとも有名な場面の一つ、平敦盛《あつもり》の最期も騎馬のまま熊谷直実《くまがいなおざね》に組み付かれて、ともに落馬したところで首をとられそうになるというものであった（『平家物語』巻九）。こうした中で、武士の間でも実戦のための武芸として相撲が定着していく。『曾我《そが》物語』は武蔵《むさし》・相模・伊豆・駿河《するが》の武士たちが伊豆奥野の狩場に参集して盛大な狩猟を催した後、相撲を取り合う場面を描いているが、当時の武士社会の雰囲気をよく伝えるものと言えよう。

徒歩立ちの格闘では太刀など斬撃《ざんげき》武器が威力を発揮する。そうした意味で注目されるのは、長刀《なぎなた》が新たな斬撃武器として登場してくることである。彎刀《わんとう》の刀身に長い柄をつけたこの武器は、突く・打つ・斬る・薙《な》ぐといった刀剣のほぼすべての機能を備えたさまざまな攻撃が可能で、この時代の武士に特徴的な武器となる。こうした斬撃武器の発展にともなって、太刀や長刀の馬上使用もみられるようになる。馬上で使用される武器が弓矢一辺倒だったそれ以前と比べると、これもこの時期の戦い方の特徴と言える（近藤好和・一九九七・二〇〇〇）。

もう一つ、この時期の戦闘方法の特徴として挙げられるのが「城郭《じょうかく》」をめぐる戦いである（川合康・一九九六）。「城郭」というのは、楯を並べ列ねた掻楯《かいだて》、刺《とげ》のある木の枝を束ねて作った逆茂木《さかもぎ》や堀などで設営された交通遮断施設、バリケードのことである。騎兵が戦力の中心であったこの当時、その突進を防ぐことは勝敗を決するポイントであり、それに威力を発揮したのが、これらの交通遮断

図31　組討の様子

図32　平安時代の相撲

施設であった。機動力を削がれた騎馬兵は格好の攻撃対象とされたのであった。

福島県国見町に残る阿津賀志山《あつかしやま》の二重堀は、鎌倉幕府軍の攻撃に備えて奥州藤原氏が構築した城郭で、現在の厚樫山中腹から旧阿武隈《あぶくま》川に至る二重の堀と三重の土塁《どるい》からなる非常に大規模なもので、その構築には成年男子五〇〇〇人を投入しても四〇日以上かかると推定されている。

もちろん攻撃する側にとっては、こうした交通遮断施設を除去・破壊することが重要な戦略課題となった。奥州藤原氏の攻撃に向かった幕府軍は「疋夫《ひっぷ》」と呼ばれる労働力をともなっていたことが知られており、彼らが阿津賀志山二重堀の破壊にあたったと推測されている。また、平氏が北陸方面の反乱鎮圧のために追討軍を編制した際に、山城国和束杣《わつかのそま》の杣工《そまく》が動員されたことも知られている。杣工とは木の伐採などに携わる労働者で、こうした人々でさえも戦力としなければならなかったことに平氏軍の弱さが指摘されてきたが、彼らは城郭戦で工兵として活動したものと考えられるようになっている。

このように、城郭の構築ないし除去には相当の労働力を必要としたのであり、城郭戦はけっして武士のみでは完結しない性格の戦いであった。和束杣の杣工のような民衆も、広く動員されたことが推測されるのであるが、河内国大江御厨《みくりや》では、領主水走康忠《みずはやすただ》が源義経《よしつね》の催促に従って「御家人兵士役」を勤めたので「御厨兵士役」を免除されたことが知られている。「御厨兵士役」というのは、大江御厨住人に対する動員であったことが推測されるが、彼らは単に人夫《にんぷ》や工兵《こうへい》としてのみ活動したのではあるまい。当時の民衆は弓矢や刀剣、場合によっては腹巻《はらまき》（簡単な鎧）などを日常的に所持し、

図33　城郭戦の様子

図34　阿津賀志山の二重堀（福島県国見町）の復原模型　厚樫山の中腹から阿武隈川にいたる4キロにわたって展開する．

村落の境界争いなどを戦う立派な武力であり、城郭で機動力をそがれた騎兵を襲うことはじゅうぶん可能だった。南北朝期に活躍を見せる足軽《あしがる》や野伏《のぶせり》の先駆形態を彼らに認めることができよう（川合康・一九九六・二〇〇四）。

このように治承・寿永の内乱は、それ以前の弓射騎兵による古典的な戦いを基本としつつも、戦闘方法や民衆動員という点で南北朝期以降につながる過渡的性格を帯びた戦いだったのである。

鎌倉幕府の成立　各地の源氏蜂起に対して、平氏は追討使を派遣してその鎮圧を試みており、伊豆における源頼朝の挙兵に対しては、最初に大庭景親《おおばかげちか》ら東国の平氏家人が現地で掃討戦《そうとうせん》を行ない（石橋山《いしばしやま》の合戦）、その後に追討宣旨を受けた平資盛《すけもり》を総大将とする追討使本隊が各地の武士を動員しながら下向《げこう》している（この本隊が富士川の合戦で大敗を喫することになる）。こうした平氏家人と追討使本隊という二本立ての軍事編制はそれ以前の平氏軍制を継承するものであった。内乱の激化にともなって、一一八一年（養和元）正月に畿内惣官《きないそうかん》が設置され、平宗盛《むねもり》（当時の平氏の総帥）がそれに任じられ、翌月には有力家人の平盛俊《もりとし》が丹波《たんば》国総下司職に任じられて軍事力の強化が図られているが、これらの措置も基本的には従来の軍事路線を踏襲・強化するものであった（石母田正・一九八九）。

一方、反乱軍である源頼朝の側は、もちろん追討宣旨を利用した軍事動員はできなかったから、自分に臣従を誓った武士たちのみでこの内乱を戦わざるをえなかった。東国はもともと河内源氏の勢力基盤ではあったが、それまでの主従関係は緩やかなものであったから、内乱を戦い抜く武力としては期待できなかった。先にもふれた千葉氏のように、当時何らかの事情を抱えた武士たちがあらためて頼朝に臣従を誓い、状況打開を賭けて内乱に参加していったのであった。

彼らにとって、周囲は「敵か味方か」のいずれかでしかなかった。味方につく者は頼朝に臣従を誓い、そうしない者は「敵」とみなされ攻撃された。内乱の展開とともに頼朝を中心とする主従関係が形成されていったが、それは主人と従者の関係がより緊密で強力な点で、従来の主従関係とは質的に異なるものであった。また、所領を媒介としている点でもこの主従関係は特徴的であった。すなわち、臣従した者は「味方」とみなされ、その所領を頼朝らによって攻撃されないという保障を与えられる一方で、「敵」とみなされ攻撃された者の所領は没収され、頼朝に「味方」した者に分け与えられたのである。治承・寿永の内乱の中で、頼朝は所領の給与（もしくは没収）を媒介とする強力な主従関係を作り上げ、それを主たる戦力としてこの内乱を戦い抜いていったのであった。頼朝と主従関係を結んだ武士はのち御家人《ごけにん》と呼ばれるようになり、彼らによって構成される主従関係は御家人制と呼ばれるが、反乱軍という一見不利な条件が、こうした新しい主従関係・軍事編制の形成につながっていったのであった（川合康・二〇〇四）。

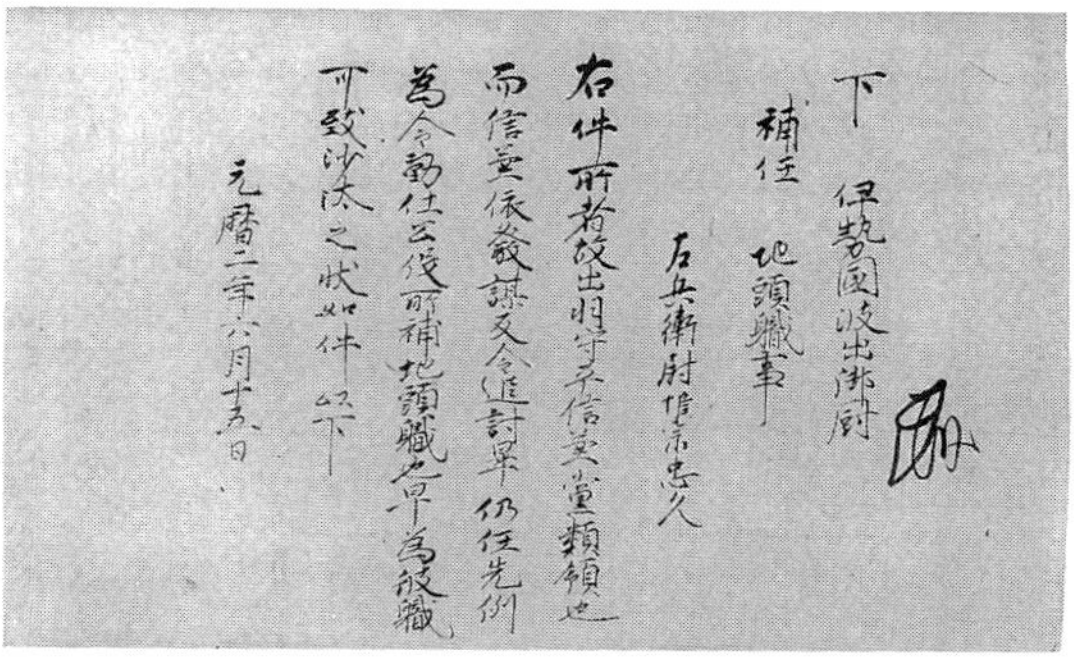
下　伊勢国波出御厨
補任　地頭職事
左兵衛尉惟宗忠久
右件所者故出羽守平信兼党類領也
而信兼依発謀反令追討畢　仍任先例
為令勤仕公役所補地頭職也　早為彼職
可致沙汰之状如件　以下
元暦二年六月十五日

図35　源頼朝下文　謀叛人平信兼一党の所領伊勢国波出御厨が没収され，島津忠久に地頭職として与えられた．

一一八三年（寿永二）七月、平氏の都《みやこ》落《お》ちを契機に源頼朝らは朝廷に公認されて、「朝敵」反乱軍の立場を脱する。さらに、一一八五年（文治《ぶんじ》元）には平氏が、つづいて一一八九年（文治五）には奥州藤原氏も滅亡して、源頼朝の軍事的覇権が確立する。こうした中で鎌倉幕府の形が整えられていくのであるが、軍制の側面から注目されるのは、一一九一年（建久《けんきゅう》二）の新制で頼朝に諸国の山賊・海賊の取締りが命じられていることである。その前年末に頼朝は鎌倉から上洛し後白河院と会談しており、治承・寿永の内乱の中で頼朝が築き上げてきた勢力、鎌倉幕府の位置づけについて話し合いがもたれたのであろう。建久二年の新制はその結果を反映したものと考えられるが、それは先に示した仁安二年五月宣旨で定められた平氏の地位と同じものであった（五味文彦・一九七九）。すなわち、頼朝率いる鎌倉幕府は全国の軍事・警察業務を中心的に担う存在として位置づけられたのである。

こうした地位・権限にもとづいて、大番役は鎌倉幕府の管轄とされ、幕府が全国に配置した軍政官である守護《しゅご》が国内の武士を率いて大番役を勤仕するようになるが、ここで注目されるのは、この後、大番役を勤仕する武士を御家人に限定する方針が採られていくことである。大番役のみならず、さまざまな軍事活動に際して幕府は御家人を動員して対処しており、平氏のように朝廷から与えられた宣旨で軍事動員を図っている形跡はない。すなわち、鎌倉幕府は、御家人によって大番役をはじめとする国家的軍務をいわば請け負うことによって、内乱期に築き上げてきた私的な主従組織を国家的な軍隊として位置づけようとしたと言えよう。実際、一二三一年（寛喜《かんぎ》三）に発令された新制では、鎌倉幕府の将軍（当時は藤原頼経）はその「家人」たち（御家人）を指揮して諸国の治安維持にあたるものと定められている（高橋典幸・二〇〇三）。また、将軍と御家人との関係を媒介する所領は、朝廷と幕府との折衝の結果、地頭職《じとうしき》として当時の公的な土地制度、荘園公領制の中に組み込まれることになったのである。

こうして内乱期に頼朝が築き上げてきた私的主従組織は国家的な制度としての位置づけを与えられるようになったのであるが、これは国家軍制上、画期的な出来事であった。すなわち、平氏は諸国の治安維持という権能を独占的に請け負いながらも、そのための手段は既存の国家機構に依存する段階にとどまっていたのに対し、鎌倉幕府は軍事的な権能と手段をまるごと請け負うことになったのである。それまで曲がりなりにも朝廷の管理下にあった国家的な軍事機能が、鎌倉幕府によって自律的に掌握されるようになったのであり、武家政権としての鎌倉幕府の画期性もこの点に認められるのである。

承久の乱　しかし、成立当初の鎌倉幕府の基盤は不安定であった。強力な御家人制が形成されたのは東国に限られ、頼朝が直接出向くことのなかった西国においては御家人になる者の数も少なく、頼朝との関係も東国武士に比べれば弱いものであった（田中稔・一九九一）。また、軍事体制が御家人制に一本化されたわけではなく、院政期以来の院を中心とする軍事体制も健在であった。とくに後鳥羽《ごとば》院は、新たに西面《さいめん》の武士を設置するなど、武士の組織化に積極的であった。以前から朝廷に仕えていた都の武士や、御家人とはならなかった西国の武士、さらには在京する御家人たちが院のもとに組織されており、実際に後鳥羽院はこれらの武士に直接宣旨や院宣を下して積極的に軍事活動を展開して

図36　中世の流鏑馬

いた。鎌倉幕府成立当初は二つの軍事体制が並立しており、後鳥羽院もけっして軍事的主導権を幕府に譲っていたわけではなかったのである。

一二二一年（承久三）に勃発した承久《じょうきゅう》の乱は、こうした二つの軍事体制の衝突であった。後鳥羽院は自己の配下の武士を中心に、追討宣旨を下して幕府打倒を図ったのに対し、幕府は遠江《とおとうみ》以東一五ヵ国の御家人に動員令を下してこれに対抗したのである。これは軍事的主導権をめぐる争いでもあった。そうした意味で、幕府方の大勝利・後鳥羽院側の惨敗に終わった戦後、後鳥羽院が「武力蜂起」の院宣を発したとされることはたいへん興味深い（本郷和人・一九九五）。この院宣は『承久兵乱《じょうきゅうへいらん》記《き》』という軍記物《ぐんきもの》にみえるもので、事実として他の史料で確認することはできないが、承久の乱を契機に院による独自の軍事組織・軍事体制はみられなくなることから、軍事的主導権が名実ともに幕府に移行したことを象徴する逸話と言えよう。

毎年五月に京都の新日吉社《いまひえ》で行なわれた小五月会の流鏑馬《やぶさめ》も、そうした変化を象徴するものとして注目される。すなわち、承久の乱以前は院の北面や西面に仕える武士が流鏑馬の射手を勤めており、院の軍事力を誇示する場となっていたのであるが、承久の乱後は幕府が京都に設置した六波羅探題《ろくはらたんだい》に仕える御家人（在京人）によって担われるようになった。軍事的主導権の交代は、このように目に見える形で京都の民衆にも示されていたのである。

モンゴル襲来と悪党　十三世紀のはじめ、モンゴル高原の一角に興ったモンゴル帝国は、瞬く間にその版図《はんと》を広げ、アジアからヨーロッパにわたる空前の世界帝国を築き上げた。やがてモンゴル帝国の視線は日本列島にも向けられ、皇帝クビライは一二六六年から日本に通交を求める国書を送っていた。しかし日本側が回答を拒否したため、ついにクビライは一二七四年（文永《ぶんえい》十一）に元《げん》・高麗《こうらい》連合軍二万六〇〇〇人を動員して日本遠征を決行する（文永の役）。さらに、一二八一年（弘安《こうあん》四）には旧南宋《なんそう》の兵力も合わせた一四万の大軍が再び九州を襲った（弘安の役）。十三世紀後半の二度にわたるモンゴル襲来は、一〇一九年（寛仁《かんにん》三）の刀伊《とい》の入寇《にゅうこう》以来の外敵の侵攻事件であり、当時の政治・社会情勢に大きな影響を与えたが、軍事的には、鎌倉幕府は苦戦しながらも何とかその撃退に成功したのであった。

モンゴル襲来については、「外敵の侵攻とその撃退」という側面に関心が集中しているが、実は日本の側からも積極的な攻勢に出ようとする動きもあった。文永の役の後、再度のモンゴル襲来に備えて、鎌倉幕府は博多湾岸に石築地《いしついじ》の建設を進めているが、それと同時進行で「異国征伐」を計画、九

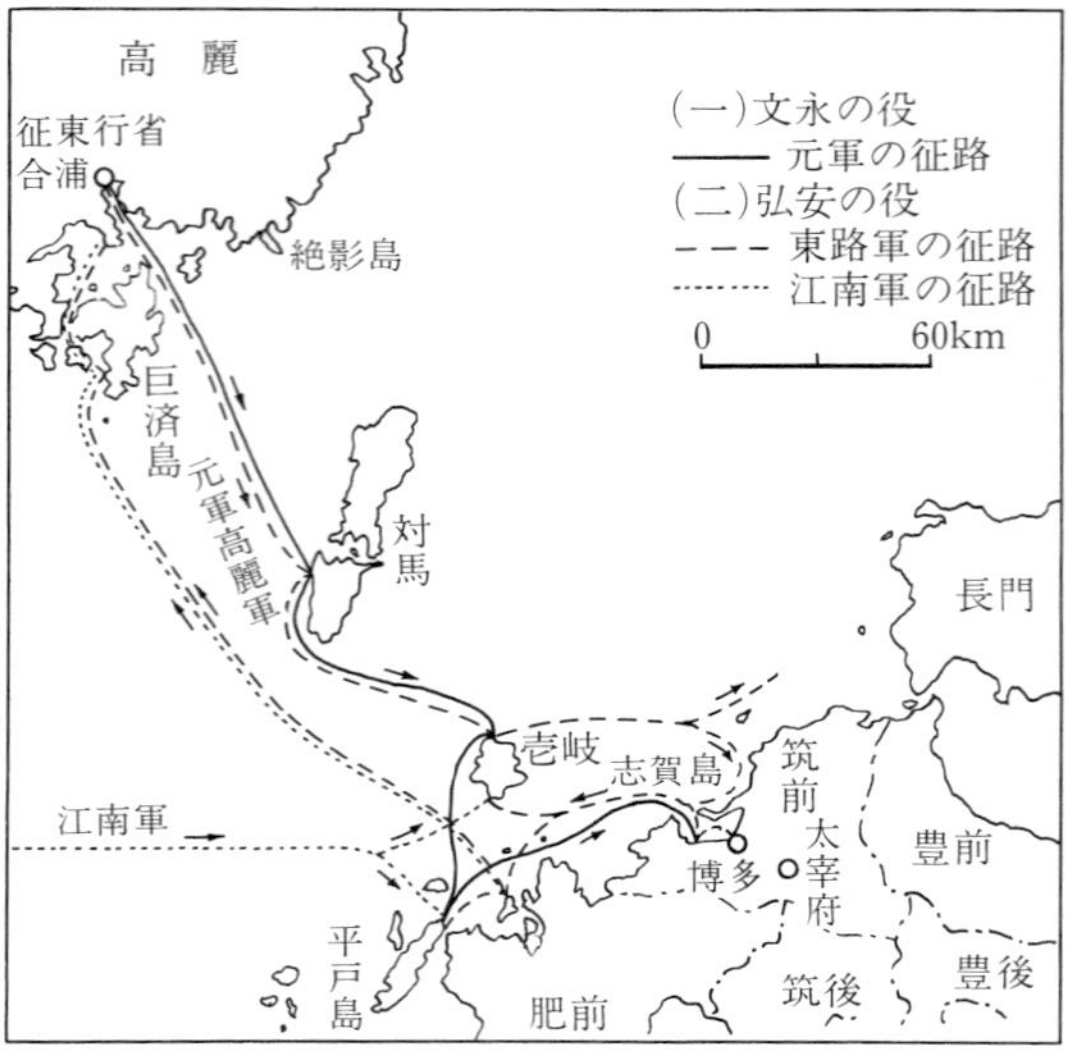

図37　モンゴル襲来関係地図

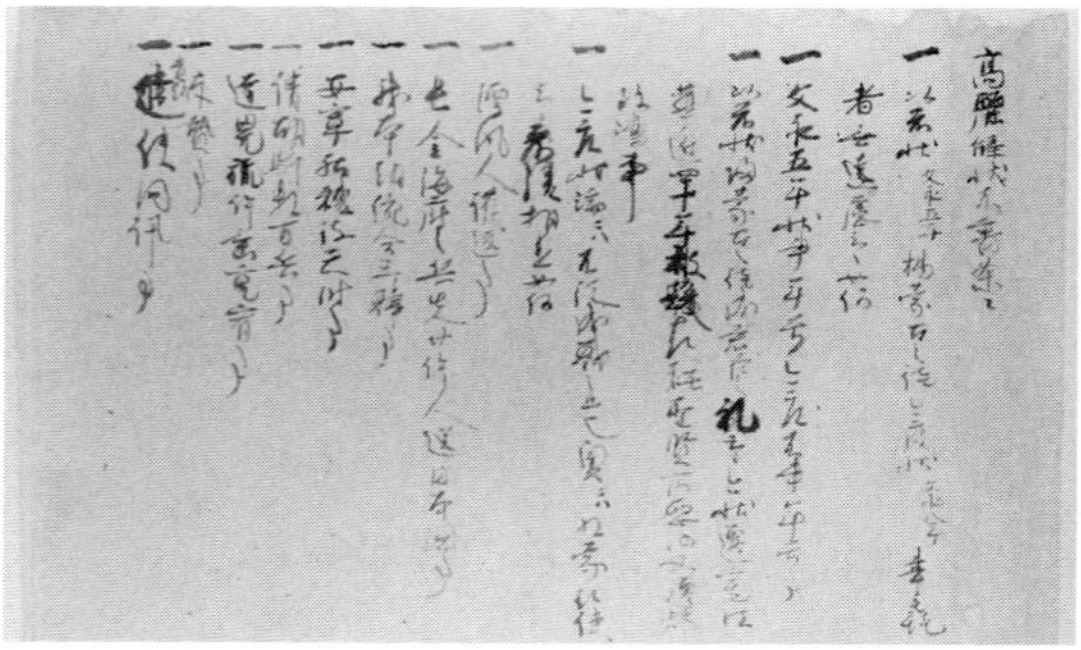

図38　「異国牒状不審条々」

州や中国・四国地方の武士や船、船員を動員して高麗を攻撃しようとしている。また、弘安の役の直後にも高麗攻撃が計画されている。当時の高麗はモンゴル帝国の支配下にあり、征東行省が置かれるなど、日本遠征の拠点の一つになっていたのである。いずれも計画のみで実現はしなかったが、モンゴル襲来が日・元・麗の全面戦争に発展する可能性があったことを指摘しておきたい。

ところで、現在「異国牒状《ちょうじょう》不審条々」という史料が東京大学史料編纂所に残されている。一二六八年（文永五）と一二七一年（文永八）にそれぞれ高麗からもたらされた「牒状」（国書）の内容を比較し、不審点を列挙したものである。一二六八年の国書とは、日本に通交を求めるクビライの国書に添えられた高麗国王の国書のことで、皇帝クビライの徳を称《たた》え、日本も使者を派遣してモンゴルと好《よしみ》を結ぶことを勧める内容のものであった。それに対して、一二七一年のものは一転してモンゴルのことを「無遠慮」と批判し、日本に食料と援兵の派遣を求める内容となっており、両者の内容の食い違いを不審点として書き上げたものが「異国牒状不審条々」である。実は一二七一年の牒状とは、高麗国王の国書ではなく、モンゴルの高麗支配に抵抗して反乱を起こした高麗国軍の精鋭部隊「三別《さんべつ》抄《しょう》」が日本に救援を求めて送ってきたものであった。結局、朝廷も幕府も一二七一年の牒状の意味（三別抄が元・高麗政府に反乱を起こしていたこと）を理解できず、三別抄の反乱も一二七三年には鎮圧されてしまう。モンゴルに対する朝鮮半島の勢力と日本の共闘の可能性とともに、当時の日本政府首脳の対外情勢認識の限界をこの史料は教えてくれるのである（村井章介・一九八八）。

モンゴル軍との戦争の様子は、古文書などとともに、博多を中心に進められている発掘の成果や、実際に文永の役・弘安の役に従軍した肥後国の御家人竹崎季長《たけざきすえなが》がのちに描かせた絵巻物『蒙古《もうこ》襲来《しゅうらい》絵詞《えことば》』からうかがうことができる。中でも、モンゴル軍が放った「てつはう」の炸裂に驚いた季長の馬が飛び跳ねているシーンはもっとも印象的な場面の一つであるが、すでにモンゴル軍が火薬を使った武器（火器）を実用化していたことは注目される。「回回砲」と呼ばれる投石器の弾丸も発掘で

図39 「てつはう」の威力（長崎・鷹島海底遺跡出土〈下〉）

図40　モンゴル陣営の様子

見つかっている。これに対して、日本側の装備は次のようなものであった。

肥後国窪田庄預所僧定愉勢并兵具乗馬等事

一、自身歳三十五

郎従一人　所従三人　乗馬一疋

一、兵具

鎧一両　腹巻一両　弓二張　征矢二腰　大刀

右、任被仰下候旨、注進之状如件、

建治二年三月卅日　　窪田庄預所僧定愉

（『石清水《いわしみず》文書』）

これは、建治年間の高麗攻撃計画に際して出動を命じられた肥後国の武士定愉なる人物が、引率できる兵員と武装を書き上げたものである。ここから浮かび上がってくる、大鎧《おおよろい》や腹巻《はらまき》、そして弓矢と太刀《たち》で武装した騎兵と若干の歩兵という姿は、治承・寿永の内乱期の兵士の姿とほとんど変わるところはない。この点は『蒙古襲来絵詞』からも確認できる。

また、日本の武士たちはモンゴル軍の集団戦法にも苦戦させられている。『八幡愚童訓《はちまんぐどうくん》』という史料では、モンゴル軍の総大将は高い所にいて、鼓《つづみ》を鳴らして軍団の攻撃と退却を指揮し、近寄ってきた敵を包み込むように大勢で取り囲んでは押し殺したり生け捕りにするとされている。『蒙古襲来絵詞』にも高い所に陣を構えたモンゴル軍の中に太鼓やドラが備えられている様子が描かれ、それらが絶え間なく鳴り響いていたと書かれている。統制のとれたモンゴル軍の集団戦法が髣髴《ほうふつ》とされるが、このことは逆に、当時の日本軍の戦い方が、個々の武士団ごとの突撃を主体とするものであったことも示していよう。

モンゴル襲来は、御家人以外の人々が軍事動員された点でも注目される。文永の役後に築造された石築地は、弘安の役でモンゴル軍の上陸阻止に大いに効果を発揮し、その後もモンゴルの再来襲に備えて、「異国警固番役《いこくけいごばんやく》」として、そのメンテナンスと警備が維持されたが、それには「本所一円地住人《ほんじょいちえんちじゅうにん》」と呼ばれる人々も動員されていた。また弘安の役後の高麗攻撃計画では山城・大和の「悪党《あくとう》」を動員しようとしていたことも知られている。

鎌倉幕府の軍事体制は本来、御家人制によって軍務を独占する点にその特徴があった。しかし、御家人の多くは東国出身の武士で、西国には御家人化しなかった武士も数多くいたと考えられている。また、御家人の中には、さまざまな理由により没落する者も少なくなく、若狭《わかさ》国では当初は三〇人以上いた御家人が十三世紀半ばにはその半数近くになってしまったことが知られている（田中稔・一九九一）。しかし、鎌倉幕府は御家人制の拡大を図ることなく、徳政令《とくせいれい》を発令するなどして既存の御家

図41　博多湾岸に築かれた石築地（福岡・生の松原の石築地遺構〈下〉）

人制の枠組みの維持に努めたが、最終的には所領を持たない、すなわち軍事的負担に堪えられない「無足《むそく》の御家人」をその軍事機構＝御家人制の中に抱え込むことになってしまった。

その一方で、十三世紀半ば以降、各地で「悪党」の蜂起が頻発するようになる。彼らは幕府検断《けんだん》の対象となったために「悪党」と呼称されたのであり、その実態は多様であるが（山陰加春夫・一九七七）、御家人化しなかった武士や新たに台頭しつつある人々がそこに含まれていたことは間違いない。それまでの武士とは違って、ゲリラ的な戦術を得意とする者がいたことも悪党の特徴である。また、悪党集団に御家人が加わっていたことも知られており、悪党の構成からは御家人制とは異なる新たな武士団結合が展開しつつあったこともうかがえる。

いずれにせよ、「悪党」蜂起という状況は、御家人制とは異なる、もしくは御家人制では捕捉できない武力が台頭したことを示している。モンゴル再来襲という絶えざる危機的状況の中で異国警固番役を維持していくためには、こうした武力を幕府の武力として利用する必要があったのであるが、そのために用いられたのが荘園制を通しての動員であった。すなわち、異国警固番役を一国平均役として荘園にも義務づけ、そうした荘園（「本所一円地」）からの軍事力提供という形で、すなわち「本所一円地住人」の軍事動員として新たな武力の取り込みが図られたのである（高橋典幸・一九九八）。

この方式は、十三世紀末から始まる瀬戸内海の海賊警固にも応用された（網野善彦・一九九五）。こうした軍事動員の変化は、鎌倉幕府が新たな社会状況に対応しようとしていたことをうかがわせるが、社会の動きは幕府の対応能力を超えて進んでいき、南北朝の内乱期を迎えることになる。

5 南北朝内乱から応仁・文明の乱へ

南北朝・室町時代

南北朝内乱　一三三三年（元弘《げんこう》三・正慶《しょうきょう》二）に鎌倉幕府が倒壊し、後醍醐《ごだいご》天皇による建武新政《けんむしんせい》が始まったのも束の間、足利尊氏《あしかがたかうじ》が離反したことにより建武政権も瓦解、いわゆる南北朝内乱と呼ばれる内戦に突入していく。

この内戦は、大和吉野に拠る南朝と、京都を拠点とする室町幕府および北朝が対立する構図をとっているが、六十年もの長期間にわたって日本列島の各地を舞台に内戦状況が継続したことは、単に「北朝対南朝」という対立図式だけでは説明づけることはできない。当時の社会情勢、とくに在地における武士団の動きが内戦状況の深化・長期化を促した最大の要因であった。

武士団相互の抗争が治承《じしょう》・寿永《じゅえい》の内乱の背景にあったことは前節でもみたところであるが、鎌倉末・南北朝期の武士団は一族対立という新しい深刻な問題を抱えていた。それまでは一族の惣領《そうりょう》が庶子《しょし》を統率する族内統制が行なわれ、鎌倉幕府もそれを惣領制として支持していたのであるが、次第に庶子が惣領の統制から離れ独立化する傾向を強め、幕府の崩壊とともに惣領と庶子の対立が各地で顕在化していったのである。「南北朝の対立」は在地では惣領と庶子の争い（一方が北朝につけば、他方は南朝につく）という形で繰り広げられていたのである。こうした惣庶対立の一因には分割相続の行き詰まりという経済問題があった。すなわち、それまでの武士団では、所領をはじめとする財産を諸子で分割相続するのを慣習としていたが、分割相続の繰り返しは所領の細分化をもたらすことになった。戦争状況は、こうした窮乏状況を打開し所領を拡大する好機でもあったのである。戦功を挙げて恩賞として新たな所領を獲得することもできたし、内戦状況を利用して、すなわち「相手は敵方な

図42　山深い吉野

図43　常陸小田城（茨城県つくば市）　北畠親房はここを拠点に南朝の関東計略を目指した．

り」と称して積極的に他領を侵略することもしばしば行なわれた。いわば、武士団の動きそのものが、さらなる戦争状況を呼び起こしたのである（佐藤進一・一九六五、小林一岳・二〇〇一）。

しかし、その一方で「北朝対南朝」という対立軸そのものが、長く内乱を誘発しつづけていたことにも注意しておきたい。北朝および室町幕府と南朝との実質的な軍事抗争そのものは十四世紀半ばにはほぼ決着がついてしまう。吉野に逃れた南朝は、奥州・関東・北陸・九州に皇子や武将を派遣して地方拠点を構築し、京都の北朝・室町幕府を包囲する戦略を構想していたが、それぞれ北陸・奥州の経略を担っていた新田義貞《にったよしさだ》・北畠顕家《きたばたけあきいえ》が一三三八年（暦応《りゃくおう》元・延元《えんげん》三）にあいついで戦死してしまう。また、南朝最大のイデオローグ、北畠親房《ちかふさ》みずからが関東に乗り込み南朝勢力の組織化につとめるが、あしかけ六年の努力も甲斐なく一三四三年（康永《こうえい》二・興国《こうこく》四）には吉野に帰還してしまう。こうして南朝は奥州・関東・北陸での拠点作りに失敗した上に、一三四八年（貞和《じょうわ》四・正平《しょうへい》三）には尊氏の執事高師直《こうのもろなお》に攻め込まれて吉野を放棄、さらに奥の賀名生《あのう》に押し込められてしまう。「北朝対南朝」という軍事対立そのものは、ほぼこの段階で収束したと言えよう。

その後も約半世紀近く南朝が延命するのは室町幕府の内紛によるところが大きいとされるが、注目すべきは、そこで「北朝対南朝」という対立軸が活用されていることである（村井章介・二〇〇三）。すなわち、室町幕府に対する反逆者はきまって「南朝に降る」ことによってその反逆を正当化しようとしているのである。足利尊氏・直義《ただよし》の二頭政治が破綻した観応《かんのう》の擾乱《じょうらん》（一三五〇—五二年）では、直義および尊氏があいついで南朝に帰順する姿勢をとっており、その間隙をついて、一三五二年（観応三・正平七）閏二月に、一時的にではあるが、南朝は京都の奪還に成功しさえしている。その後も、足利直冬《ただふゆ》・山名時氏《やまなときうじ》・仁木義長《にきよしなが》・細川清氏《ほそかわきようじ》・大内弘世《おおうちひろよ》らがあいついで南朝を旗印に掲げて室町幕府に敵対している。南朝は軍事的実質を失ってなお、室町幕府に不満を持つ勢力に反逆の名分を与える役割を果たしていたのであり、「北朝対南朝」という対立軸そのものが新しい内乱を生み出しつづけていたと言えよう。

一三六三年（貞治《じょうじ》二・正平十八）に中国地方の大名山名時氏と大内弘世があいついで室町幕府に帰順したことにより、南朝を担いだ不満分子の反乱もほぼ終息し、「北朝対南朝」という対立軸が新たな内乱を呼び起こすこともなくなっていった。残るは南朝勢力唯一の牙城九州であったが、ここではまた新しい状況が展開しつつあった。

九州には後醍醐天皇の皇子懐良《かねよし》親王が征西将軍として派遣されていた。新田義貞や北畠親房・顕家父子と同じく、九州に南朝の地方拠点を築くことがその使命であった。一三四二年（康永元・興国三）にようやく九州に入ることができた懐良は、菊池氏をはじめとする九州の武士の支持を受け、折からの観応の擾乱に乗じて勢力を拡大、一三五五年（文和《ぶんな》四・正平十）には博多に突入して武家方の鎮西管領一色道猷・直氏父子を九州から追い払い、さらに少弐《しょうに》氏も破って一三六一年（康安元・正平十六）には大宰府を占領し、ほぼ九州全域を支配するに及んだ。

懐良が九州に打ち立てた政治権力は「征西府《せいせいふ》」と呼ばれ、以後十年以上、九州で隆盛を誇った。室町幕府は、斯波氏経《しばうじつね》や渋川義行《しぶかわよしゆき》、さらには今川了俊《いまがわりょうしゅん》らの有力武将を次々と派遣し、その攻略につとめたが、それは南朝の一地方拠点を潰す以上の意味を持っていた。そもそも征西府は吉野の南朝朝廷からの自立性が強かった上、一三七一年（応安《おうあん》四・建徳《けんとく》二）には明皇帝によって「日本国王」に封じられていたのである。室町幕府にとっては、南朝という旗印に代わって、新たに明帝国の権威を背景として敵対する軍事勢力が生まれたことになる。こうした外交問題もからんだ新しい軍事情勢に対処するには、当面する征西府勢力を打倒するだけでなく、明を権威とする敵対勢力が登場する可能性を封殺しておかなければならない。九州探題今川了俊の攻撃を受けて、一三七二年（応安五年・文中《ぶんちゅう》元）に懐良親王は大宰府を没落し、征西府は一地方勢力に転落したが、当の了俊自身も一三九五年（応永二）に探題の職を解任されてしまう。了俊の動きに自立化、さらには明と結びつく可能性がみられたための措置とされている。また、一三九九年（応永六）に周防《すおう》・長門《ながと》・石見《いわみ》・豊前《ぶぜん》守護大内義《よし》弘《ひろ》が幕府によって討滅された（応永の乱）のは、一三九〇年（明徳《めいとく》元・元中《げんちゅう》七）の土岐《とき》氏討滅（美濃の乱）、一三九一年（明徳二・元中八）の山名氏討滅（明徳の乱）につづく室町幕府による大大名抑圧策の一環でもあるが、これも大内氏が明との通交関係を築くことを排除する目的があったと見られている（村井章介・二〇〇三）。

一四〇三年（応永十）に足利義満《あしかがよしみつ》が明皇帝より、あらためて日本国王に封じられているのは、一連の措置の総仕上げであった。将軍自らが明との通交関係を独占することによって、他の勢力が明を担いで敵対勢力に転じる可能性を完全に封じたのである。一三九二年（明徳三・元中九）には南北両朝の統一が実現し、この方面でも反逆の名分は消し去られている。このように、南北朝内乱には敵対・

反逆の名分をめぐる争いという側面もあったのである。

守護と国人　室町幕府が軍事動員の対象としたのは、まずは国人《こくじん》と呼ばれる諸国の武士たちであった。彼らは「地頭御家人」と呼ばれ、将軍と主従関係を結んでいたが、内乱の広範な展開は各国の軍事指揮官として彼ら国人と幕府との間に介在する守護の存在感を高めた。国人たちが室町幕府から直接軍事動員を受ける場合でも「守護に従って軍忠《ぐんちゅう》を尽くすべし」というように、守護の軍事指揮下に入ることが明記されることがあった。そして守護にはそれに見合うべく、さまざまな権限が認められることになったが、中でも闕所《けっしょ》地処分権が付与されたことは重要である。闕所とは敵対者の所領を没収すること、もしくは没収された所領のことで、それを誰に与えるかは究極的には将軍の権限であったことは鎌倉幕府と変わりはないが、この時代の守護には闕所地を暫定的に適当な国人に預け置くことが認められたのである。闕所地の認定そのものも守護に委ねられていることが多く、闕所地処分権とあわせて、守護の軍事指揮権の発動に大いに力を発揮した。

さらに、一部をのぞいて幕府から諸国の国人が直接動員されることはなくなり、もっぱら守護あてに命令が下されるようになっていく。守護はそれを受けて国人を率いて軍事活動を行なっており、いわば守護に管内国人の軍事動員を「請け負わせる」体制となっていったのである（吉田賢司・二〇〇三）。こうした軍事動員を通じて、守護と主従関係を結んで被官《ひかん》となる国人も増え、守護の軍事機構が整備されていった（川岡勉・二〇〇二）。

しかし、全ての国人がスムーズに守護の軍事指揮下に入ったわけではない。足利義満は、足利一門

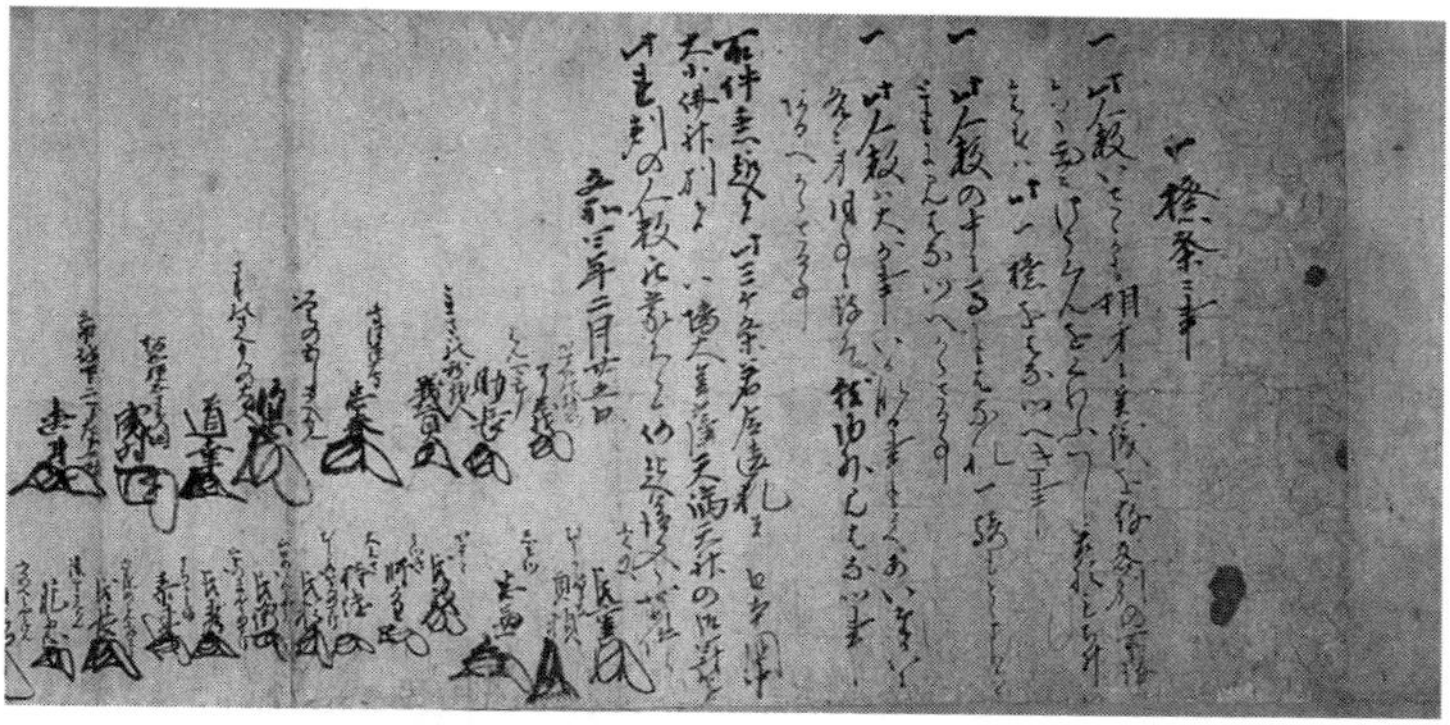

図44　越前国人による一揆契状（「越前島津家文書」）

や足利氏譜代《ふだい》の被官、守護の庶流、一部の有力国人を直轄の親衛隊「奉公衆《ほうこうしゅう》」として組織した。彼らは、守護とは別に幕府から直接動員を受ける直轄軍であり、明徳の乱の際には義満の御馬廻三〇〇〇騎が出陣したとされる（『明徳記《めいとくき》』）。地方においては、守護の恣意的な活動を制約する役割が彼らに期待されていた（福田豊彦・一九九五a）。また国人たちは、守護の軍事動員に対して、国人一揆《こくじんいっき》と呼ばれる領主連合を形成して応じ、恩賞も一揆に対して与えられることもあった。国人一揆は、守護による軍事編制の有力な基盤でもあったが、それは地域における利害を共にする武士団の結合であり、守護の行動がその利害に反する場合は守護に敵対することもあり、国人一揆によって守護が追い出されることもあった（福田豊彦・一九九五a、小林一岳・二〇〇一）。

戦争の質の変化　武士だけではなく、荘園や村々に暮らす人々も戦争と関わらざるを得なかった。南北朝内乱の初期においては、大規模な遠征がしばしば行なわれたが、遠征軍を支える兵站《へいたん》という発想はなく、周辺の村々が略奪された。南朝の奥

図45　福島・霊山城　鎮守大将軍北畠顕家の拠点

州経略のために霊山城《りようぜんじよう》（福島県伊達市）を拠点としていた北畠顕家は、一三三五年（建武二）と一三三七年（建武四・延元二）の二度にわたって、奥州から畿内への大遠征を敢行しているが、その行軍《こうぐん》の有様は「路地の民屋を追捕《ついぶ》し、神社仏閣を焼払ふ。総此勢の打過ける跡、塵を払て海道《かいどう》二三里が間には、在家の一宇《う》も残らず草木の一本も無りけり」（『太平記《たいへいき》』巻十九）というすさまじさであった。実際に、東海道の要衝に位置していた美濃国大井荘（岐阜県大垣市）は、この遠征軍に牛馬や米、大豆などを略奪されたことが知られている。

一般民衆が戦争の被害を受けるのは南北朝内乱にかぎった問題ではないが、この時期の民衆は自らの安全を守るために積極的に立ち上がっていることが注目される。北畠顕家軍の略奪を受けた美濃国大井荘でも「今後は一所に集まって命を捨てて軍隊と問答し、その略奪を防ごう」と住民たちが団結し、毎日警護にあたっている（『東大寺文書』）。

実は、荘園の住民が地域の防衛に立ち上がるのは鎌倉時代後半からみられた現象であった。この頃から頻発するようになった悪党の侵略に対抗するため、「荘家警固《しようけけいご》」という防衛体制がとられるようになっていたのである。「荘家警固」には、荘官《しょうかん》を中心に住民が結集して防衛にあたる場合と、荘官が自らの才覚で軍勢と兵糧米《ひょうろうまい》を集めてそれにあたる場合の二形態があったが、いずれにせよ荘官層を中心に在地でも軍事力が蓄積・発揮されるようになっていたのである。

こうなると、守護の側もこうした在地の軍事力に注目するようになってくる。先の大井荘でも住民が団結して「荘家警固」体制がとられるようになると、守護などが馬や武器・兵糧米や軍勢を出すように迫ってきている。前節でもみたように、すでに鎌倉時代の後半から本所一円地にも軍事動員がかけられるようになっていたが、内乱期においては、こうした軍事動員に応じることが荘園の維持や「平和」に不可避のものとして強化されていったのである（逆に動員に応じない場合は、「敵」とみなされて略奪にさらされる）。南北朝期以降、「守護役」として、軍事動員をはじめとする、さまざまな負担が荘園にかけられる状態が恒常化しており、人々は荘園制を通じて戦時体制に組み込まれることになった（伊藤俊一・一九九三、高橋典幸・一九九八、小林一岳・二〇〇一）。

中でも、在地の軍事力のキーパーソンであった荘官層の中には自身が従軍し軍功を挙げ、守護などから直接褒賞される者もあった。京都周辺の荘園の荘官層は、この後も「寺社本所領住人」として把握され、室町幕府による石清水八幡宮《いわしみずはちまんぐう》警固体制に組み込まれたりしている。彼らは在地における下級の武士、「地侍《じざむらい》」として幕府や守護とも関わりを持つようになっていく。

一般の住民も無関係ではなかった。兵糧米を供出したり、それを運ぶ陣夫《じんぷ》として戦場に赴いたばかりでなく、「野伏《のぶせり》」として徴発され実際の戦闘に加わることもあった。野伏とは、南北朝内乱期から

図46　略奪をはたらく兵士たち

活躍するようになった歩兵のことで、奇襲や待ち伏せして交通路を封鎖するなど、ゲリラ的な戦い方がその特徴であった。

野伏の活動としては、落武者狩《おちむしゃがり》や略奪などもよくみられるところであるが、これらは鎌倉期以来の悪党の活動とも共通している。実は、悪党は銭などの富と引き替えにその武力を提供する傭兵《ようへい》としても活動していたことが知られており（『峰相記《みねあいき》』）、野伏の行動スタイルなどをみると、戦場での略奪公認という「富」と引き替えに悪党の武力が戦場に持ち込まれていた可能性は高い（小林一岳・二〇〇一）。南朝方の有力武将として活躍した楠木正成《くすのきまさしげ》自身が悪党的な存在であったことはよく知られているが（網野善彦・一九九五）、将軍足利尊氏の執事高師直もその配下に悪党的な人々を数多く抱えていた。彼らの恩賞要求に対して、師直は「近くの寺社本所領を勝手に切り取ってしまえ」（『太平記』巻二十六）と語ったと伝えられている。南朝を賀名生《あのう》に追い込んだのが他ならぬ高師直の軍団であったことは、悪党の武力の精強さを物語っていよう。

南北朝期の戦争は以上のように、悪党や荘園の住人などさまざまな人々が好むと好まざるとにかかわらず動員されていること、とくに野伏などの歩兵が活躍するようになったところに特徴があるが、それは戦闘方法や武装のあり方にも大きな影響を与えた。すなわち、それまでは騎兵による弓射《きゅうしゃ》戦が中心だったのに対して、弓矢はむしろ歩兵の武器となり、騎兵は主として斬撃兵器を使って戦うようになる。これにともなって、南北朝期には太刀や長刀などの

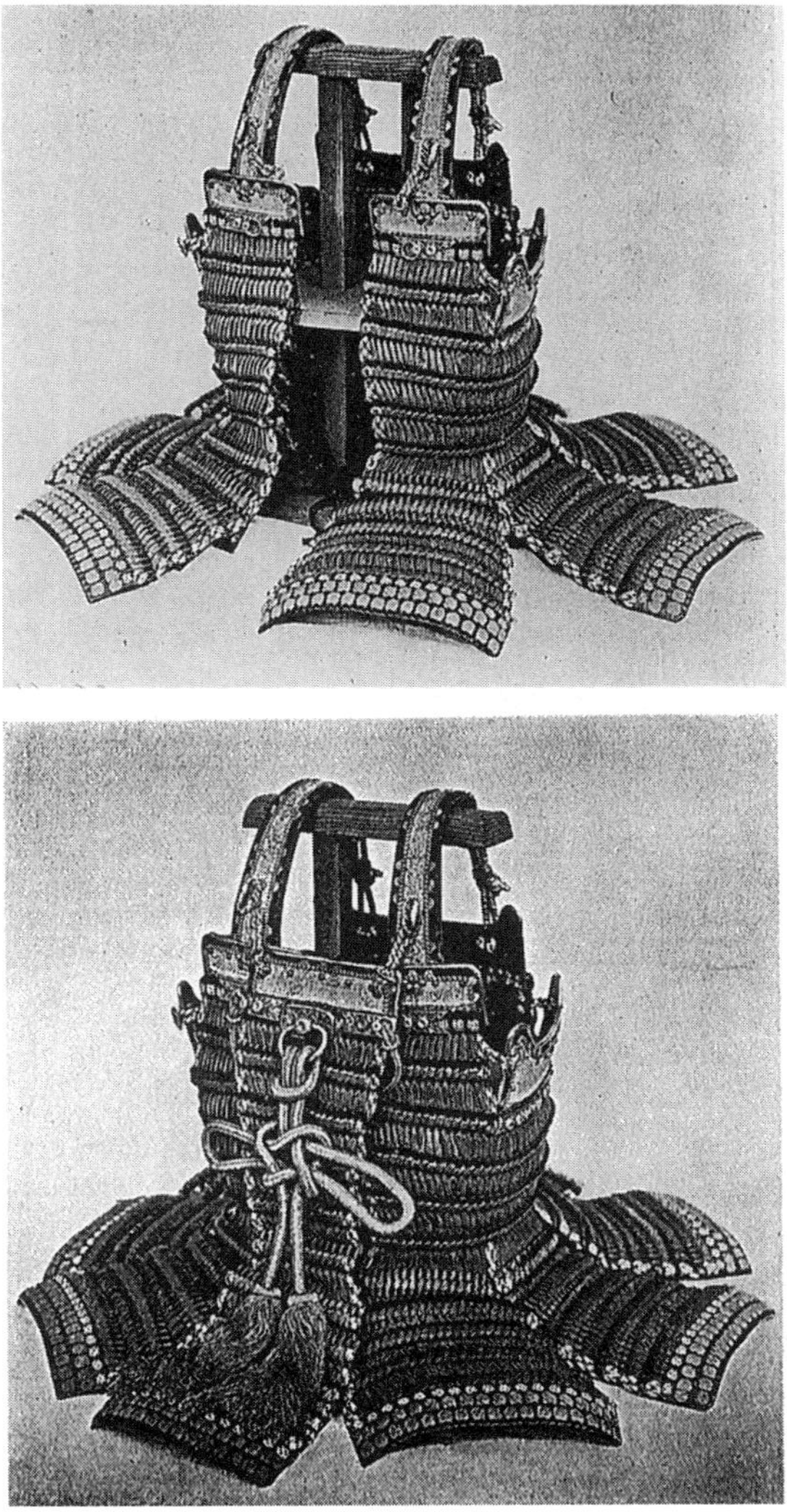

図47　胴丸

寸法・重量が長大化したほか、鉞《まさかり》や撮棒《さいぼう》なども武器として用いられている。とくに注目されるのは、新たに鑓《やり》が開発されたことである。鑓は、「突く」のみの簡単な武器で、あまり訓練されていない兵士でも容易に操作できる点に特徴がある。鑓の登場は、戦争の「専門家」である武士以外のさまざまな人々が戦闘に加わるようになったこの時期の戦争に対応する現象といえよう。

ゲリラ的な戦術を身上とする野伏らにとっては機動性の確保が重要課題であったため、腹巻《はらまき》より軽装の甲冑「胴丸《どうまる》」が大量生産された。機動性が求められたのは騎兵も同じで、鞍《くら》も深く腰をかけるものから、丈が低く乗り降りの容易な水干鞍《すいかんぐら》へと変わっていく。騎兵の戦闘スタイルが弓射から斬撃中心に変化したことにともなって、手足の動きの制約される大鎧《おおよろい》は敬遠され、大将級の上級武士でも腹巻に兜《かぶと》・大袖《おおそで》をつけて騎乗するのが主流となっていった。

以上のように、南北朝の内乱は戦闘方法・武装という点でも大きな変革期だったのである（藤本正行・二〇〇〇、近藤好和・二〇〇五）。戦闘員の拡大とともに、戦争の質が変わったと言えよう。

臨戦体制としての室町幕府　十五世紀の始め、とくに将軍足利義持《よしもち》の治世期は室町幕府が比較的安定していたとされるが、いくつかの不安定要素も抱えていた。南朝の皇胤《こういん》や残党らのいわゆる後南朝勢力もその一つであった。南北朝の統一は、北朝による南朝の接収がその実態であったため、それに不満を持つ後南朝勢力はさまざまな機会を捉えては室町幕府に抵抗する姿勢を見せた。中でも伊勢国司北畠満雅《きたばたけみつまさ》は、後亀山院《ごかめやま》（南朝最後の天皇）や旧南朝の宮を擁立して、一四一五年（応永二十二）、二三年（同三十）、二八年（正長元）と、三度も室町幕府に対する反乱を試みている。満雅は南朝の重臣北畠親房の子孫で、南北朝合一後も伊勢に勢力を張っていたのである。最終的に満雅は敗死し、北畠氏も室町幕府に服属するが、十五世紀にもなお「北朝対南朝」という対立軸が亡霊のごとく甦ってくる可能性が残されていたのである（森茂暁・一九九七）。

もう一つ、室町幕府と鎌倉府の政治的緊張関係も新たな火種となっていた。足利尊氏は京都に幕府の拠点を定めながら、鎌倉幕府の故地東国には特別の配慮を払い、嫡子義詮《よしあきら》、つづいてその弟基氏《もとうじ》を鎌倉に派遣して東国一〇ヵ国（のち奥羽二ヵ国も加わる）の支配を委任していた。基氏に始まる鎌倉の主を関東公方《かんとうくぼう》、その統治機関を鎌倉府というが、基氏の子氏満《うじみつ》、さらにその子満兼《みつかね》の頃から、関東公方は京都の室町幕府に対して対抗的な姿勢を強めていく。一四〇三年（応永十）の応永の乱に際して、満兼は大内義弘に呼応して挙兵しようとさえしていた。また、先に述べた北畠満雅の反乱にも満兼の子足利持氏が共謀していた。

こうした不穏な関東情勢に対処するために幕府は、佐竹《さたけ》氏や宇都宮《うつのみや》氏、真壁《まかべ》氏など主として北関東の反関東公方派の武士を「京都扶持《ふち》衆」として直接掌握して、鎌倉府の動きを牽制した。一方、持氏はこれら京都扶持衆を攻撃するなどして、鎌倉と京都とは一触即発の状態になることがしばしばであったが、ついに一四三八年（永享十）両者は全面対決するに至る。幕府は京都扶持衆のみならず、今川・一色《いっしき》・斯波《しば》ら東海・東山道諸国の守護大名を派遣して鎌倉府を攻撃し、持氏を自害に追い込んだ（永享《えいきょう》の乱）。持氏支持勢力はその遺児を擁立してなお抵抗を続けるが、一四四一年（嘉吉《かきつ》元）には鎮圧される（結城《ゆうき》合戦）。この結果、十五世紀前半の軍事情勢を強く規定してきた京都と関東の緊張関

図48 『結城合戦絵巻』

係もようやく後景に退くことになる。

この時期の室町幕府が安定していたようにみえるのも、実は関東との軍事的緊張状況を抱えていたために、将軍を中心に諸大名が相互の矛盾・対立を抑制して結束していた結果であって、まさに「臨戦体制としての室町幕府」だったのである（榎原雅治・二〇〇三、山家浩樹・二〇〇四）。

実際、義持《よしもち》や義教《よしのり》の治世期には有力大名が幕府の武力としてよく活動している。東国や九州をのぞいて、当時の守護大名は在京することが原則とされていたので、将軍の命令を受けてさまざまな軍事活動に従事しているのである。中でも、長く管領《かんれい》をつとめた畠山満家《みついえ》（河内・紀伊・越中守護）や、筑前・豊前《ぶぜん》守護にも任じられて九州経営を期待されていた大内盛見《もりみ》（周防・長門守護）らは、しばしば被官を率いて将軍の寺社参詣の警護を勤めたり、将軍の要請に応じて軍勢を率いて上洛しており、将軍の直轄軍とも言うべき働きが認められるという（桜井英治・二〇〇一）。

一四三三（永享五）・三四年に行なわれた、幕府による比叡山《ひえいざん》攻撃には、山名・土岐《とき》・佐々木・小笠原・斯波・細川・一色・富樫《とがし》・赤松らの諸大名が従軍しており、在京守護の総力を結集した戦いの様相を呈している。この時、山名時熙《ときひろ》（但馬・備後守護）は騎兵三〇〇、野伏二、三〇〇〇人を率いており、当時の守護の軍事力の概要が知られる（『満済准后日記《まんさいじゅごうにっき》』永享五年十一月二十七日条）。伊勢守護土岐持頼は一五〇騎を率いて上洛しており、越前守護の斯波義郷は「越前国勢」を率いて戦っていることなどから、それぞれ分国における国人の被官化が進められていたことがうかがわれる。また、近江守護六角満綱《ろっかくみちつな》が南近江の比叡山領から野伏を徴発したことも知られており（『満済准后日記』永享六年十月一日条）、荘園を組み込んだ軍事編制も進行していた（六角満綱の措置は比叡山の兵站を抑える意味もあったと考えられる）。

さらに注目したいのは、室町幕府から京都周辺の村々にも領主を通じて動員命令が出されていることで、京都南郊の伏見荘では荘内の村々から、地侍とその下人、そして百姓からなる総勢三〇〇名近い大部隊が出陣している（『看聞日記《かんもんにっき》』永享六年十月四日条）。室町時代になると、畿内の農村では「惣《そう》村《そん》」と呼ばれる村落結合が発展し自治が進んだが、それは村落の軍事的力量を高めるものでもあり、周辺の村落と攻守同盟を結ぶばかりでなく、領主と軍事的に提携したり、交戦したりする村落さえ現われた（稲葉継陽ほか・二〇〇二）。一四四三年（嘉吉三）九月、京都北郊の市原野村は、狩猟をめぐるトラブルから山名・細川・土岐・赤松・六角ら大名連合軍の攻撃を受けたにもかかわらず、これを

図49　御香宮神社表門　伏見の村人は御香宮の境内に集まって出陣した.

撃退していること（『看聞日記』嘉吉三年九月）は、当時の村落の持つ軍事力の高さを示している。室町幕府はそうした村落の軍事力に目をつけて、これを動員しようとしたのである。この後、年貢の半減（「半済《はんぜい》」）を条件に京都周辺の村々が直接動員されるようになり、幕府の軍事力の一角を担うようになっていく（田中克行・一九九八）。

土一揆から応仁・文明の乱へ　十五世紀半ば以降、室町幕府にとって最大の軍事的課題となったのは、土一揆《つちいっき》の頻発であった。徳政を求めて土一揆勢が京都を襲うようになったのは、一四二八年（正長元）の正長《しょうちょう》の土一揆に始まる。つづく嘉吉の土一揆（一四四一年）とともに、いずれも室町殿の代替わりを契機とした蜂起であったが、一四五〇年代以降になるとほぼ三年おきに土一揆の蜂起がみられるようになり、連年京都が襲われることもあった。幕府は大名軍などを派遣してその鎮圧や防禦《ぼうぎょ》に努めたが、幕府軍が敗れ、京都の町が土一揆勢の略奪にさらされることもたびたびあり、土一揆の軍事力が相当なものであったことがうかがわれる。

従来の研究で土一揆の実態として指摘されてきたのは、京都周辺の惣村であった。十五世紀半ばにはあいつぐ天災により飢饉《ききん》が頻発し、京都周辺の村々は京都の金融業者（土倉《どそう》・酒屋）からの借財に苦しんでおり、そうした苦境を打開するために惣村が軍事的に結集して京都を襲ったのが土一揆であったというのである。しかし、土一揆勢の中には大名の被官や幕府に仕える下級武士なども含まれており、土一揆の構成や性格には複雑なものがあった。

そうした中で、近年注目されているのは、土一揆や徳政の「大将」の存在である。一四六二年（寛《かん》正《しょう》三）に京都を襲った土一揆が「牢人の地下人《じげにん》」（主人を持たない下級の武士）蓮田兵衛に率いられていたように、「大将」の下に集まってきたさまざまな人々が土一揆の中心勢力とみられるようになっている（神田千里・二〇〇四）。

実はこの時期、「足軽大将《あしがるたいしょう》」と呼ばれる人々が広く活動していることも知られている。彼らは、飢饉により京都に集まってくる飢民たちを集めて足軽集団を結成して、村や町を略奪してまわっていたのである。徳政を求めて京都を襲った土一揆勢の実態も、こうした足軽大将や足軽集団であった可能性が高い。もちろん、足軽集団は嫌われ、百姓から追放されたり、守護から禁制が下されたりしているが、飢饉が続く限り、こうした集団が再生産される素地はじゅうぶんあった。重要なことは、足軽の軍事力が守護や大名にも利用されるようになっていったことである。

十五世紀後半の室町幕府内部では大名どうしの抗争が激しくなる。関東という共通の外敵が消滅し、求心力が失われた結果であるが、抗争相手を圧倒するために、大名どうしの合従連衡《がっしょうれんこう》が繰り広げられるとともに、それぞれ軍事力の強化に努めるようになる。そうした時、手近な戦力として期待され

図50　真如堂を破壊する足軽

たのが足軽や土一揆であった。大名たちは競って彼らを抱え込むようになっていった。こうした大名たちが東西二陣営に分かれてぶつかり合ったのが応仁《おうにん》・文明《ぶんめい》の乱である。

一四六七年（応仁元）に勃発したこの乱は、将軍足利義政《よしまさ》の後継者をめぐる争いをはじめとした幕府内のさまざまな対立関係が絡まりあって引き起こされた抗争であった。この抗争が一四七七年（文明九）まで一〇年という長期にわたったことは、その要因がいかに複雑なものであったかを示している。しかし、戦闘そのものに目を向けると、大名どうしが本格的に交戦したのは最初の数年間のみで、乱の大半は京都における略奪に終始している。これは、大名たちの戦力の中心が足軽たちであったことと無関係ではない。彼らにとって、東軍と西軍の対立や、両派の頭目である細川勝元《かつもと》や山名宗全《そうぜん》の死（いずれも一四七三年）はどうでもよいことであった。飢饉という極限状況からどのように生き延びるかが彼らの最大の課題であり、その手近な解決策が略奪だったのである。応仁・文明の乱は、東軍対西軍という名を借りた「土一揆」でもあったのである（藤木久志・二〇〇一）。

コラム　南北朝期の武士の「タテマエ」と「ホンネ」

南北朝期に各地で繰り広げられた戦争を復原する際に、重要な手がかりとなるのが「軍忠状《ぐんちゅうじょう》」という史料である（漆原徹・一九九八）。これは武士たちが自分たちの戦功を指揮官に報告する文書で、南北朝期の武家文書には軍忠状がたくさん残されている。当時は戦いで戦死したり傷を負うことも戦功と認められたから、誰が戦死したか、どこに傷を負ったかということも書かれていた。これらによって戦争の経過のみならず、戦闘の具体的な様子も知ることができる。たとえば、鑓がこの時代から使われるようになったことは、元弘四年（一三三四）一月に曾我乙房丸代道為という人が提出した軍忠状に「矢利《やり》で胴を突かれた」と書かれていることにより知られるのである。

軍忠状は戦後における恩賞請求の資料とされたので、さかんに作成された。恩賞を求めて戦う武士たちは、軍忠状でその武勲を強調したのであるが、それはあくまでも「タテマエ」の世界であり、彼らがすべて喜び勇んで戦場に向かって行ったわけではない。東京都日野《ひの》市の高幡山金剛寺の不動《ふどう》明王像《みょうおう》（通称「高幡不動」）の胎内から見つかった古文書群「高幡不動胎内文書」は、この時代の武士たちの「ホンネ」をよく伝えるものである（日野市史編さん委員会・一九九三）。

相模国御家人山内首藤《やまのうちすどう》氏の一族で、日野市域を所領としていた山内経之は、高師冬の指揮に従って、暦応二年（一三三九）十月ごろ、南朝方の北畠親房の籠もる常陸攻撃に出陣していた。この経之が戦場から所領に残してきた幼い我が子や関係者にしたためた書状が、「高幡不動胎内文書」

の大半を占める。これによれば、経之らは所領没収という脅しを受けてしぶしぶ参陣していることが明らかである。戦場でも所領のことが気にかかっていたらしく、望郷の思いを語ったり、細々と指示を書き送ったりしている。その一方で戦費の捻出に苦しんでおり、兵糧米の工面を依頼したり、乗替馬や弓などを送ってくるよう言い送っている。この時代の武装が自弁であったことはよく知られていることであるが、その現地調達がなかなかうまくいかず、わざわざ所領から取り寄せざるをえなかったことなどが知られ、当時の戦いの実相を伝えるものとしてたいへん興味深い。

どうやらこの戦いの最中に山内経之は討ち死にしてしまったらしい。残された遺族がその菩提《ぼだい》を弔うために、彼が書き送ってきた書状を供養して高幡不動の胎内に納めたものが「高幡不動胎内文書」だったのである。

「高幡不動胎内文書」の山内経之にみられるように、当時の武士たちにとっても戦争は必ずしも歓迎されるものではなかった。新井孝重氏が注目された「高麗氏系図」にみえる高麗《こま》行高は、そうした武士たちが行き着いた一つの姿を示している（新井孝重・二〇〇三）。武蔵国高麗郡を拠点としていた彼は、南北朝期に北畠顕家や新田義興《にったよしおき》に従って関東地方を転戦するも、各地で敗戦。しばらく上野国に逃れ、鎌倉府に降を乞い、ようやく高麗へ戻ることができたという経験の持ち主であった。臨終に際して彼は子孫に「武士之行」をすることを禁じ、戦争を行なうことを堅く戒めたという。みずから戦争との関わりを断とうとした武士がいたことは注目されるところである。

戦国時代

1　戦国動乱の展開

十五世紀後半の内乱と平和　室町幕府の支配が衰えをみせて各地に戦国大名が割拠《かっきょ》し、その抗争の中から統一政権が生まれ、江戸幕府の成立に至る。この一連の変革は、一五〇年という長い年月をかけて実現されていったものであり、その中で多くの戦いが繰り広げられた。いわゆる「戦国時代」がいつからいつまでか、という議論はさまざまであるが、列島の諸地域において恒常的に戦争状況が存在していた時代という意味でとらえるならば、「戦国」の出発点は一四五四年（享徳《きょうとく》三）の、関東における大乱勃発に求めるのが適切であろう。この年の暮れ、鎌倉公方《くぼう》の足利成氏《しげうじ》が、鎌倉の御所において関東管領《かんれい》上杉憲忠《のりただ》を謀殺するという事件がおきた。主君を討たれた上杉氏の一門や家臣たちは、一斉に蜂起《ほうき》して公方との戦いを始め、一方の公方成氏も、上杉軍と交戦しながら北上し、下総《しもうさ》の古河《こが》を根拠とすることとなった。武家の古都鎌倉は政庁としての地位を失い、公方の居所である古河と、これに対抗する上杉陣営が集結した武蔵五十子《いかっこ》が関東の政治史の核となってゆく。そして足利方と上杉方のにらみ合いは、こののち二〇年以上にわたって続くことになる。この間に兵力がぶつかりあう戦いがいつもなされていた、というわけではもちろんないが、いつ攻撃をかけられるかわからない、という状況の中で対陣を続けるという形が恒常的になり、それ以前の時代とは決定的に異なる様相を

図51　応仁の乱

呈したのである。

関東の内乱勃発から十数年後、こんどは京都で戦いがおきる。世に名高い応仁《おうにん》の乱である。一四六七年（応仁元）の京都の戦乱で、都は灰燼《かいじん》に帰し、細川氏の東軍と山名《やまな》氏率いる西軍が対峙《たいじ》する形となった。播磨《はりま》・美作《みまさか》・備前《びぜん》などの各地にも戦火は広がり、周防《すおう》の大内政弘《まさひろ》が大軍を率いて上京するなど、大規模な軍勢の移動もあったが、実際の合戦はそれほどなく、東西両陣営がにらみあいをつづけるという形が続いた、というのが実情だった。

この内乱のさなか、関東においてもあらたな動きがみられた。一四七六年（文明《ぶんめい》八）に、関東管領上杉顕定《あきさだ》の重臣であった長尾景春《ながおかげはる》が、主君の顕定に対して反旗をひるがえし、上杉氏の軍勢が集結する武蔵五十子の陣営を襲ったのである。古河公方足利氏と関東管領上杉氏のにらみあいが延々と続く中で、上杉氏陣営が内部分裂し、下剋上《げこくじょう》の内乱が起きたことになる。長尾景春は各地で勃興した中小の武士たちを組織しており、その力を背景として、伝統的な統治者である上杉氏に対する反乱を実行に移したのであり、時代の大きな変化を先取りした事件だったといえる。

しかし現実の社会は景春が考えるほど進んでいるわけではなく、彼の反乱は結果的には失敗に終った。景春と同じく上杉氏の重臣の立場にあった太田道灌《おおたどうかん》（上杉一門の扇《おうぎがやつ》谷上杉氏の家老）が、景春討伐の中心に立ち、反乱鎮圧を実現させてしまったのである。太田道灌が組織していたのも、景春の場合と同じく新興の中小武士だった。旧来の身分秩序を揺るがす可能性を秘めた新興勢力をまとめあげていた武将どうしが戦いあう形で、この内乱は展開し、結局は下剋上の反乱を抑圧することで終息をみたのである。

図52　太田道灌首塚

景春の反乱がほぼおさまった一四七七年、京都の内乱も終りを告げ、翌年には古河公方と上杉氏の間で和睦《わぼく》が成立、日本列島にひさかたぶりに平和が訪れた。応仁の乱という未曾有《みぞう》の戦乱も、そのまま幕府体制の解体をもたらしたわけではなく、将軍義尚《よしひさ》のもとで幕府政治はそれなりの安定を保ったし、太田道灌の卓越した政治力の下で、関東も平和を謳歌《おうか》していた。大きな内乱にみまわれたにもかかわらず、この時点でいったん平和が取り戻されたことは、やはり軽視することができない。本格的な戦国的状況が広がった十六世紀とは違い、十五世紀後半という時代は、やはり室町の後期と位置づけることが適切であると、こうしたことからも思えるのである。

ただこのようにして実現した平和も長くは続かなかった。一四八六年(文明十八)に太田道灌が主君の上杉(扇谷)定正《さだまさ》に謀殺されたことをきっかけに、上杉顕定(山内家)と上杉定正(扇谷家)の対立が深まり、一四八八年(長享《ちょうきょう》二)には両者の戦いが本格的に開始された。この戦乱は一五〇五年(永正《えいしょう》二)まで、一七年にわたって続くことになる。この内乱の最中、一四九三年(明応《めいおう》二)に京都で管領細川政元《まさもと》がクーデターを起こし、将軍足利義材《よしき》(のちの義稙《よしたね》)が越中《えっちゅう》に逃亡するという事件がおき、政元に擁立された将軍義高《よしたか》(義澄《よしずみ》)と、越中の義材とが並び立つ事態となった。足利将軍家はここで完全に二分され、畿内の武将たちがこのいずれかの陣営に属して争いあうという構図が生まれてしまったのである。将軍を交代させた細川政元は幕府政治をとりあえず掌握していたが、列島規模でみるならば、京都の政権は常に対抗勢力の存在に怯えつづけねばならなくなった。こうした意味で、一四九三年の政変は、戦国的様相に一歩を踏み出した画期ととらえることができよう。

「戦国の世」へ 関東の武蔵を中心に展開した両上杉氏の抗争は、一五〇五年(永正二)に山内家の勝利で幕を閉じ、関東管領上杉顕定のもとであらたな統合が実現されるかにみえた。この上杉顕定は、若い時分に重臣の長尾景春に叛逆《はんぎゃく》されるという苦い経験を持ったが、これに圧倒されることなく、むしろ自らの変貌と時代の先取りによって山内上杉家の勢力を勃興させた英傑であった。長尾景春が反乱の際に拠点とした北武蔵の鉢形城《はちがたじょう》に自ら乗り込み、絶好の立地条件をもつこの城を山内上杉家の拠点として再生させたことに象徴されるように、古いものにこだわらない側面を持っていた。

そして扇谷上杉氏との長い抗争にも耐え、最後の勝利を手にしたのである。

しかし顕定のもとで実現した関東の平和も、やはり長くは続かなかった。一五〇七年に越後守護《えちごしゅご》の上杉房能《ふさよし》が守護代の長尾為景に討たれるという大事件がおき、これが結果的にはあらたな戦乱の導火線となった。房能は上杉顕定の実弟であったため、顕定は弟の仇《かたき》を討つという名目で越後に出兵し、いったん長尾為景の軍勢を破るが、やがて反撃した長尾軍と戦って敗れ、越後長森原で戦死してしまう。一五一〇年（永正七）六月のことであった。関東の統帥の思いがけない敗死をきっかけに、関東の情勢は大きく動き出すことになる。山内上杉家では後継者をめぐる争いがおき、古河公方家でも内部分裂がおきた。またいったん山内上杉家に服属していたあの長尾景春がまた反乱を起こすという事態にもなった。そして一五一二年には、伊豆の韮山《にらやま》を拠点としていた伊勢宗瑞《いせそうずい》が相模の中央部に兵をすすめ、三浦氏の拠点である岡崎城を陥れる。伊勢宗瑞は一四九三年（明応《めいおう》二）に伊豆に侵攻し、まもなく相模の小田原を奪取していたが、それから一五年以上の間、あらたな進出の機会をうかがいつつ活動していた。そして上杉顕定死後の関東の混乱に乗じて、扇谷上杉氏や三浦氏の勢力圏である相模や南武蔵を一挙に制圧した。いわゆる後北条氏の関東制圧の本格的な開始は、この一五一二年の時点に求められるべきであろう。

このように関東の政情が大きく転回している時期、畿内も同様の変動にみまわれていた。将軍を交代させて実権を掌握していた細川政元が、一五〇五年（永正二）に家臣に謀殺されると、これまでその団結によって政界を主導していた細川一門の大規模な分裂がおき、政局はいよいよ流動的になる。

政元死後の混乱の中で京都の掌握に成功したのは、前将軍足利義稙を擁立した細川高国《たかくに》で、一五〇八年に入京した高国は、周防の大内義興《よしおき》とともに京都を押さえることとなったが、政元の養子である細川澄元《すみもと》を中心とする一派は、京都を追われた足利義澄のもとで再起をはかり、一五一一年の八月、京都北部の船岡山《ふなおかやま》で両軍の決戦がなされた。京都が戦火にみまわれたのは応仁の乱以来だったが、この一戦は結局細川高国と大内の勝利に終り、危機を乗り越えた高国はしばらく安定的に幕府を運営する。しかし細川澄元とその一派は健在で、高国の政権はつねに反対勢力の存在に悩まされることとなる。十六世紀に入ってしばらく過ぎたこの時期、関東も畿内もあらたな時代に入っていた。権力の分裂が恒常化し、下剋上の事件が頻発しはじめたこの時代は、やはり戦国の初期ととらえてよかろう。

群雄の割拠と抗争　一五二四年（大永四）正月、北条氏綱《うじつな》が扇谷上杉氏の拠点である江戸城を奪取し、上杉朝興《ともおき》は河越《かわごえ》に逃れた。一五一二年以来続いていた北条と上杉のにらみあいは、ここであらたな展開を示し、北条氏が関東の中央部に進出する足がかりが築かれることとなった。しかし江戸城の接取によってこの地域が北条氏の安定した支配下に収まったというわけではない。河越の上杉朝興は再起をかけて積極的な戦いを続けており、北条氏綱の立場はいまだに不安定なものだった。ことに注目すべきはこの当時における北条と上杉の戦いの実態である。北条氏は江戸を中継地点としながら、河越をはじめとする上杉方の諸城の攻撃を展開したが、対する上杉方も負けじとばかり、北条領国の奥深く攻め入り、相模の平塚《ひらつか》地域を荒らしたりしている。北条も上杉も戦国大名といっていいような権力であったが、その支配領域は面的に広がる安定したものではなく、実質的には兵士の籠《こも》る城の集

図53　春日山城

合体にすぎないという側面を色濃く持っていた。こうした権力体どうしの戦いは、支配領域の取り合いという形をとらず、相手の拠点である城や地域に奥深く侵攻し、適当なダメージを与えて引き返すというパターンの場合がまだ多かったのである。

　北条と上杉の争いは延々と続き、北条氏の勝利がほぼ確定するのは、一五四六年（天文十五）の河越における大勝を待たねばならなかった。この戦いで扇谷上杉氏は滅亡し、武蔵のほぼ全域を北条氏は手中にするが、ここまでくるには江戸城奪取から二〇年以上の歳月を要したのである。そして北条氏が勢力を伸ばしていたこの時代は、いわゆる戦国大名たちが国内の内乱を克服しながら、その権力を成熟させてゆく時代でもあった。甲斐《かい》では武田信虎《のぶとら》が国内の統一を進め、一五四一年（天文十）には信虎の子の晴信《はるのぶ》（信玄）が父を追放して自立、甲斐の家臣たちの力を背景として信濃《しなの》への侵攻を開始することとなり、駿河の今川義元《よしもと》も時を同じくして遠江《とおとうみ》、さらには三河《みかわ》方面への領国拡大を推し進めていた。そして一時期国内の内乱にみまわれていた越後でも、一五四七年に長尾景虎《かげとら》（のちの上杉謙信）が春日山《かすがやま》城主となり、まもなく国内を統一している。西国に目を転じると、周防の大内氏や出雲《いずも》の尼子《あまこ》氏が、一方で繁栄を謳歌しながら、衰退のきざしをみせていた時期であり、一五五一年（天文二十）には大内義隆《よしたか》が家臣の陶晴賢《すえはるたか》に叛《そむ》かれて滅亡し、さらに一五五五年（弘治《こうじ》元）には安芸《あき》の毛利元就《もうりもとなり》が厳島《いつくしま》で陶を破り、二年後には大内氏を滅ぼして、数ヵ国を支配する戦国大名として急成長を遂げることとなった。また九州では一五五〇年に家督《かとく》を継承した大友義鎮《よししげ》（宗麟《そうりん》）が、大内氏の衰退という情勢に乗じてその領国の拡大に乗り出した。畿内においては細川政権の分裂と弱体化のなかで、木沢長政《きざわながまさ》や遊佐長教《ゆさながのり》など、守護被官《ひかん》クラスの武将が活躍、さらに阿波《あわ》の国人《こくじん》出身の三好長慶《みよしながよし》が台頭して将軍を京都から追放するに至る。諸勢力がせめぎあう畿内においては卓越した大名権力はなかなか生まれなかったが、北条・武田・今川・上杉・毛利・大友といった著名な大名たちは、十六世紀中葉のこの時期に時を同じくして勃興したのである。

そして十六世紀後半の政治史は、こうして確立した戦国大名相互の連携と相克の歴史として語られる。東国においては越後の上杉謙信が、北条氏康《うじやす》と武田信玄の両者に向かい合って戦いを展開し、駿河の今川は北条・武田と連合するという形をとった。一五六一年（永禄四）の越後軍の小田原侵攻は、戦国の戦いの象徴ともいえる事件であるが、大軍を率いて遠征し敵の拠点を襲うという戦法は、前代以来の戦いの方法に準拠したものであり、支配領域を着実に拡大させるための戦いとはいえないという側面を持つ。この時代になっても、大名どうしがその領国の境界線を取り合うような戦いはあまり一般的ではなかったのである。

戦国動乱の最終局面　各地で戦いが繰り広げられた永禄《えいろく》年間（一五五八―七〇）、西国においては毛利氏が着実にその勢力を伸ばし、一五六六年（永禄九）には富田《とだ》城を開城させて、山陰の雄尼子氏を滅亡に追い込んだが、東国においては群雄の並立が続き、政治地図はむしろ固定化するかにみえた。ところが一五六八年の暮れ、武田信玄が突然駿河に侵攻したことによって情勢は大きく転回する。遠江懸川《かけがわ》（掛川）に逃れた今川氏真《うじざね》は、翌年こらえきれずに北条氏を頼り、今川領国は武田氏によって接取されることになった。北条・武田・上杉三者のあいだの力のバランスはここで大きく崩れ、武田氏の強大化が顕著となったのである。ちょうど信玄が駿河に侵攻した直前の時期に、尾張《おわり》出身で美濃《みの》も押さえていた織田信長《おだのぶなが》が、足利義昭《よしあき》を奉じて入京を果たしており、数ある大名の統合の過程で、西の織田と東の武田の対決が日程にのぼることとなる。一五七二年（元亀《げんき》三）に遠江三方原《みかたがはら》で徳川家康《とくがわいえやす》を破った武田信玄が翌年病没したことによって信長は危地を脱し、畿内の統一を進めることができた。一五七五年（天正《てんしょう》三）の長篠《ながしの》における織田と武田の対決は、前者の大勝に終るが、これによって武田氏が滅亡したわけではない。武田勝頼《かつより》の勢力は健在で、この敗戦をきっかけに武田氏は権力の再建を果たした形跡さえあり、天正八年には宿願の上野《こうずけ》接取も実現している。織田信長の積極的な攻勢を回避することはできず、一五八二年に武田氏は滅亡するが、権力体自体が衰微していたので滅亡したという分析はおそらく当を得ていないであろう。武田氏は東国では最大の戦国大名としてその勢力を伸ばしていたのであり、まさにそのために討伐の対象とならざるをえなかったのである。

武田氏の滅亡によって信長の天下統一は目前のごとくみえたが、まもなく信長自身が京都本能寺《ほんのうじ》で横死し、政治状況は再編成を迫られる。武田の旧領国は北条と上杉、さらにあらたに東国に入り込んできた徳川家康によって分割され、ここに家康が東国大名の一員として本格的に登場することとなる。その後ほどなく畿内を押さえた羽柴秀吉《はしばひでよし》による統一事業が実行に移され、徳川家康や上杉景勝《かげかつ》、さらに毛利輝元《てるもと》といった大名は早い時期にこれに服属し、つづいて秀吉の軍勢の攻撃を受けた長宗我部《ちょうそかべ》氏や島津《しまづ》氏も、結局降伏して統一政権の傘下に組み込まれることとなった。このように天下統一の戦いは短期間に進行してゆくが、重要なのはまさにこれと並行して、戦いを繰り返すなかで大名の統合がなされるという事態が進行していた地域もあったということである。九州では島津氏が大友氏を圧倒し、一五八五年には肥後《ひご》を制圧していた。また東北においては出羽《でわ》米沢の伊達政宗《だてまさむね》が台頭して、一五八九年には会津の芦名《あしな》氏を滅ぼしている。中央においては統一が進められているまさしくその時に、ようやく大名の相克が本格化した地域もあったことは、やはり注意しておく必要があろう。各地で割拠する大名どうしの争いとその統合化が、究極的に進められているまさしくその過程の中で、これらを覆い尽くす天下統一の戦いが展開し、秀吉のもとで存続を許された大名のみが、転封《てんぽう》の可能性を秘めながらも列島支配を担ってゆく体制が成立したのである。

2 臨戦体制の確立

軍役　後北条

「戦国時代」という言葉のもつイメージもあり、十六世紀の日本では日常的に戦争が継起していたと、私たちは考えがちだが、この時代にも戦争というのは、ごくまれに起きる出来事であり、戦国大名や家臣たち、そして大名領国の人々も、通常は平和な生活を送っていた。ただ戦争が起きていないときでも、その時どう対処するかを常に自覚し、それなりの準備を整えていたことは疑いを容れない。戦争にあたってすばやく適切な行動をとることが、戦国大名にとって最重要の課題であり、常日頃から戦争に備える体制をいかに整えるか、模索と努力が重ねられていたのである。そしてそれぞれの大名領国において、最終的には一般民衆も視野に入れた臨戦体制が、短期間のうちに整備されてゆくことになる。

戦国大名の軍事力の中核は、多くの家臣と彼らに率いられた兵士たちであるが、どれだけの軍勢を確保できるかが、とりあえず問題になる。源平争乱や南北朝内乱においても、それなりに軍勢動員の作法があったが、戦国大名の場合は、家臣たちの知行高《ちぎょうだか》に応じて兵士の人数までが指定されていることが多かった。その典型例として古くから注目されてきたのは、もっとも先進的な大名とされる後北条氏である。

一四九三年（明応《めいおう》二）に伊豆に入り、これを征服した後北条氏は、さらに相模を手中に収め、つづいて武蔵に進み、上杉謙信《けんしん》と戦うことになる。上杉との対決がまぢかに迫った一五五九年（永禄《えいろく》二）に、北条氏康《うじやす》は家臣たちの知行地とその貫高をすべて列記した帳簿を作成した。「小田原衆所領役帳《おだわらしゅうしょりょうやくちょう》」もしくは「北条氏所領役帳」とよばれるものであるが、これは家臣たちに賦課する軍事に関わる役（軍役《ぐんやく》）の量を決めることを目的として作られたものだった。この台帳をもとに、後北条氏の家臣たちは、知行の高に応じた軍役の中身を、大名から具体的に指示されることとなったのである。

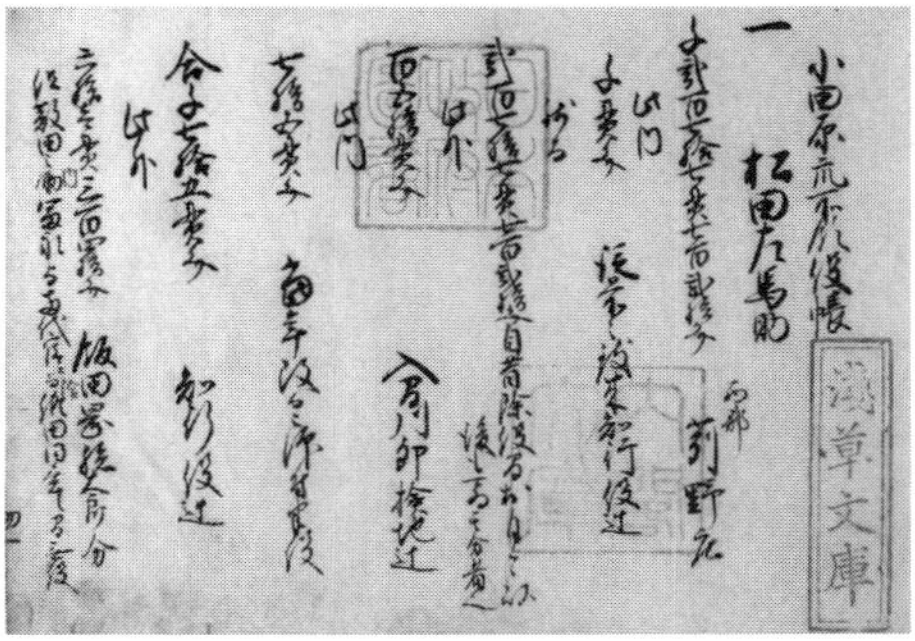
図54 「小田原衆所領役帳」

実際に家臣たちにどのような指示がなされたか、よくわかる史料もかなり残されている。武田信玄《たけだしんげん》の進攻が予想された一五六九年十月に、大藤式部丞《おおふじしきぶじょう》という家臣とその配下の足軽《あしがる》たちに与えられた文書が、早い時期の事例であるが、そこにはこのように記されている。

> 武田の軍勢が山を越えて来そうだから、今月中に必ず相談したい。軍勢のことだが、一騎一人でも多く召し寄せよ。それから鑓《やり》や小旗・馬鎧《うまよろい》などが奇麗に見えるようにつとめよ。大藤の分の本着到《ちゃくとう》（決められた軍勢）は百九十三人だが、四十四人不足している。大藤配下の富嶋の分は、本着到七十四人に対して、三十五人の不足だ。……不足の分は、在郷被官ま

図55　さまざまな旗　大旗・小旗と四方旗が並んでいる．

> で駆り集めて、着到と首尾が合うようにせよ。備《そな》えの中に、甲《かぶと》を着けないで頭を纏《まと》っている武者がいる。みっともないから、今後は皮笠でもいいから何か着けよ。他国の軍勢にばったり会うこともあるから、できる限り綺羅《きら》を尽すようにせよ。

知行高に応じた軍勢の数（着到）が決められていたことがこれからわかる。現実にはそれだけの兵士を集めるのは難しかったようだが、とにかく数の指定はなされていたのである。また鑓や小旗・馬鎧などを奇麗にせよとか、皮笠でもいいから何かかぶれとか、軍勢のいでたちについて、あれこれ注意がなされている。他国の軍勢に会ったときに見苦しくないようにというのがその理由だった。

この史料では軍勢の数だけが問題にされているが、時代が下るにつれて個々の兵士の武具まで指定するようになってゆく。一五七一年（元亀《げんき》二）に五九貫文を知行する岡本八郎左衛門尉に与えられた指令では、動員すべき七人について次のような細かな指示がなされている。

一本　大小旗持　具足《ぐそく》・皮笠
一本　四方指物持《さしものもち》　同じき理《ことわり》
二本　鑓　二間間中《まなか》の柄《え》　武具は同じ理
一騎　自身　甲は大立物《おおたてもの》　具足・面肪《めんぼう》・手蓋《てがい》　馬鎧金
二人　歩者《かちもの》　具足・皮笠

岡本の部隊は七人構成で、馬に乗っているのは本人（岡本）だけ、大小旗持と四方旗持が各一人、鑓を持つ兵士が二人で、残りの二人は武具を持たない歩者だった。ささやかな一団といえようが、このような小部隊に対しても、単に人数を指定するのではなく、馬上・旗持・鑓持・歩者という役割分担を細かく決めているのである。また兵士や歩者のいでたちについても、簡単であるが指示がなされている。馬に乗る大将は大立物の甲をかぶり、具足を着て、面肪と手蓋を着け、馬の鎧には金を施すこと、ほかの兵士や歩者は具足を着て皮笠をかぶること。身なりに気をつけよという一般的な注意ではなく、着用する武具を具体的に記しているのである。

この着到定書では兵士の武器は鑓しかみえないが、一五八一年（天正《てんしょう》九）の池田孫左衛門尉分のそれには、弓や鉄炮も登場する。ちなみに池田に課された軍役は五六人であるが、大小旗持二人、指物持一人、弓五人、鉄炮三人、鑓二三人、馬上二〇騎、歩者三人という構成だった。馬上の武者が二〇人、徒歩の兵士が三三人で歩者が三人だが、三三人の兵士のうち旗持三人をのぞいた三〇人が鑓・弓・鉄炮を持っていた。鑓二二本、弓五張、鉄炮三挺というその比率は、当時の戦場の武器所用の実態を示すものと思われる。戦国時代の兵士の武器として最もポピュラーなのは鑓であるが、弓や鉄炮もそれなりに重要視されていたことは注意すべきである。

この史料にも個々の兵士の服装についての書き込みがあるが、より細かな指示がなされた着到定書も残されている。一五八七年に北条氏政《うじまさ》が井田因幡守《いなばのかみ》にあてて出した定めでは一四五人のいでたちについて、次のように書かれている。


大旗は十本、長さは一丈五尺。持手は被《かぶ》り物をして、具足を着用せよ。

自身(井田本人)の指物は一本。これも同様。

歩弓侍は二十人(二十張)、みなうつぼを付け、被り物をして具足着用、指物のしないの長さは一丈二尺、紋は統一する。

歩鉄炮侍は二十人(二十挺)、被り物をして具足着用、指物のしないの長さは一丈二尺。

鑓は四十本、金か銀を推せ。二重の紙手《しで》は朱。

持鑓は十本。これは長身や十文字の類である。

馬上は二十六騎。甲の立物には金か銀を推せ。勿論打物《うちもの》(刀)を用意せよ。具足を着用して手蓋をつけよ。指物はみな四方旗を指せ。二十六騎のうち十騎程度は馬鎧を着けよ。

自身(井田)一騎の出で立ちは、いかようにも好きなように。

一丈五尺ある大旗は旗持がかかえて持ち、歩兵の弓侍と鉄炮侍はしない（撓）とよばれる一丈二尺の旗を指し、馬上の武者の背には四方旗がはためいていた。鑓持以外はみな旗を所持しており、その数はこの軍団だけで七七本にのぼる。また馬上の武者の甲や、歩兵の持つ鑓に金か銀を推すようにとの、細かな注意もなされている。

旗の数を増やしたのも、金銀を武具に推せと命じたのも、いずれも軍勢の綺羅を飾り、実態以上の存在感を敵方に与えるためだった。姿かたちがきらびやかであれば、敵から狙《ねら》われ易いのでは、といった疑問もあろうが、できる限り軍勢を飾り立てて敵を圧迫するというのが、当時の常識だった。北条氏に服属していた下総の千葉胤富《たねとみ》は、配下の井田平三郎あての書状でこのようにいっている。

図56　鑓を持って駆ける侍　甲冑を着けた武士が手にしているのは十文字.

小田原（北条氏）から指示があったので、出陣の準備をせよ。去年のそちらの軍勢は一向に無人数で、綺羅なども未熟だった。ことしもこうでは困る。鉄炮衆や歩弓衆は、みな一様の小旗を指して召し連れよ。小旗を指さないと、軍勢が少ないように見えるから、用意が肝心だ。

軍役　武田・上杉・島津　家臣に対して詳細な軍役を定め、着到定書を発布したのは、もちろん後北条氏だけではない。甲斐の武田氏の場合、一五六九年（永禄十二）に沢登藤三郎という武士に知行《ちぎょう》を与えた際、「今後は甲・咽輪《のどわ》・手蓋《てがい》・脛楯《はいだて》・差物・馬介・鉄炮一挺を支度して軍役を勤めよ」と指示しているのが早い事例である。この段階ではかなりおおざっぱなものだが、一五七二年（元亀三）に葛山《かずらやま》衆に与えた軍役定書になると、記事は少し詳しくなり、長柄《ながえ》の鑓は三間、持鑓は二間半とすることなどが記されている。ただ鑓持・旗持・弓・鉄炮などの兵士の数が定書に明記されているわけではない。

武田氏の軍役規定が詳細になるのは、勝頼《かつより》の時代になってからである。長篠《ながしの》・設楽原《したらがはら》の敗戦ののち、一五七五年（天正三）の暮れになって、勝頼は来年遠江に出陣すると宣言し、軍役にかかわる細かな条目を定めた。当家の興亡にかかわる一戦なので、みな決まった人数以上に兵士を集めて出陣せよと、冒頭に明記したのち、兵士の軍装についての具体的指示が列記される。

兵士たちの持っている弓やうつぼが見苦しくて、恥ずかしい状況だ。今後は外見も良いようにきちんとせよ。

最近では鉄炮が重要だから、今後は長柄鑓を略し、器量の足軽《あしがる》を選んで、鉄炮を持って参陣させよ。

弓や鉄炮を使いこなせない兵士がいるのは問題だ。今後は陣中において検使がきちんと検査して、もし能力のない兵士が出ていたら譴責の対象とする。

長柄鑓・持鑓ともに木柄・打柄にせよ。

乗馬の兵士も歩兵も、みな統一した指物《さしもの》をつけよ。ただし指物や小旗につける紋は随意とする。

織田・徳川連合軍の鉄炮隊が、設楽原の戦いでいかほどの威力を発揮したかは、議論の分かれるところだが、甲斐に戻った勝頼に鉄炮の重要性を認識させたことはまちがいないようである。鑓を省略してもいいから鉄砲隊を充実させよと勝頼は指令し、あわせて弓や鉄炮を実際に使いこなせる兵士を必要としていることを、くりかえし強調した。翌一五七六年に出された軍役定書でも、このことはきちんと明記されている（宇田川武久・一九九〇）。

定む　軍役の次第

一　鉄炮　上手の歩兵の放手あるべし。一挺に玉薬《たまぐすり》三百放づつ支度すべし。　一挺

一　弓　上手の射手、うつぼ・矢根・弦、不足なく支度すべし。　一張

一　持鑓　実ともに二間間中《まなか》たるべし。　五本

一　小旗　一本

以上道具数八

右、いずれも具足・甲・手蓋・咽輪・指物あるべし。かくのごとく武具を調え、軍役を勤むべきものなり。よって件《くだん》のごとし。

これは初鹿野《はじかの》伝右衛門尉という武士にあてて出された朱印状《しゅいんじょう》だが、兵士の軍装だけでなく、それぞれの兵士の人数も明記しており、軍役定書として整った形式になっている。後北条氏に多く見られ

るような整然とした軍役定書を、この時点になって武田氏もようやく発給しはじめたのである。

北条と武田の両者に向かい合った越後の上杉氏においても軍役を明記した文書はいくらかある。一五六七年（永禄十）に楡井《にれい》治部少輔《じぶのしょう》に与えられた証文には、軍役として「鑓十五丁、小旗二本、鉄炮一丁、金の前後」と記されている。軍役記載はこのように簡単なものだが、謙信の時代の末期、一五七五年（天正三）の二月に、上杉家では家臣団の軍役をまとめて書き上げた「軍役帳」を作成している。その冒頭にみえる「御中城様」（上杉景勝）の記事は、

二百五十丁　　鑓
四十人　甲・打物・籠手《こて》・腰指《こしさし》　　手明
二十丁　笠・腰指　　鉄炮
二十五本　　大小旗
四十騎　甲・打物・籠手・腰指　　馬上

というもので、こうした整然とした形式で記載は統一されている。景勝の軍団の場合、馬上の武士は四〇騎で、あとは歩兵だが、このうち旗持二五人をのぞく三一〇人が戦闘兵士ということになる。そのうち八割を超える二五〇人が鑓持で、鉄炮使いが二〇人、刀を指している「手明」が四〇人ということになっていた。手に物を持たない「手明」は、馬上の武者の馬の口を取る、といった任務を果たしていたのであろう（藤本正行・一九九九）。北条や武田でみられた弓衆がここではみえないのが不思議だが、なぜか上杉の軍役定書には弓衆が登場しない。

北条・武田・上杉。拮抗《きっこう》しあった東国の大名たちは、若干の個性の違いはあるものの、軍勢の装備や人数まで明記した軍役定書を発布していた。毛利や島津などの西国の大名の場合、このような整然とした形式の文書が出されていた明証はないが、家臣に対する軍役賦課の方法はそれなりに定められていたことと思われる。一五八三年七月、肥後《ひご》出馬の意を決した島津義久《よしひさ》は家臣たちに出兵命令を下すが、その重臣で日向《ひゅうが》宮崎城主であった上井覚兼《うわいさとかね》の日記によれば、このときの軍勢徴発の基準は、「一町衆」は「自分立」、「二町衆」は二人で組むというものだった。その意味は難解だが、おそらく二町の給地《きゅうち》を持っている家臣は自身が出陣し、一町しかない家臣は二人で組んで、いずれかが出陣するということではないかと想定される。零細な給地しかもたない武士たちが数多く広がっている、というのがこの地域の特色だが、このときの徴兵の基準は、田地一町に一人というものだったのである。この二ヵ月前にも肥前《ひぜん》の有馬《ありま》氏を救援するために軍勢催促がなされているが、このときは一五町に一人づつ兵士を出すことが定められた。九州の大名家の場合、家臣たちの知行高は給地の田の面積のみで示されることが多かったが、こうした事情を反映して、軍勢動員にあたっても給地の面積を基準にする方法がとられていたのである。

旗　戦国大名が動員した軍勢のいでたちは、馬上の武者のもとに歩兵が多く連なる形が一般的で、歩兵はいくらかの旗持と、鑓や弓・鉄炮を持った多くの戦闘要員からなっていた。北条氏の軍役定めにみられるように、部隊ごとの存在を示すための大旗や小旗は必要不可欠のものであり、また馬上の武士や弓や鉄炮をあつかう兵士たちも、背中に四方旗をひらめかせた指物を差していた。軍勢のかな

図57　旗指の図　腰の請筒に入れるか，背中に差し込むか．

りの部分が旗を手にしたり、背に指したりしていたわけだが、このように多くの旗の準備が要請されたのは、敵に対する示威のために旗指物が有効であると判断されたからにほかならない。先に述べた千葉氏の事例はその根拠のひとつであるが、上杉氏の場合にも同じような例がみられる。一五七二年（元亀三）のこと、上杉謙信は越中にいる部将に帰還命令を発するが、その書状の中で次のような指示を加えている。

> そちらから、夜中に、小旗を絞って出発せよ。石田まで来たところで、小旗を開け。京田で待機してこちらに連絡せよ。こちらから鑓と小旗を持った部隊を派遣するから、これと合流して、敵から大軍に見えるように、堂々と進軍せよ。

夜中に陣中を出発するときには、敵に悟られないように小旗を絞り、明け方になってから一斉に小旗を開いて敵を威嚇せよ。こちらから派遣する鑓と小旗の兵士と合流して、大軍にみせかけて敵の攻撃をかわせ。心憎いまでの細やかな指示を、謙信は部将に加えているが、このことからも、多くの小旗の存在が敵の威嚇にいかに効果的だったか知ることができる。

戦場の旗や指物には、さまざまな紋所《もんどころ》が染められていたが、戦国大名が戦功のあった家臣に対する恩賞として、特定の紋所を下賜するということも、しばしば行なわれていた。一五六四年（永禄七）に上杉謙信は上野で戦功をあげた石付下総守という武将に、恩賞として桧垣《ひがき》の紋を与えている。またこの旗の紋をめぐって、家臣の間でもめごとがおきることもあった。同じく上杉氏の事例だが、家中の色部《いろべ》勝長《かつなが》と平賀《ひらが》重資《しげすけ》の紋所がまぎらわしいことから、もめごとがおきている。色部の鷹羽《たかのは》の紋は、謙信から下賜されたものだったが、平賀の紋も同じく鷹羽だった。自分の紋を勝手に使われたと思った色部が訴えをおこし、詰問された平賀は、私の小旗は色部のそれと似て非なるもので、あれこれいわれるいわれはないが、面倒をかけたくないので、とりあえず今の小旗は使わないことにすると返答している。

鑓と弓　戦国時代の兵士の武器の中核を占める鑓についての史料は多くはないが、これまでみてきた軍役定書からも、長柄《ながえ》鑓と持鑓の区別があり、長柄は三間、持鑓は二間半が標準だったことが知られる。時代が下るにつれて長柄鑓と持鑓を分けるようになっていったようだが、実際はさまざまな長さがあって不揃いだったらしく、一五八四年（天正十二）の前後に、上杉景勝は「兵士たちの鑓の長さが揃わず、あまりにみっともないので、今後は鑓の長さは三間に定め、すこしは光物をつけて奇麗にみえるようにせよ」と触れを下している。

敵と接近した場面で威力を発揮する鑓とともに、いわゆる「飛び道具」の弓矢と鉄炮も、きわめて重視されていた。日本の武器の歴史においては、古くからの弓に対して、やがて刀が主役を占め、戦国になると鑓が主流になるというように語られることが多いが、戦国時代の戦いにおいても弓を持った兵士は大いに活躍したし、いままでみたように、北条や武田の軍役定書には弓衆にかかわる記載が随所にみられる。弓を射るにはそれなりの技量が要求され、先に見たように、武田の軍役定書では、弓衆としてはきちんとした能力をもつ兵士を出せと書かれているが、北条の場合も事情は同様だった。板部岡能登守《いたべおかのとのかみ》という武将に与えられた軍役定書には次のように書かれている。

歩《かち》の弓侍は、射手を選定せよ。見かけだけではだめだ。一通りのことはできる兵士を用いよ。そのいでたちは、金の頭の甲をかぶり、立物（甲につける飾り）の寸法は長さ四尺一寸、これは上へでも横へでも、あるいは後ろへでも、どちらに向かっていてもいい。指物の風袋《かざぶくろ》は長さ五尺で横は四尺二寸、輪の長さは六尺二寸五分で、朱色を用い、中に五寸の筋を横に一筋入れよ。

鉄　炮　このいでたちは鉄炮衆も同様だったが、それほどの訓練を必要としない鑓持とは異なり、弓衆と鉄炮衆は高度の技量を要求されていたのである。

鑓や弓と違って、鉄炮はこの時代になってあらたに登場した武器だった。北条・武田・上杉のいずれも、軍役徴発にあたっては、家臣の高に応じてそれなりの数の鉄炮衆を動員するよう定められており、戦乱が深刻化する中、鉄炮衆の比重はしだいに高まっていった。一五六一年（永禄四）の上杉謙信の小田原攻めのときのことと考えられるが、北条一門の北条宗哲《そうてつ》が大藤式部丞《おおふじしきぶのじょう》に宛てて出した書状に、「この城の備えは堅固だ。鉄炮を五〇〇挺も籠めているから、敵は堀端へも寄り付くことができないだろう」とあるのが、早い時期の例だが、このころには五〇〇挺にものぼる鉄炮が籠城に際し

図58　鉄砲を手にする侍

て備蓄されていたのである（宇田川武久・二〇〇二）。北条氏の場合、「鉄炮衆」とよばれる集団が組織され、彼らのために大名から給分が与えられていたらしい。一五七四年（天正二）のこと、隠田《おんでん》の罪を犯した武蔵国小川の百姓たちに対して、北条氏は「とやかくいったら、鉄炮衆の給分に組み入れてしまうぞ」と脅しをかけている。また一五八四年に北条氏から宇津木《うつき》下総守《しもうさのかみ》という武士にあてられた朱印状には、鉄炮衆一〇人の扶持給として、一年に一二貫文を与えると明記されている。

上杉氏においても鉄炮は重要視され、鉄炮衆の活躍と、玉薬の調達にかかわる史料がかなり残されている。一五六八年（永禄十一）に前線に出ている鮎川孫次郎《あゆかわまごじろう》のもとに、謙信が鉄炮の玉薬を届けていることが確認されるし、一五七二年（元亀三）には越中に出ていた上杉家中の鯵坂長実《あじさかながざね》が、「以前いただいた玉薬は方々で放ってしまって残り少ない。玉薬を少しいただけないでしょうか。無理なら煙硝《えんしょう》や鉛だけでもいいです」と、越後府内にいる謙信重臣の直江《なおえ》と山吉《やまよし》に申し入れている。籠城戦や城攻めに鉄炮は不可欠であり、玉薬はすぐに払底してしまったのである。

　こうした状況は謙信が死去したのちも加速される。上杉家中を二分した御館《おたて》の乱の際にも玉薬は多く使われ、春日山《かすがやま》の上杉景勝は、味方の兵士たちの籠る各地の城に、玉薬や煙硝などを送りつづけねばならなかった。一五七八年の九月、北条軍を迎え撃つ越後上田の軍勢のもとに、景勝は玉薬五〇〇放と煙硝五斤、それに鉛を送っている。このとき景勝は甲斐の武田勝頼と同盟を結んで、窮地を脱することに成功するが、翌一五七九年の二月には、甲州から大量の玉薬が景勝のもとに届けられている。この時期になると、戦いの遂行のために鉄炮の玉薬は何より大切なものとなっていたのである。

　籠城戦などにおいて鉄炮がどの程度の効力を持ったかは、まだ不鮮明のところが多いが、鉄炮によって負傷したり戦死したりする事例もかなりある。一五七三年には北条氏の重臣で、同盟関係にあった武田に従軍して遠江二俣城《ふたまたじょう》の攻略にあたった大藤式部丞信興《のぶおき》という武士が、鉄炮にあたって死去している。詳しくはあとで述べるが、一五八六年の筑前岩屋城攻略にあたって、島津軍の中核にいた上井《うわい》覚兼《さとかね》は、城の塀ぎわを上ろうとして、鉄炮の一撃を顔面に受け、たまらず引き退いている。よく知られた設楽原《したらがはら》における鉄砲隊の戦果については、最近疑問がさしはさまれており、鉄炮の役割を過大評価することは差し控えねばならないが、戦国も時代が下るごとに鉄炮の重要性が高まり、勝敗を左右する大きな要因となっていたことは確かであろう。

鉄炮を受けて負傷した、島津重臣の上井覚兼の日記にも、鉄炮にかかわる記事は多く見られるが、ここでは「手火矢《てびや》」の名前で鉄炮のことが語られている。一五七四年、覚兼は主君である島津義久から種子島筒の逸物である「御手火矢」を下賜されており、一五八三年の記事には、肥前の有馬《ありま》氏から島津氏に、「手火矢衆」を一〇〇人ほど派遣してほしいという依頼がなされたことがみえる。またこの同じ年に、覚兼は田中主水左衛門尉という人物に命じて鉄炮を作らせている。鉄炮伝来の地に近いから当然ともいえようが、九州においても鉄炮はかなりの普及をみせていたのである。

足　軽　大名によって個性の違いはあるものの、出陣の命令が下されたときには、自らの知行高に応じて決められた兵士を、家臣たちが自力で集めて準備するという体制が、この時代にはおおかた確立していた。戦争に動員された兵力の中心は、こうした正規の軍役による兵士たちだったが、実際にはそれ以外に、軍役とは別に徴発され組織された人々もいた。家臣たちの軍団に加わるわけではなく、個人単位で大名や部将たちのもとに結集した、さほどの身分をもたない兵士たちは、「足軽《あしがる》」という呼び名で戦いの現場に登場する。

北条氏の場合は、相模田原城主の大藤という武将が、代々足軽たちを指揮して「足軽衆」という軍団を構成していた。一五五九年（永禄二）に作成された「所領役帳」には、「諸足軽衆」として大藤式部丞以下大形・玉井・当麻《たいま》三人衆・近藤・清田・伊波《いば》・多米・富嶋・深井・荒川・磯といった名が見えるが、彼らはそれなりの給地を与えられ、足軽を率いていた武士と考えられる。「所領役帳」にはこれにつづいて相模中郡の岡崎にある三三五貫文の給田から給米を支給されている足軽についての

図59　武田軍の足軽たち　織田軍に向かってまっさきに進んできている．鎧などからみて足軽兵であろう．

記載がみえる。大将の大藤が率いる足軽は六七人と最も多く、伊波衆が三五人、狩野介衆《かのうのすけしゅう》が一二人といった形で、一人あたり三貫文の扶持《ふち》が与えられていた。北条氏においてはかなり早い時期に足軽が組織的に編成されており、大藤を中心とする特定の集団として認識されていたことがわかる。

他の大名家においても足軽の活躍のありさまは多くの史料からうかがえる。一五六七年のこと、会津の芦名《あしな》氏の軍勢が越後に乱入するという事件がおきたが、上杉謙信は足軽たちを遣わしてこれを撃退し、多くの敵兵を討ち取った。謙信死後の御館の乱のときにも、関東との境目の防備にあたって多くの足軽たちが動員され、上杉景勝は彼らの辛労を慮《おもんぱか》って黄金一〇枚を差し遣わしている。また一五八二年（天正十）二月の越中での戦いにおいては、黒部の谷に籠った小野・宮崎らの武士が、上杉方の足軽の襲撃をうけて討ち取られている。

信長横死の直後の一五八二年七月に直江兼続《かねつぐ》が出した条書には「大関《おおぜき》・広井・丸山・庄田《しょうだ》の足軽どもの台飯《だいは》分として出し置いた知行についても調査を入れよ」という記載がみえる。北条の足軽が岡崎に給田を持っていたように、ここでも足軽たちは「台飯分」として共同の給分をもち、これによって生計を立てていたことがわかる。またこの史料は、足軽たちが直接大名に組織されていたのではなく、大関・広井らの中級の武将のもとに組織されていたことも、同時に教えてくれる。

足軽たちの活躍のさまを、最も具体的に伝えてくれているのが、太田牛一《おおたうしかず》が著した織田信長の一代記「信長公記《しんちょうこうき》」である。この記録の最初の部分、信長が尾張の統一を進めている時期の記事には、戦闘における足軽の活動が、こと細かに表現されている。一五五三年（天文二十二）に山口九郎二郎と合戦した際に、山口方の「先手あし軽」として「清水又十郎・柘植《つげ》宗十郎・中村与八郎・萩原助十郎・成田弥六・成田助四郎・芝山甚太郎・中嶋又二郎・祖父江《そぶえ》久介・横江孫八・あら川又蔵」が赤塚に移り、これに対して信長方の「御さき手あしがる衆」の「あら川与十郎・あら川喜右衛門・蜂屋般若介・長谷川橋介・内藤勝介・青山藤六・戸田宗二郎・賀藤助丞」が立ち向かったと、この記録は伝える。激しい戦いのなかで、山口方の足軽のうち萩原・中嶋・祖父江・横江は戦死し、荒川又蔵は生け捕りとなった。足軽の名前が具体的にみえる珍しい記事だが、彼らはみな名字をもつ存在で、地域の有力者の子弟だったと考えられる。知行取りの武士ではないが、決して貧困とはいえない階層出身の若者たちが、自身の力量を支えにしながら足軽の集団に加わり、戦場で活躍していたわけであるが、先に見た「信長公記」の記事からわかるように、彼らは常に戦死の危険にさらされていた。「信長公記」にはさまざまな対戦の際に、本陣は動かず足軽たちだけが駆け引きしながら戦う場面が多く描かれている。一人前の武士と認められていなかった彼らは、常に先陣で戦うことを余儀なくされていたのである。

島津の重臣上井覚兼の日記には、足軽の募集にかかわる記事がみえる。一五八六年九月、覚兼は日向の野島の浦に赴き、浦の民が網引きするのを見物しているが、この出向の目的は「彼の浦に足軽など勧め候らいずるため」、すなわち足軽の募集のためだった。戦いが日常化するなかで、出世を夢見て足軽の公募に応じる若者はたくさんいたわけで、覚兼のような領主たちも、積極的な人材確保を進めていたのである。

一口に足軽といっても、さまざまな形があり、大名や家臣から給分を与えられているものもあれば、金で雇われた傭兵もいた。そして戦功をたててもさしたる恩賞に預かれない立場の雑兵たちは、戦場での人や物の略奪を繰り返した。雑兵たちの視点から戦争の現場に迫り、略奪のありさまを再現した藤木久志氏は、彼らを戦場につなぎとめるために、大名たちも戦場での「乱取り」を公認していたとされている（高木昭作・一九八七、藤木久志・一九九五）。常に戦死の危険にさらされているにもかかわらず、足軽たちはなぜ進んで戦場に赴いたのか。彼らが軍隊に組織されていった動機を探ることは、この時代の戦争状況のひろがりを考えるうえでも重要であるといえよう。

陣夫と陣僧　戦場に動員されたのは兵士だけではない、大名の命で徴発された百姓たちが、武士たちに従いながら雑務を担っていた。村々から動員された人々は一般に「夫丸《ぶまる》」と呼ばれるが、先陣での活動を任務としたものは、とくに「陣夫《じんぷ》」と表現されることが多く、こうした陣夫を動員するための制度も、それなりに整えられていた。最も整備されていたのはやはり後北条氏で、一五二六年（大《だい》永《えい》六）というかなり早い時点で、すでに村の役として「陣夫役」が規定されていたことを知ることができる。これは牛込助五郎という武士に対して発給された朱印状で、彼の所領だった武蔵比々谷《ひびや》村の陣夫を免除するという内容のものであるが、このことから当時すでに北条治下の村々に陣夫役が賦課されていたことを確認できる。一五四二年（天文十一）の武蔵戸部《とべ》郷の代官・百姓あての朱印状には、戸部郷の陣夫を、今年は「夫銭《ぶせん》」で仰せ付けるから、定めの通り八貫文を支払って、郷中に帰って農耕に励むようにとの指示がなされており、事情が許せば一定の銭貨を払うことで代替されることもあったことがわかる。おそらくこのときは戸部郷のほうから、夫銭を払うから百姓を出すことは免除してほしいとの訴えがなされ、大名から許可がおりた、ということであろう。

このように「夫銭」で代替されることもあったが、陣夫役は大名にとってとくに重要な賦課だったとみえ、それ自体が免除されることはほとんどなかった。一五四七年に武蔵市郷《いちごう》に対して諸役免除の触れが出されたときも、陣夫役と大普請《おおぶしん》役は免除の対象にならなかったし、領内の困窮を救うために北条氏康《うじやす》が各地に一斉に出した、一五四九年の諸公事《くじ》免除の朱印状にも、陣夫・廻陣夫と大普請はきちんと勤めよと明示されていた。段銭《たんせん》・棟別《むなべつ》などの公事とは異なり、戦いに直接関連する陣夫役と大普請役は、大名にとってその根幹にかかわる重要なものだったのである。

村々からその高に応じて徴発された陣夫は、大名の管理のもと、決められた武士に付けられ、そのもとで活動することを義務づけられた。一五六三年（永禄六）のこと、伊豆仁科《にしな》郷の領主だった渡辺孫八郎は、仁科郷から出た陣夫一疋を召し使っていたが、この年から一門の渡辺孫二郎という人物の

図60　夫丸の図　兵糧を入れた打飼袋を鍋に入れようとしている．

もとにこの陣夫を渡すことになり、替わりに武蔵の富岡郷で後藤彦三郎が召し使っていた陣夫一疋をもらいうけることを許された。郷村から出た陣夫は、仁科郷の事例のように領主のもとで働くことが多かったらしいが、遠く離れた場所の領主に従うこともあったのである。

領内の村々から一定の百姓を陣夫として動員するシステムは、北条領国では早くから整備されていたが、働き盛りの百姓を提供するのは村にとって迷惑なことでもあり、現夫ではなく夫銭で代替したいという要求はひんぱんになされた（稲葉継陽・二〇〇一）。先にみたように、大名もこうした訴えを認めていたが、上杉謙信の関東出兵をきっかけに動乱状況が深刻化すると、北条氏は夫銭の要求を受け付けない方向にその方針を転換していった。一五六五年の二月、相模の坂間《さかま》郷の代官・百姓にあてた朱印状の中で、前々から夫銭で出していると主張しているが、永代に夫銭で代替するという印判状《いんばんじょう》がないかぎりこれは認めない、きちんと百姓本人を「現夫」として出頭させよと北条氏は厳命している。

陣夫役の制度は今川氏でも認められる。今川義元は一五五七年（弘治三）、菅沼《すがぬま》左衛門次郎の三河《みかわ》における戦功に対する恩賞として、いくばくかの所領と「陣夫一人」を知行《ちぎょう》することを認めている。

下って一五六一年（永禄四）には、駿河の尊俣《そんまた》・坂本・長津俣《ながつまた》の三郷の陣夫役を、今川氏真《うじざね》が免除しているが、三河刈谷の戦いのときに、百姓たちが困窮して逐電《ちくでん》したというのがその理由だった。今川氏においても郷村から陣夫が徴発され、特定の給人に下されていたことがわかる。武田氏でも一五五六年に東光寺から出していた陣夫を三年間免除するという大名の朱印状が残されており、早くから陣夫役が整備されていたことがわかる。徳川家康もその領国において早くから陣夫役を設定し、一五七三年（天正元）には遠江大福寺領に対して陣夫役を免除するとの判物《はんもつ》を下している。やがて家康は武田氏の遺領駿河・甲斐を併呑《へいどん》し、一五八九年に領内の郷村に七ヵ条の定書を下すが、そこには「陣夫は二百俵に一人づつ出すように」と明記されていた。北条・今川・武田、そして徳川とつづく東国の戦国大名たちは、郷村から戦いに参加する要員を供給することを恒常的に可能にするこの制度を着実に運用していたのである。

百姓たちと並んで領国内の僧侶も「陣僧《じんそう》」として戦場に動員された。これは領内の僧侶の義務として位置づけられ、「陣僧役」とよばれたが、その所見は陣夫役よりかなり早くからみられる。一五〇四年（文亀四）に矢野信正が伊豆河津の林際寺に下した禁制に「陣僧・飛脚《ひきゃく》」を停止するとみえ、このときにはすでに陣僧役という所役が存在していたことがわかる。北条氏の場合の初見は一五一四年（永正十一）の伊勢宗瑞《いせそうずい》の制札《せいさつ》で、鎌倉の本覚寺の「陣僧・飛脚・諸公事」を免除するというものであった。五年後の一五一九年には今川氏親《うじちか》が沼津の妙海寺に対して陣僧役を免除していて、北条氏も今川氏も早くからこの制度を布いていたことがわかる。陣僧として戦場に赴いた僧侶たちの活動を示す史料は少ないが、毛利氏に伝えられている「騎馬衆以下注文」の中に、「御水呑　御陣僧」「御うちは　御陣僧」とみえることは参考になろう。この注文は戦場に臨んだ人々の名前を列記したものだが、水呑《みずのみ》の器や団扇《うちわ》を持ちながら、陣僧たちが大将のそばに鎮座していたようすがうかがえる。いくどもみた上井覚兼の日記にも、天正十四年の筑前岩屋城の攻略にあたっては、攻め方の島津軍も多数負傷し、陣僧も例外ではなかったという記載がある。大名に対する役として戦場に赴いた僧侶たちも、兵士と同様危険にさらされていたのである。

城の防備と城普請　大名からの陣触れに従って、兵士や陣夫は戦場に赴いたが、こうした軍事行動が実施されるのは、現実にはまれなことで、彼らがいつも戦いに従事していたと考えるわけにはいかない。ただ、敵の来襲に備えて、常日頃から城の防備と普請を怠ることはできず、そのためにある程度の兵士と人民を確保する必要があった。戦国大名領国における日常的な臨戦体制の確立について考えるためには、城の防備と城普請の問題を避けて通るわけにはいかない。

城の防備がどのようになされていたか、具体的に語ってくれる史料もそれなりに残されている。一五七五年（天正三）三月の北条家の定書《さだめがき》は、場所は特定できないが、とある「小曲輪《こくるわ》」の防備について七ヵ条にわたる詳細な取り決めを書き連ねている。

門の明け立てについて。朝は六つ時（午前六時ごろ）に太鼓を打ったのち、日の出を見てから門を開け。夕方は入会の鐘を合図に門を閉じよ。

毎日曲輪《くるわ》の掃除をきちんと行え。竹木は絶対に切ってはならぬ。

夜中には、六時《むとき》の間寝入ることなく、土居《どい》を廻って点検せよ。ただし裏土居や堀の裏に登ると、芝を踏み崩してしまうから、芝が付いているところの外側を歩くように注意せよ。

鑓・弓・鉄炮をはじめ、各々の道具はみな役所に置け。具足や甲も同様にせよ。

日中は朝の五つ太鼓（午前八時ごろ）から八つ太鼓（午後二時ごろ）までの三時《みとき》の間、曲輪から出て休息せよ。七つ（午後四時ごろ）の太鼓が鳴る前に悉く曲輪に集まれ。夜中はきちんと詰めよ。


このときこの小曲輪に詰めたのは四六人の兵士たちだったが、この定書から彼らの生活のようすがみてとれる。日中にいくらかの休憩時間があるものの、夜は寝ずの番をすることも多かった。昼間はあちこちで休みをとり、夕方になってから曲輪に登って防衛にあたるというのが、兵士たちの基本的な勤めだったのである。

下って一五八一年六月に出された、相模足柄《あしがら》の浜居場《はまいば》の城の防衛にかかわる五ヵ条の定書は、より細かな問題に踏み込んでいる（藤本正行・一九九九）。


城から西のほうには、一切出てはならぬ。かりそめにも草木を取ってはならぬ。草木は東のほうで取るように。

人馬の糞水は、毎日城外へ取り出すように。清潔にすることが肝要だ。城から矢の届く範囲に置いてはならぬ。遠くに捨てろ。

当番の者は城外に出てはならぬ。鹿や狸を取るとかいって山中に分け入ることは、絶対にしてはならぬ。

昼も夜も矢倉《やぐら》に人を付け置いて、欠け落ちする者がいないかよく見張れ。

夜中の用心が、とにかく大切だ。

足柄浜居場の地は、相模と駿河の境の山城《やまじろ》で、西に出ると駿河の村々に連なる。北条領国ではない場所に出て行くなという意味で、城の西側で草木を取ることを禁じたのである。翌一五八二年に出された足柄城の掟書ではより具体的になっており、山の部分に出て草木を取るのは構わないが、一足でも山を降り下って、田畠を踏んだ者がいたら、即座に処刑するととりきめている。

城の防備とともに、城普請も大名にとって大きな課題だったが、先にみた陣夫役と同じように、城の普請の際に村々の百姓を動員する「大普請役」が設定され、北条氏は多くの百姓を城普請に使役することができた。前に述べたように、陣夫役と並んで大普請役はめったに免除されることのない枢要の所役だったのである。

一五七九年五月に相模三浦郡の入不斗《いりやまず》村にあてられた北条家の朱印状が残されているが、今は「御動《はたらき》の隙《ひま》」すなわち戦争が中断されている状態なので、普請をとりおこなういい機会だから、来年の大普請の分が一〇日あるうち、五日だけ前倒しということにして使いたいといったことが書かれている。村々の百姓が毎年何日普請のために使役されるかは、きちんと定められていたわけだが、大名の要求によって来年分の負担を前倒しで果たさねばならない場合もあったのである。この普請役も陣夫同様にかなりの負担だったが、この北条氏の命令からもわかるように、大名も無制限に百姓たちを使役していたわけではなく、一定の常識的なわくぐみに従い、それを越える部分についてはそれなりの補塡をしなければならなかった。臨戦体制の確立にあたって、大名は村と百姓にさまざまな要求を行なうが、おのずとそれは一定の制約を受けていたのである。

ところでこの城普請に関して、小田原の北条氏政《うじまさ》が、たびたび細かな指示を与えていることには興味をひかれる。重臣の松田憲秀《のりひで》にあてた書状では「土居を築くときに、分担を小割にしているので、それぞれの仕事の精粗があって、合目から土居が崩れてしまうことがあるので気をつけよ」と、細かな注意を与え、岡本越前守《えちぜんのかみ》という家臣にあてた書状では、城の普請にあたっては、敵が攻め込んできそうなところを整備するのが肝要で、高山の上に芝を植えたり、どうでもいい井戸の整備などをするのは愚の骨頂だと叱りつけている。いささか閉口するが、戦国大名にとって城普請が大きな関心事だったことをうかがうことができよう。

兵　糧　戦いにおいても城の防衛においても、兵士や武器と並んで不可欠なのが兵糧《ひょうろう》である。戦国時代の兵糧調達については、まず高木昭作が近世の軍隊と比較する形で、戦国大名の軍隊は兵糧自弁であったと論じられ（高木昭作・一九八一）、藤木久志は百姓が軍事動員される際には兵糧が支給されたことを指摘して、これに若干の修正を加えられた（藤木久志・一九九三）。そして近年では久保健一郎によってさまざまな形態をとる兵糧調達の全体をとらえる試みがなされている（久保健一郎・二〇〇四）。ここではこうした先学の研究に学びつつ、残された史料を読み込むことによって、戦国の戦いにおける兵糧をめぐる現実に迫ってみたい。

ここでも多くの素材を提供してくれるのは北条氏である。上杉謙信の軍勢が迫っていた一五六一年

（永禄四）の二月、北条氏康《うじやす》は高橋郷左衛門尉という武士に指令を発し、武蔵蒔田の吉良殿を玉縄《たまなわ》城に移させているが、この書状の中で、「兵糧が肝心だ。吉良殿の家中衆に、みな乗馬に兵糧を付けてくるようにと、きちんと意見してほしい」と注意を促している。この籠城戦がいつまで続くかわからないが、とにかく忘れずに兵糧をめいめいで用意せよというわけである。軍事行動の初発にあたっては、ひとかどの武士は自分の責任で兵糧を用意し、馬に付けて持参していたことがこれからわかる。

三年後の一五六四年の正月四日、里見《さとみ》氏の軍勢が下総《しもうさ》市川に陣取り、事態は急を告げていた。このとき北条氏康は秩父・西原の両名に対して、次のような指示を与えている。

明日、正月五日に、こちら（江戸）から具足を着けて、腰兵糧を乗馬に付けて、みなで懸け出す予定だ。そういうことなので、必ず明日の昼までに、こちらに到着せよ。兵糧が準備できなければ、こちらで借りよ。

ここでも秩父と西原は自力で当座の兵糧を確保することが求められている（久保健一郎・二〇〇四）。馬に兵糧を付けて持参するのが原則だが、もし用意できなければ、現地で借りるように、というわけで、兵糧がなくても他人から借りることが可能なシステムが存在したこともこの史料からわかる。

大名から知行を与えられている武士は、軍役相当の兵士を派遣するにあたって、それなりに充分な兵糧も準備することになっていたのであり、これだけ見ると戦国大名の軍隊は兵糧自弁のようにみてとれる。ただ多く残された史料には、明らかに大名が兵士に兵糧を支給していることを示すものがかなりみられるのである。

相模・武蔵から海を越えた対岸の上総《かずさ》にも、北条氏は軍勢を進め、その勢力圏を広げていたが、上総における拠点の一つ、峯上《みねがみ》の曲輪《くるわ》に籠る兵士たちに、北条氏は兵糧を下付していた。一五五四年（天文二十三）二月の末、尾崎曲輪根小屋の二十二人衆にあてた朱印状の中で、「二十二人衆に二ヵ月分の兵糧は二十俵十二升だが、このうち半分の十俵六升をいま与える。のこりの半分は来月中旬に支給するから、いますこしがんばってほしい」と、北条氏は述べている。籠城していた兵士たちは、一人につき一俵一升の兵糧を支給されることになっていたのである。

同じような事例はほかにもある。一五六九年のころ、相模津久井《つくい》の内藤氏に率いられた二十騎衆が、三浦への出兵を命じられているが、そのときの北条氏康の書状には「兵糧は三崎《みさき》で山中から受け取れ」という追伸が加えられていた。このとき二十騎衆は自ら兵糧を持っていったわけではなく、三浦の三崎で奉行から兵糧を受け取る算段ができていたのである。

この一五六九年、北条氏は駿河において武田と対戦中だった。正月の晦日のこと、駿河の吉原《よしわら》城に兵糧を入れるにあたって、太田・鈴木・矢部の三人にあてて北条氏からくわしい指示が出されている。吉原川内に兵糧を入れる予定だから、そちらの船を上へ上らせて、吉原の川東に置け。敵に悟られないように人衆を川端に出して指し引きするから、兵糧が無事届くように努力せよ。吉原の海際に人が渡らないように気をつけよ。……敵があちこちに隠れているなかで、味方の城に兵糧を送ることは、なかなか容易ではなかったことがわかるが、大名が用意した大量の兵糧を一斉に城に届けるということが、ごく日常的に行なわれていた（久保健一郎・二〇〇四）。素朴な兵糧自弁では片付けられない現

図61　戦場での刈田

実が存在していたのである。

こうした兵糧がどのように調達できていたか、誰しも疑問に思うところであろうが、よくいわれるように、敵地の田畠の作毛《さくもう》を刈り取って兵糧米に充てるという方法も、もちろん現実に行なわれていた。一五七五年（天正三）八月、上総東金《とうがね》城を攻めた北条氏政は、土気や東金の郷村を毎日打ち散らしたうえ、軍勢に命令して「敵の兵糧」を刈り取ったので、今日明日中に一宮に入れるつもりだと、重臣の清水あての書状で述べている（久保健一郎・二〇〇四）。敵地の作毛を刈ることは、自分の兵糧補塡とともに、敵方にも大きなダメージをあたえることで、いわば一石二鳥の作戦だった。

進軍や籠城にあたって、北条の家臣たちはそれなりの兵糧を準備してきただろうが、それだけで事が済むことは少なく、現実には多くの兵糧が必要とされた。こうした状況のなかで、北条氏は自らの力で一定量の兵糧を確保し、それを有効に配分するしくみを構築していったのである。原則的には兵糧は自弁だが、それを越える部分は大名による支給によって賄われていたわけで、北条氏はかなりの程度まで時代を先取りしていたとみることもできよう。

兵糧問題の重要性は今川氏の場合により具体的にあらわれる。一五五八年の二月、今川義元は重臣の匂坂長能《さきさかながよし》に対して、三河の寺部《てらべ》城の合戦において兵糧を過分に失った代償として、少しばかりでも知行を与えようと約束している。戦いの中で兵糧の欠乏が深刻な状況になっていたのである。義元の戦死によって三河が内乱状況になると、事態はいっそう悪化し、今川氏真は牧野や岩瀬といったこの地域の武士たちから、兵糧米を買い取って当座を繕《つくろ》わねばならなかった。一五六一年の四月、牧野八大夫と岩瀬雅楽助《うたのすけ》にあてて、牛久保の城で米が欠乏した際、両人が五〇〇俵を合力してくれたことに対し、これは「忠節」であると感謝の意を述べているが、借りた米の代わりとして、敵方の知行地の年貢を両人に与えるという方法をとるしかなかった。しかもこの借米には一割の利息がついていた。これは当時としては破格の安さで、牧野と岩瀬が今川に対する「奉公」の証しとして提示した条件だったのである。

大名である今川氏は、兵糧欠乏によって家臣たちが窮地に陥らないよう、さまざまな方策をめぐらしていたが、長い在陣のなかで借金がかさみ、知行地を売り払ってしまう武士も現われるようになっていった。氏真の家臣の井出《いで》善三郎は、東西の陣番に明け暮れるなかで借銭借米がかさみ、一門の井出伊賀守に知行をそっくり明け渡してしまった。自分の男子と伊賀守の娘との縁組がその条件になってはいたが、これによって井出善三郎は領主としての立場を失い、伊賀守に扶持される存在になってしまったのである。
今川氏において、北条にみられたような大名による兵糧支援システムが存在したかは、不明のところが多いが、家臣たちによる自弁を原則とするやりかたが行き詰まりをみせていたことを、これらの事例は語ってくれる。おおまかにみたとき、戦国大名の家臣たちは兵糧自弁で活動し、足軽や所領をもたない兵士たちは、大名から支給された兵糧をもらって軍事動員に参加した、とみることもできよう。一五八三年に上井覚兼が配下の武士たちに肥後表一〇〇日の勤番を命じたとき、所領をもたない無足衆《むそくしゅう》については、目的地までの路用のみ用意すれば、逗留中の兵糧は大名から下賜《かし》すると伝えている。さまざまなバリエーションはあるが、家中の自弁と大名からの支給の両者がからみあって、この時代の兵糧確保と分配はなされていたのである。

コラム　打飼の数珠玉

軍陣で兵糧が大切なのはよくわかるが、それでは兵士たちはどんなふうに兵糧を身に着けていたのか。弁当箱に入れていたのか、それとも……

戦いを経験した兵士たちの体験談を連ねる形で進む『雑兵物語《ぞうひょうものがたり》』は、下級の兵士や夫丸《ぶまる》たちの実態を教えてくれる、ありがたい書物だが、その冒頭、鉄砲足軽小頭《こがしら》朝日出右衛門の口上は、次のように始まっている。

杖を突っ張る役だからは、推量をもかえりみず申す事を聞きめされよ。言うまでは御座ないが、首に引っ懸けた数珠玉《じゅずだま》の結い目を襟《えり》の真ん中へ当たるように繰り越めされい。胸の通りに玉があれば、鉄砲がためられないもんだ。

ここにみえる「首にかけた数珠玉」が、実は兵士たちの兵糧だった。食糧は一回ごとに打飼袋《うちがいぶくろ》とよばれる袋につめてくくられ、それをつなぎあわせて作った「数珠玉」を、首からかけていたのである。鉄砲を撃つときに胸の真ん中に大きな打飼袋があったのでは邪魔でしかたないから、打飼の結び目が襟の中央にくるように、まえもって整えておけというのが、経験豊かなこの鉄砲足軽が残した知恵だった（藤本正行・一九九九）。同じような記述は続く弓足軽小頭の発言にもみえる。弓を構えるときも同じように数珠玉は邪魔だったのである。

鉄砲足軽朝日出右衛門は、またこのようにも言っている。

またがいに働いて、息が切れべいならば、打飼の底に入れておいた梅干をとんだしてちょっと見ろ。必ずなめもしないもんだぞ。くらう事はさておき、なめても喉がかわくものだ程に、命のあるべいうちは、その梅干一つ大切にして、息合の薬にとんだして見て、つっぱめつっぱめくわないものだ。

打飼の中に入っていた梅干は、兵士たちの気つけ薬だったのである。また胡椒《こしょう》粒をいっぱ

図62　数珠玉を首からかけた鉄砲足軽

い入れておいて、朝一粒ずつかじれば、冷えにも熱にもあたらないし、唐辛子《とうがらし》をつぶして尻から足の爪先までぬれば凍えることはないと、この兵士は語っている。

『雑兵物語』の後半にある夫丸茂助の発言は、打飼袋に入れた食糧の食べ方から始まる。

今朝よりのかけ走りで、がいに腹がほそった。食物を拵《こしら》えべいに、首にひっかけた打飼の結び切り一つづつ、ひっときいれなさい。これは布袋共に入れなさるがある。二日や三日の在陣だんべいならば、断食をもすべい。五日七日の事たらば、生米でもかむべいが、幾日ともしれない陣中、まして鍋は足軽衆以下頭にいただいてねまる。腸の損じないようにやわっこく食を炊いてくんべいぞ。

打飼の食糧を食べるときには、鍋でゆでてやわらかくしていた。中には袋ごと鍋に入れる人もいたことがわかるが、二日や三日は断食するといっているように、米は貴重なものだった。おなじく夫丸の馬蔵は、祖父の昔話をもとに、籠城《ろうじょう》の時には米は一人に一合、塩は一〇人に一合、味噌は一〇人に二合という決まりがあったが、米を一度に渡せば、上戸の者たちは酒に作って飲んでしまうので、三日四日の分だけ一度に渡し、五日分より多くは出さないことになっていたと同僚に語っている。

『雑兵物語』の末尾には、徳川の御代も久しくなって、関が原や大坂の陣に出ていた人もみな世を去り、島原さえも遠い過去のことになって、経験者はみな海老のように腰が曲がって、ものもろくに言えない状態なので、今の侍衆は何も知らないと、繰り言が書かれている。こうした記事からみて、この書物の成立はかなり下った時代とみえ、朝日出右衛門とか馬助とかいう登場人物も、もちろん架空の存在であるが、戦国の最終段階における兵士たちの実態をそれなりに伝えているといってよかろう。古文書などでは知りえない戦場の現実を、こうした書物が伝えてくれるのである。

3 軍事行動の実際

上杉謙信の関東出兵　緊迫した政治状況の中、事あるときはすぐに相応の軍勢を動員できる体制を戦国大名は構築しており、こうした条件にもとづいて、現実に軍事行動を行なった。この時代の戦争というと、桶狭間《おけはざま》や川中島《かわなかじま》など、華々しい決戦のシーンが思い浮かぶが、数時間で終るような決戦だけではなく、家臣たちに動員がかかって軍勢が集まり、大将のもとで遠征を続け、敵方の城を包囲したりしながら在陣を重ね、情勢をみて帰陣するまでの一連の事態のすべてが、軍事行動には含まれるとみるべきであろう。ここでは具体的な事例をあげながら、トータルな軍事行動の実像に迫ってみたい。

一五六〇年（永禄《えいろく》三）の冬に越後から関東に入り、翌一五六一年に北条氏の籠《こも》る小田原城を包囲した上杉謙信《けんしん》は、これからしばらくの間、ほぼ毎年のように関東に出兵し、この地で年を越すことも多かった。謙信の関東在陣は、その日数の長さをみても、当時としては特筆すべきものであるが、越後軍の軍事行動がどのように行なわれたか、すべてを明確にできるわけではない。ただ一五六二年から一五六三年にかけての事態は、今に残されている謙信の書状から、かなり具体的に知ることができる。これは一五六三年四月十五日に、関東在陣中の謙信が会津の芦名《あしな》氏の当主、芦名盛氏《もりうじ》にあてて出した書状で、越後から山を越えて関東に入った昨年の十一月から、五ヵ月の間におきたことがらが詳細に記されている。この書状を読み解きながら、越後軍の軍事行動の現実をみてみることにしよう。

謙信が軍勢を引き連れて越後府内を出発したのは十一月下旬のことだった。朋友太田《おおた》美濃守資正《すけまさ》の管下にあった武蔵松山城が、北条と武田の軍勢に攻められて危険な状況にあったからである。武田信《しん》玄《げん》も北条氏康《うじやす》も自身馬を進めて城の側まで来ているとの情報を得た謙信は、「悪逆人を根切りにするいいチャンスだ」とばかり、関東への遠征を決行する。旧暦の十一月下旬というのは、今の十二月末にあたる。越後と関東の国境は深雪に阻まれていたが、越後軍はこれをものともせず国境を突破した。雪が深かったので軍勢も駕輿《がよ》を使って山を越えたと、謙信はこの書状のなかで述べている。

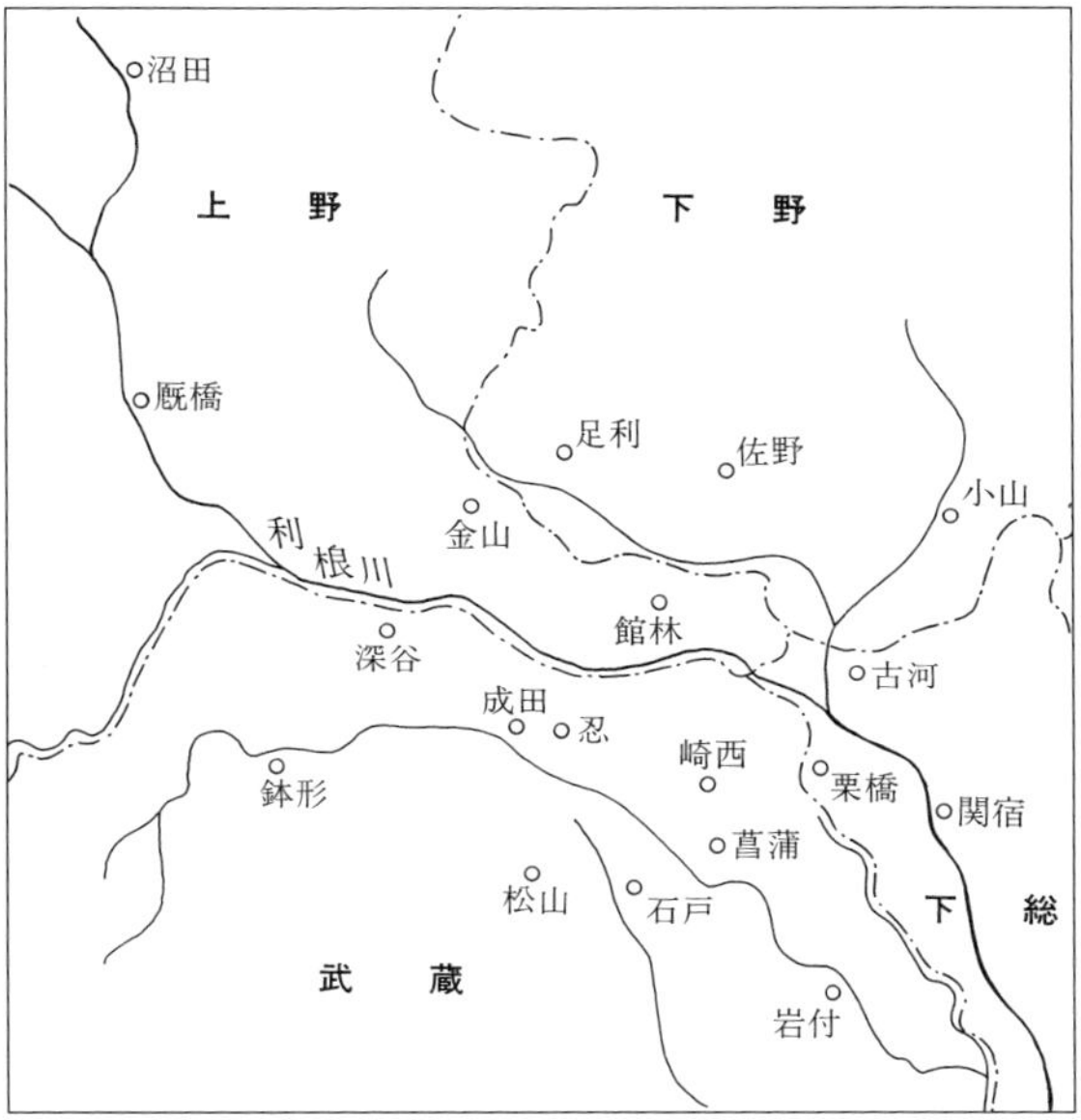

図63　上杉謙信の関東出兵　1562年11月～63年４月

　さて、上野《こうずけ》に進んだ越後軍は、二月上旬には松山城にほど近い石戸に陣取るが、間もなく松山城が開城し、籠城《ろうじょう》していた兵士たちがみな城を下りたという情報が届いた。敵方から調停役を買って出るものがいて、城内に入っていろいろと説得を続け、武田信玄のもとにいた人質を返すという条件まで提示したので、戦わずして城を明け渡すことに、城主も同意してしまったのである。城内への通路がみな塞《ふさ》がっていたので、越後軍がすぐそこまで来ていることに気づかず、不覚にも開城してしまったのだろうと、謙信は悔しがり、それでも北条・武田の軍勢と一戦を遂げようと、城のそばまで軍勢を差し向け、おとりの兵を出して敵をおびきよせようとした。しかし敵兵は姿を見せず、決着をつけようという謙信の望みは叶わなかった。

当初の目的を果たせないまま、謙信はあらたな軍事行動の対象を捜しはじめる。まず候補に上ったのは小田伊賀守《いがのかみ》という武将の籠る崎西《きさい》城だった。この城を攻撃するかどうか議論が始まり、城の堀が深いので攻めるのは難しいと、「年寄共」は主張したが、このままずるずると陣を張っているだけでは元気が出ないという「若年の者共」の言い分に押されて、謙信は城攻めを決行する。軍勢をひたひたと迫らせて、外曲輪《そとぐるわ》と中城を乗っ取り、あとは実城《みじよう》だけになったところで、城主が降伏を申し出、これからは味方になるという約束をかわしたうえで、謙信はこれを許して軍勢を引いている。

このあと越後の軍勢は東北の方向に進み、小山秀綱《おやまひでつな》の居城、小山の祇園《ぎおん》城を攻め立てた。一一、三日攻め立てたところで、城主の申し出を認め、秀綱の子息をはじめとして、親類・郎従《ろうじゆう》たちから人質をたくさん取ったうえで軍勢を収め、つづいて佐野《さの》城の攻撃に向かった。当時の城主佐野昌綱《まさつな》は、すでに謙信に帰順して子息を人質として出し置いていたが、家臣たちがこれに同調せず、謙信の軍事動員にも応じないありさまだった。こうした佐野家中の行動に対するこらしめのため、謙信は軍勢を差し向けたのである。

芦名あての長文の書状は、この佐野攻めの陣中でしたためたものであった。五ヵ月の間におきたさまざまなことを、謙信は冷静につづっているが、北条・武田との決戦は実現せず、あいついだ城攻めも、城主の降伏と人質の提出で解決をみている。この一連の軍事行動で、越後の軍勢のどのくらいが負傷、戦死したかはわからないが、それほどの被害はなく、籠城していた側の兵士の損害もさほどではなかったと推測できる。無理に攻め立てて城主以下すべて殲滅《せんめつ》するといった戦い方は、この時代にはまれであった。城に圧力をかけて城主と家臣を屈服させ、以後はこちらの味方として動くという約束をとりつけさえすれば、とりあえずの目的は達成されたのである。

一五七四年（天正《てんしょう》二）の関東出兵のときも、謙信は同じように芦名盛氏に一連の軍事行動のありさまを伝えている。越後から山を越えて関東に来た軍勢は、利根川《とねがわ》を越えて鉢形《はちがた》・松山・成田《なりた》・忍《おし》・深谷《ふかや》といった北武蔵の城の城下を焼き払い、さらに上野の金山《かなやま》経由で下野足利《しもつけあしかが》・佐野を押し通って放火し、小山まで出るが、ここで佐竹氏との談合が決裂する。謙信は独自の行動をとると宣言して下総《しもうさ》の古河《こが》に入り、栗橋・館林《たてばやし》などを通って利根川を渡り、崎西・菖蒲《しょうぶ》・岩付などを放火しつづけ、ようやく兵を収めて厩橋《まやばし》に帰陣した。

岩付から小山に至る、関東の中央部一帯を、謙信の軍勢は動き回った。四〇日間にわたって武蔵・上野・下野を押し歩いたが、ついに旗を合わせる敵にめぐり合わなかったと、謙信はこの書状で述べ

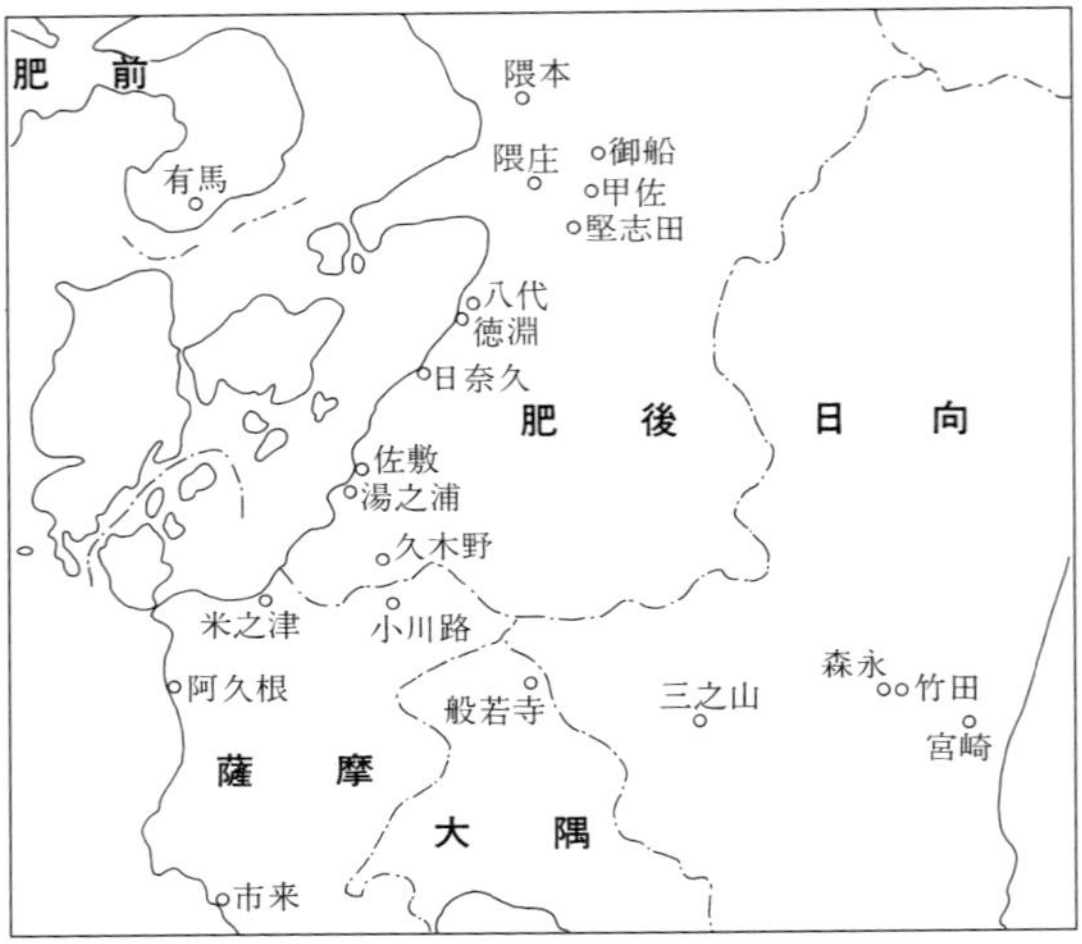

図64　島津氏の肥後出兵　1582年11月～12月

ている。歴史に残る決戦はそうあるものではなく、実際の軍事行動は意外に単調なものだったのである。

島津氏の肥後出兵　一五八二年　上杉謙信の関東出兵の様子は、彼自身がしたためた書状からわかるが、隣接する大名に対して、自身の行動をアピールするために書かれたものなので、ある程度の潤色があることも考えられ、また記事の内容もおおざっぱである。戦陣のありようを最もよく伝えてくれるのは、軍事行動に参加した人物がその場でしたためた日記であろう。これはめったにあるものではないが、島津《しまづ》の家老上井覚兼《うわいさとかね》は、戦陣にあるときにも平時とおなじように詳しい日記を綴っていた。彼が残してくれた日記をもとに、一五八二年（天正十）から一五八三年にかけての島津氏の肥後《ひご》出兵のようすを追ってみよう。

主君の命をうけて覚兼が日向《ひゅうが》を出発したのは、一五八二年十一月四日のことだった。この日は森永・竹田の町屋に一宿し、翌五日に三之山、六日に般若寺《はんにゃじ》麓、七日に小川路と進んで、八日には湯之《ゆの》浦《うら》まで着く。翌九日、佐敷《さしき》から船で出ようとするが、強風のために果たせず、結局陸路で日奈久《ひなぐ》まで進み、十一日に目的地の八代《やつしろ》に到着した。

八代に着いた覚兼は、早速総大将の島津忠平《ただひら》（義久《よしひさ》の弟、のちの義弘）のもとに挨拶に出、そのあと島津家久《いえひさ》（義久の弟）や伊集院忠棟《いじゅういんただむね》（島津重臣）のところにも赴いた。翌日は家久の宿の寄り合いに招かれ、終日乱舞《らんぶ》に興じ、茶の湯をたしなみ、雑談に花を咲かせている。

そして十一月十三日、島津忠平の宿で「御談合」がなされる。肥前の有馬《ありま》や肥後隈本《くまもと》に派遣していた使者がもたらした情報にどう対応するかが、この日の議題だったが、会議が終ったあと、忠平を中心に「御酒御寄合」がなされている。翌十四日には覚兼の宿にみなが集まって「御酒参会」があり、晩には伊集院の宿で風呂を炊いたので、みなでおこぼれにあずかり、さらに「御酒寄合」がなされている。翌十五日は天気が悪いので「御談合」は中止となり、十六日にまた忠平の宿で「御談合」があった。肥後国中への軍事行動のこと、有馬表《おもて》への渡海のこと、肥後堅志田《かたしだ》方面のことの三ヵ条がこのときは論議されたが、例のごとく終了後は「御酒寄合」があり、狂言《きょうげん》を披露する武士もいた。

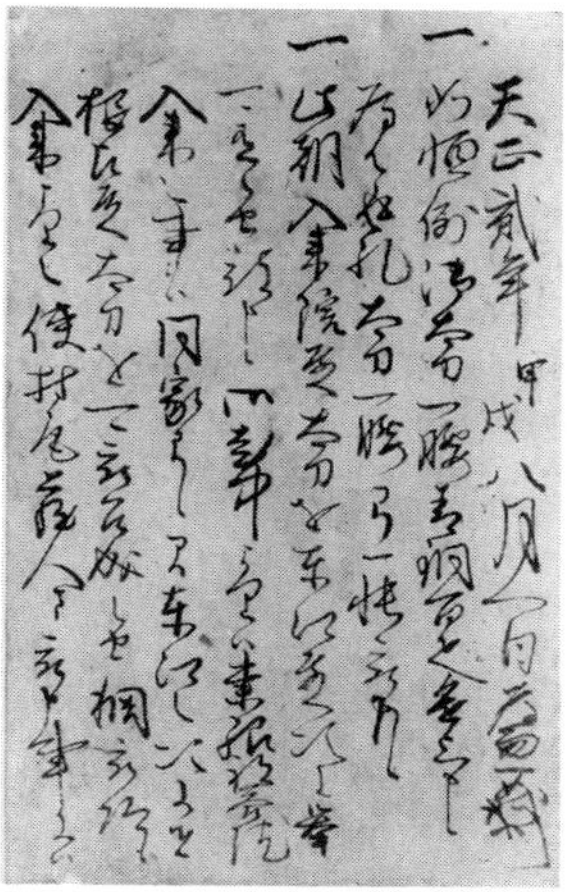

図65　「上井覚兼日記」

八代の陣中での覚兼の生活は談合と酒宴に明け暮れるものだった。十七日以降の記事は、おおむね以下のようなものである。

十七日　肝付《きもつき》弾正忠の宿で御談合。のち忠平の宿で御談合。有馬《ありま》渡海が決まる。

十八日　新納忠元《にいろただもと》らが覚兼を訪問。新納持参の酒で参会《さんかい》。
十九日　鎌田政広《かまだまさひろ》の宿で御酒振舞《ふるまい》。晩には常住の食参会、御酒にて閑談。
二十日　有馬への援軍が出発。
二十一日　忠平のもとで御常住御寄合。伊集院忠棟の宿で終日御酒宴。
二十二日　伊集院忠棟が訪問し終日閑談。のち食寄合、夜更けまで御酒。
二十三日　敷禰《しきね》頼賀の宿に赴き閑談。晩に伊集院忠棟の宿に参り夜更けまで御酒。
二十四日　島津家久が覚兼の宿に入御、終日御酒。のち家久の宿に赴き、終夜御雑談。
二十五日　比志嶋《ひしじま》宮内少輔の宿において寄合。肥後鷹尾城の件につき、忠平・家久意見を述べる。
二十六日　敷禰らが訪問し、終日囲碁または褒貶連歌《ほうへんれんが》。夕食参会、御酒にて雑談。
二十七日　伊集院忠棟の宿において終日雑談。晩は常住の食寄合。
二十八日　各所の衆中《しゆうちゆう》の訪問をうけ、御酒参会。晩は忠平のもとで御常住御寄合。
二十九日　蓑田信濃守《しなのかみ》のもとでみなが集まり終日酒宴。このとき鷹尾に派遣した使者が到着し情報を伝える。

肥後の甲斐《かい》氏の使いが来て和睦《わぼく》の条件を提示したり、竜造寺《りゆうぞうじ》の軍勢に対峙している肥前鷹尾の田尻《たじり》氏の苦境を伝える使いが到着したりと、この間にもさまざまなことがあったが、島津忠平をはじめとする首脳部は、自ら軍勢を動かすことなく、本拠地に留まって談合を重ね、さまざまな情報を受け取りながら、いかに行動するか考えつづけていたのである。そして談合の場に酒はつきものだった。

覚兼の日記を見るかぎり、酒宴は毎日のようにあり、終日飲みつづけの日も珍しくなかったのである。

こうした状況は十二月になっても変わらなかったが、五日には有馬に派遣した軍勢が勝利を収めたというられしい知らせが届き、七日には戦功を挙げた武士たちが帰還した。十一日には隈本まで進んだ先陣部隊が、日比良《ひびら》の城に攻撃をしかけ、十三日にはこれを陥れた。このように島津軍の戦果は満足のいくものだったが、さすがに長陣はこたえ、十二月二十三日には隈本に番衆《ばんしゅう》を置いて、それ以外は順次兵を撤することが決定された。こんどの出陣は、充分に準備をしたうえでのものではないから、鹿児島に戻ってからよくよく談合を重ね、来年の春か秋に、きちんと準備して再び兵をだすことにしよう、というのがおおかたの意向だったのである。陣中で年を明かした軍勢は、肥後に到着した順に帰還することを許された。十一日には大将の忠平が帰途につき、覚兼もこの日に徳淵《とくのふち》まで下り、翌日船で米之津《こめのつ》まで赴き、阿久根《あくね》・市来《いちき》と湊《みなと》づたいに進んで湯村で湯治し、十五日に鹿児島に到着、十九日に暇《いとま》乞いをして、二十一日に宮崎に着いた。十一月四日からの長旅はこうして終ったが、そのほとんどは八代における在陣に費やされた。この一連の軍事行動において、忠平をはじめとする島津の中枢部は、二ヵ月にわたって八代を離れず、会議と酒宴に明け暮れたのである。

島津氏の肥後出兵　一五八五年　島津氏の肥後出兵は、この後も繰り返され、一五八五年（天正十三）には甲斐氏を打ち破って肥後一国を手に入れることに成功した。閏八月にはじまるこの出兵についても、上井覚兼の日記は詳細で、戦いの実態を克明に伝えてくれる。

肥後出兵の件がはじめて宮崎の覚兼のもとに伝えられたのは、八月五日のことだった。鹿児島に八《はっ》朔《さく》の礼のために行っていた使者が、来る十三日に八代に着くよう準備せよという命令が出されたと語ったのである。急に軍勢を集めるのも大変なので、しばらく様子をみていたところ、遠方の衆はなかなか到着できないだろうから、戦いは二十二日ということに決めて、十九日か二十日に八城に着くようにという命令があらためて出された。ただ覚兼自身は痔病を煩っており、また豊後《ぶんご》の大友氏に対する作戦を立てるという任務があるので、今回は御免を蒙《こうむ》りたいと、島津忠平に申し入れた。この訴えは聞き入れられ、覚兼は島津家久とともに豊後境の見分《けんぶん》に赴いたりしていた。ところが八月も終りの三十日になって、急ぎ八代に赴いて談合に参加せよとの、島津義久の命令が届けられた。閏八月五日には伊集院忠棟から書状が届き、こんどの十一日に、御船《みふね》・隈庄《くまのしょう》に対して攻撃をかける予定なので、夜を日に継ぎ、八日か九日のうちに八代に到着せよという指示が下された。しかたなく翌朝宮崎を出発した覚兼は、七日に般若寺の門前に着き、酒を持ってきた別当《べっとう》としばらく物語して過ごした。翌八日には久木野に着いたが、ここでは地下《じげ》の百姓たちが、馬草と薪を持ってきてくれた。九日に佐敷から船に乗って日奈久《ひなぐ》に着き、十日にようやく八代に到着した。

約束の攻撃日は十一日だったが、実際にこの日に隈庄の攻撃がなされ、敵を二〇〇人ほど討ち取る勝利を収めることができた。軍師の川田駿河守義朗《よしあき》が勝鬨《かちどき》を、伊集院三河守が「勧請《かんじょう》の鬨」をあげるという勝利の儀式があったが、敵方の甲斐氏の援軍も四〇〇〇ばかり向かい側に到着し、情勢は緊迫していた。このとき「若衆中」が、自分たちで切り崩してみせますとしきりに主張しているが、日も暮れたからそれも難儀だろうと説得して思いとどまらせたと、覚兼は日記に記している。

翌十二日の早朝から、島津の部将たちは忠平の宿所に集まって相談を始めた。早いうちに攻め込んで敵と決戦しようという意見が多く、一時はこれで決まりということになりそうだったが、軍師の川田が「明日から悪日が続くので、戦争は控えたほうがいい」と主張して譲らなかったので、明日の決戦はとりあえず中止ということになり、忠平は宝蓮寺尾という高台に陣を取り、覚兼らの部将たちはめいめいの宿所に帰っていった。

日が明けて閏八月十三日、この日は戦いはない、ということだったので、軍勢の点呼もなく、みなが思い思いに宿所を出て集まっていたところ、若衆中が勝手に堅志田城の麓に出て行って放火をしている、という情報がもたらされた。こんなことは「談合の外」で、全く困ったことだが、放っておくわけにもいかないので、覚兼は宝蓮寺尾には登らず、響之原《ひびきのはら》に進んで様子を見ていた。重臣の新納忠元も心配になって覚兼に合流し、堅志田の麓まですこし進むが、ここで「甲佐《こうさ》の城の囲みが破られ、敵が数百人討ち取られた」という知らせが届けられたのである。やがて兵士たちが頸をもって次々に帰還し、勝利は確実なものとなった。伊集院忠棟は早速甲佐の城に入ろうとするが、覚兼らはこれをやめさせ、この機会に堅志田と萩尾の城を攻撃しようということで話がまとまった。軍勢の総攻撃をうけて堅志田城は陥落し、内城に入った覚兼は、兵士たちとともに鎧《よろい》の袖を敷物にして一夜を明かした。

この一戦で勝負は決まった。甲斐氏は御船城を捨てて退き、十五日には大将の忠平が御船入城を果たした。近辺の武士たちも情勢を悟ってつぎつぎに帰服の意を示し、島津氏の肥後攻略はここに実現したのである。戦後処理のためにしばらく八代に留まったのち、島津忠平は九月二十二日に御船を出発、覚兼も十月一日には帰国の途についた。

一五八二年の場合と異なり、ここでは覚兼自身も戦闘に参加している。これまでみてきた軍事行動のなかでは、それでもドラマティックな場面といえようが、よく考えてみると、閏八月十三日の戦いのありようは、一般の常識とはかなりかけ離れたものだった。大将の忠平以下、覚兼らの部将たちが合議して、この日は休みと決めていたにもかかわらず、若者衆が勝手に独走し、それが奇跡的な大勝利をもたらしたのである。総大将の号令のもと、よく訓練された兵士たちの組織的な活動によって勝利が導かれるという、お定まりのストーリーは、現実にはあまりなく、偶然的な要素で勝敗が決定される場合が実際は多かったことを、この記事は教えてくれるのである。

陣触　軍事行動は陣触《じんぶれ》から始まる。戦国大名の家臣たちの一部は大名の居城に住んでいたが、領国内の武士たちのほとんどは、日常的には各地に所在するそれぞれの城や館で生活していた。こうした家臣たちに指令を発し、決まった場所に軍勢を集めるために、どのような方法が用いられていたのだろうか。

陣触のなされかたはさまざまだが、簡単な書状で伝達されるのが原則だった。一五八四年（天正十二）のころ、後閑刑部少輔《ごかんぎょうぶのしょう》という上野の武士にあてられた北条氏直《うじなお》の書状の文言は「明日二十日に出馬するので、来る二十六日に利根川端に着陣するように」といった、きわめて簡略なものだった。この書状は後閑に限らずこの地域の武士に一斉に配布されたと考えられるが、いつどのあたりに到着せよとのみ書かれた簡略な陣触が一般的だった。

この書状には到着期限が明記されているが、軍勢催促にあたって、まずはとりあえず近日中に出馬するから支度せよとのみ伝達し、集結場所と日付が決まったところであらためて二度目の指令を発する、という方法がとられることもあった。同じく北条氏直が一五八四年に出した、豊島三郎兵衛《としまさぶろべえ》あての書状には「近日中に出馬するから、急いで支度せよ。日限は重ねて申し遣わす」と書かれてあったし、翌十三年の依田下総守《よだしもうさのかみ》あての北条家の朱印状《しゅいんじょう》の文面は、「七夕前後に出馬するから支度せよ。軍勢の数を多めに揃えよ。日限は重ねて連絡する」というものだった。

先に見た島津氏の一五八五年の肥後出兵の場合も、上井覚兼に対する軍勢催促は、閏八月の十一日に攻撃をしかける予定だから、八日か九日のうちに八代に到着せよ、というものだった。もっともこのときは八月段階からさまざまな形で出兵にかかわる情報が届けられていたが、その内容は二転三転している。最初は八月十三日に八代に着くよう準備せよという命令だったが、すぐに十九日か二十日にというふうに到着期日が変更されている。さらに覚兼が出陣免除を願うと、いったんこれを受け入れながら、閏八月になってやはり肥後に出てくるようにとの命令が下されているのである。大名の指令は一挙になされたのではなく、まずはもうすぐ出兵らしいという情報が広まり、しばらく時日が経過したのち、正確な到着期限と場所が指示されるというのが、ごくふつうのありかただった。

このような形で軍勢催促はなされたが、大名の意図したように整然と軍勢が集結していたわけでもなく、連絡が届かずに参陣できなかったり、さまざまの事情で遅参《ちさん》してしまう武士たちもいた。一五五七年のこと、毛利元就《もうりもとなり》はその書状のなかで、「陣触にあたっては惣家中にもれなく触れるように注意せよ。毎年触れ落としがあるように聞いている。いつぞやも、入江の福原善五郎などには一向に触れなかったということではないか」と、彼らしく細やかな注意書きを加えている。

いつのことか年次はさだかでないが、井田因幡守《いだいなばのかみ》という下総の武士が、「御陣不参」の罪を犯してしまったことがあった。これはまずいと思った彼は、小田原へ使いを派遣して、北条重臣の山角紀伊守定勝《やまかくさだかつ》を通して侘びを入れた。山角がすごすごと披露に及んだところ、当時は「御隠居様」と呼ばれた北条氏政はことのほかご立腹で、すべを失った山角は、このことを遠山直景《とおやまなおかげ》に連絡した。直景は井田あてに書状を書いて事情を説明し、「それでも今日参府するので、山角と相談して、また連絡します」と述べている。御陣不参のつぐないをするのは大変だったのである。

あの上井覚兼も島津義久から遅参を咎《とが》められたことがある。一五八六年七月十三日、軍勢催促に応じて肥後佐敷《さしき》に着いた覚兼は、そこで急いで義久のいる八代に来るようにとの指示を受ける。何事かと徳淵《とくのふち》に進んだ覚兼を待ち受けていたのは、覚兼と日向衆が思いのほか遅参したのはけしからんと、義久がたいそう立腹されているという情報だった。これまで島津の軍勢は勝ち戦を続けていたので、八代に着いたら早速祝賀を述べようと考えていた覚兼は、対面を果たせないまま、遅参の理由を老臣たちに説明しつつ、義久へのとりなしを頼みこまねばならなかった。遅参理由は認められないが反省しているようなので許してやるとの仰せが出されたのは十七日、ここまでの数日の間、覚兼は苦渋に満ちた毎日を送らねばならなかったのである。

地下人の動員　大名からの陣触に従って集結した家臣たちの軍団と、個別に編成された足軽《あしがる》軍から、戦闘部隊の兵士たちは構成されており、これに百姓出身の陣夫《じんぷ》が加わっている、というのが当時の軍勢の基本形態だったが、戦国も時代が下るごとに、こうした恒常的な兵力だけではまかないきれず、「地下人《じげにん》」とよばれた一般民衆も動員することが多くなってゆく。

一五六八年（永禄《えいろく》十一）の八月、北越後の本庄繁長《ほんじょうしげなが》の反乱を鎮圧するために現地に派遣した直江《なおえ》大和守政綱《まさつな》と柿崎《かきざき》和泉守景家《かげいえ》に対して、上杉謙信《うえすぎけんしん》は「なんとか地下鑓《じげやり》でもいいから集めて、きちんと仕置きをするように」と命じているが、この「地下鑓」とは鑓を持って動員に応じた地下人を指す。この地下人動員は実際に行なわれたらしく、翌年の二月には、羽田六助・岩船藤左衛門尉というこの地域の武士にあてて、「地下鑓触の覚」と題する謙信の朱印状が出されているが、ここには「鑓百本あたり小旗は三本ずつに決める。一人一人が鑓と縄・鉈《なた》・鍬《くわ》を持って出てくるように触れよ。きちんと武装してやってきた者には褒美をつかわす」と記されていた。

本庄の反乱を治めた謙信は、その年のうちに越中に出馬するが、武田の兵が禰知谷《ねちだに》などを通って越後に攻め込んでくることを警戒し、越中の陣中から留守居の直江と本庄にあてて「上郷や禰知谷の地下人から証人を取り、きちんと仕置《しお》きすることが肝要だ。留守中の軍勢は、地下鑓も集めて人数を多くせよ」と命令している。ここでも地下人が動員されているが、謙信が彼らから「証人」すなわち人質を取るようにと指示していることはことに注目される。後述するように大名の家臣たちは忠節を尽すことの証しとして人質を提出することを義務づけられていたが、謙信は地下人たちにもこれを要求

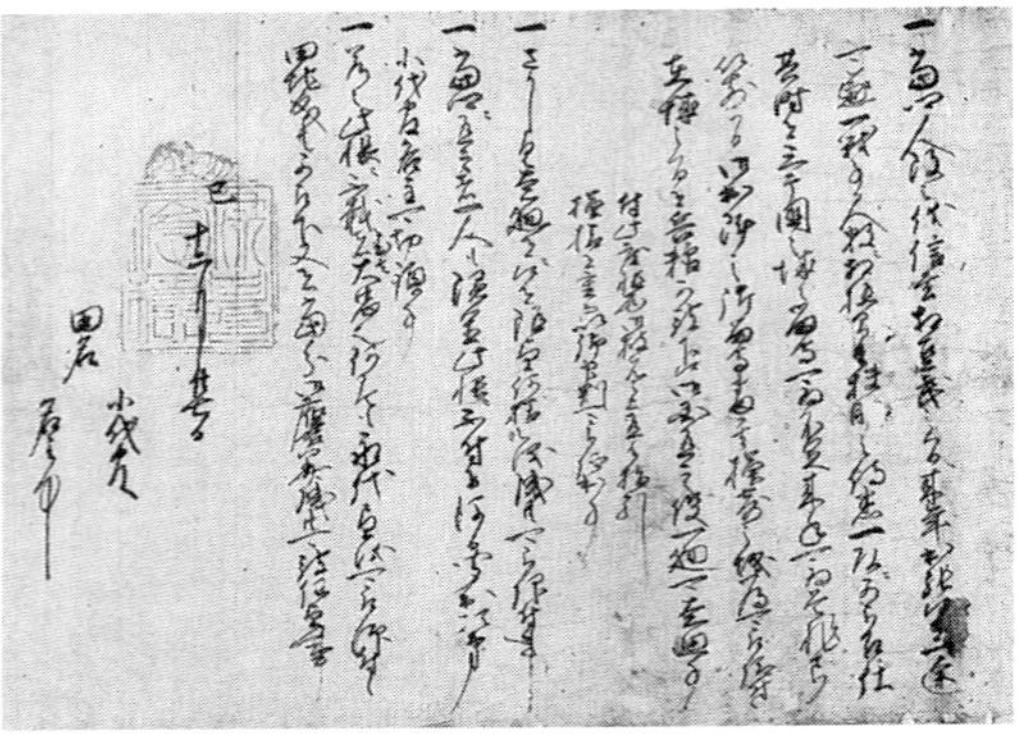

図66　人改令「北条家朱印状」（『江成文書』）

したのである。強圧的な施策ともいえるが、このことは彼ら地下人たちの存在が、大名にとって無視できないものになっていたことを逆に示すとみることもできよう。

地下人を戦いに動員したいという謙信の指向は、年を追うごとに強くなっていく。一五七〇年（元亀《げんき》元）の十月、武田信玄の進軍を察知して、上野への出兵を決めた謙信は、沼田の部将たちに書状をしたため、「そのあたりの各地に触れ回って、十五歳から六十歳までの者をみな集めよ」と命じ、一五七二年の八月には、関東への入口にあたる上田の守将の栗林次郎左衛門尉に対して、「もし厩橋と山際の間に北条や武田の軍勢が出てきたら、地下人たちを集めて、軍勢を多く見せて厩橋城を援助せよ」との指示を出している。さらに翌一五七三年の八月には、越中との境目にあたる境・市振《いちぶり》・玉ノ木・宮崎のあたりの地下人たちに、鑓や小旗を用意して、敵が攻めてきたら防衛に当たるよう指示せよと、腹心の河隅忠清《かわすみただきよ》らに命じている。

敵と戦うための出兵や、防衛のための戦いにおいて、地下人たちを動員しようとしたのは謙信だけではない。一五六九年の冬、武田信玄の来襲に備えて、北条氏は村々に対して「人改め」を行ない、百姓たちに最寄の城の留守を命じた。武田との決戦のために侍たちはみな出払ってしまうので、伊豆・相模・武蔵の城々の留守居が不足するから「御国」にあるものの役としてきちんと勤めよというのが大名側の論理であった。大名領国の防衛のために百姓たちが城を守るのは、「御国」の構成員としての役であるとの認識が、少なくとも大名側にはあったことがこれからわかる。

村の百姓に対する軍事動員令は、こののちもしばしば出された。一五八五年（天正《てんしょう》十三）の七月、北条氏政は小田原近辺の村に掟書を下し、郷にあるものを侍・凡下《ぼんげ》を問わず二〇日間雇いたいので、十五歳から七十歳までの男は、みな出頭して「公方の検使」の前で着到を付けよと命令している。これは軍事行動を予定したもので、「弓でも鑓でも、鉄炮でも、なんでもいいから持ってこい。なければ鍬や鎌でもいい」と書かれている。郷や村の体制がほぼ確立していた北条氏の領国では、大名の命令は朱印状などの形で郷村の小代官や百姓あてに下されており、残されたこれらの文書から、郷村から組織的に兵力を供給するシステムを北条氏が構築していたことを知ることができる。地域の百姓もまきこんだ軍事動員の体制を確立していたと、これを評価することもできるかもしれないが、この当時の戦争状況が、すでに職業的な兵士だけでは担いきれないほど深刻化していたことのあらわれととらえるべきであろう。

船橋と道作　大名の指示に従って集結した軍勢は、敵地に向かい進軍するが、目的地に達するにはさまざまな障害を乗り越えねばならなかった。とくに大きかったのは大河の存在である。利根川に代表されるような、幅が広く流れの急な大河を渡るのは容易なことではなく、事情に詳しい「案内者」を先導として、水の引いたときを見計らって瀬を渡るという方法もあったが、そのチャンスはめったに訪れるものではなかった。こうした制約のもと、大河を渡る手段として恒常的に用いられていたのが、船を繋いで船橋《ふなばし》を掛けるという方法だった。

一五六四年（永禄七）の冬、関東に出てきていた上杉謙信は、対する北条氏政が赤岩の地に船橋を掛けて利根川を越えようとしているという情報を得るやいなや、厩橋・新田・足利といった諸城を打ち通り、北条軍が掛けておいた船橋を切り落として、目的地の佐野に進んでこの城の攻撃を開始している。佐野攻めを行なうにあたって、北条軍が利根川を渡ってやってくることを警戒した謙信は、まえもって船橋を切ってその憂いをなくし、城攻めに専心しようとしたのである。

これは利根川の上流のことだが、江戸にほど近い河口部においても、軍事行動にあたっては各地に船橋が掛けられたことが知られる。年次は不明だが、北条氏に従属していた下総の千葉胤富《たねとみ》が家臣にあてて出した書状に、「北条氏政が明後日に小田原を出発するというので、市川の船橋は高城が受けとって、早々にこれを掛けたようなので、みなも早く出陣の準備をせよ」という記載がある。ここにみえる高城は下総金《こがね》の城主だが、彼が利根川河口部の市川の船橋を掛ける責任者だったのである。

また同じく年次未詳の北条家朱印状では、江戸城代の遠山右衛門大夫に対して、「軍勢が取り越えたら、すぐに船橋を切り、夜を日に継いで浅草に廻らせ、いつもの船橋庭にこれを掛け渡せ」とか「葛《か》西《さい》の船橋もいつものように申し付けること」といった指示がなされている。最初の船橋の場所は定かでないが、軍勢がこの船橋を越えたら、綱を切って船を浅草に廻し、いつもの「船橋庭」に集結させて、ここに船橋を掛けよ、ということで、船橋を切ったり掛けたりする作業の実態がよくわかる。船橋を掛ける場所はだいたい決まっていて、「船橋庭」と呼ばれたが、ここにいつも船橋用の船が常駐していたわけではない。兵士の道を作るにあたって、各地から船がここに集められ、綱を張って船橋を作る。そして軍勢が渡河すると早速綱を切って船を自由にし、その船が海や川を通ってつぎの「船橋庭」に進み、また新たな船橋が掛けられる。天候さえ良ければ容易に移動が可能な船の利点を生かす形で、船橋の設定はなされていたのである。

軍事行動が迫ったときに、すぐに船橋を構築できるための準備を、北条氏は常日頃から怠らなかった。一五七四年（天正二）の九月十一日、武蔵市郷《いちごう》の領主である上原に対して、「船橋に用いるので、市郷にある竹を三十本、廻りの長さが六七寸あるものを進上せよ。十八日に江戸城に持っていき、遠山の代官の吉原に渡せ」といった具体的な指示が、朱印状によってなされている。また江戸城代の遠山氏は、毎年「舟橋綱の公物銭」九貫九五〇文を北条氏から与えられていた（一五七七年と一五八五年の史料が残されている）。船橋を結ぶときに不可欠な綱と竹を集める体制整備も、大名のもとできちんとなされていたのである。

陸路の場合には道の状況が問題となり、場合によっては地域の人々を動員して道路整備を行なわなければならなかった。一五八一年のこと、箱根の湯本から通っている道を軍勢が普請《ふしん》のために越すので、宿の者共をみな召し連れて道の整備をせよと、北条氏は木村という武士に命じているが、その際には道作りにあたっての細かな指示が加えられている。「細い所は脇を切り立て、馬ざくり（馬の蹄《ひづめ》によるくぼみ）やぬかるんだ所は埋め立てて、相違なく作り立てよ。兵糧を運ぶ小荷駄《こにだ》の輸送は、ふ

図67　小荷駄の輸送

つうの軍勢の移動のようにはいかない。小荷駄の車は少しだけ悪いところでも、すぐに倒れてしまうから、よく心得て精を出せ」。狭い山道を軍勢と小荷駄が無事通過するためには、手の込んだメンテナンスが必要だったのである。

一五六七年のこと、自らの拠点である沼田と、攻略の目的地の佐野との間に「直路《じきろ》」があって人々が往還しているという情報を得た上杉謙信は、人を派遣して様子を検分させ、すこしばかりの造作で人馬の通行が可能になることを確認した。喜んだ謙信は朋友の太田資正あての書状で、「沼田に着いたらこの山中の道を整備し、こんどは沼田からダイレクトに佐野に攻め込むつもりだ」と計画を披瀝《ひれき》している。軍事行動の迅速化のために、こうした直線道路を作り出すことが、実際になされていたことがこれからわかる。戦国時代の直線道路としては、武田信玄が開削したといわれる「棒道《ぼうみち》」が有名だが、八ヶ岳山麓にその遺構は今に残されている。徳川家康に従った五味太郎左衛門の戦跡を綴った「乙骨《おっこつ》太郎左衛門覚書」にも「越後海道」の名でこの直線道路が登場する。信玄が開いたかどうかは定かでないが、この時代にこうした軍事用の道がすでに存在していたことはまちがいなかろう。

城攻めと開城　戦国時代の合戦というと、川中島や関ヶ原のように、進軍してきた大部隊が激突するシーンが思い浮かぶが、こうした決戦はそれほど多くはなく、主要な戦いは城をめぐる攻防戦だった。当時の城攻めと防衛はどのようになされていたのか。

一五四〇年（天文《てんぶん》九）九月四日、尼子晴久《あまごはるひさ》に率いられた三万の軍勢が、毛利元就の籠る郡山《こおりやま》城を攻めるために多治比《たじひ》に集結した。翌日城下の吉田上村の家々が少しばかり火をつけられ、六日には町屋が放火された。このとき尼子衆の先懸けをした足軽が数十人、毛利の兵によって討ち取られている。

そして十二日、大田口で「大合戦」があり、尼子方は数十人が戦死、毛利の家臣も二人が討死した。このように郡山城の攻防戦は開始されたが、毛利元就は翌年正月に至る戦いの概略を、箇条書き形式でのちにまとめてくれており、これによって一連の戦いの経緯がわかる。九月二十六日には坂豊島に向かって尼子方が進んだところ、元就の手の衆が馳せ合って、数十人の敵を討ち取り、十月十一日にも、いつものように郷内を打ち散らしている尼子勢に元就が襲撃をかけ、やはり数十人を討ち取っている。十二月三日になると陶隆房《すえたかふさ》の援軍が到着、十一日には宮崎長尾で合戦があったが、容易に勝敗は決まらず越年することとなる。年明けて正月三日、相合口《あいおうぐち》の合戦で勝った元就は、十三日には宮崎長尾の敵陣に攻めかかって、二百余人を討ち取る大勝利を収め、その夜尼子の軍勢は退却した。雪の中で漕ぎ草臥《くたび》れ、石見《いわみ》の江乃川で船を沈没させてしまって死んだ兵士は数知れなかったと、元就はこの覚書に記している。

城攻めというと、どうしても籠城している兵士の苦労ばかり考えてしまいがちだが、元就の覚書に記されたように、籠城軍より攻め手の被害のほうが甚大という場合が、けっこう多かったのである。

郡山城を取り囲んだ三万の軍勢は、さまざまな方向から城に攻め込もうとするが、そのつど毛利の兵に立ちふさがれ、四ヵ月に及ぶ長陣ののち、本拠を襲われて壊走した。覚書の末尾で元就は「去年九月四日から今年の正月十三日までの間、通路で討ち取ったり、日々野伏《のぶし》の手で射殺した兵士の数は数え切れない」と誇らしげに記している。城攻めに動員された兵士たちの多くは、さまざまな形で命を失っていったのである。

城を陥れることができたケースの場合も、よく調べてみると、攻め方はかなりの被害を蒙っていることが多い。同じく毛利氏の例だが、一五五二年（天文二十一）七月二十三日に備後外郡《びんごそとごおり》の滝山の城を切り崩したのち、毛利元就・隆元《たかもと》父子が大内氏に提出した軍忠状《ぐんちゅうじょう》が残されているが、ここにはこの戦いで疵を蒙ったり戦死したりした兵士や中間《ちゅうげん》たちが、連名の形で示されている。ここにみえる負傷者は一五六人、討死は七人で、負傷者の名前の下には「鑓疵」「矢疵」「切疵」「礫《つぶて》」と、怪我の種類が記されている。最も多いのは矢疵で、一〇〇人近くの者が矢を受けている。鑓疵を受けたのは三〇人程度、礫にあたって負傷したのは二六人だった。籠城戦において弓矢がいかに効力を発揮したか、この注文は教えてくれるが、いずれにせよこれだけの負傷者を出しながら城攻めは遂行されていったのである。

なんども登場した上井覚兼も、城攻めで負傷した経験を持つ。一五八六年（天正十四）七月二十七日、筑前岩屋城攻略のときである。城を囲んだ軍勢は、寅の刻のころから城の近くに進み、チャンスをうかがっていたが、一番乗りをしようとして、宮崎衆がどっと鬨《とき》の声をあげ、未明に城の岸を登りはじめた。覚兼の旗指《はたさし》も、夜がほのぼのと明ける頃、塀際を登り始め、覚兼とその従者たちもこれに続いた。しかしこの一団は敵の「石打」を受けて散々の目にあい、覚兼自身も塀際で石にあたり、さらに鉄炮を面にうけて退却を余儀なくされた。城に向かって「上矢」を放っていた兵士たちも、次第次第に押されて退いた。覚兼に替わって塀を登っていった山田越前守有信《ありのぶ》も、同じように甲《かぶと》を打ち砕かれ、石打にあって引き返した。それぞれの責口《せめくち》から登っていった島津の兵士たちは、どこでも苦戦を強いられたが、午《うま》・未《ひつじ》の刻になって城内の敵がみな討ち果たされ、城を奪取するという目的は達成された。自らの負傷の場面を描く覚兼の日記の記事は詳細をきわめ、城攻めの壮絶さをよく伝えてくれる。手の者はみな負傷し、陣僧《じんそう》までも例外ではなかった。旗指の七郎兵衛尉も石打にあって、旗の竿ばかり残り、絹の部分は真中から下を長刀で切り落とされていた。

壮絶な攻防戦ののち、城が陥落したり、攻め手が壊走したりする、劇的なシーンが実際にあったわけだが、全体的にみればこうしたケースはまれで、決戦におよぶことなく調略《ちょうりゃく》が入って、平和裏に開城がなされたり、兵糧がなくなったりして攻囲軍が早々に退却する場合のほうが圧倒的に多かった。そしてさまざまなやりとりの末に開城が決まった場合には、城主の立場がそれなりに保障されることも、決して珍しくはなかったのである。

一五六八年（永禄十二）の末、武田軍の乱入をうけた今川氏真《うじざね》は遠江懸川《かけがわ》に逃れて再起を図るが、徳川家康《とくがわいえやす》の軍勢に押されて、遠江の今川方の拠点は各地とも危機的状況にあった。堀江の城もその一つだったが、籠城を開始して数ヵ月過ぎた四月四日、城主の大沢基胤らは懸川にいる今川重臣の朝比奈らに書状をしたため、「兵糧は配当があれば二三ヵ月はもつだろうが、どこからも兵糧を入れてくれるところもないので、もう限界だ。敵方からもいろいろ調停が入っているが、いろいろ難題を申し懸けているので、落着することはなかろう。このようなところですが、もしお考えの所がありましたら、御下知《げち》に従います」と状況を報告している。城兵の苦境を察した朝比奈らは、七日後の十一日に返事をしたためて大沢らの忠節を褒め、「このうえは状況によってどのように落着させてかまいません」と、暗に開城を認めている。そして翌日十二日づけで、徳川家康は大沢らの城将にあてて起請《きしょう》文《もん》をしたため、彼らが以前と同じように堀江の城主として存続することを認め、さらにその所領も安《あん》堵《ど》している。今川の部将として城を守り抜いた大沢らは、対戦相手の家康に従う意を表明することにより、城主としての地位を保持することに成功した。そしてもとの主君の今川氏真《いまがわうじざね》も、体制挽回は叶わないと判断して彼らの行動を認めたのである。

同じような例はほかにもある。一五八〇年に武田勝頼《かつより》が真田昌幸《さなだまさゆき》を先鋒とする軍勢を上野《こうずけ》沼田に差し向けたときのことである。当時沼田は北条氏の管轄下にあり、藤田能登守信吉という武将が城主としてこれを守っていた。武田軍の攻囲に耐えて、藤田信吉はよく城を守り、六月の末になってようやく城を明け渡すことになったが、このとき彼は処罰されるどころか、「忠賞」として利根川東郡三〇〇貫文の知行を勝頼から認められている。真田からの調略を受けて、城は明け渡してもいいから知行をほしいと、信吉は要求をつきつけ、これが認められて無血開城が実現した、ということであろう。大名の武田氏にとっても、労せずに城を手に入れられれば、それで申し分はなかった。前述したように力ずくでの城攻めは、それが成功したときでも甚大な犠牲を払わねばならないものだった。多くの兵士を失って城を手に入れるより、外交交渉によって目的を達成するほうが得策と、多くの大名たちは考えたことだろう。そして城を守っている武将たちにとっても、努力して持ちこたえた末、一定の条件を持ち出して平和裏に開城を果たすことは、自らの能力を証明する手段でもあったのである。

軍　法　軍勢催促に応じて集まった兵士たちは、城攻めや合戦において、大将の指示に従って活躍したが、さきにみた一五八五年の肥後攻略の時のように、軍令を無視して独走した若者衆の行動によって勝利がもたらされる、といったことも現実に起きていた。上杉謙信の関東出兵にあたっても、崎西城の攻囲に踏み切った要因は、「このままずるずる滞留しているだけでは、やる気がなくなる」という若者衆の訴えだった。血気盛んな若者たちは、ともすれば勝手な行動をとりがちだったし、彼らのストレスをいかに発散させるかが、大将たるものの大きな課題だったのである。

しかしこうした独走は、結果の如何《いかん》を問わず軍令違反の側面をもつ。現実の戦いではこうしたことがままみられながら、それと並行して、このような行動を禁止する内容の軍法が、この時代には広く作られてゆく。一五三九年（天文八）以前とみられる江戸城代遠山氏あての北条氏の条書に「下知にあらざれば、先懸けは法度の如く、忠は却って不忠に処すべき事」とあるのが早い時期の事例で（黒田基樹・二〇〇四）、一五五三年（天文二十二）に作成された今川氏の二十一ヵ条の条目（今川仮名目録）の四条目にも、次のような記載がみえる。

出陣の上、人数他の手へ加わり、高名致すというとも、法度《はっと》に背くの間、不忠の至りなり。知行り。

を没収すべし。知行なくば、被官人をあい放すべきなり。軍法常の事ながら、なお書き載するな

兵士たちが決められた部署を離れて、他の手に加わって動くことを厳しく禁止し、そういうことがあったら知行を没収する、知行地がない者は家臣から離すと決め、これは常々から定めている「軍法」だと最後に書き加えている。

同じく一五五三年、西の毛利氏においても五ヵ条からなる軍法書が作られている。毛利元就と隆元の父子が連署《れんしょ》した形の条書の内容は次のようなものだった。

戦場での駆け引きで、その日の大将の下知に背いた者は不忠とみなす。たとえどんな高名をたて、あるいは討死したとしても、忠節とはみなさない。

敵が小人数だったり、全く敵が見えないときに、深く前に攻め込んでおいて、敵が出てきたらすぐに引き返す、というのはもってのほかの曲事《くせごと》だ。今後このようなことをしたものは被官から放つ。

敵を追撃する際に、決められた「分切り」を越えて出て行ってはならぬ。たとえ忠義があっても認めない。

敵の攻撃に耐えぬくべき場面で、退却した者どもに対しては、一番に逃げ出した者を被官から放つ処分を行う。

とにかくその時の大将や軍奉行の命令に背いた者は、どんな活躍をしても忠節とはみなさない。

こうした具体的指示を連ねたのち、「右の五ヵ条は、今回を限らず、以後においても当家の法度とする」と結んでいる。この軍法書は合戦の際に発布されたわけだが、今後も長く効力をもつ掟《おきて》として家中に示されたのである。一条目と最後の五条目は、下知に背いた行動をとるなという一般的な規定だが、のこる三ヵ条は、戦いの現場をふまえた具体的な内容となっている。敵との駆け引きにおいて、臆病な行動をとるなという条文と、逆に分を過ぎて進むなという戒めとが同居している。

具体的な条文は残らないが、北条氏においても軍法は存在していたことが知られる。一五八三年のころ、北条氏照《うじてる》（氏政の弟）が出した朱印状に、「こんど火急の御出馬があり、軍法は昨日仰せ出された。この軍法は大切なもので、背いたものは切腹と決められている」と書かれている。前にみた今川や毛利の事例では、軍法に背いたら所領没収や被官からの取り放ちという処分が決められていたが、ここでは違反者は切腹と、より重い罰が設定されている。

軍法に背いて切腹させられた実例もある。徳川家康の一門の松平家忠《いえただ》は、毎日の生活や事件を簡略につづった日記（「家忠日記」）を今に残しているが、一五八〇年六月二十五日の条に「浜松にて、家康小姓衆大須賀弥吉、先度高天神の働きに、御法度に背き候とて、腹を御切らせ候」という一節がある。大須賀の軍法違反がどのようなものだったかはわからないが、審理の末、家康は規約通りに切腹を命じたのである。

人質　さきにみた一五六三年（永禄六）の上杉謙信の関東出兵の中で、居城を攻められた小山秀綱が子息と親類・郎従を人質として差し出し降伏したこと、佐野昌綱がこれ以前から一子を謙信のもとに提出していたことを述べたが、服属のあかしとして大名のもとに人質を提出することは、当時ごく一般的にみられた現象だった。攻められた敵方が、降参する際に人質を出すというのは、もちろんあたりまえのことだが、味方として馳せ参じた家臣たちも、その忠節を保障する手段として人質提出を求められることが多かった。

一五六九年の春、上杉謙信は本庄繁長《ほんじょうしげなが》討伐のために北越後に出馬していたが、陣中から新発田《しばた》尾張守忠敦にあてて書状を認め、「証人」すなわち人質を提出してほしいと頼んでいる。同じく北越後の色部《いろべ》からは、家中の者や地下人まで含めた「証人」を取ったし、黒川や安田もそれぞれ人質を出してくれている。あなたのことは信用しているから、いままでこんな依頼はしなかったが、越後の国の中で、「証人」を出していないのはあなただけになったので、特別扱いはできなくなったと、人質提出を求めるに至った事情を謙信は懇々と述べている。本庄攻めを遂行する中で、家中の各々からまんべんなく人質を取るという、家中統制の手段が実現したのである。家中のみなから証人を取って安心したいというのは、自分の年来の宿願だったが、これは自分のためだけではない。みなのためにもなることだから、今後もこの方針を通すことをご了解いただきたいと、謙信は書状の追而書《おってがき》で訴えている。家中統制に苦慮した大名にとって、みなから恒常的に人質を取る体制を固めることは、何よりの宿願だったわけだが、戦争状況の中で短期間のうちに体制構築を実現した場合も多かったのである。

人質というと当主の子息や兄弟が思い浮かぶが、その家政を司っている宿老たちも、子息などの提出を求められることが多かった。前に見た佐野氏の場合にみられるように、当主と家臣団との意見が食い違うこともままあり、ある国人《こくじん》をみずからのもとにひきつけておくためには、実権をもつ家老クラスから人質を取ることが必要不可欠だったのである。このようにして多くの人質が大名の居城に集められたが、彼らはここに永住していたわけではなく、何年かの任期が過ぎると、別人に交替するという形がとられることも多かった。一五八七年（天正十五）十月のこと、上野の那波《なは》氏の家中の「証人」の交換について北条氏から指令が出されているが、この朱印状にはそれまで「証人」をつとめた「先番」三人と、交代要員の「当番」四人が、具体的に書き込まれている。ちなみに「先番」は久々宇因幡守と大河原《おおがわら》十郎、それに毘沙出右衛門《びしやでうえもん》の娘で、「当番」は宮子清次と、馬見塚《まみつか》対馬守と今井藤左衛門の男子、井田遠江守の姉だった。家臣当人が人質になる場合と、男子や女子、兄弟姉妹などが出される場合があったことが、この記事からわかる。

万一のときのために、人質は広く求められたが、めったなことがなければ彼らはいずれ郷里に帰っていった。しかし運悪く出身の家臣が大名に離反したりした場合、人質たちは危機にさらされることになる。今川義元が戦死したのち、徳川家康は今川に対して反旗を翻《ひるがえ》すが、このとき多くの三河の武士たちがこれに従った。彼らは駿府や三河吉田の城に妻子を人質として出していたが、松平清善らの武士たちは、人質を見捨てて家康のもとに走り、清善の娘をはじめとする一一人の人質たちは、みせしめのために吉田城下の竜念寺で串刺しの刑に処された。これはかなり極端な事例だが、武士たちの去就定まらぬ情勢の中で、多くの人質たちが見殺しにされたのである。

戦乱と百姓　大名による軍事動員において、地域の「地下人《じげにん》」たちも時として動員を受け、戦いに参加していたことをさきにみたが、百姓たちの戦争とのかかわりは、こうしたことに限定されない。恒常的に戦いが続く中、自らの生活を守るために、彼らはそれなりに積極的な施策を講じていた。一五八三年（天正十一）十月に島津氏が肥後八代《やつしろ》に在陣した際に、この地の「地下人」たちが御酒をたっぷり持ってきたと、例の上井覚兼はその日記に書いている。翌一五八四年四月に覚兼が船で肥前三会《みえ》に渡ったときにも、この沖に住む地下人が御酒を持参しており、さらに一五八五年八月には日向日知屋《ひゅうがひちや》の町衆たちが、やはり覚兼のもとに御酒を届けた。このすぐあとに覚兼は肥後に赴くが、その途中の久木野《くぎの》において、地下人たちが馬草や薪を差し出してくれたことは、前述の通りである。覚兼の日記にはこうした庶民の動きが随所に書き込まれている。軍勢が入ってきたら早速御酒を持参して武将たちの機嫌をとり、地域の被害を最小限に食い止めようとしたのである。

軍勢に村を蹂躙《じゅうりん》されないための手段として、一定の礼銭とひきかえに大名や部将から禁制という文書や木札を発給してもらうことも広く行なわれていた（峰岸純夫・一九八九、小林清治・一九九四）が、禁制をもらえば平和が確保できる、というわけでもなかった。二つの軍勢が対峙した時、その一方から禁制を得ることは、その軍勢の味方になることを意味したから、敵方の攻撃対象になる危険をはらんでいた。また実際に軍勢の狼藉《ろうぜき》を受けた場合も、禁制を出した大名が守ってくれるわけではなく、村の百姓たちは自力で狼藉人を捕えなければならなかった（稲葉継陽・二〇〇一、黒田基樹・二〇〇四）。

上井覚兼の日記には、籠城戦における百姓たちの行動も記されている。一五八四年の九月、島津氏の軍勢が肥後山鹿城《やまがじょう》を攻囲するが、このとき近隣の住民たちは、こぞって山鹿の城に入り、女や童も混じってごったがえしていたと、覚兼は日記に記している。「きっと狼藉人を怖れてこの挙に及んだのだろう」と覚兼は推測しているが、兵士から身を守るために籠城を決意する百姓も多かったのである。城に登ったりしたら兵糧は早くなるし、攻められてかえって危険ではないかと、どうしても考えがちだが、それでも村に残って略奪の対象となるよりはましだと判断したのだろう。悲運にも兵士たちにつかまってしまった庶民の姿も覚兼は書き留めている。一五八六年七月十二日、宮崎から肥後に赴く道中で覚兼が目にしたのは、「濫妨人《らんぼうにん》」たちが女童など数十人を引き連れて進んでいる一団だった（藤木久志・一九九五）。

図68　逃げまどう女性たち

戦争にあたって村々を放火し、百姓たちの家を襲うというのは、当時はごくあたりまえの戦術だった。こうした現実をまのあたりにして、地域の住人たちは安全確保のためにさまざまな手段を講じて奔走した。地下人たちも武器を持って軍事動員に応じることが求められていた状況の中で、もっとも有効な手段は、若干の危険をかえりみずに戦いに身を投じることであり、それが無理でも何らかの方法で軍勢の歓心を買うことが重要だった。こうした努力が実を結べば、これを「忠節」と認定されて大名のお墨付きをもらうこともできたのである。一五七四年五月、遠江気多郷《けたごう》の百姓たちは、その「忠節」を認められて、兵士たちの放火・乱妨を禁止するとの内容の、徳川家康の朱印状を拝領することに成功した。戦乱が続く中、自らの力で平和を手にする方法を、百姓たちは鍛え上げていったのである。

戦功注進と恩賞　戦いが終ったあと、兵士たちはどのような形で自らの戦功を届け出たのか、そして恩賞はどのように下されたのか。戦功注進と恩賞の実態を多くの史料から解き明かして、軍事行動の分析を終ることとしたい。

まず北条氏の事例を見てみよう。戦功注進にかかわる史料で古いものとして、牛込助五郎にあてた北条氏綱の書状があるが、「敵が夜懸《よが》けしたと聞いて心配していたが、ただいま頸が三つ送られてきた。手の疵《きず》はどんなぐあいか。よくよく養生されたい」とそこには書かれていた。このとき合戦で敵兵を討ち取った牛込は、その証拠として頸を氏綱のもとに届けてきている。敵兵の頸をわざわざ持参するという、伝統的な戦功注進が、この時代にも行なわれていたことを知ることができる。

ただ現実にはこうした例は少なく、討ち取った敵兵の名前を連ねた「頸の注文」を大名のもとに送るという方法がより一般的だった。安房《あわ》の里見《さとみ》の軍勢が三浦の三崎を襲ったとき、梶原吉右衛門らの武士たちは、奮戦して敵を二十余人討ち取り、「頸の注文」を小田原の北条氏康のもとに届けた。彼らの活躍に感じ入った氏康は、早速書状をしたためてその高名を褒《ほ》めるが、その中で「感状《かんじょう》は明日作って届ける」と書いている。戦功を賞する正式の「感状」は、とりあえず出す書状とは別に作られるものだったのである。

戦国大名の感状は、戦功のあった場所と日付を記すのみの簡略なものが多いが、駿河《するが》の今川氏の場合は、兵士がどのように戦ったか具体的に書いているものが多い。たとえば一五四九年（天文十八）に弓気多《ゆげた》七郎次郎という武士にあてて出された今川義元の感状には、三河安城《あんじょう》においてたびたび「能矢《よきや》」を仕り、追手門《おうてもん》の一の木戸を焼き崩し、さらに上野南端の城においても「能矢」を放って城中に真っ先に乗り入れ、本城の門際で敵を苦しめたことは、まことに神妙であると、戦功の内容が事細かに記されている。おそらく実際に活躍した兵士たちが、自らの戦功を自己申告し、それをそのまま記載する形で感状が作られたということではないかと思われるが、今川氏の感状の特徴はことにきわだっている。

「頸の注文」の実例は、毛利氏の文書の中に多く残されており、頸を討ち取った武士の交名《きょうみょう》の形をとる単純な形式だが、先にみた郡山籠城の際には、戦いに参加した兵士がすべて名前を連ねた文書が作成されている。島津氏の場合も「衆盛」とよばれた軍勢点呼がなされていたことが知られるが、戦いのたびごとに参加した兵士の名前を書き留めるということも、かなり広範に行なわれていたと推測される。

家臣たちの戦功に対しては、とりあえず大名の感状が出されたが、それだけでなく、何らかの下賜品があることも多かった。中世の社会においては戦功の恩賞は知行宛行《ちぎょうあてがい》が一般的と、普通はいわれているが、さすがに戦国時代も後半になると、数多くの兵士に知行を与えることは難しくなる。そして所領に替わる恩賞として下賜されたのは、刀や脇指《わきざし》が一般的で、ほかに黄金や銭が下される場合もあった。一五五四年のこと、尾崎曲輪に籠った兵士たちに対して「こんどがんばって敵地のものを討ち取ったら、百疋と太刀一振りを与える。敵方の重要人物を討ち取ったらもっとはずむ」と、北条氏は約束している。恩賞を具体的にちらつかせながら、大名は多くの兵士を奮起させようとしたのである。

コラム　桶狭間の戦いも抜け駆けから始まった

戦国の合戦はさまざまあるが、いちばん有名なのは桶狭間《おけはざま》だろう。織田信長《おだのぶなが》の天下統一事業の出発点となったという歴史的重要性もあろうが、少数の軍勢で大軍を破り、敵の大将を討ち取ったというそのドラマ性が、この合戦を親しみ深いものにしていることはまちがいなかろう。

とはいえ、今川軍が勝利ムードに気を許して休憩しているという情報を得た信長が、今川本陣の裏山を迂回して、側面から奇襲をかけて大勝利を得たという、よく知られたストーリーは、実は全くの虚構であったことが、藤本正行氏によって明らかにされている（藤本正行・一九九三）。信長に仕えた太田牛一《おおたうしかず》が書いた『信長公記《しんちょうこうき》』の記述を丹念に追いながら、信頼度の高いこの記録には側面からの奇襲攻撃のことは一切みえず、これは後年小瀬甫庵《おぜほあん》が『甫庵信長記』のなかに盛り込んだ創作であると、藤本氏は明快に主張された。

『信長公記』の語るところによると、信長は軍勢を迂回させたりしておらず、今川の本陣の方向に、ほぼ直線的に進んでいる。このとき今川義元《いまがわよしもと》は「おけはざま山」に陣を取り、信長は善照寺《ぜんしょうじ》砦《とりで》にいたが、前線の兵士の小競《こぜ》り合《あ》いを見て信長は腰を上げ、中島砦まで進んで、ここで軍勢に下知《げち》を加え、今川の前軍に向って攻撃をしかけた。この日の午前中に、丸根《まるね》・鷲津《わしづ》という信長方の砦が、今川軍によって攻め落とされていたが、これらの砦の攻略を終えて疲れた兵士たちが出てきているると考えた信長が、「今川の前軍は労兵、こちらは新手だ」と叫び、これが兵士たちの士気を高めたのか、織田軍は勢いにのって丘を上り、たまたま進んだルート上にあった義元本陣を捕捉した。相手を労兵とみた信長が、とりあえず戦いを挑んでみた、というのが真相で、義元を討ち取ることができたというのは、全くの僥倖《ぎょうこう》にすぎない。戦いの勝敗は時の運ともいえるが、運がよかったから勝った、では説明にならないので、甫庵は先にみたような物語を考えたのであろう。

桶狭間の戦いのイメージは大きく変わることとなったが、今ここで注目したいのは、信長の進軍を誘発した「前線の兵士の小競り合い」である。

信長善照寺へ御出を見申し、佐々隼人正・千秋四郎二首、人数三百ばかりにて義元へ向いて足軽《あしがる》に罷《まか》り出《い》で候らえば、どっとかかり来て、鑓下にて千秋四郎・佐々隼人正はじめとして五十騎ばかり討死候。

『信長公記』はそのありさまをこう伝える。信長が善照寺砦に布陣したとき、これを確認したうえで、佐々隼人正・千秋四郎をリーダーとする三〇〇人ほどが、今川の軍勢に向って突撃していった。「足軽に罷り出」という表現から、あまり考えずに突っ込んでいったようすがうかがえる。この無鉄砲な攻撃は、今川軍の反撃にあって打ち砕かれ、佐々・千秋はじめ五〇人が討死するという結果に終る。

功をあせった兵士たちの抜《ぬ》け駆《が》けは、簡単にはねかえされるが、これを砦の上から見た信長が軍勢を進め、今川方の前線に攻撃を加えることによって、桶狭間の戦いは始まった。信長が労兵だと錯覚したのは、佐々・千秋らを打ち破って丘の麓におりてきた兵士たちであろう。

戦争に偶然はつきものである。もし佐々・千秋らの独走がなかったら、信長は今川軍を攻撃したであろうか。命令もしていないのに一部の兵士が勝手に抜け駆けして撃退されたので、あとに引けなくなって出て行った、ということかもしれない。五〇人の兵士は討死してしまったが、彼らの抜け駆けが、信長の統一事業の出発点だったといえなくもないのである。

4 統一政権の成立

天下統一の戦い　各地に登場した戦国大名が同盟と抗争を繰り返す時代は長く続くかにみえたが、畿内を中心とする地域を制した権力が、圧倒的な軍事力を背景にして敵対する大名を討つという、あらたな形の戦いが展開し、まもなく戦国動乱は終止符を打つことになる。一五八二年（天正十）の織《お》田信長《だのぶなが》の武田討伐はその出発点ともいえるものであった。尾張《おわり》から出た織田信長は、当初は戦国大名の一員として、浅井・朝倉といった大名と戦いを展開し、室町幕府を滅ぼしたのちも、本願寺《ほんがんじ》や毛利《もうり》氏との戦いに苦労し、畿内平定には長い年月を要した。圧倒的な軍事力によって難なく敵を降伏させるという形の戦いが実現したのは、やはり武田攻めが最初とみてよかろう。当時の武田氏は甲斐《かい》・信濃《しなの》・駿河《するが》・上野《こうずけ》の四ヵ国を領する東国最大の大名であったが、そのために織田氏との共存をはかることができず、木曾《きそ》や穴山など重臣の離反によってあえなく滅亡することになった。信濃の仁科城《にしなじょう》のように激戦が展開されたこともあったが、勝敗ははじめから明らかであり、将兵のほとんどはあらたに甲斐に乗り込んできた徳川家康《いえやす》の軍門に降り、その家臣として抱えられることになる。それほどの死者を出さずに大名領国が統一政権によって併呑《へいどん》されるという戦いが実現したのである。

信長はこのしばらく後に横死するが、天下統一の動きが止まることはなかった。信長の後継者としての立場を磐石のものとした羽柴秀吉《はしばひでよし》は、徳川家康との和睦を果たすと、越中の佐々成政《さっさなりまさ》を降し、さらに四国に軍勢を派遣して長宗我部元親《ちょうそかべもとちか》を降伏させた。一五八五年に行なわれた二つの戦いも、勝敗はおのずと明らかで、敵方の降伏であっけなく幕を閉じた。そして翌一五八六年には、九州の島津氏討伐が本格的に開始されることになる。当時島津氏は破竹の勢いで九州統一の戦いを進めており、この年の七月には大友方の拠点である筑前岩屋城《ちくぜんいわや》を陥落させていた（このときの城攻めについては前述した）。しかしちょうど同じ時期に、秀吉は黒田孝高《よしたか》を先鋒とする軍勢を九州に送り込んでおり、毛利・吉川《きっかわ》・小早川の大軍がこれに続いた。彼らは十月はじめには豊前《ぶぜん》の小倉《こくら》を陥落させ、進んで筑前に入った。一方仙石秀久《せんごくひでひさ》と長宗我部元親の軍勢は豊後に上陸し、島津の攻撃にさらされていた臼杵《うすき》城の救援に向かうが、十二月二十日の戸次川《へつぎがわ》の戦いで大敗する。こうした情勢の中、一五八七年三月一日、秀吉は大坂を出発、三月末には長門《ながと》の赤間関《あかまがせき》（下関）に到着し、そのまま筑前に進み、秀吉の弟である羽柴秀長《ひでなが》が黒田や小早川を率いて日向に上陸した。秀吉は筑後・肥後と道沿いに進むが、島津方はほとんど抵抗できず、観念した島津義久《よしひさ》は剃髪《ていはつ》して降伏し、五月八日に薩摩《さつま》泰平寺で秀吉に謁見し、薩摩一国を安堵《あんど》された。

九州出兵は秀吉本人が遠方まで赴いたという意味で、それまでの戦いとはレベルが違い、またそれなりの戦闘もあったが、自らの根拠地で籠城することもできない状況で島津氏は降伏したのである。もはや大名同士が争いあう時代は終わりを告げていた。難なく九州征伐を実現させた秀吉は、休む間もなく目を東に転じ、関東の北条氏とこれにつらなる世界の征服を実行してゆく。上方の大軍が襲来するという情報は早くから関東に届いており、一五八七年の暮れには、これに備えた陣触《じんぶれ》を北条氏は発しているが、ここには「天下の御弓矢」であるから全力を尽せといった文言《もんごん》がみえる。上方軍の力量はおしはかれないものの、来るべき一戦は「天下」をかけたものであるという認識を、北条氏は確かに持っていたのである。

講和のそぶりも見せながら、秀吉は着々と準備を進めた。一五八九年の十月十日、来春の出陣を期して、軍役や兵糧にかかわる定書を出しているが、三河・遠江・駿河・甲斐・信濃といった沿道には「七人役」を課し、北国は六人半役、四国から尾張までは六人役、中国は四人役というように、大名の軍役の概要を決めている。また兵糧奉行に長束正家《なつかまさいえ》を任命し、直轄領の代官から年内に二〇万石の米を受け取ったうえで、来春に駿河の江尻と清水に運送すること、黄金一万枚も受け取り伊勢・尾張・三河・駿河で米を買って小田原近辺の船着場に届けることなどを命じている。大規模な戦いの遂行にあたって最も重要なことは、潤沢な兵糧の確保であった。九州攻めの経験にもとづいて、秀吉は周到な準備を行なっていたのである。

十一月下旬、上野名胡桃《なぐるみ》城を断りなく奪ったことにかこつけて、秀吉は北条討伐を宣言し、諸大名に出陣の準備をさせた。兵糧の手配も怠りなく、四国や西国の大名たちに船での輸送を命じ、また尾張と美濃の軍勢に金銀と八月までの兵糧を渡した。対する北条方も各地の武士に小田原参陣を命じ、大軍の襲来に備え、城を守るために多数の大筒《おおづつ》を造れと職人たちに命じた。徳川家康・織田信雄《のぶお》・前田利家《としいえ》・上杉景勝《かげかつ》といった大名たちがまず出陣し、秀吉自身が京都を出発したのは一五九〇年の三月一日だった。三年前、島津討伐のために出陣した日とちょうどあわせる形で、秀吉は出発したのである。

最初の標的は伊豆の韮山《にらやま》城と山中城だった。三月二十九日、羽柴秀次《ひでつぐ》を大将とする軍勢の力攻めにあって山中城は陥落し、松田康長《まつだやすなが》以下多くの将士が戦死をとげた。籠城軍の主将だった康長が箱根別当《べっとう》に送った書状には「敵方は兵糧に詰まって野老《ところ》を掘って食べているらしい。兵糧は一升が鐚銭《びたせん》で百文の高値だが、それでも不足していて、雑炊《ぞうすい》一杯が十銭、とのことだ」と書かれていた。城を囲んでいた兵士たちが兵糧に困っているという情報を信じ、長陣は困難だろうと康長は楽観的な予測を記しているが、彼の期待を裏切って敵は総攻撃をかけ、山中城はあえなく落城してしまう。北条氏の出鼻をくじくためには、とにかく最初の拠点攻略を優先させねばならぬという秀吉の判断によって、この城攻めは決行されたのであろうが、まもなく湯本《ゆもと》に布陣した秀吉は、小田原城を大軍で取り囲んで敵を圧迫する、持久戦に転じた。城の周りは堀や柵で固め、海上には警固船が一〇〇〇隻もいて、鳥の通う場所もないと、真田昌幸《さなだまさゆき》あての書状で秀吉は豪語している。

秀吉本陣による圧迫が続けられているうちに、各地から関東に入った大名たちの軍勢による北条方の城の接収も着実に進んでいた。前田利家・上杉景勝・真田昌幸らの大軍に囲まれていた上野の松井田城は四月二十日に開城し、城主の大道寺政繁《だいどうじまさしげ》は降伏、利家らは武蔵の鉢形《はちがた》城攻撃に向かった。一方浅野長吉《ながよし》と木村常陸介を大将とする一隊は房総方面に進んで小城をつぎつぎに接取し、武蔵岩付《いわつき》城を陥れたのち、鉢形攻囲軍に合流した。そして六月十四日、鉢形が開城、二十三日には八王子城も陥落し、七月五日、北条氏直《うじなお》が降伏を申し出、小田原開城が実現する。最後に残った武蔵の忍《おし》城もまもなく陥り、秀吉の関東制圧はなしとげられたのである。

今度の戦いを「天下の御弓矢」と認識していた北条氏は、これまで築き上げてきた臨戦体制のしくみを総動員してことに当たった。北条方の諸城はよくもちこたえたが、結局押し切られざるをえなかったのは、想像をこえる相手方の兵力と、その活動を支える兵糧調達システムの存在による、と考えざるをえない。当時の常識的な発想としては、数ヵ月を超える出陣は兵糧補給が難しく、しばらく攻撃に耐えていれば敵はいつか撤退するというのが普通だった。兵力が大きければなおのこと、兵糧確保には困難が伴うが、そうした常識を打ち破るほど、秀吉の軍勢は大きく、また安定していたのである。

朝鮮侵略　小田原城を手に入れたのち、秀吉は陸奥《むつ》・出羽《でわ》両国の平定に着手し、自ら宇都宮をへて会津まで進み、蒲生氏郷《がもううじさと》や伊達政宗《だてまさむね》などに命じて、大崎氏や葛西《かさい》氏の領国を接収させた。秀吉は会津から引き返し大坂に戻るが、奥羽に入った諸将は、大崎・葛西両氏の遺臣の鎮圧と、反乱を起こした九戸政実《くのへまさざね》の討伐のため、しばらく奥州駐留を余儀なくされた。一五九一年九月、九戸城がようやく陥落し、日本列島全土の平定事業はここに達成される。

しかしこれで戦争がなくなったわけではなかった。大坂に帰った秀吉は、次の課題として明《みん》国出兵を設定し、着々と準備を進めていたのである。九戸の反乱がまだ収まっていない一五九一年八月末、来年三月一日に明に向けて出兵するから、おのおの出陣の用意をせよと、秀吉は西国を中心とする諸

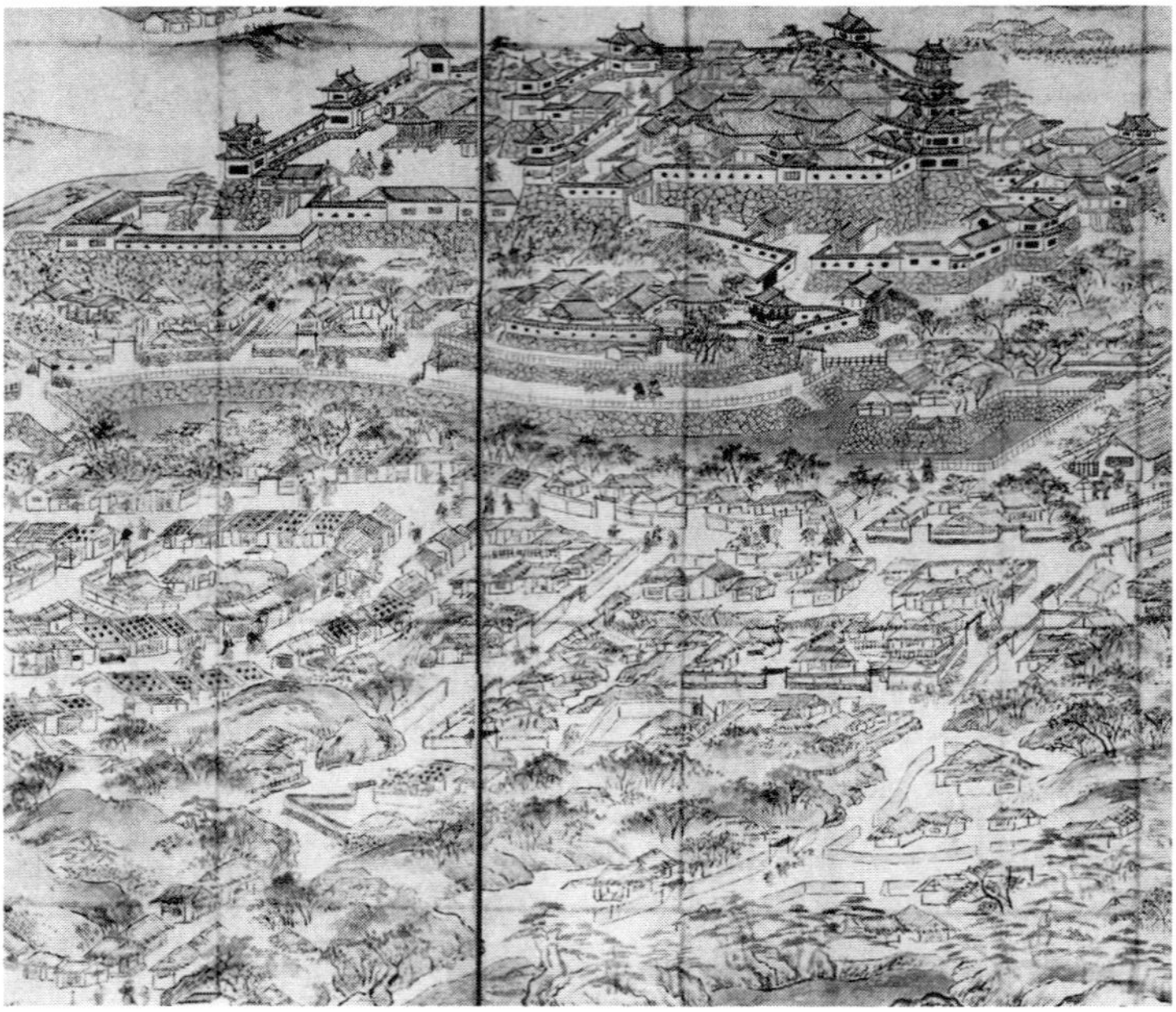

図69　名護屋城

大名に命令を下し、そのための拠点として肥前名護屋《なごや》に陣所を築くという計画もここで表明した。思い起こせば、九州攻めも小田原征伐も、秀吉の出発は三月一日だった。これまでの実績を踏まえて、このめでたい日を出陣の日に決めたのである。

肥前名護屋の築城は十月に始まり、明けて一五九二年（文禄《ぶんろく》元）の正月早々には、秀吉から正式の出陣命令が出された。このとき秀吉は、六ヵ月分の兵糧を確保せよと大名に指示しながら、もし不足があれば、播磨《はりま》や大坂で米を借りることも許可すると伝えている。こんどの戦いに必要な兵糧はせいぜい六ヵ月程度と、彼は考えていたのである。

名護屋に集結した一六万の軍勢は、部

隊編制を行なったのち、各部隊ごとに海を渡って釜山《プサン》やその周辺に上陸した。第一軍の小西行長《こにしゆきなが》・宗《そう》義智《よしとし》らの兵船が釜山に入ったのが四月十二日、翌日には釜山鎮城を陥落させて北方に進み、ついで上陸した加藤清正《かとうきよまさ》らの第二軍、黒田長政《くろだながまさ》の第三軍、森吉成《もりよしなり》らの第四軍もそれぞれ兵を進めた。五月には京城《ソウル》を制圧して、そのすぐ北の臨津江で朝鮮の水軍を撃破した。六月にはさらに進んで平壌《ピョンヤン》城を陥落させ、加藤清正らの軍勢は半島の奥深く進んで咸鏡道《ハムギョンド》に入り、ここを制圧した。

大軍を朝鮮に渡海させるにあたり、「今度の戦いでは船が肝要であるから、船数を用意することが大きな手柄と心得よ」と秀吉は大名たちに指示している。渡海に先立って多くの船が名護屋に集められたが、兵士を朝鮮に送り届けたのち、輸送に使われた船はすぐに全体を統括する船奉行の支配下に組み込まれ、名護屋に戻って後続の軍勢の輸送に用いられることになった。このような大量の船の確保によって大軍の派遣が実現したわけだが、現実の戦闘においても、日本の水軍は大きな力を示した。五月末の臨津江の戦いでは、日本の小船三〇隻で、数百隻もいた朝鮮の番船の間を押し通り、敵の船に乗り込むという積極的な戦法で、五〇隻ほどの敵船を召し取ることに成功したと伝えられている。動乱のなかで鍛えられた兵士の戦闘能力もあって、釜山上陸から二ヵ月ほどの間に、とりあえず朝鮮全域に軍勢を進めることには成功したのである。

しかしこの進撃の間に、問題は各地で発生していた。日本軍の侵略に抵抗するべく決起した朝鮮の人々は、自らを「義民」と称して各地で日本軍を悩ませはじめたのである。義民の決起は朝鮮全域におよんだが、日本軍の足がかりであった半島南部の海の世界においても、李舜臣《りしゅんしん》に率いられた朝鮮の水軍が活躍し、日本軍を攪乱《かくらん》した。五月七日に巨済島《コサイとう》の玉浦《オクポ》で藤堂高虎《とうどうたかとら》軍を撃破したのを手始めに、五月末の泗川《サチヨン》の海戦では亀甲船《きつこうせん》を突入させて日本軍を破り、七月七日にも巨済島の見乃梁《キヨンネリヤン》で脇坂安治《わきさかやすはる》の軍勢に大勝している。海でも陸でも朝鮮の義民の活動は広がり、日本軍も長期滞在を余儀なくされた。そしてその結果、兵糧の欠乏という深刻な事態を迎えることとなったのである。

今回の出兵にあたって六ヵ月分の兵糧確保を秀吉が命じたことは前述したが、とりあえずこの程度の兵糧があれば大丈夫と、秀吉は考えていたらしい。そもそも今回の出兵の目的は明の制圧であり、朝鮮はそのための経路に過ぎず、朝鮮の国王と人々は対馬の指揮下にあるから、さしたる抵抗もなく日本軍の先導役を勤めてくれるだろうと、秀吉は本気で考えていたふしがある。現在の我々の常識では考えられない楽観的な予測であるが、秀吉自身がこのような見通しを持っていた以上、とりあえず六ヵ月分の兵糧確保という方針は、決して非常識なものではないし、万一持久戦になった場合も現地調達で事足りると考えていたのであろう。

しかしこれまでの戦争で採用されたこうした方法は、今回の一戦では通用しなかった。先行した北条攻めの場合、北条領国の百姓たちは、当初こそ北条氏に従ったものの、情勢を見極めて秀吉軍に対して従順な姿勢をみせ、地域の安全を確保するために、そのお墨付きにあたる禁制をほしいと陣所に殺到した。禁制の下付には相応の代金が必要であり、秀吉軍は百姓たちに多くの禁制を下すことで、長期在陣を支える経済的利益を得ることに成功したのである。このように侵攻した地域の民衆をそれなりに従えておけば、兵糧の確保はそれほど困難ではないが、今回の朝鮮侵略においては、こうした流儀は全く通用しなかった。日本軍の来襲を国土に対する侵略とみた朝鮮の民衆は、日本の将兵の命令に従わず、年貢調達もままならない状態に日本軍は置かれていた。近隣の田畑を襲って作物を奪取するという方法でしか兵糧補塡の手立てはなく、日本軍はしだいに窮地に追い込まれてゆくことになる。

しかしこのような状況に直面しても、軍勢を撤退させるという考えは秀吉にはなかった。むしろ大軍の長期滞留を可能にする兵糧の調達を本格的に進めるという方向で、問題の解決をはかったのである。彼は国内の米を名護屋に集めさせ、数万石にのぼる米を確保したうえで、これを順々に釜山に送り届けるという、壮大な事業を実行した（中野等・一九九六）。年明けて一五九三年二月、兵糧の配分を使命として浅野長政《ながまさ》が釜山に渡り、ここに集積した米を遠方の陣所に送る作業が開始されたが、内陸部への輸送は困難をきわめ、救援物資の到着がままならない中、日本軍の困窮は極限状態となっていった。明軍に囲まれた平壌城を守っていたある兵士は「つまれるものは米と味噌と酒さかな、やうやうあるは、粟ときび、うまもなければいかがせん」とその日記に綴っている。

こうした状況が続く中、沈惟敬《しんいけい》という人物を中心に明と日本との和睦交渉が進められるが、これに対応しつつも、一方で秀吉は朝鮮の拠点攻略をあいかわらず指示していた。これをうけて九万余の日本軍は晋州城の攻略に向かい、六月末にはその接収に成功した。そして七月二十七日、戦線を縮小したうえでしばらく備えの城に止まれという命令が大名たちに下された。本格的な在番体制への移行がここになされたことになるが、こうした体制を支えたのは、名護屋から釜山に送り届けられた大量の米だった。兵員一〇〇〇人あたり一五〇〇石相当の城米《じょうまい》が恒常的に確保される体制が確立したわけだが、万一に備えて備蓄された城米は、翌年にはあらたに届けられた米と交換され、城兵の食糧として消費された。戦線の後退を契機として、大軍の恒常的駐屯を可能とする体制が築きあげられたのである。

一五九六年（慶長《けいちょう》元）九月の講和交渉決裂によって、戦闘は再開されるが、いったん大名に貸与した兵糧米の返済を督促することによって兵糧を確保する、という方式で、潤沢な糧米の確保がはかられたうえで、派兵が実行された。一五九七年七月から開始された日本軍の半島南辺諸城の攻略においては、朝鮮の人々にたいする殺戮《さつりく》が繰り返され、首のかわりとして鼻を切り取って戦功の証明とする方法が広く用いられた。こうした残虐な戦いを展開しながら日本軍は進むが、九月の鳴梁《ミョンリャン》の海戦で李舜臣率いる水軍に敗れ、年末から翌年にかけて蔚山《ウルサン》に籠城した加藤清正も、明軍の襲来には耐え抜いたものの、北方への侵攻は果たせない状況に陥っていた。そうした中、秀吉死去の知らせが届けられ、軍勢は撤収をはじめる。十月十日に泗川の戦いで明と朝鮮の軍勢を破った島津義弘らは、小西行長を救うため、十一月十七日、露梁《ノリャン》において海戦を展開し、兵糧と牛馬を奪われながら海を渡って対馬に着いた。

六年余りにおよんだ朝鮮侵略は、朝鮮の国土と人民に多くの被害を与えた。鼻切りに代表されるような日本軍の行為は、消すことのできないものであるが、故郷を遠く離れて戦陣に臨んでいた兵士たちにとっても、この戦いは過酷なものであったといえよう。戦う理由がわからない状況の中で、陣所を脱走して朝鮮の陣営に投降する「降倭《こうわ》」も多数おり、彼らが朝鮮軍の先導役を果たすこともあったことが、さまざまな史料から知られる。また異国の地で命を落す兵士も数限りなかった。最初の侵略から一年近く過ぎた一五九三年二月末、加藤清正と鍋島《なべしま》直茂《なおしげ》の軍勢が京城に到着するが、このとき加藤軍は五四九二人、鍋島軍は七六四四人だったと史料は伝える。釜山渡海時の両軍の総数は、それぞれ一万と一万二〇〇〇だった。一年近くの間に、兵士の数は半減していたのである。

関ケ原の戦いと大坂の陣　独裁者秀吉の逝去は、朝鮮への兵士の滞留に終止符を打たせる好機であり、諸大名は安堵の色を隠せなかったが、統率者を失って国内政治は混乱し、誰が主導権を握るかをめぐって深刻な対立が発生、まもなく諸大名を巻き込んだ戦いがおきることになる。伏見《ふしみ》にあって政権を握った徳川家康と、石田《いしだ》三成《みつなり》を中心とする反対勢力の対立は、一六〇〇年（慶長五）になって決定的となり、会津の上杉景勝の決起を契機として、全国的な戦いが開始された。石田と通じた景勝を討伐すべく、六月中旬に家康は伏見を出発、江戸を経由して七月下旬には下野小山に到着するが、この間に石田らの反対派が毛利輝元《てるもと》をかついで決起し、家康の部将が守る伏見城が攻撃対象となったのである。八月一日、伏見城は陥落し、鳥居《とりい》元忠《もとただ》らの守将は戦死をとげるが、情勢を察知した家康は兵を引き返し、九月になって江戸から急遽《きゅうきょ》西上する。そして九月十五日、美濃の関ケ原で両軍の決戦がなされ、小早川秀秋《ひであき》の裏切りなどによって石田らの西軍は壊走する。列島各地の諸大名の軍勢が一ヵ所に集結し、国を二分する決戦がなされたという意味で、この戦いは未曾有のものであった。

俗に「天下分け目」の戦いとよばれたこの決戦は、広く一般に知られているが、忘れてならないのは、戦乱のきっかけを作った会津の上杉氏をめぐる戦いが、奥羽の地で独自に展開していたことである。三成に与した上杉景勝と、家康方の伊達政宗・最上義光《もがみよしあき》が戦うという構図でこの戦いはなされたが、上杉領国にいた伊達の旧臣が政宗の命によって蜂起したり、景勝の旧領である越後において、その旧臣による挙兵が起きていることは注目すべきであろう。秀吉晩年になされた国替えによって、景勝は越後から会津に移るが、その領国のかなりの部分は、かつて伊達氏が支配した地域であった。国替えにともなう大名間の相克が、大規模な権力の分裂にともなって、地域の戦いの形で現出したのである。そして在地に残された旧臣たちの蜂起は、結果的には敗北に終ることが多かった。天下統一の最終段階で現われたひずみの一つということもできよう。

関ケ原での大勝によって、徳川家康の権力掌握は確定し、江戸に開かれた幕府に諸大名が従属する体制が固められた。長く続いた戦争はしばらくなくなり、一〇年以上にわたって平和が続くが、限定された大名とその家臣たちによる知行地支配が固まる中、こうした体制からはじき出された人々の不満は鬱積《うっせき》し、やがて牢人《ろうにん》たちの決起につながってゆく。彼ら牢人たちが自らの結集の核として求めたのは、大坂城にいる秀吉遺児の秀頼《ひでより》であり、その成長とともに危機は現実のものとなった。一六一四年（慶長十九）十月、長宗我部盛親《もりちか》・真田幸村《ゆきむら》をはじめとする一〇〇〇人あまりの牢人たちが大坂城に集結し、秀頼が金銀を彼らに与えて籠城の準備をしているという連絡が家康のもとに届けられ、早速家康は諸大名に大坂出陣を命じた。伊達政宗・上杉景勝・佐竹義宣《さたけよしのぶ》といった東国の諸大名や、鍋島直茂ら九州の大名までが動員され、彼らは大軍を率いて国元を出発した。十月の半ばすぎ、幕府は東海道の宿場に対して、軍勢を迎えるにあたっての布令を出しているが、米や大豆、糠《ぬか》・藁や薪に至るまで、在所に触れて道沿いに持ち出して売り買いし、不足のないようにせよとか、陣衆の宿賃は一人について鐚銭《びたせん》三文と決めるが、彼らが自分で薪を持参した場合には宿賃を取ってはならないなど、細かな指示がなされている。大軍の長途遠征を経験する中で、軍勢の移動を円滑に遂行するための手立てが整えられていたことを、こうした法令から知ることができる。

また出陣に際しては大名ごとに軍令がだされるのが一般的で、現地における兵士の狼藉《ろうぜき》禁止も厳密さを加えていた。諸大名の軍勢が大坂近辺に至った十一月初め、先鋒の大名たちに対して、兵士たちの濫妨狼藉《らんぼうろうぜき》を禁止せよとの命令を家康は下している。味方の土地で狼藉を働いたり、放火行為を行なった兵士がいると、百姓たちが訴えてきたので、こうした命令を出すのだ、と家康は述べているし、別の触れでは「刈田《かりた》はご法度」との文言もみえる。放火や刈田は戦国大名どうしの戦いでは当たり前だったが、もはやそうした行為は禁止されるべきものとなっていたのである。

大坂城を囲んだ大軍と城兵との戦いは数回行なわれたが、家康は軽率な攻撃を戒め、土塁《どるい》を築き、竹束《たけたば》を構えながらじっくりと寄せる戦法を徹底させた。そして夜な夜な鬨《とき》の声《こえ》をあびせかけ、大小の鉄炮を連射することで敵を威嚇し、さらに味方の陣所から城内に向けて地下道を掘らせるということまで試みた（谷口眞子・二〇〇一）。十二月十九日、不利を悟った秀頼は、城の二の丸と三の丸を破壊することを条件とする講和を認め、和解が成立したのち城を包囲していた大軍は帰国の途についた。

しかし翌一六一五年（元和《げんな》元）、牢人たちの再度の結集を理由として家康はまた諸大名に動員令をか

図70　大坂城を取り囲む寄せ手の兵士たち

ける。四月のうちに各地の大軍が集結し、籠城の困難なことを悟った大坂方は、進んで城を出る方法を選んだ。五月六日、片山道明寺《どうみようじ》や八尾・若江で激戦が展開、翌七日にも茶臼山《ちやうすやま》付近で戦いがなされ、大坂方は敗北、ほとんどの将士は討死を遂げた。五月七日の戦いで徳川方が討ち取った兵士は、甲を着用した者だけで一万三〇六一人にのぼった。

　列島各地の諸大名が、競い合いながら大軍を移動させて結集し、起死回生を目指す牢人たちは、これに挑んで滅び去った。この劇的な戦いを最後に、長くつづいた戦乱の時代は幕を閉じた。大坂の陣に従軍した兵士たちは、大名家の家臣として平穏な日常を重ね、やがて往時を回想しつつさまざまな形でこれを伝えた。戦いに参加した米沢の上杉家では、これから六〇年後の一六七七年（延宝《えんぽう》五）、家臣たちの先祖の事蹟調べがなされることになるが、藩命により調書を提出した家臣たちは、かつて大坂の陣に従軍した父祖のことを誇らしくそこにしたためている。この時代に生きていた武士たちにとって、大坂の陣は記憶に残る最後の戦いだったのである。

近世

1 戦乱の終結と幕藩体制の確立 十七―十八世紀

徳川の平和と近世の軍団 天下分け目の合戦といわれた関《せき》が原《はら》の戦い（一六〇〇年）に勝利した徳《とく》川家康《がわいえやす》は、冬と夏二度にわたる大坂の陣（一六一四〜一五年）で豊臣《とよとみ》氏を滅ぼし、徳川家による将軍世襲体制を不動のものとした。いわゆる「徳川の平和」が実現し、島原《しまばら》の乱（一六三七年）以降は二世紀以上にわたって大規模な戦乱のない世の中がやってきた。

政治的安定が確保されると、政治機構と社会体制の整備もすすんだ。戦闘を本分とした武士身分は同時に為政者とならねばならなかった。近世軍隊における軍事的役割は近世の身分編成の原理となり、武士と奉公人、百姓や職人を基本的に弁別するものとなった。高木昭作はこれを近世的な兵営国家と位置づけ、あたかも巨大な軍団が全土を支配するために駐屯《ちゅうとん》したごとく、抑圧的で専制的な支配体制が固められていったと論じた（高木昭作・一九九〇）。

では近世の軍隊はどのような構造であったのだろうか。高木の研究にもとづきながら、戦争のための人的配置を定めた陣立書《じんだてしょ》を検討してみよう。

表1・2は、前橋の大名酒井《さかい》家一二万五〇〇〇石の陣立書である。これは一七〇〇年前後の実態を示したものとされ、大名が戦時に動員する全ての人馬編成を書上げている。総勢五四三八人・馬九二

表１　前橋酒井家の軍団構成（17C 末）

	武士				足軽				中間	又者	職人	人足	小荷駄		合計	
	騎馬	徒士	小姓	小計	鉄砲	弓	鑓	小計					口取	馬	人	馬
A　小屋懸部隊	1	1		2	――10――			10	10		10	50	10	10	92	11
B ①高須隼人備	46	2		48	60	25	31	116	24	217		128	45	45	578	91
②松平内記備	36	2		38	60	25	31	116	24	172		122	39	39	511	75
③松平左忠備	36	2		38	60	25	31	116	24	166		122	39	39	505	75
④本多民部左衛門備	36	2		38	60	25	31	116	24	165		118	40	40	501	76
⑤内藤半左衛門備	36	2		38	60	25	31	116	24	164		111	40	40	493	76
⑥酒井頼母備	36	2		38	60	25	31	116	24	159		116	39	39	492	75
⑦酒井弾正備	15	2		17	60	21	31	112	24	131		72	30	30	386	45
⑧若殿様備	42	21	27	90	48		60	108	30	175		82	64	64	549	106
⑨御旗本備	63	51	57	171	65	48	90	203	98	345	29	258	227	227	1331	290
合　計	347	87	84	518	533	219	367	1129	306	1694	39	1179	573	573	5438	920

高木昭作・1990より

表２　前橋酒井家の本多民部左衛門備の内部編成（18C 初め）

	武士	奉公人	足軽	中間	人足	口取	小計	乗馬	駄馬	小計
旗　差	2	5	16	5	4	1	33	1	1	2
鉄砲組	1	5	36		11	2	55	1	2	3
鉄砲組	1	4	36		11	2	54	1	2	3
長柄組	1	2	30		3	2	38	1	2	3
騎馬隊	22	58					80	22		22
目　付	3	5				1	9	2	1	3
太　鼓	2				3	1	6		1	1
士大将	1	27				4	32	2	4	6
弓　組	1	4	19		5	11	30	1	1	2
小荷駄	1	2	4		2	8	17	1	8	9
合　計	35	112	141	5	39	22	354	32	22	54

高木昭作・1990より

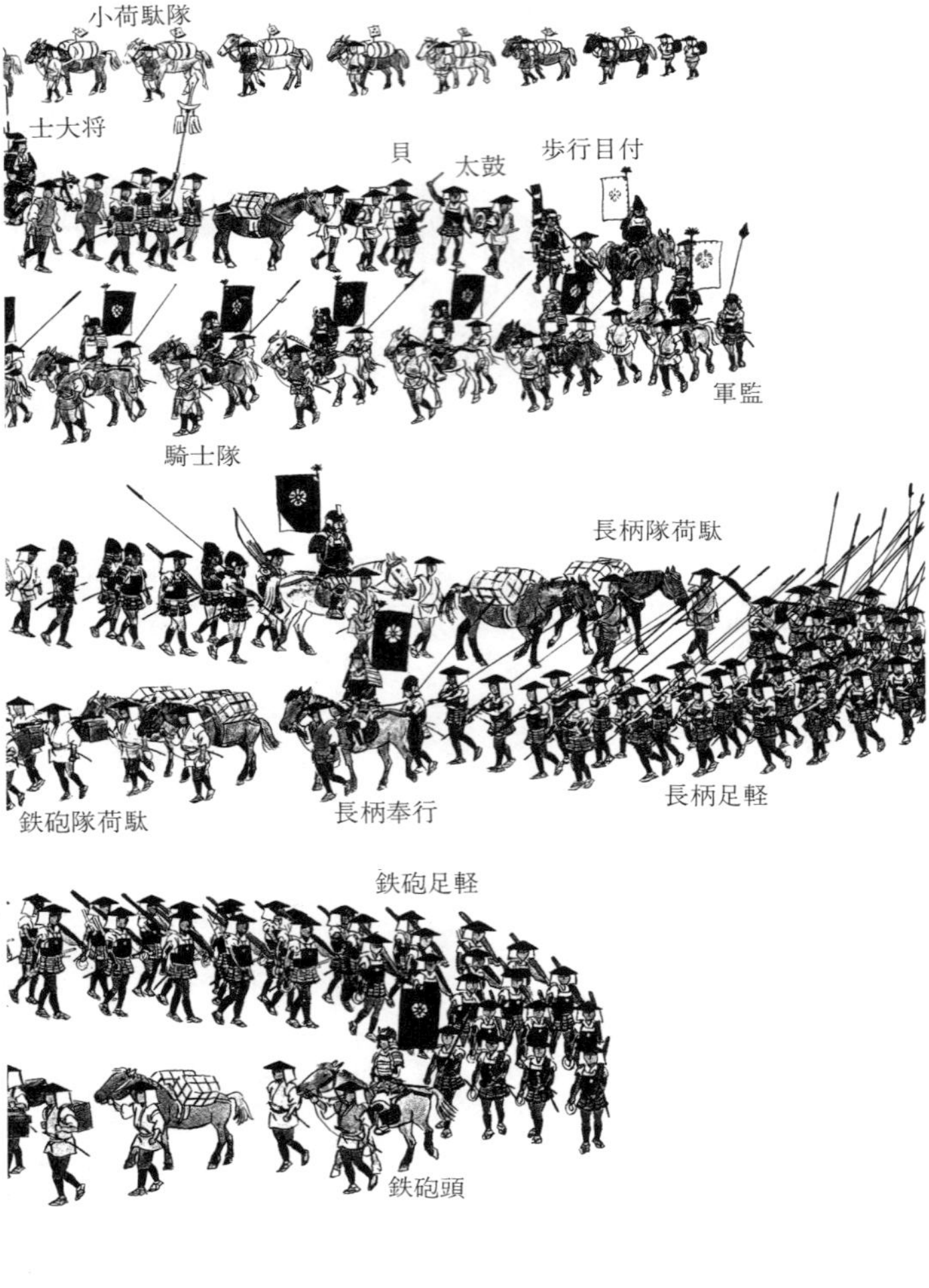

図　表2の本多民部左衛門の備を視覚化したもの

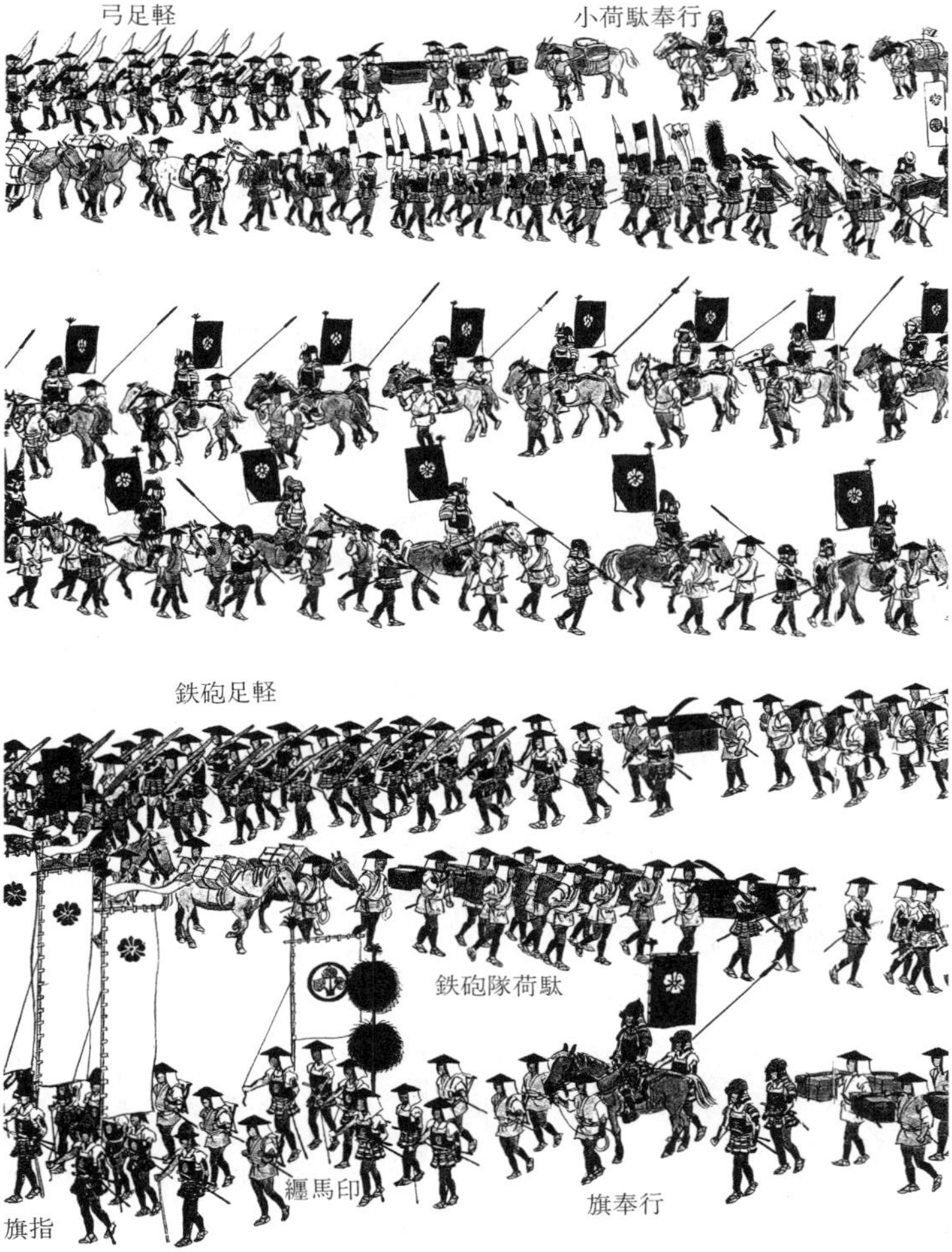

図71　陣押

〇匹である。この全体は、大名および世子《せし》自身と家老《かろう》をそれぞれ大将とする九つの「備《そなえ》」に編成されている。

「備」は、戦闘から補給までひとつの独立した戦争遂行単位である。その内訳は、旗奉行隊・鉄砲隊・長柄《ながえ》隊・騎馬隊・軍監《ぐんかん》・士《さぶらい》大将・弓隊・小荷駄《こにだ》隊などがあったが、基本的な区分としては、騎馬隊（家臣の部隊）・足軽《あしがる》隊（鉄砲・長鑓《ながやり》・弓隊）・小荷駄隊である。鉄砲隊や長柄（鑓）隊、弓隊は大名直属の足軽によって構成され、各隊には騎馬の武士が物頭《ものがしら》として加わったほか、供回りや荷運びの人足《にんそく》などが付属した。小荷駄隊は糧食や弾薬を運搬する兵站《へいたん》部隊であった。小荷駄隊や各部隊に配属された人足（陣夫《じんぷ》）には、夫役《ぶやく》として領内の百姓が徴発された。また荷運びの馬も馬子《まご》（口取《くちとり》）とともに領内から駆り出され、酒井家の規定では村々から動員する陣夫・馬子は一七四二人、駄馬は五七三匹にのぼっている。これは軍団全体の三分の一に及ぶ数字である。

また、「備」の中核部隊となる騎馬隊は、騎馬武者とその身分に応じて供づれ（従者）を引き連れた。従者は基本的には自らの知行《ちぎょう》のうちで養うべきものであり、この主従の組み合わせは戦場においても切り離せない戦闘ユニットであった。大名家臣が用意すべき武器と従者の基準は、知行高に応じて各大名毎に家中軍役として定められた。

一六三三年（寛永《かんえい》十）の幕府の軍役規定（寛永軍役令）によれば、たとえば二〇〇石の直参旗本は「侍（若党）・甲持・鑓持・挟箱《はさみばこ》持・小荷駄・沓取《くつとり》各一名、馬の口取二名」の計八名を引き連れることになっていた。このうち、騎馬の主人とともに戦いうるのは若党のみであり、それ以外の道具持の

図72　主従図

図73　戦場の奉公人

類は基本的には非戦闘員の小者《こもの》である。従者の役割は、騎馬の主人が戦う最中にこれを補助することであり、『雑兵物語《ぞうひょうものがたり》』にあるように、これを「鑓脇《やりわき》を詰める」といった。こうした小者の類が出しゃばって戦闘に参加しようとすれば激しく叱責された。

このように、従者たる奉公人は、本来は個々の武士自らが与えられた知行のうちで扶養すべきものであり、代々仕えるものを譜代奉公人《ふだいほうこうにん》と呼んだ。ところが、近世前期には期間を決めて市在から抱えいれる年季《ねんき》奉公人が増え、また大名家が一括して調達した奉公人を家中へ貸し渡すことが一般化した。こうなると、主従ユニットの一体感は大きく損なわれるが、平時に供回りを整えるだけに必要な場合などにはこれで十分だったのである。

戦場における武家奉公人　近世前期に成立した『雑兵物語』は、すでに戦争を知らない世代に対し、戦場の様子を伝えるために書かれた教訓書の類と考えられている。その意味では架空の戦争だが、戦時における武家奉公人の役割をよく表現している。

以下、「又草履取」の嘉助の語りを参考にしながら、当時考えられていた戦争のありようを考えて見よう。嘉助は主人である武士の身近に仕える下層の奉公人である。大名領主から見れば「又者《またもの》」(陪臣)ということになる。

合戦はまず「鉄砲の勝負」からはじまり、次に「弓の勝負」となる。武器の射程に合わせて戦いが進行し、間合いが詰められてくるのである。

まず敵味方互いに目付《めっ》け出すや否や、鉄砲の勝負が始まると、節分の大豆まくとおり、玉がはらめいてくると思えば、また弓の勝負が始まって、箸を投げ出すごとく玉と矢と飛んでくるは、別はない……

さて、本当の勝負はこれからである。双方が間合いを詰めたところで騎馬武者による一騎打ちがはじまるのである。嘉助の主人は所持した鉄砲を嘉助に預け、腰に下げて置くように命じ、代わりに鑓を取って敵に立ち向かった。

互いにおっつめたところで、旦那が云いなさったは、この鉄砲を腰にひっぱさめ、一番鑓を合わせべい、と云いなさったところで、左候はばわっちめが鉄砲鑓脇をおっつめ申すべい、玉薬《たまぐすり》を一はじき分くだされ、と述べたれば、おのれが鑓脇は推参《すいさん》な奴だとて血目玉を出して叱りなさったにより、是非なく見物してねまったれば、一番の鑓ががっちと合うと、とうとうその敵を則突き殺し、首を取りなさった。

主人は一番鑓で敵の首をあげたわけだが、そのとき嘉助は何をしていたのだろうか。彼は主人に対して一発分の弾薬を願い、「鉄砲鑓脇」をつとめる許しを請うている。戦闘中の主人に脇からかかってくる敵がいる際に、これを防御することを鑓脇をつとめると称した。ここでは鉄砲で鑓脇をつとめようというのである。しかし主人は、嘉助ごとき軽輩が戦闘に参加することを認めず、ひどく叱り付けたため、嘉助は見物を決め込んでいる。

このように主人を補助して戦闘に参加しうるのは、若党などの奉公人に限られ、草履取《ぞうりとり》など、中間《ちゅうげん》・小者《こもの》と分類された奉公人は本来戦闘に参加する資格を持たないものと見なされていた。もちろん実際の戦闘場面でそのような形式ばったことはいっていられない。結局、嘉助も主人を狙う男を鉄砲で撃ち取り、手柄をたてるのである。

おれもすけべいと思ったが、いやいや旦那が敵の十人や廿人をしかねる程な人でないと思って、わざとかまわないで、万一旦那に打って来る奴が有んべいならば、その奴をこの鉄砲ではるべいとおもって、昼寝したごとく目をひっぷさいでねまりいたれば、敵が一疋旦那を打つべいとて、妙丹《みょうたん》柿の熟んだごとくな砂鉢《さはち》の男が刀を抜いて来る所で、狙いすましてこの鉄砲を以って撃ったれば、仕合わせと妙丹柿へまず目当てをぶちこんで、即座に妙丹柿が成仏したところで、その柿のへたよりもぎりて取った……

嘉助はこのあと欲を出して、敵を狙ううちに流れ矢にあたり負傷してしまう。戦国の世であれば、この嘉助のような存在が次第に手柄をたてて出世していくことになるのであろうが、近世前期にはすでに奉公人の身分秩序も固まりつつあった。その不満のはけ口は、かぶきものや旗本奴《はたもとやっこ》など、アウトロー化した武家奉公人の「活躍」となってあらわれたのである。

旗本と大名—軍役体制　三代将軍家光《いえみつ》の時代になると、幕府のさまざまな機構とともに、軍事体制も整えられてくる。徳川家もそれまでは他の大名同様に、小規模な家臣を寄子《よりこ》として知行高の大きな家臣（寄親《よりおや》）のもとに編成し、あるいは与力《よりき》として上級家臣に付属させて軍団を構成した。将軍に直属した番士《ばんし》や足軽《あしがる》部隊は番頭《ばんがしら》や物頭が統括したが、これを家老に当たる年寄（老中《ろうじゅう》）が兼帯することも多く、組下の武士と番頭自身の家臣（陪臣《ばいしん》）との区別がさほど明示的ではなかったともいえる。

表3　幕府常備軍の主な部隊（近世後期）

番組	番頭	組頭	番士	与力	同心
大番組	12人	48人	600人	120人	240人
書院番組	6	6	300	60	120
小姓組	6	6	300		
新番組	6	6	120		
小十人組	小十人頭7	14	140		（以上五番方）
先手組（弓8組・鉄砲20組）	先手頭28			（140～280）	930
百人組	百人組之頭4			45	400
御持組（弓2組・筒3組）	御持之頭5			50	275
御徒組	御徒頭15	御徒組頭30		御徒450	
千人組		千人頭10			1000

『吏徴』（『続々群書類従』巻七）より作成．ほかに西丸付きの部隊がある．

家光の時代に入ると、将軍と直接的な主従関係を結ぶ譜代の直臣であっても、知行高一万石以上は大名とされ、所領に城館を構えて隔年江戸へ参勤した（参勤交代）。また一万石未満は旗本・御家人《ごけにん》として基本的には常時江戸にいて将軍の直属軍事力として位置づけられた。もっとも旗本の中にも参勤交代を行なうものもあったし（交《こう》代寄合《たいよりあい》）、水戸徳川家や幕府の役職をつとめるものは大名でも常府とされた。

将軍直属軍の中核は、大番・書院番《しょいんばん》・小姓《こしょう》組番のいわゆる三番組と呼ばれた番士から構成された。一六三二年（寛永九）の数字では、書院番四組、小姓組六組、大番十一組となり、おおよそ総勢六八七人がいた（小池進・二〇〇一）。番士は平時には将軍の身辺警護や江戸城などの警固を任務としたが、のちに将軍に最も身近な新番組が編成されると次第に「侵攻用の前線部隊」としての攻撃的性格を強めたという（根岸茂夫・二〇〇〇）。この番方一組は定員五〇名であり、これに与力・同心が付属した。また番士はそれぞれの従者をひきいて主従のユニットを構成した。したがって一組の総勢は数百名に及んだのである。

「当家御座備図」は、この段階における幕府軍団の構成を示すものとされる（根岸茂夫・二〇〇〇）。これは将軍を中心にした布陣図であり、軍団の先頭には大番組が位置し、その前に先手鉄砲組を展開している。これは鉄砲足軽の部隊である。大番組は番頭・組頭のもとに組衆五〇騎、さらに番頭付属の与力・同心《どうしん》があった。この背後に先手弓組（足軽弓隊）と書院番が布陣している。このほか、小十人組や徒《かち》組の歩兵隊、持弓《もちゆみ》組・持筒《もちづつ》組・百人組などの足軽隊が配備され、これは物頭が率いた。この布陣図そのものはある種の理念形と思われるが、実際の戦場ではさらに兵站《へいたん》を担う小荷駄隊などが編成されたのである。

寛永期には、荘厳な軍装と指揮系列の制度化がすすんだ。また、それぞれの部隊を率いる番頭は年寄（老中）が兼任することがあったが、この時期には兼任をやめ、組下と家臣の区別を明確化した。この結果、大名と旗本、直臣と陪臣の区分もはっきりとしたものになった。

大名や旗本は、石高の統一的基準で表示された知行を将軍から給付され、これに対して軍事的な奉仕（軍役奉仕）で応えた。大名や旗本が率いるべき軍団の規模は軍役令《ぐんやくれい》によって示される。軍役令は数次にわたって存在するが、最もよく知られているのは寛永軍役令であろう。

一六三三年（寛永十）二月の軍役令は、知行高一〇〇〇石から一〇万石までそれぞれ人数（騎馬とも）、鉄砲・弓・鑓数、旗数などを定め、さらに二〇〇石から九〇〇石までの詳細な規定を設けた

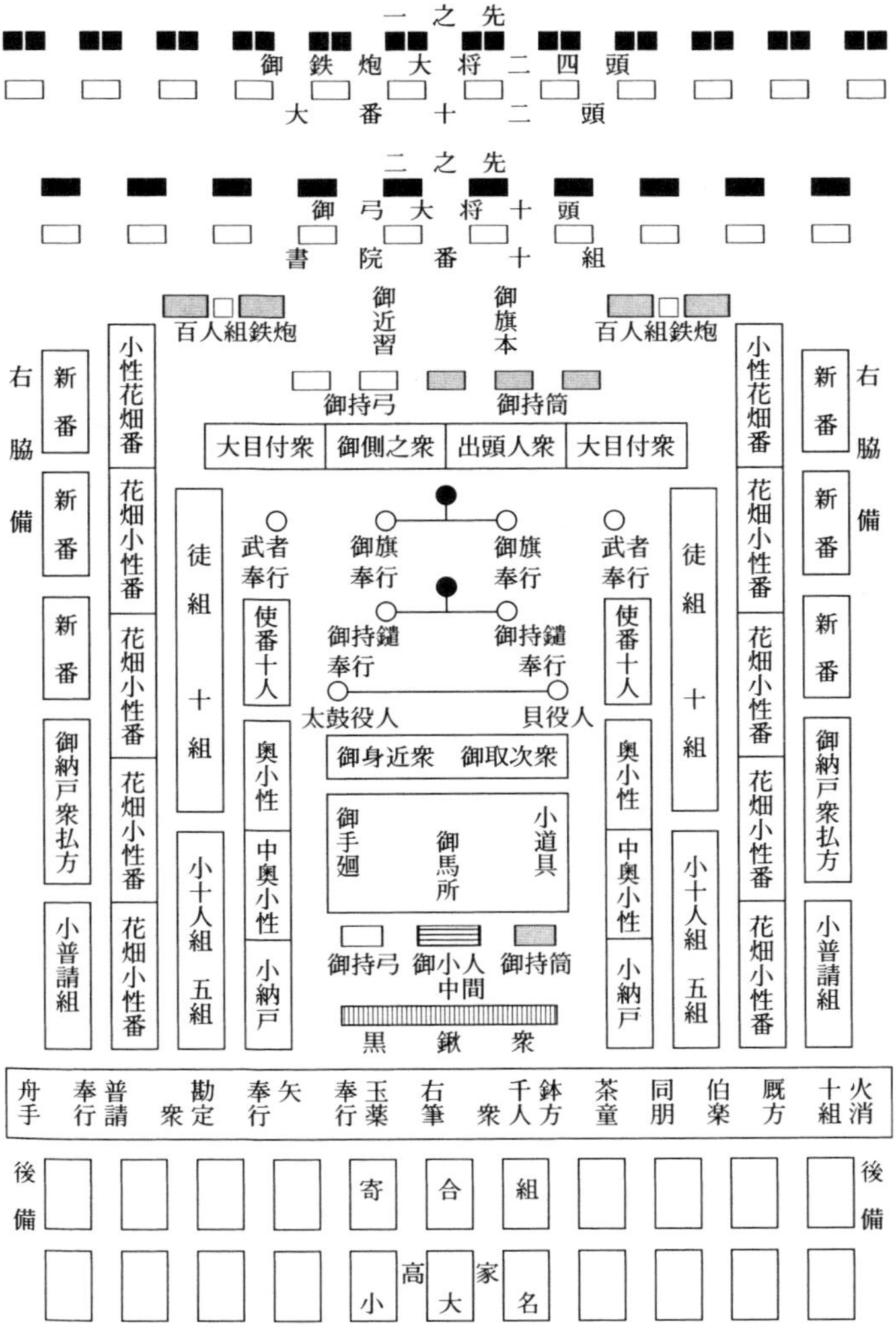
一之先
御鉄炮大将二四頭
大番十二頭
二之先
御弓大将十頭
書院番十組
百人組鉄炮
御近習
御旗本
百人組鉄炮
右脇備
新番
新番
新番
御納戸衆払方
小普請組
小性花畑番
花畑小性番
花畑小性番
花畑小性番
花畑小性番
徒組十組
小十人組五組
御持弓
御持筒
大目付衆
御側之衆
出頭人衆
大目付衆
武者奉行
御旗奉行
御旗奉行
武者奉行
使番十人
御持鑓奉行
御持鑓奉行
太鼓役人
貝役人
奥小性
中奥小性
小納戸
御身近衆
御取次衆
御手廻
御馬所
小道具
御持弓
御小人中間
御持筒
黒鍬衆
舟手
普請奉行
勘定衆
矢奉行
玉薬奉行
右筆
鉢方
千人衆
茶童
同朋
伯楽
厩方
火消十組
後備
寄合組
高家
小
大
名
後備

図74　当家御座備図

（表4参照）。一〇〇石から一〇万石まで、扶持米《ふちまい》の支給基準（「月俸」）もこれに付された。たとえば五〇〇〇石の旗本の場合には、「馬上五騎、銃五挺、弓三張、鑓十本、旗二本」であり、扶持米は「七十五人」である。五万石の場合には、「馬上七十騎、銃百五十挺、弓三十張、鑓八十本、旗十本、持鑓とも」となり、「七百五十人」となる。ただし支給される扶持米の基準は、「上洛ならびに日光山御参の時の制」と表記されており、これが上洛や日光社参に将軍の供として引き連れるべき軍勢の基準であることがわかる。万石以上に指定された「対の持鑓」は戦争用ではなく、行列を組み立てた際の左右に立てる飾りの鑓のことである。「軍陣」、つまり戦闘動員の際にはこの倍の扶持米を支給されるものとされた。いずれも扶持米の支給基準だが、実際の戦闘にもなれば、これ以上の軍勢・従者を引き連れることになるのであり、これらはいわば軍役奉仕の最低基準だったともいえる。

一〇〇〇石未満の場合は、たとえば「五百石は侍四人、鑓持・䪼《くちとり》・小荷駄各二人、甲持・挟箱持・沓取各一人、すべて十三人」となる。単純に考えれば、主人である旗本をこれに加え、与えられる扶

扶持	
7	
10	
10	100石につき２人増
12	
14	
16	
18	
20	
22	100石につき１人増
23	
24	
25	
26	
27	
28	
29	
30	
31	
32	
33	
34	
45	100石につき1.5人増
60	
75	
90	
105	
120	
135	
150	
300	
450	
600	
750	
900	
1050	
1200	
1350	
1500	

表4　1633年（寛永10）の軍役令

知行高	人数	侍	鑓持	馬口取	甲持	挟箱持	草履取	小荷駄	馬上	鑓	弓	鉄砲	旗	
(100石)														
(150石)														
200石	8	1	1	2	1	1	1	1						
300石	10	2	1	2	1	1	1	2						
400石	12	3	2	2	1	1	1	2						
500石	13	4	2	2	1	1	1	2						
600石	15	5	2	2	1	1	1	2				1		
700石	17	5	2	2	1	1	1	2				1		
800石	19	5	3	4	1	1	2	2				1		
900石	21	6	3	4	1	1	1	2			1	1		
1000石	23									2	1	1		
1100石	25									3	1	1		
1200石	27									3	1	1		
1300石	29									3	1	1		
1400石	31									3	1	1		
1500石	33									3	1	2		
1600石	35									3	1	2		
1700石	37									4	1	2		
1800石	39									4	1	2		
1900石	41									4	1	2		1900石まで持鑓
2000石										5	1	2		以上は鑓
3000石									2	5	2	3		
4000石									3	10	2	5		
5000石									5	10	3	5	2	
6000石									5	10	5	10	2	
7000石									6	15		10	2	
8000石									7	20	10	15	2	
9000石									8	20	10	15	2	
10000石									10	30	10	20	2	長柄対鑓とも
20000石									20	50	20	50	5	
30000石									30	70	20	80	5	
40000石									40	70	30	120	8	
50000石									70	80	30	150	10	持鑓とも
60000石									90	80	30	170	10	持鑓とも
70000石									100	100	50	200	15	持鑓とも
80000石									100	110	50	250	15	持鑓とも
90000石									150	130	60	300	25	持鑓とも
100000石									170	150	60	350	20	持鑓とも

『陸軍歴史』等より作成．同年２月17日に発令され，1000石未満・1000石以上の軍役規定と扶持規定の３つの部分から成っている．

持米は一六人分ということになる。

この寛永軍役令は、幕末に「慶安軍役令」が用いられるまでながく通用した。

幕府は譜代大名領を中心に全国数十ヵ所の城に幕府の兵糧米貯蔵と年々の詰替えを命じた。これを諸国城詰米《しろづめまい》といい、年間二四万石（延宝《えんぽう》年間）に達したという（柳谷慶子・一九八五）。大坂城や二条城、駿府《すんぷ》城などの直轄地に置かれた城詰米を含めればその備蓄量は四〇万石にもなり、全国的に整備された宿駅《しゅくえき》制度とともに幕府の軍事動員（兵站）の根幹を支えていた。一六一五年のいわゆる一国一《いっこくいち》城《じょう》令によって大名の出城《でじろ》や有力家臣の居城は原則的に破却され、城の修改築にも幕府の許可が必要とされるようになっていた。幕府に対して軍事的に抵抗するどころか、幕府の許可を得ずに大名が兵を動かすことすら最早不可能なものだった。

島原の乱　十六・十七世紀を通じ、イスパニア・ポルトガル勢力がアジアの中継《なかつぎ》貿易に参入し、かつキリスト教の布教に力を注いでいた。幕府は布教活動による主権侵害とキリシタン一揆《いっき》を恐れ、キリスト教を禁じるとともに、信徒への弾圧を強めていた。

一六三七（寛永十四）年十月、益田《ますだ》（天草）四郎時貞《ときさだ》を押し立てた島原と天草のキリシタンが蜂起し、島原半島の南半分を席巻した。幕府はただちに板倉重昌《しげまさ》と石谷《いしがい》貞清を上使として現地に派遣し、佐賀城主鍋島勝茂《なべしまかつしげ》と唐津城主寺沢堅高《てらざわかたたか》に出兵を命じた。さらに周辺諸大名も動員されて一揆鎮圧に向かった。一揆勢は廃城となっていた原《はら》城に立てこもり、その総勢三万七〇〇〇といわれた。

ところが板倉らが原城に着かないうちに、幕府は老中松平信綱《のぶつな》らを追加派遣したため、その報を聞いた板倉はあせりのためか、無謀な総攻撃に出て幕府軍に大損害を出し、自らも戦死してしまった。翌年正月、現地に到着した信綱らは持久戦を覚悟し、原城を包囲してじわじわと攻め立てる策をとり、大坂の陣以来の大規模な城攻めとなった。

城を包囲した幕府軍は、時間をかけて城に接近する「仕寄《しより》」攻めに徹した。城を遠巻きに布陣し、その間の丘陵の裾に一キロ半におよぶ柵を二重に設け、城の出入り口を完全に遮断した。次に、竹を束ねた弾除けを並べて攻撃のための道を切り開き、土俵を積んで、城ににじりよっていったのである。また、至るところに土を高く盛った築山《つきやま》や木を櫓《やぐら》に組んだ井楼《せいろう》が作られ、場内の偵察や狙撃用に用いられた。三ヵ月におよぶ籠城《ろうじょう》戦は数多くの史料や図面を残しており、また現在でも多くの遺構がみられる。幕府軍は平戸《ひらど》からオランダ船を回して海上から砲撃させたが、異国の手を借りることへの批判もあってすぐに引き上げさせた。

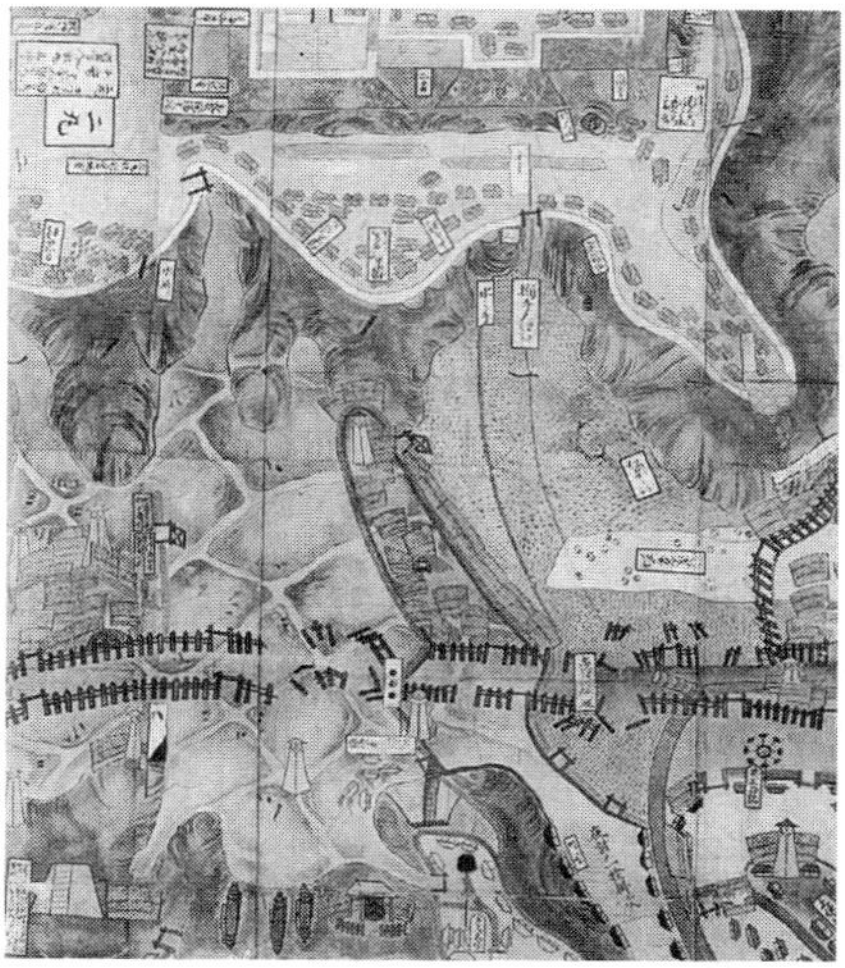

図75　島原原城攻防図

結局三ヵ月の籠城戦ののち、弾薬も尽きたところを見計らって、幕府軍は総攻撃をかけ、原城はついに落城した。一揆勢は次々と自害して果て、生き残ったものも撫《な》で斬りとされ、文字通り皆殺しにあったという。攻撃側の被害も甚大で、総攻撃の二日間で討死一一三〇、手負六九六六という数字もあげられている（山本博文・一九八九）。

幕府は動員した大名に対して兵糧（扶持米）を支給した。原城攻めの場合は一〇〇石四人の軍役であり、一日五合の割合で在陣日数分が支給された。

肥後熊本藩は役高五四万石に対し、七四五二石（銀三七二貫六〇〇目）が支給され、これは六九日間、一日一人五合宛の計算である（高木昭作・一九九四）。この扶持米支給高から逆算すると、動員した大名一四家の石高総計二四六万八〇〇〇石から九万八七二〇人という動員数をはじき出すことができる。もっとも、この扶持米支給はあくまでも目安であり、実際に動員した軍勢の人数や内実（構成比）などは各大名家によって異なっている。熊本藩の場合には総動員数二万八六〇〇人という数字が記録に残されているが、これは幕府の支給基準を七〇〇〇人も超していた。また、当座の兵糧米や、実際の仕寄攻めに必要な資材や人員の動員経費は最終的に各大名が自前で負担しており、このような経費は支給される扶持米をはるかに上回るものであった。

一揆鎮圧後、責任をとらされた島原藩松倉氏は改易《かいえき》され、天草も寺沢氏から召し上げられた（寺沢は自害して絶家となる）。しかし幕府は新たな領主を入部させ、この地が九州の大名への恩賞となることはなかった。諸藩の出陣はあくまでも幕府への軍役奉仕なのである。

鎖国と対ポルトガル戦争の準備　島原の乱は、すでに進みつつあった鎖国にむけての動きを一層加速することになった。ここで近世初期の対外政策をふりかえってみよう。

一六〇九年、島津氏は幕府の許可を得て琉球《りゆうきゆう》に侵攻し、琉球王国を軍事的な支配下においた。琉球は中国に朝貢《ちょうこう》する一方で、幕府に使節をおくる服属国としての地位を余儀なくされたのである。

十七世紀初頭の東アジア海域では、イスパニア・ポルトガル勢力とオランダ・イギリス勢力が激しく覇権を争っていた。ポルトガルは十六世紀末にイスパニアに併合され、逆にオランダはその支配から独立した新興国であった。オランダの連合東インド会社は平戸に商館を設け、イギリス東インド会社と協定して、平戸を母港に海上でのポルトガル船への文字通りの略奪を繰り返していたのである。一方ポルトガルは、一六一六年、寄港地を長崎に限定されたが、依然として中国の生糸と日本の銀の貿易ルートを握っていた。

一六二一年、幕府は平戸のオランダ・イギリス商館に対し、①日本人を国外へ連れ出さないこと、②刀剣・鉄砲・軍需品の輸出禁止、③領海内での海賊行為の禁止を命じた（加藤栄一・一九九三）。これはいずれも当時のオランダ船が行なっていたことであり、①は多くの日本人が傭兵《ようへい》として東南アジアで用いられていたことに対する禁令であった。②武器輸出の禁、③海賊行為の禁とともに、いずれもその後も継続する外交政策となる。幕府の基本方針は、日本や日本人が国外での紛争に巻き込まれることを防ごうとしたことにあったといわれる。

ところが当時の商船はいずれも武装商船であり、日本の朱印船《しゅいんせん》が実際に事件に遭うことは防ぎようもなかった。一六二八年（寛永《かんえい》五）、末次平蔵《すえつぐへいぞう》の朱印船が台湾でオランダ人に抑留される台湾事件が発生した。次いで、イスパニア船による高木作左衛門の朱印船が焼き討ちされる事件がシャムで起こった。幕府は報復のために五年間平戸の商館を閉鎖するなどの措置をとり、中には島原藩主松倉重政《しげまさ》

（一六三〇年）や長崎奉行榊原職直《もとなお》（一六三七年）のマニラ遠征計画なども構想されたが、いずれも実現しなかった。幕府が選択したのは、キリスト教禁教を大前提に、日本人の海外進出そのものを断念する策であり、これが寛永の「鎖国令」と言われるものの中身であった（山本博文・一九九五）。

島原の乱の結果、幕府はキリスト教を布教するポルトガル人追放が必要だと考えるようになる。問題は彼らが担っていた中国との貿易であったが、幕府はオランダ商館長カロンに意見を聞き、オランダ船に中国の生糸や絹織物など必要とされた貿易品を調達させるものとした。カロンが東南アジアにおけるイスパニア・ポルトガル勢力の脅威を誇張し、朱印船が復活しても彼らの攻撃対象となることを強調したこともあった。

幕府は一六三九年（寛永十六）、ついにポルトガル人に国外追放と来航禁止を宣告した。さらに翌年来航したマカオのポルトガル船を焼き払い、数十人を処刑した。ポルトガルの報復攻撃を警戒した幕府は、九州の大名を中心に長崎警備と遠見番所《とおみばんしょ》の設置など、沿岸防備体制を整え、オランダに対してはその後もたびたびイスパニア・ポルトガルの根拠地であったマニラやマカオ攻撃を要請している。

一六四七年（正保《しょうほう》四）、数年前にイスパニアからの独立を果たしたポルトガルは、その報告のための遣使を乗せ、二隻のガレオン船を長崎に向かわせた。日本に潜入した宣教師からこの来航情報をつかんでいた幕府はすでに万端準備を整えていた。ポルトガル船が入港すると、九州や四国の大名は長崎へ所定の軍勢を差し出し、長崎湾口は船橋で閉鎖されて、いつでも攻撃できる態勢がととのった。結局、約一ヵ月の滞留後、国交再開の拒否を通知されたポルトガル船は無事に帰帆した。この事件で

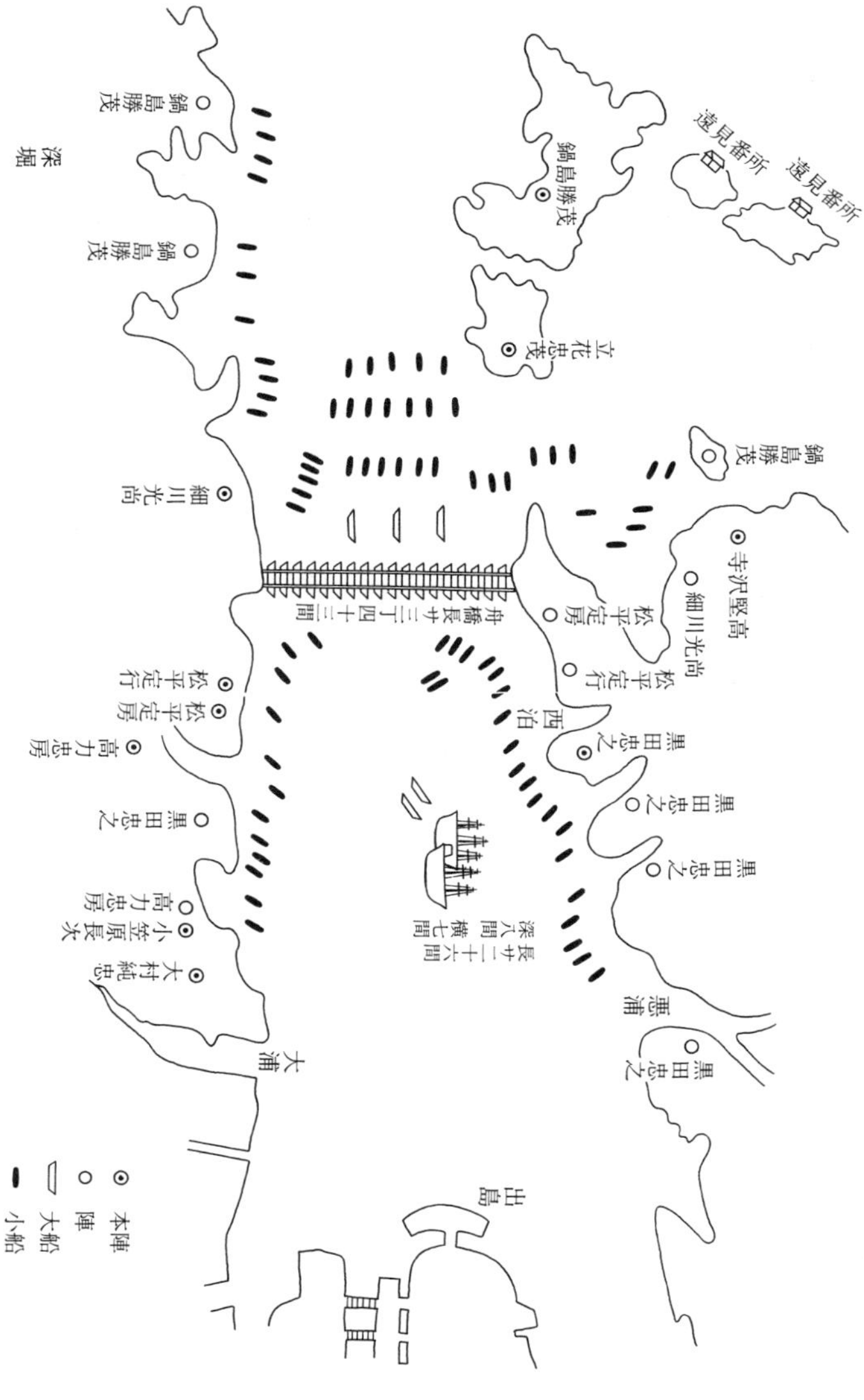

図76 ポルトガル船長崎封鎖図（山本博文・1989より）

幕府が動員した兵力は総人数四万八〇〇〇、警固船八九八と伝えられている。

いずれにせよ、鎖国政策は一面で対外紛争を決定的に防止する策でもあった。異国船の侵入に備えることが幕藩権力の大きな責務と認識される一方で、その強力な軍事力はもっぱら国内統治ににらみを利かすものとなっていくのである。

鉄砲と流派砲術　この「徳川の平和」のもとで、武器生産や武術の伝承のあり様も変化していった。ここでは代表例として鉄砲と砲術の問題をとりあげておこう。

滋賀県長浜の近郊、国友《くにとも》村は鉄砲鍛冶の村として知られ、一五四四年（天文《てんぶん》十三）、国友の刀工が工夫して鉄砲二丁を足利将軍に献上したのが鉄砲製造の起源とされる。

その後、信長《のぶなが》、秀吉《ひでよし》、家康《いえやす》に用いられ、とくに江戸幕府成立後は幕府の御用鍛冶として厳重な統制下に置かれた。大坂の陣では大量の鉄砲を生産するとともに、戦陣にも動員され、またその所持した大筒は大きな威力を示したという。慶長《けいちょう》・元和《げんな》期は国友鍛冶の黄金期であり、家康からは扶持米と諸役御免《しょやくごめん》の特権を与えられた。

島原の乱が終わって太平の世の中になると、鉄砲の発注はなくなった。国友では、幕府に願い出て十七世紀半ばには年間八〇〇丁程度の注文を請けたが、その後これも順次減少し、一六七二年（寛文《かんぶん》十二）にはわずか五五丁、一七二四年（享保九）にはついに村自体が郡山《こおりやま》藩領に編入された。

国友鍛冶の鉄砲製作が解禁され、諸方の注文を請けられるようになったのは、一〇〇年近くたった一八一八年（文政元《ぶんせい》）のことであった。国友一貫斎《いっかんさい》が出て数々の工夫を行なったのもこの時期のことである。しかし幕末に雷管銃《らいかんじゅう》が入ってくると、国友鍛冶はそれまでの火縄銃の改造にも従事している（国友鉄砲研究会・一九八一）。

国友が主に流派によって仕様の異なる鉄砲を、注文生産で請けていたのに対し、国友とならぶ鉄砲の産地であった泉州堺では、既製品を多く製造し売り捌いたという。

では、砲術流派にはどのようなものがあっただろうか。

銃砲史にくわしい宇田川武久は、日本の炮術（砲術）を五期に分けて整理している（宇田川武久・二〇〇〇）。すなわち、①炮術発生と体系化の時期（十六世紀後半）、②大型砲の出現期（〜一六七〇年代）、③安定・泰平期（〜十八世紀）、④北方紛争期（十九世紀初頭）、⑤西洋砲術導入期（一八四〇年代〜幕末）の五期である。ここでは宇田川に学びながら、主だった砲術流派を概観しておきたい。

①は実戦砲術の時期であり、鉄砲や弾薬の製造・開発なども含めて、砲術師は武芸者としての独自の実戦的工夫をもって一派をなすようになる。「当時無類の鉄炮上手」（当代記）と称えられた稲富一夢《いなどめいちむ》は、細川忠興《ただおき》に仕えたのち、徳川家康に重用されて稲富流をおこした。稲富と並ぶ名人とされた田付《たつけ》景澄（田付流）、あるいは井上正継（井上流もしくは外記流）は子孫代々幕府の鉄砲方を世襲した。

②は大坂の陣や島原の乱でも用いられた大型砲の出現期である。大型砲には、火縄銃を大きくした大鉄炮、火縄装置がなく、てっぺんの火皿に点火する大筒、外国渡来の仏狼機《フランキ》（子母砲）を一般に指す石火矢などの種類があった。一般には五〇目玉（口径三一・八ミリ）以上の口径のものを大筒と称し、一貫目であれば口径八六・六ミリあった。

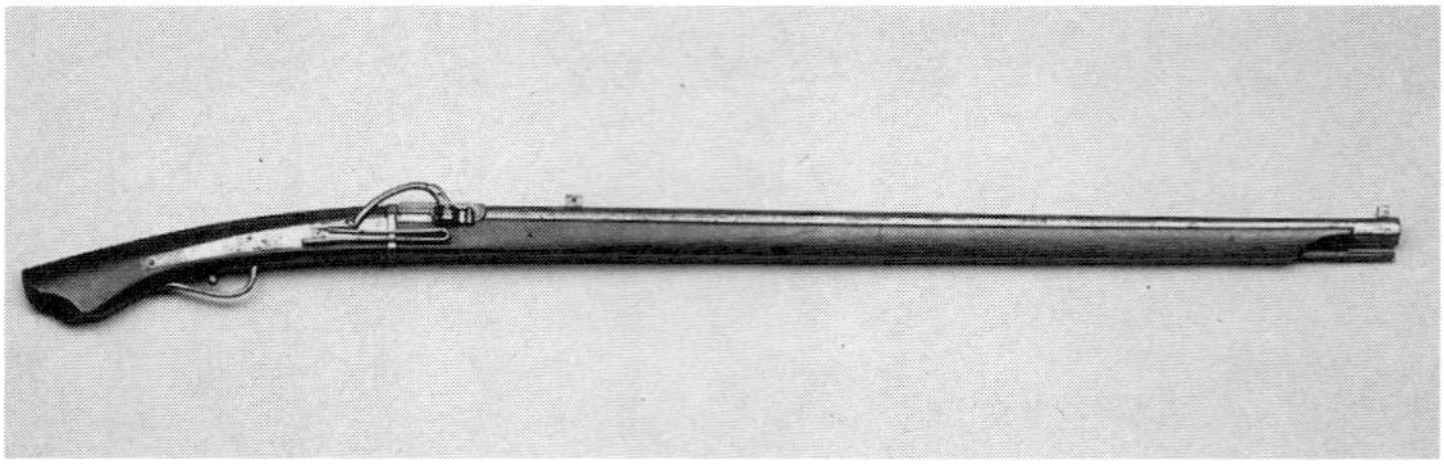

図77　国友鉄砲（火縄銃）

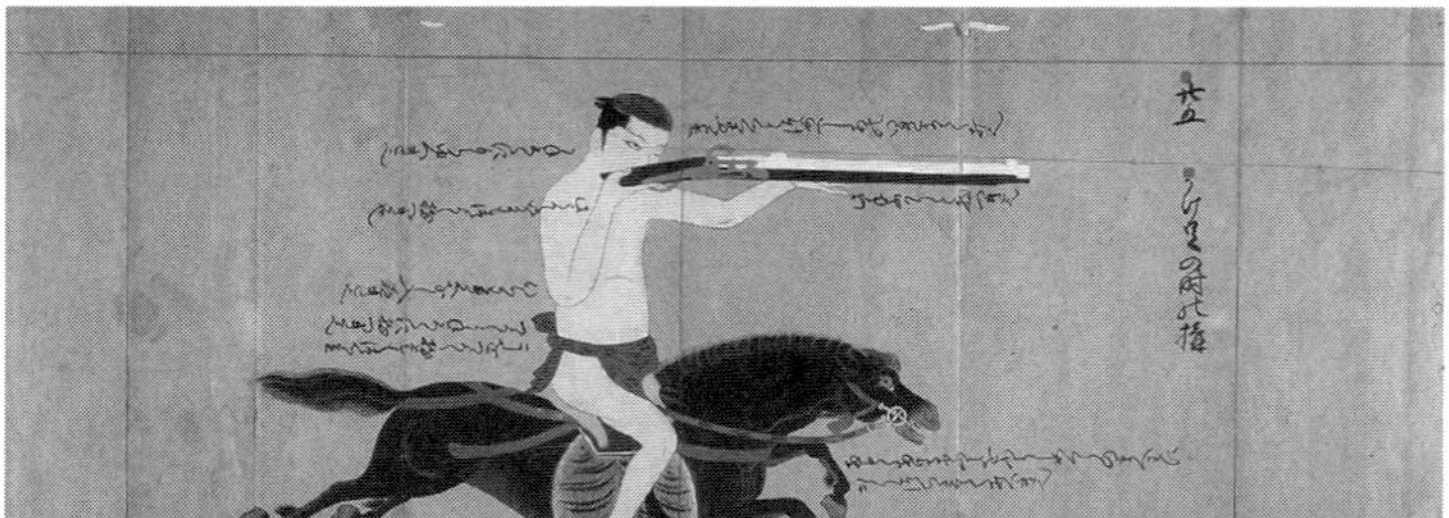

図78　鉄砲秘伝書

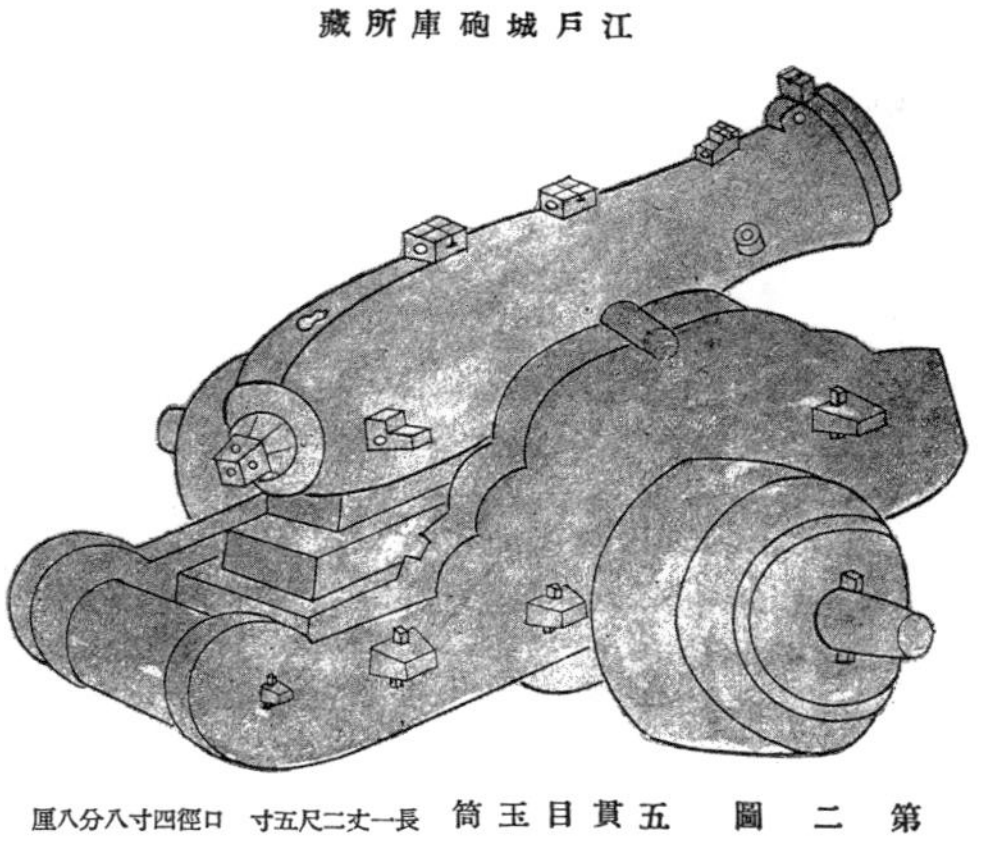

図79 和流大筒

図80 幕末期，江戸近郊大森村における大筒町打図（部分，溝口家史料）

泰平の世（③）になると、大筒の町打《ちょううち》をおこなって砲術の腕を競うこともあったが、棒火矢《ぼうびや》や合図火矢の流行など、やや見世物的要素の強いものになったことは否めない。この時期広まった流派には、複数の流派を総合した荻野安重の荻野流、武衛義樹《ぶえい》の武衛流、中島長守《ながもり》の中島流などがある。

④⑤は次節以降で対象とする時代になるが、化政期《かせい》（十九世紀初頭）にはロシアとの北方紛争がおこり、対外危機にそなえて銃砲を戦術的に活用しようとする流派も登場する。回転砲台の一種である周発台《しゅうはつだい》を開発した信州高遠《たかとお》の坂本俊豈は荻野流増補新術（天山流《てんざんりゅう》）をとなえ、周防《すおう》の森重都由《もりしげすべよし》は合武三島流（森重流）をおこした。森重は幕府にも出役し、文化年間の対露紛争では箱館《はこだて》で大規模な演習をおこなっている。

幕末に登場する高嶋流もこうした流派砲術の一派として登場せざるを得ず、幕末の軍制改革は多くの和流砲術の抵抗も覚悟しなければならなかったのである。

2 北方紛争と海防体制　十八世紀末―十九世紀初期

アイヌ支配と蝦夷地　近世の蝦夷地《えぞち》は、渡島《おしま》半島南端にあった松前《まつまえ》藩地（和人地）をのぞいたアイヌ民族の居住地を指していた。松前藩はアイヌとの交易権を家臣に与える商《あきない》場《ば》知行制を敷いていたが、一六六九年（寛文《かんぶん》九）、シャクシャインに率いられて広範囲のアイヌが蜂起し、二七三人（または三五五人）の和人を殺害する事件がおきた（シャクシャインの戦い）。幕府は旗本松前泰広《やすひろ》を現地に派遣して鎮圧の指揮をとらせ、泰弘らは和睦《わぼく》と見せかけて酒宴を催し、シャクシャインらおもだった人々を謀殺した。

その後、アイヌとの交易は商人資本が請け負うようになり（場所請負人制《ばしょうけおいにんせい》）、十八世紀後半にはアイヌを使役して大規模な漁労をおこなうものもあった。蝦夷地の魚介類は加工され、俵物《たわらもの》として長崎から輸出され、あるいは魚肥《ぎょひ》などに用いられたが、場所請負商人の中にはアイヌを過酷に使役したり虐待するものもあった。

一七八九年（寛政元）、飛驒屋久兵衛が請け負ったクナシリ場所とキイタップ場所メナシのアイヌが蜂起し、和人七〇人余を殺害したクナシリ・メナシの戦いが勃発した。松前藩は大筒や鉄砲で武装した二六〇人余の鎮圧隊を出動させ、謀略を用いてアイヌを投降させ、三七人を処刑した。

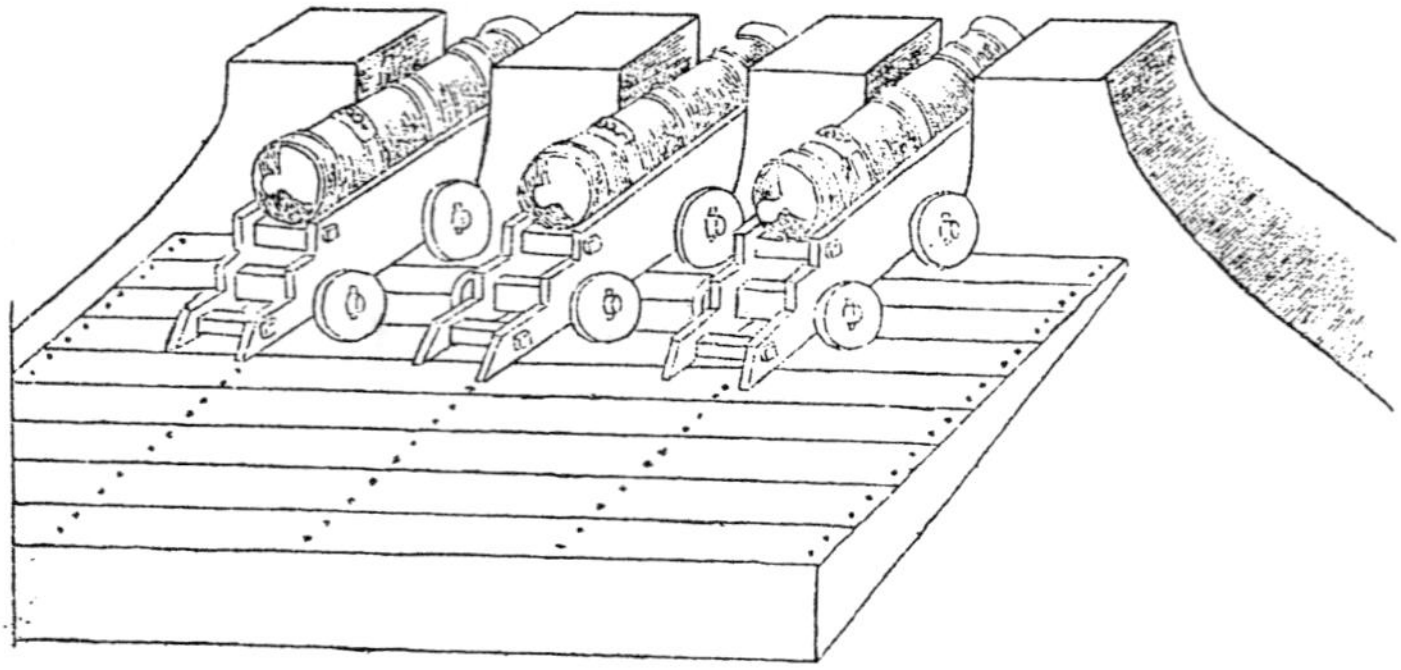

図81　台場図

このアイヌ蜂起は場所請負商人や和人の収奪、暴力に原因があったが、幕府はそれ以上に事件の重大性を考慮した。シベリアからカムチャッカへ達し、太平洋沿いに南下の気配をみせていた大国ロシアが背景にいるのではないかと恐れたのである。

ときの老中松平定信《まつだいらさだのぶ》は、幕臣最上徳内《もがみとくない》らを蝦夷地へ派遣して蝦夷地防備の検討を開始した。その折もおり、一七九二年、根室へロシア使節ラクスマンが来航して国交を求めた。幕府は国書や献上品の受取を拒絶したが、通商交渉は長崎で受け入れるとして「信牌《しんぱい》」（入港証にあたる）を手渡して帰国させた。当時はまだ鎖国が「祖法」であるという観念はなく、松平定信が長崎での管理貿易（会所貿易）に応じる可能性は高かっただろうともいわれている（藤田覚・二〇〇五）。

当時松平定信は寛政改革《かんせいのかいかく》と呼ばれた改革政治を推進していた。このころ、林子平《はやししへい》が出て『海国兵談《かいこくへいだん》』（一七九一年刊）を著して海防の危機を訴えた。定信は、世を惑《まど》わすものとしてこれを厳しく処罰する一方、北方からの脅威に対しては砲術調練を奨励し、伊豆・相模沿岸の巡見をおこなって江戸湾警衛計画の立案をはかった。また、九州における長崎奉行に相当するものとして北方を担当する北国郡代の設置を構想したが、いずれも定信の退任とともに立ち消えとなった。

ロシアとの北方紛争　一七九六年、ブロートンが率いる英国軍艦プロヴィデンス号が内浦湾《うちうらわん》に来航した。幕府は蝦夷地に数度の使節を送って調査させ、一七九八年には幕臣近藤重蔵《じゅうぞう》がエトロフ島に渡って「大日本恵登呂府」の標柱をたてた。従来の日本船の交易範囲はクナシリまでだったが、幕府はエトロフ航路を開き、積極的な漁場開発に乗り出した。結局翌九九年、東蝦夷地は松前藩から取り上げられ、一八〇二年（享和《きょうわ》二）には正式に幕府に上知《あげち》されて、箱館奉行（当初蝦夷奉行）が設置された。それまで異域であった蝦夷地は日本の国土に組み込まれ、内国化が進展すると同時に、これまでアイヌが自由に往復していたエトロフとウルップ間の連絡は分断されるようになった。

弘前・盛岡の奥羽二藩は、たびたび出兵動員されていたが、東蝦夷地が直轄化されると、それぞれ足軽五〇〇人ほどの警衛人数を差し出すよう幕府から命じられた。両藩はともに箱館に本拠をおき、弘前藩はサワラ（砂原）、エトロフ、盛岡藩はネモロ（根室）・クナシリ・エトロフに勤番所を置いた。この動員は先例のない新規の軍役賦課であり、幕府の指示によって、足軽一〇人あたり鉄砲三丁などの動員基準をもって行なわれた。ただし、当初は施設建設に重点があったため、大工や人足《にんそく》などが多かったといわれる（浅倉有子・一九九九）。

一八〇四年、ラクスマンに与えた信牌をもち、ロシア使節レザノフが長崎に来航した。レザノフは、北太平洋の毛皮資源の開発などに従事する特権を与えられた露米会社の責任者であった。北方開発と中国との交易ルートを確保するため、日本との通交を望んだのである。

幕府は約半年間にわたってレザノフを長崎に軟禁したのち、日本の鎖国は祖先からの法である、つまり祖法であると説明して要求を拒絶した。このとき、従来からの「通商の国」(オランダ・中国)、「通信の国」(琉球・朝鮮)以外とは交流を持たないとしたが、この幕府の論理はこれ以降の対外関係の基本姿勢となっていった。

一方的に要求を拒否されたレザノフは、部下に報復のため蝦夷地の日本側拠点の襲撃を命じた。一八〇六年(文化《ぶんか》三)九月、部下のフヴォストフ、ダヴィドフらは、軍艦を率い、カラフト南部のクシュンコタン(当時松前藩支配下)にあった運上屋など日本側施設を襲撃した(番人ら四人拉致)。翌年、幕府はカラフト(北蝦夷地)と西蝦夷地全域を上知し、蝦夷地全体が直轄化された。西蝦夷地も収公《しゅうこう》されて松前藩は陸奥国伊達《だて》郡梁川《やながわ》に移され、松前には松前奉行が設置された。四月、エトロフ島のナイボ番屋が襲撃され、会所があったシャナが攻撃され番人らが拉致《らち》された。このシャナには幕府役人のほか、弘前・盛岡両藩の勤番三五〇人が警備にあたっていたが、銃砲で武装したロシア兵二〇数人の前に敗走した。現場の責任者であった戸田亦太夫《またのだゆう》は自害して果てる。

北方での紛争は大きな衝撃をもって伝えられた。幕府は蝦夷地警衛にあたっていた弘前・盛岡両藩に増兵を命じ、また秋田・庄内・仙台・会津の四藩に臨時出兵を命じるなど、騒然となった。このとき総勢三〇〇〇から四〇〇〇人が出動したといわれる。盛岡藩は東蝦夷地を担当し、箱館・ネモロ・

図82　レザノフ来航図

図83　坂本天山の周発台モデル

クナシリ・エトロフに六五〇人、弘前藩は西蝦夷地担当となり、松前・江差《えさし》・リイシリ・ソウヤ・カラフトに四五〇人配備がその後も要請された。

紛争時の出兵内容は、警衛勤番とは異なり、給人《きゅうにん》（士分）中心の軍役動員となり、蝦夷地の厳しい自然に不慣れな諸藩は、脚気《かっけ》などでも多くの犠牲者を出している（菊池勇夫・一九九五）。

蝦夷地勤番はその後も両藩の負担となり、幕府は高直しと官位の格上げでこれに報いようとした。弘前藩は四万六〇〇〇石から七万石に、さらに一〇万石に格上げされ（一八〇八年）、盛岡藩も同年一〇万石から二〇万石になった。ただしこれは領地の加増ではなく、むしろ負担にふさわしく家格を上げただけのものだった。

長崎警備と佐賀藩（フェートン号事件）　一八〇八年（文化五）八月十五日、オランダ国旗を掲げて長崎に侵入した英艦フェートン号は、オランダ商館員を拉致し、食料補給などを要求した。長崎奉行松平康英《やすひで》は長崎警固の佐賀藩（当番）と福岡藩（非番）に対し、オランダ人奪還と異国船焼討ちの準備を命じたが、両藩とも直ちにこれに応じる態勢になかった。

両藩は一年交代で当番にあたり、約七〇〇から一〇〇〇人が長崎警固に動員されていたが、実際にはその年のオランダ船が出港してしまえばその半数を引き揚げており、常時十分な警衛人数がいたわけではなかった。レザノフ来航以来、大砲・台場の充実など、ロシア船に対する備えが検討されたが、十分な対応もなされていなかった。このときも実際に長崎に詰めていた人数はフェートン号の乗員数（約三五〇人）にも足りなかったといわれる。

図84　フェートン号図

このフェートン号の攻撃はヨーロッパでの英仏戦争（ナポレオン戦争）のあおりをうけたものであった。一七九五年にオランダがフランスの支配下に入っていたため、イギリスの攻撃をうけたのである。フェートン号は二日後、物資と引き換えに人質を返還して港を去った。焼討ち準備が整ったと連絡が入ったのはその後のことであった。松平康英はその夜のうちに責任をとって切腹し、警固当番であった佐賀藩主鍋島斉直は一〇〇日間の逼塞《ひっそく》を命じられた。

幕府はオランダ商館長ズーフを江戸に招致《しょうち》し、欧州の情勢やアメリカ独立の情報を初めて聞き出した。一方、オランダ商館側は、英国がロシアと結んで日本を狙っているという危機論をふりまいたが、長崎では台場の若干の増強が行なわれるなどにとどまった（松井洋子・一九九七）。

海防体制の縮小　ロシア軍艦の蝦夷地襲撃事件とフェートン号事件は、太平の世になれた国内に深刻な危機感を生んだ。幕府は海防体制を強化し、会津藩や白河藩など、家門・譜代大名に対して江戸湾周辺に領地を与え、直接に江戸湾海防にあたらせた。また、ロシアとの衝突事件は朝廷にも報告され、諸大名を海防動員するために幕府の側から積極的に尊王論《そんのうろん》を位置づけるようになった。これは松平定信の時代からの大政委任論《たいせいいにんろん》の主張とあいまって、その後の政治史に大きな影響をもたらすことになった。

一八一一年（文化八）、クナシリに上陸したディアナ号艦長ゴローニン（ゴロヴニン）が捕らえられたが、日露間の交渉の結果、ロシアがその翌年に拉致した廻船業者の高田屋嘉兵衛《たかだやかへえ》と身柄を交換し、北方の紛争はひとまず沈静化した。ゴローニンは二年余を松前の獄で過ごしたが、高田屋嘉兵衛の斡旋《あっせん》で帰国し、その間に見聞したことを「日本幽囚記《にほんゆうしゅうき》」にまとめた。

ロシアとの紛争がなくなると北方開発や北方警衛に関する幕府の熱意も急速にしぼみ、一八二一年（文政《ぶんせい》四）、幕府は全蝦夷地を松前藩に返還し、海防体制は大幅に縮小された。

その後日本近海に現れる外国船には、薪水・糧食を与えて退去させることが多かったが、中には物資補給のため上陸して騒動をおこすものもあった。一八二五年（文政八）、幕府は異国船打払い令（無《む》二念打払《にねんうちはら》い令）を出して武力で撃退することを命じた。

日本側の警戒心を一層掻き立てたのは一八二八年のシーボルト事件であった。シーボルトはオランダ商館付の医師であったが、帰国しようとしたシーボルトの荷物に、日本や蝦夷・琉球など、国外持ち出しを禁じた地図類や武具などが含まれていたことが発覚し、これを提供した天文方高橋景保《かげやす》など数十人におよぶ洋学者が処罰された。

一八三七年には日本人の漂流民を送り届けるために江戸湾に入ったアメリカ商船モリソン号を砲撃する事件（モリソン号事件）がおき、鎖国政策を批判した洋学者たちが蛮社《ばんしゃ》の獄《ごく》で弾圧された。いよいよ資本主義列強の本格的な接近が近づいていた。

3 欧米列強の接近と軍事改革　一八四〇—五〇年代

アヘン戦争と高島流の登場　アヘン戦争（一八四〇—四二）における中国の敗北は、太平の世になれた日本人に大きな衝撃を与えた。産業革命の経済力を背景に資本主義列強の圧力がいずれ日本に向かってくることは明らかであった。

天保《てんぽう》改革を推進した老中水野忠邦《みずのただくに》は、一八四一年（天保十二）、長崎から町年寄高島秋帆《たかしましゅうはん》を呼び寄せ、武州徳丸《とくまる》が原《はら》（現東京都板橋区高島平）で西洋砲術の調練を行なわせた。秋帆は、長崎の台場備を受け持った父四郎太夫について荻野流砲術を習得し、さらに四郎太夫とともに西洋砲術を研究して高島流の一派を立てた砲術家であった。

高島流は、モルチール（臼砲《きゅうほう》）やホーウィッスル（榴弾砲《りゅうだんほう》）を用い、時限信管《しんかん》付のボンベン弾（榴弾）やガラナード弾（拓榴弾）・散弾を敵陣へ打ち込んだり、密集隊形の銃陣を組み、これを縦横に動かして一斉射撃をおこなうなど、ヨーロッパでひろく行なわれていた三兵《さんぺい》（歩・騎・砲）戦術に対応するものだった。当時西欧でも標準的に用いられた燧石《すいせき》銃（マスケット）が使用され、歩兵操練は一八二〇年代のオランダ調練書にもとづいていた。

徳丸が原の調練は大砲の威力と銃陣操練の妙をみせ、幕府は伊豆韮山《にらやま》の代官江川英龍《えがわひでたつ》と旗本下曾根《しもそね》

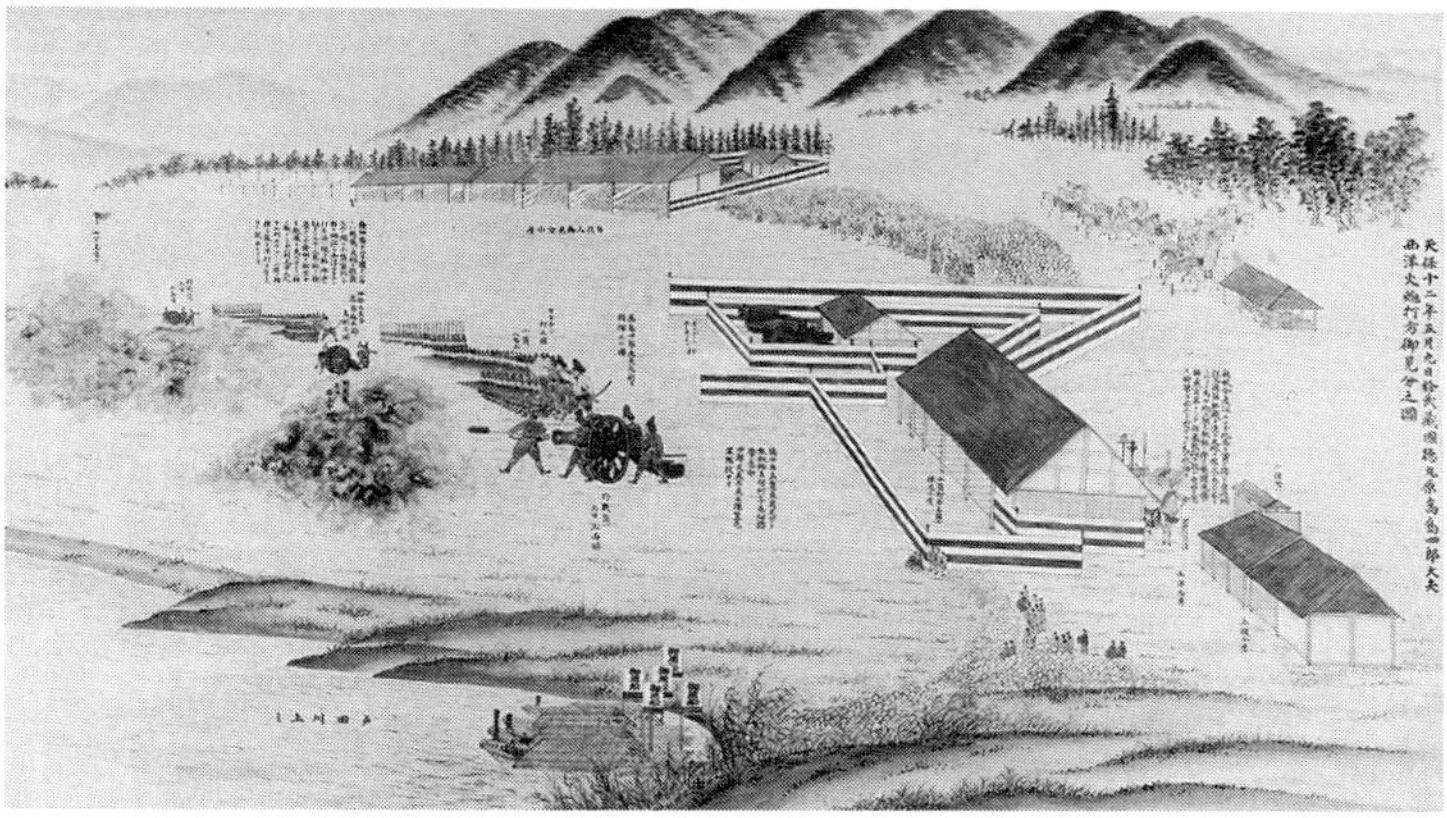

図85　徳丸が原調練図

信敦《のぶあつ》に命じて高島流（西洋流）砲術を学ばせ、家塾での砲術指南を認めた。これは、西洋砲術が一つの武芸流派として公認されたことを意味していた。高島流の火術優先の主張は対外的危機感の高揚から多くの支持を得、江戸だけでも四〇〇〇人の門人を持つにいたった。

高島流は十九世紀初頭の技術レベルに対応している。しかし欧米ではその後急速に銃砲の開発が進み、一八三〇年代には雷管銃《らいかんじゅう》が発明され、さらに四〇年代には普及型の施条《せじょう》（ライフル）銃が登場して銃器そのものの技術格差は大きなものになっていた。

海防と軍役令　幕府は一八四二年（天保十三）、無二《むに》念打払《ねんうちはらい》令をあらため、漂流船などへの薪水給与《しんすいきゅうよ》を認める穏健策に復帰する一方、大筒製作と武備充実を全国の大名に命じた。対外戦争の回避と海防強化は一貫した幕府の政策基調となった。

翌四三年、将軍家慶《いえよし》の日光社参が六七年ぶりに決行された。大名・旗本の軍勢を引き連れた日光参拝は幕府の

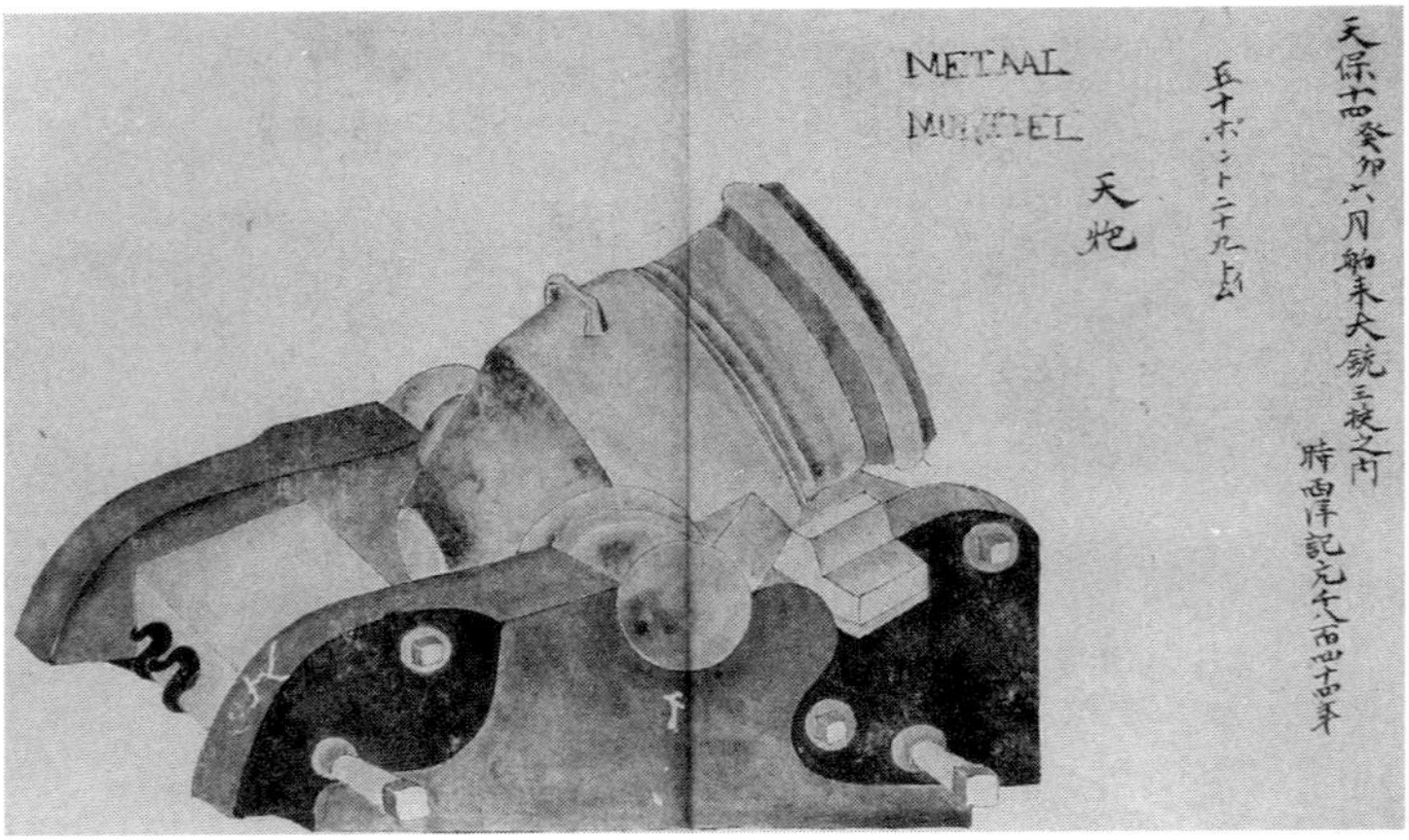

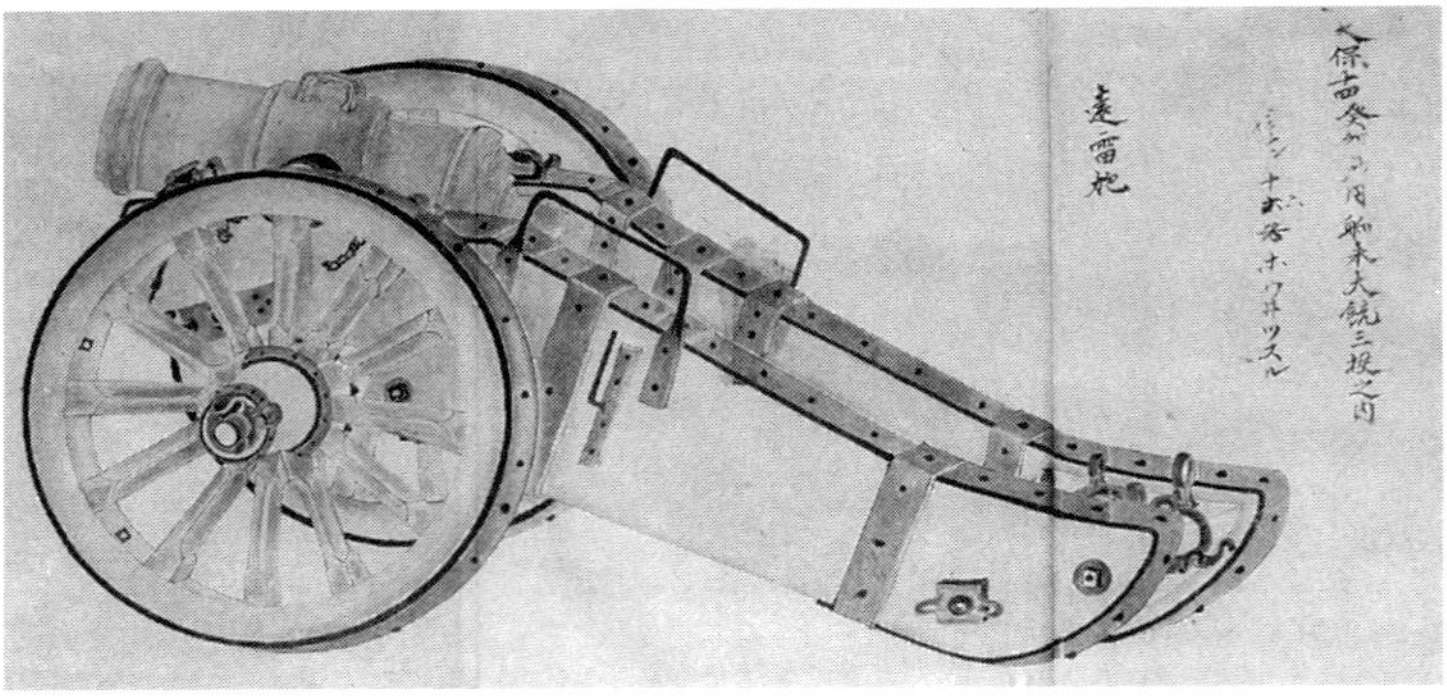

図86　高島流大砲図　モルチール（上）とホーウィッスル（下）.

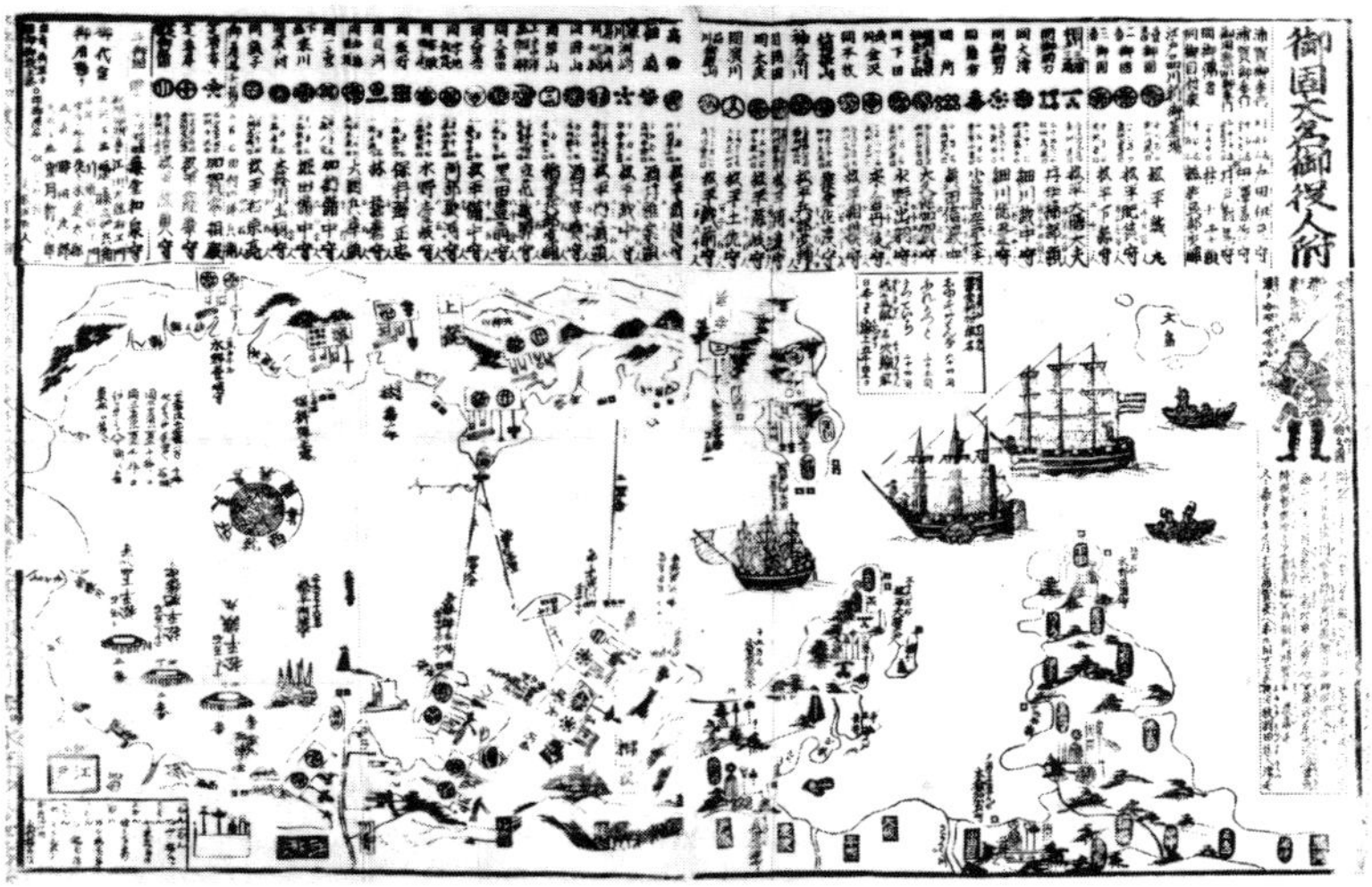

図87　江戸湾警衛図

威信を誇示しようという企図であった。老中水野忠邦は、印旛沼《いんばぬま》の干拓と銚子《ちょうし》から江戸湾までの川舟水路の開削をすすめようとした。忠邦の失脚によって改革は挫折するが、これも外国船に備えた江戸湾防備計画の一環であったといわれる。

異国船対策として最も重視されたのは江戸湾防備問題であった。一八四二年（天保十三）、幕府は川越城主松平斉典《なりつね》（一七万石）と忍《おし》城主松平忠《ただ》国《くに》（一〇万石）に江戸湾のそれぞれ相州側と房総側の警衛を命じた。その後、四七年（弘化《こうか》四）には、彦根《ひこね》城主井伊直亮《いいなおあき》（三五万石）と会津城主松平容敬《かたたか》（二三万石）を加え、この家門・譜代の四家で江戸湾の海防を分担させた。

一八四五年（弘化二）、若き老中阿部正弘《まさひろ》を筆頭に、若年寄《わかどしより》、勘定奉行《かんじょうぶぎょう》から大小目付《めつけ》にいたる各職に海防掛が任命された。しかし、国内での海防体制の構築は遅々として進まず、徹底した避戦策しか選択の余地はなかった。幕府は、江戸湾の洲崎―城ケ島（安房崎）間に防衛ラインを設置し、富津《ふっつ》―観音崎のラインから内海には侵入させない、この線で打払うとしてきたが、四七年（弘化四）には、洲崎―城ケ島の外海で差し止めることは取りやめ、かつ「万一異船富津の要所を越し候節」も穏当の処置を命じざるをえなかったのである。

この一方で阿部は、異国船打払い令の復活を提起するという大胆な策に出る。ビッドル来航（四六年閏五月）、マリナー号来航（四九年閏九月）と異国船の来航が続く中で、阿部はそのたびに打払い令復活を評議にかけた。冒険主義的な打払い令復活によって対外危機をあおり、海防体制の強化へ諸大名・人民を動員しようとする狙いであったといわれている（藤田覚・一九八七）

しかし、仮にも外国と一戦まじえるということになれば、大名・旗本に軍役動員をかけ、軍勢を召集しなければならない。一八四六年（弘化三）、阿部正弘はそのような場合に「慶安軍役令」を基準に定め、諸大名からの問い合わせにこたえるよう命じた。

「慶安令」は、二〇〇石から一〇万石までを三七段階に分け、それぞれの高に応じて動員すべき軍役人数を定め（表5参照）、さらに用意すべき武器・従者の内訳を詳細に規定したものであった。

この軍役令は一六四九年（慶安二）に発令されたものとながく考えられてきたが、根岸茂夫の研究によって、実際に発令された法令ではなく、軍学をつかさどる旗本福島家（北条流）の「家伝」にすぎなかったことが明らかになっている。福島家では寛政期の幕府の諮問に応じて、十七世紀半ばに同家で作成した「私案」を提出していたが、これがいつの間にか過去に発令された軍役令として取り扱われていたというのである（根岸茂夫・一九八〇）。

　では、なぜこの時期に寛永の軍役令ではなく、「慶安令」が選択されたのだろうか。寛永令には一〇〇〇石以上になると人数と武器の大雑把な規定しかないことを考えると、現実に武力動員するにあたってより具体的な数字にもとづく指示が必要とされていたことは間違いない。阿部正弘はそれを見越して、詳細で具体的な規定の「慶安令」があたかも発布済みであるように振舞ったのではないかと考えることもできる。

　天保期以降、各地に台場が築かれ、大筒が配備されていく。それまでの鍛造《たんぞう》による大口径銃に加え、

表5　慶安軍役令

知行高	人数	侍	馬上	鎗	弓	鉄砲	旗
200石	5	1					
250石	6	1					
300石	7	1					
400石	9	2					
500石	11	2					
600石	13	3					
700石	15	4					
800石	17	4					
900石	19	5					
1000石	21	5		2	1	1	
1100石	23	5		3	1	1	
1200石	25	6		3	1	1	
1300石	27	6		3	1	1	
1400石	28	6		3	1	1	
1500石	30	7		3	1	2	
1600石	31	7		3	1	2	
1700石	33	7		3	1	2	
1800石	35	7		3	1	2	
1900石	36	7		3	1	2	
2000石	38	8		5	1	2	
3000石	56	8	2	5	2	3	
4000石	79	9	3	5	2	3	
5000石	103	9	5	10	3	5	2
6000石	127	10	5	10	5	15	2
7000石	148	11	6	10	10	15	2
8000石	171	12	7	20	10	15	2
9000石	192	14	8	20	10	15	2
10000石	235	16	10	30	10	20	3
20000石	415	20	20	50	20	50	5
30000石	610	30	35	70	20	70	5
40000石	770	36	45	70	30	120	8
50000石	1005	40	70	80	30	150	10
60000石	1210	45	90	90	30	170	10
70000石	1463	50	110	100	50	200	15
80000石	1677	55	130	110	50	250	15
90000石	1925	60	150	130	60	300	20
100000石	2155	65	170	150	60	350	20

※持夫・口取・小荷駄など，従者人数の内訳は省略

図88　大砲鋳造絵巻

幕末期，小田原鋳物師による大砲鋳造を描いたもの．型枠（下段．左が西洋式，右が和式で別個に尾ねじを鋳る）を地下に埋めこみ，三基のこしき炉で融解した銅を流し込んでいる（上段）．

図89　和式一貫目筒　1844年，長州の鋳物師郡司喜平治作．下関戦争で英海軍に接収された．

図90　武衛流砲術図

鋳物師《いもじ》を動員した鋳造《ちゅうぞう》砲の製作も行なわれた。当初これは尾栓のある和式砲がほとんどで、芯型を入れた鋳型《いがた》にこしき炉で融解した銅などを流し込んで造られた。多くは青銅砲である。水戸の徳川斉昭《なりあき》のように、領内の寺院から梵鐘《ぼんしょう》を没収して青銅砲に鋳直すものもあった。原剛の研究によれば、こうした台場は大小とりまぜ、維新までに全国で一〇〇〇ヵ所あったという（原剛・一九八八）。

ペリー来航　一八五三年（嘉永《かえい》六）六月、蒸気軍艦を含むペリー艦隊は江戸湾に侵入し、幕府にこれを阻止する術はなかった。六月九日、久里浜《くりはま》で国書の引渡しが行なわれた

図91　ペリー艦隊ミシシッピ号

排水量3220トン，砲10門の蒸気軍艦（外輪），晩年は河川運輸に用いられ，マストの尖端が切除されている．

が、日本側の軍備につき、ペリー側の記録には次のようにある。

日本側は幔幕《まんまく》の末端近くに武装船を並べ、分遣隊がその幕の前に武装して、密集列隊をつくっていた。……数門の貧弱な野砲が正面に据えてあった。……多くの隊が剣付きムスケット銃で武装し、そのほかの者は槍で武装していた。

（S・W・ウィリアムズ著、洞富雄訳『ペリー日本遠征随行記』、雄松堂、一九七〇年）

かろうじて日本側の体面を保っていたのは、輸入燧石銃を装備した同心五〇人による下曾根信敦配下の銃隊であり、下曾根が持ち込んだ一五〇目の野戦筒二門であった。この洋式部隊は、火縄銃や長柄の部隊を押しのけて前列でペリーの上陸隊と対峙したのである。

彼我《ひが》の戦力差は、まず第一に大砲と戦艦の有無にあった。大船建造の禁止が十七世紀初頭以来続けられており、海軍力はゼロに等しい。大砲も、幕府が製作を奨励し、届け出を義務づけた「大筒」は当時一〇〇匁砲からカウントされていた。これは口径四センチ相当のもので、到底ものの役には立たない。ちなみに、西欧では口径一一センチ以上のものを大砲と称するという。弘化年間（一八四四―四八）に目標として説かれたのは、ようやく一貫目（口径九センチ弱）以上の大筒整備であり、五貫目以上の大筒で比較すると江戸湾の台場全体でペリー艦隊の三分の一の砲数しか揃っていなかったのである。

一八四七年、浦賀《うらが》奉行が提案した異国船撃退法は、洋式のハンド・モルチール（小型の臼砲）をのせた小船で四方から異国船を取り囲み、砲撃するという無茶なものであった。

問題は単に配備された砲の大きさ（威力）だけではなかった。高島流（西洋流）も含め、江戸時代の砲術はいわゆる流派砲術であり、「大筒」もまた、流派ごとに規格も打ち方も異なったものだった。たとえば、一八五二年（嘉永五）の相州台場の備砲書上をみると、川越藩では圧倒的に井上流が多く、荻野流（天山流か）がこれに続いていた。一方、彦根藩では武衛流のほか、藤岡流と西洋流があり、西洋砲も多かった。幕府自身でいえば、鉄砲方（および大筒役）の職は井上家と田付家が世襲し、それぞれ和流の一派を成している。

中でも井上流（外記流）の祖、井上正継《まさつぐ》は、一六三五年（寛永十二）に幕命によって新式の大筒一〇〇丁を製作したことで知られ、それが連城銃と呼ばれた三貫目筒であった。正継はこの大筒の性能をめぐり、一六四六年に同僚の稲富《いなどめ》直賢と口論の末、斬殺する事件を起こしているが、このときの大筒が、とくに技術的進歩もなく、二〇〇年たった幕末の海防にも用いられていたのである。

次に軍艦である。風向きにかかわりなく動くことができる蒸気軍艦の登場は脅威であった。ペリー艦隊の主力艦は当時でも最大級の蒸気艦であったが、いずれも外輪船であり、防御力に問題があった。露出した外輪は攻撃されやすく、また外洋では荒波に耐えられなかったのである。軍事的にはスクリュー装備の蒸気艦登場に大きな意味があった。ただし、当時の蒸気艦はいずれも帆装し、順風の外洋では帆走して石炭を節約するのが一般的である。いわゆる装甲艦《そうこうかん》がはじめて現れたのも一八六〇年前後であり、備砲はそのつど積み込むため、装甲砲塔《ほうとう》が登場するまでにはまだ時間があった。それでも、六〇年代当時に日本近海に派遣された列強の主力艦は、二〇〇〇～三〇〇〇トン級のフリゲート艦で、大型の施条《せじょう》砲など二〇～三〇門を搭載《とうさい》し、海軍力では日本側を圧倒した。幕府や有力諸藩は、ようやく数百トン程度の小型艦の製造に着手する段階で、火器と同じく、艦船も外国からの輸入に依拠せざるをえなかったのである。

幕府の安政改革　一八五四年（安政《あんせい》元）正月、ペリーは再び大艦隊で渡来し、幕府は和親条約を締結して日本は開国した。この両度にわたるペリー艦隊来航の衝撃は大きかった。実備優先が唱えられ、西洋流の軍事技術への機運が一気に高まった。

ペリー来航の直後から、幕府は佐賀鍋島家に大量の西洋式大砲鋳造を命じる一方、湯島に大筒鋳立場（のち大小銃製作所）を設け、洋式大砲の鋳造を開始した。一八五三年九月には大船建造禁止令が解除され、幕府は西洋砲術の修業に励むよう諸大名に命じ、江戸屋敷への大砲・小銃の持ち込みと調練を許した。

江戸湾防備の面では、鉄砲方江川英龍《ひでたつ》の建言を容れ、内海への侵入に備えて、品川台場の建設に着手した。品川台場は、突貫工事で一二の計画（一〜一一番および御殿山下）のうち六つの台場が翌年中に完成した（残りは結局未完成）。

一方、川越・会津・忍の各家を品川台場に回し、彦根は羽田大森《はねだおおもり》警衛、新たに鳥取池田家（三二・五万石）に本牧《ほんもく》警衛、萩毛利家（三六・九万石）と熊本細川家（五四万石）に江戸湾相州側、岡山池田家（三一・五万石）と柳川立花家（一一・九万石）に房総側の警衛を命じた。これは、江戸湾警衛に大身の外様《とざま》大名をも動員した点で画期的であった。幕府は品川台場の備砲が西洋流であることを指示し、たとえば川越藩ではこれを契機に西洋流を全面的に採用した（布施賢治・二〇〇二）。

また、ロシア使節プチャーチンの侵入を許した大坂湾でも、畿内近国の大名任せにせず、外様の大藩を動員して海防にあたるようになる。いわゆる摂海防備である。

一八五四年（安政元）七月、老中阿部正弘は軍制取調掛《ぐんせいとりしらべがかり》を任命し、いわゆる安政の軍事改革が開始される。

一八五六年四月、幕府は講武所《こうぶしょ》を開設して、旗本の武芸を練磨する場とした。講武所で最も重視されたものは西洋砲術である。西洋流の江川英敏《ひでとし》（英龍の子）・下曾根信敦・勝義邦《かつよしくに》（海舟）が砲術師範役頭取に任じられ、とくに大砲は西洋流を用いることとなった。

和流砲術の井上家では、これまで他流へは伝授しなかった「御秘事筒」を公開するなどの生き残り策を画策するが、一門に西洋流を学び直させることを事実上の条件に、田付家とともに、かろうじて

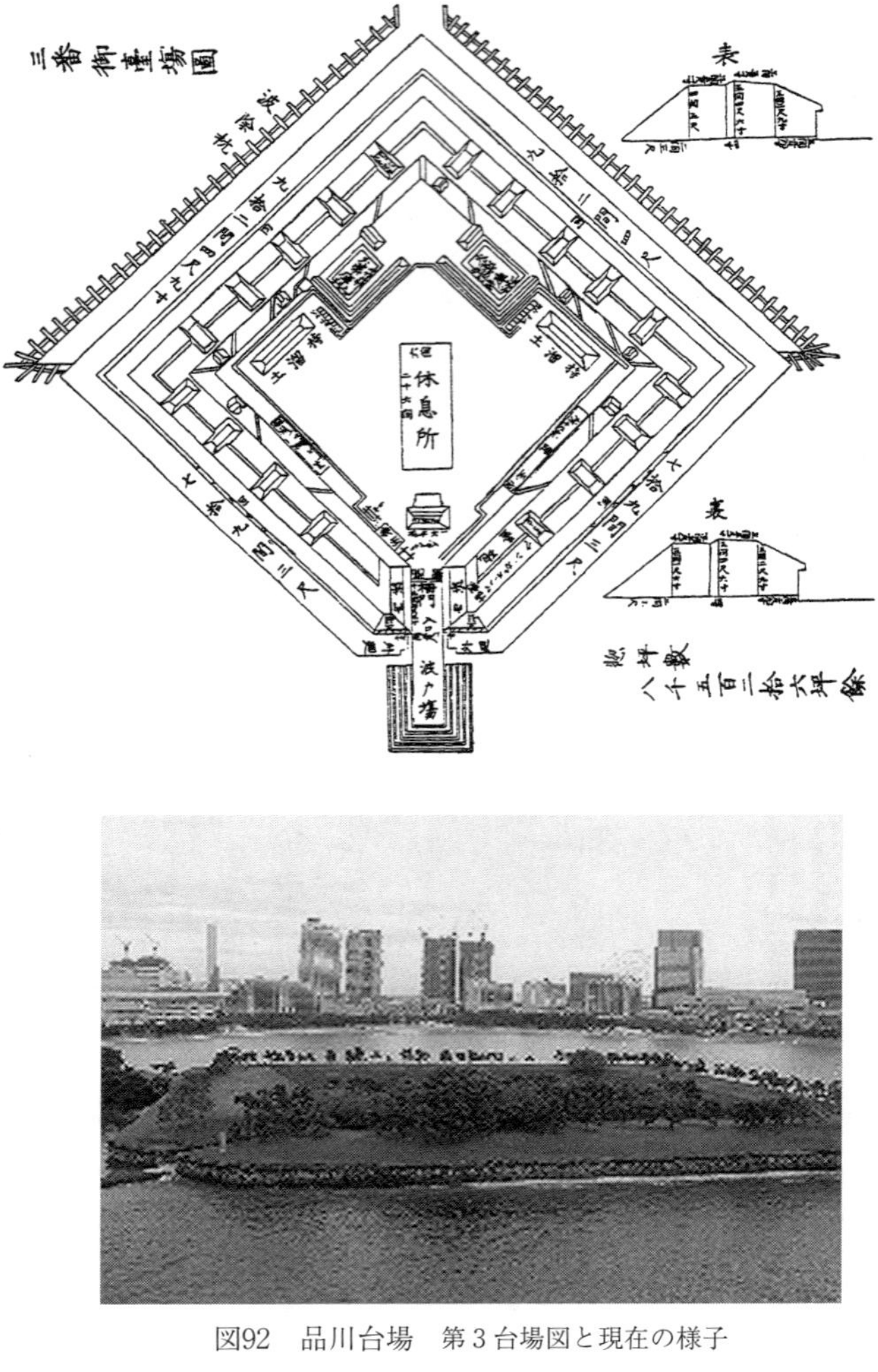

図92　品川台場　第３台場図と現在の様子

図93　大隊調練図

講武所砲術師範役の地位を得た。

流派砲術まかせにせず、幕府機関に西洋砲術が正式に持ち込まれたことは旗本の意識をも一変させた。つまり、武官として番方で出世するためには西洋砲術をも他の武芸同様に習得しなければならなかったのである。安政期の旗本の履歴書上には、かならず砲術は誰々についてどこまで習得したか書き上げられるようになる。また、目先の利いた旗本は我が子を幼いうちから「太鼓稽古」などに通わせた。与力《よりき》・同心《どうしん》の足軽クラスでは組単位の西洋銃陣稽古がすでに開始されていた。

幕府は海軍の創設も急がなければならなかった。幕府はオランダからの蒸気軍艦購入をはかり、観光丸（スンビン）、咸臨丸《かんりんまる》（ヤーパン）、朝陽丸《ちょうようまる》（エド）の三艦を得た（スンビンは寄贈）。この三艦乗組員の養成を名目として長崎に海軍伝習所《かいぐんでんしゅうじょ》が開設されたのである。一八五五年（安政二）十月のことであった。オランダ海軍のペルス・ライケン大尉が教師団の責任者となり、のちにカッテンデイケ大尉に交代して五九年まで長崎での伝習は続けられた。幕府側は総督永井尚志《ながいなおむね》をはじめ、勝義邦、矢田堀景蔵、永持亨次郎《ながもちこうじろう》、小野友五郎などが初期の伝習生として著名である。榎本武揚《えのもとたけあき》や赤《あか》松《まつ》則正なども出身者であった。

一八五七年、幕府は築地講武所内に軍艦教授所を設け、その後勝による神戸操練所もあったが、おおむね軍艦操練所、軍艦所、海軍所として展開を遂げていくことになる。

ペリー艦隊は彼我の圧倒的な軍事力格差を見せつけ、幕府は避戦策で逃れざるを得ない。この、戦わずして西欧軍事力の「象徴」に屈したという事実は、改革への一歩を踏み出す決定的な要素になった。江戸時代は戦闘者である武士身分が「武威《ぶい》」をもって国家統治を行なう体制であった。そうである以上、「武威」の崩壊は即国家の危機に直結する。否応なしに軍事リアリズムの途を選択せざるをえなかったのである。

安政期の銃砲製造　一八五五年（安政二）、老中阿部正弘は西洋流小銃一万丁の製造を命じ、江戸湯島の「御鉄砲製作場」（湯島製作所）で生産が開始された。

湯島製作所は、鉄砲方江川英敏に任され、鉄砲鍛冶の職人集団が製造を請負う形で行なわれた。当初製作された西洋小銃は、江川家で工夫したいわゆる韮山《にらやま》銃（西洋小筒）とヤーゲル銃、そしてゲベール銃である。

この韮山銃の詳細は不明だが、独自に改良を加えた雷管《らいかん》銃（前装滑腔銃《ぜんそうかっこうじゅう》）であったものと思われる。

一方、ヤーゲル銃は狙撃用のライフル銃であり、射程は長かったが、いわゆる撞着《どうちゃく》式（弾丸をさく杖で突き、銃腔《じゅうこう》に圧着させて条溝《ライフル》を沿わせる形式）の前装銃《ぜんそうじゅう》であったため、弾薬装填《そうてん》に時間と手間がかかる短所があった。幕府は当初小十人組の制式銃としてヤーゲル銃を配備するため、御用職人の大塚善之助らに一〇〇〇丁を請負製作させる計画だった。一方、足軽・同心による銃隊には西洋小筒ないしゲベール銃が配備されることになっており、こちらは川崎安蔵ら四人に四〇〇〇丁の製造が命じられた。このうち松屋締之丞は不埒があって取放しとなるので、一八五六年（安政三）初頭段階で合計四〇〇〇丁の洋式銃生産が見込まれていたことになる。

この国産計画はオランダから輸入された小銃がきっかけとなって変更される。一八五五年（安政二）夏、幕府はオランダから小銃六〇〇〇丁を輸入した。このとき輸入された小銃は雷管式の前装滑腔銃であったが、鉄砲方江川英敏はこの輸入銃の優秀さを認め、これをモデルとするよう規格変更を伺い出た。ただしこの際に、撃鉄《げきてつ》（「打鉄」）はアメリカ式のままに据え置かれ、その後一般に「ゲベール銃」と呼ばれるようになる国産品の形式がここでさだまった。

結局、湯島製作所で製造するすべての小銃を輸入オランダ銃をモデルとしたゲベール銃とするよう変更が行なわれた。統一された銃型は「釼付八匁玉ケウエル筒」、つまり口径一七・三ミリに相当する剣付きゲベール銃である。

幕府はすでにゲベール銃一万丁を発注するなど、オランダを通じた小銃の輸入も盛んに行なわれるようになる。また鉄砲師胝《あかがり》市十郎らへ命じ、既存の火縄銃六〇〇〇丁の「張替」すなわち雷管式への改造が行なわれた（北村陽子・一九九五）。

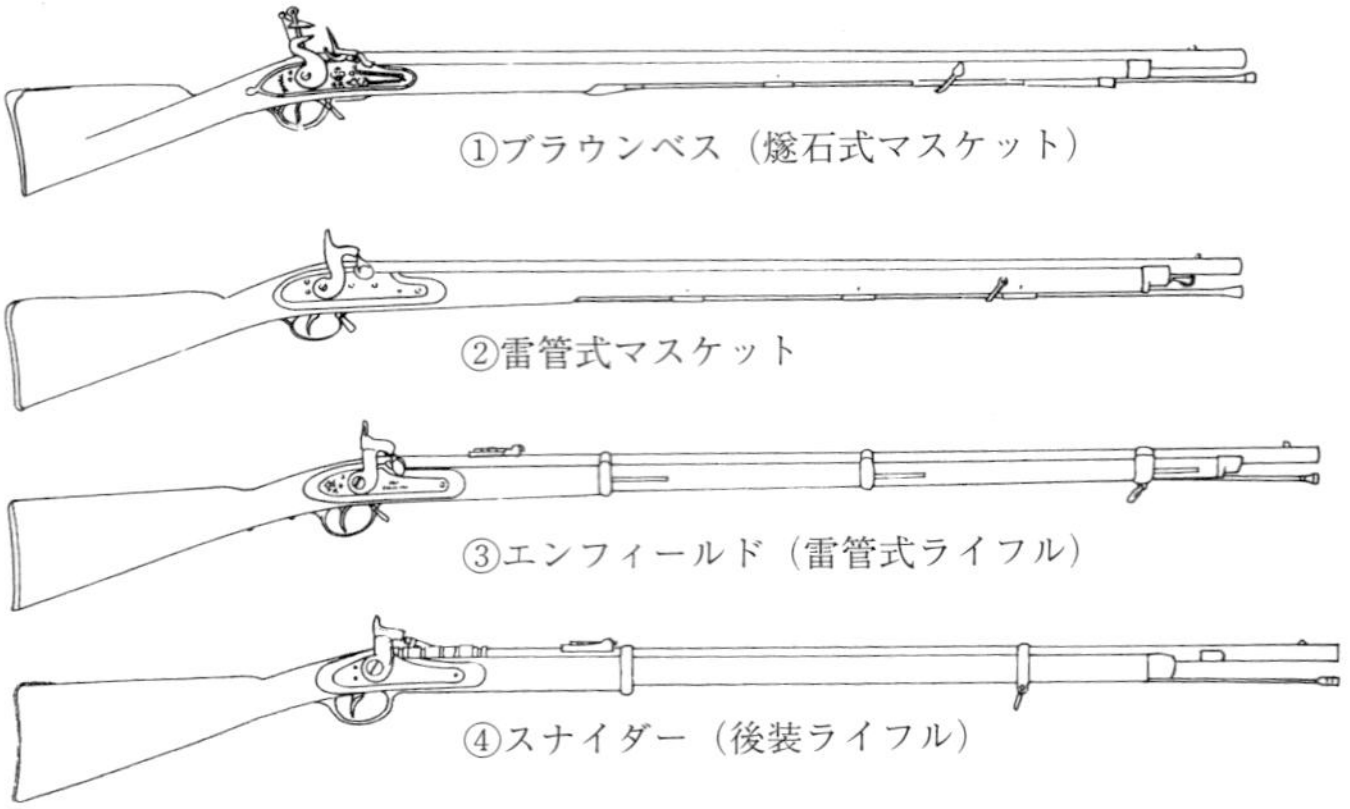

図94　小銃の発達（英国の制式銃）

①～③は前装銃で，①②は球弾を用いた滑腔銃である．②はいわゆる雷管ゲベール銃にあたる．③の銃身の短い（２ツバンド）ものが日本で最も多く輸入した短エンフィールドである．

一八六一年（文久元《ぶんきゅう》）二月に鉄砲方江川英敏（英龍の子）が提出した書類によると、一八五五年（安政二）の阿部正弘の指示は、ゲベール銃一万丁製造計画として定式化されている。最初の四〇〇〇丁（第一期分）は、五七年（安政四）十一月に完了し、鉄砲箪笥奉行に納入された。その後さらに第二期分の四〇〇〇丁に取り掛かり、ほぼ完了したというのである。残り二〇〇〇丁つくればちょうど一万丁であったが、後述するように、この第三期分二〇〇〇丁の予算はライフル銃の試作へ回されることになる。

大砲生産で先進的だったのは佐賀鍋島家であった。佐賀藩は長崎警衛に従事したため、早くから台場用の大砲鋳造事業に着手し、反射炉《はんしゃろ》を建造して大口径の鋳鉄砲の製造にも成功した。反射炉は、燃焼室の石炭ないし木炭の火炎が直接に溶解室に置かれた金属に当たって溶解する

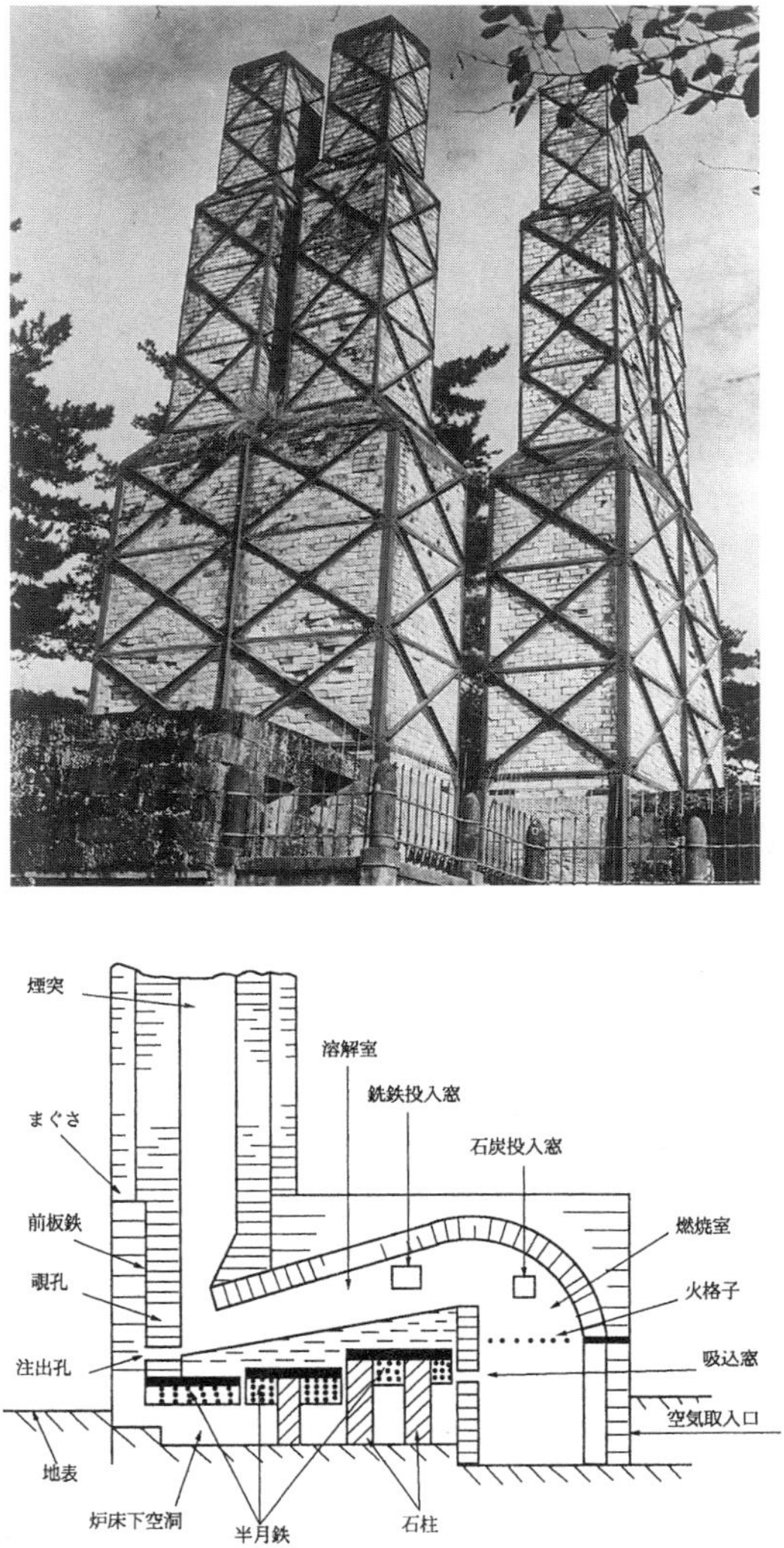

図95　韮山反射炉と復元断面図（芹澤正雄・1991より）

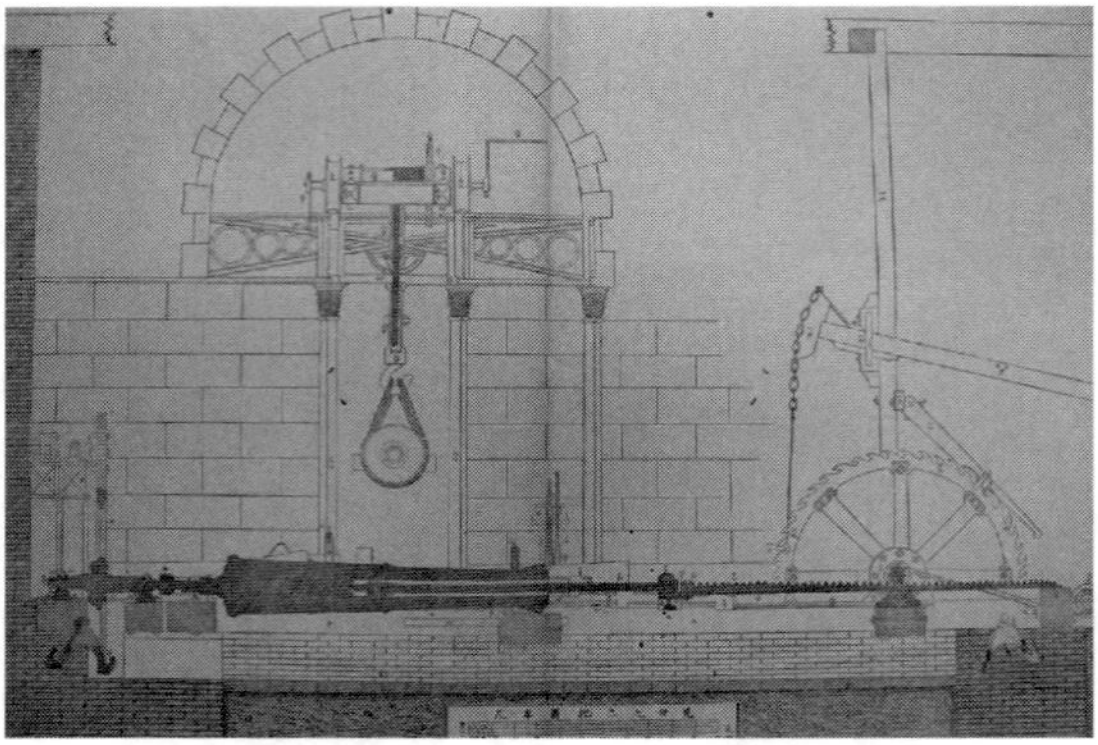

図96　鉄熕鋳鑑図（ヒュゲニン書の翻訳本）

よう工夫された炉であり、わが国ではオランダのヒューゲニン『ロイク国立鋳造所における鋳造法』（一八二六年）によって知られていた。反射炉は大砲鋳造のための銑鉄《せんてつ》や青銅の溶解に用いられ、それまでわが国で用いられていたこしき炉と比較すれば大きなものであったが、一八五〇年代に西欧ではパッドル炉（精錬反射炉）が用いられ、ベッセマーの転炉（一八五六年）が発明されて「鋼の時代」に入っていったことを考えると、ひと時代古い「鉄の時代」の産物であった。

ペリー来航後、幕府はただちに佐賀藩に大砲二〇〇門の鋳造を命じ、一八五九年（安政六）までに一五〇ポンド砲を含む鉄製砲一二八門を佐賀では製造した（金子功・一九九五）。そもそも鋳鉄砲は青銅砲に比べて材料費が安く大量に作れるために推進されたが、銅に比べてもろかったため、その製作は困難をきわめたのである。反射炉はこのほか、鹿児島や伊豆韮山、萩、水戸などでも建設されている。

諸藩の改革　幕府は軍事改革の面でも、全国兵制の整備・確立に向けて中央政府としての役割を担わざるを得ない。そもそも西洋の知識と技術の窓口となった江戸や長崎は幕府直轄地であり、なかで

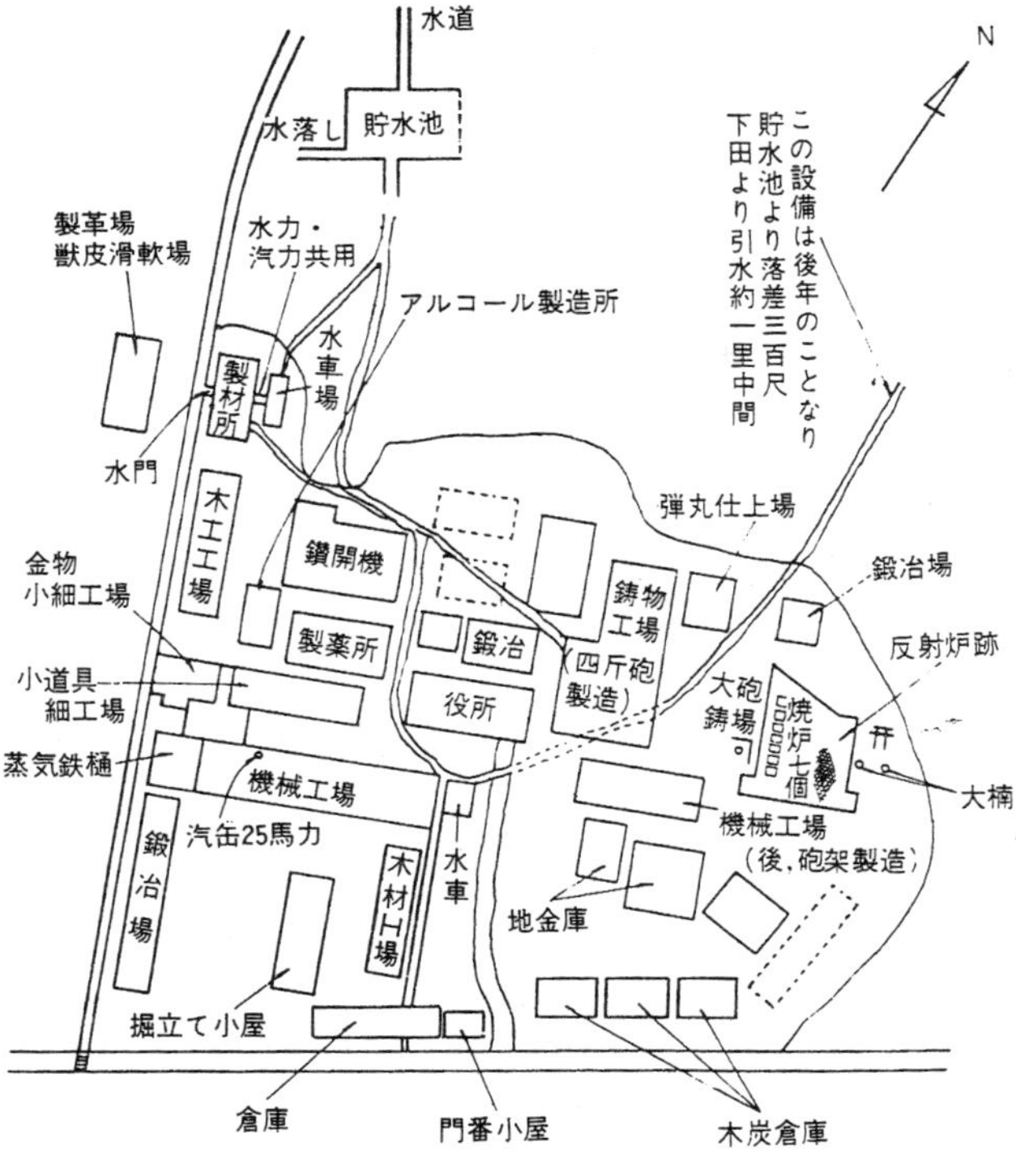

図97　薩摩藩の造兵廠（集成館）（大橋周治・1997より）

も江戸は諸藩の技術獲得や銃砲製作の拠点でもあった。嘉永・安政期、幕府は積極的に洋式砲術の普及をはかり、高島秋帆に学んだ幕臣江川英龍や下曾根信敦への諸藩士の入門を許した。幕府自身が講武所、海軍伝習所《かいぐんでんしゅうじょ》(のち軍艦操練所)を設け、湯島で銃砲製作を積極的に行なうようになる。いわゆる安政改革である。

安政期の改革は、武士に砲術調練を奨める一方、それまで弓や長柄、火縄銃を装備した足軽部隊を洋式化する方向ですすんだ。密集部隊からの一斉放射を戦法とする銃隊調練が行なわれたが、技術的にも球弾を用いた前装滑腔銃(ゲベール銃)の段階であり、軍制上にさほどの違和感はなかったものと思われる。

諸藩も幕府にならい、藩士を下曾根や江川に入門させ、洋式調練を採用して銃砲生産に乗り出している。三〇万石以上の主な大藩の動きは表6のようになる。

いずれにせよ、この滑腔銃砲段階では、鉄砲師や鋳物師を動員した既存の技術の延長上で銃砲生産をおこなうことができた。また、ほとんどの藩が何らかの形で西洋式の銃砲調練に取り組んでいたのである。ただし改革にともなう莫大な経費は問題であった。福井藩の由利公正《ゆりきみまさ》は、銃砲製造掛を家老から命じられ、明細書を作成して必要経費を試算したという。何十万両という金額である。頭をかかえる家老に対し、「幕府ならびに君主に対し単純なる申し訳けに過ぎざるの製造ならんには敢えて問う所にあらざるも、真に兵制改革の実を挙げんとせば、即ち之を断行せざるべからず」と迫ったのである。由利の回顧談には誇張が含まれるが、同藩の銃器火薬製造所では小銃七〇〇〇丁を生産したと

表6　大藩の安政改革

加賀藩（一〇二万石）	一八五三年（嘉永六）銃砲製作所を設けて大砲鋳造を行ない、一八五四年には壮猷館を設置して西洋砲術を学ばせた。
薩摩藩（七七万石）	藩主斉彬が先頭に立ち、積極的に洋式調練を行なうとともに、集成館を起こし、反射炉を建設して銃砲を生産した。
尾張藩（六二万石）	西洋砲術家上田帯刀が出た同藩では、一八五九年（安政六）に足軽銃隊を養成し、家中へ足並調練を命じている。
仙台藩（六二万石）	一八五六年（安政三）講武所を設け、西洋流銃術稽古を藩主自ら布告、松島湾内で洋式軍艦を製造した。
熊本藩（五四万石）	高島秋帆の兄弟弟子池部啓太を擁し、一八五三年大砲鋳造・軍備強化を指示して、藩士を江川英龍に入門させる。翌年には増永三左衛門による層成砲の製造があった。
長州藩（三六・九万石）	長崎に伝習人を派遣し、さかんに銃陣調練、銃砲製造を行なっている。
佐賀藩（三五・七万石）	長崎警備を担当した同藩も、天保中期から西洋砲術へ関心をもち、弘化年間には火術方を設置、安政期は足軽調練を行ない、一八五二年（嘉永五）反射炉で日本初の鉄製砲鋳造に成功した。幕府の注文にも応じて鋳造した大砲は四〇〇門を超えている。
鳥取藩（三二・五万石）	藩士を下曾根に入門させ、一八五八年（安政五）に鉄砲製造役所を設け、武信新九郎に委託して反射炉による大砲鋳造を行なった。
津　藩（三二・三万石）	一八四九年（嘉永二）に砲工廠、火薬製造所を設け、一八五五年（安政二）に蘭式を採用して足軽鉄砲隊を組織し、一八五八年にはゲベール銃三〇〇〇丁を購入している。
岡山藩（三一・五万石）	下曽根に藩士を入門させ、一八五四年江戸と川口の鋳物師に大砲百数十門鋳造、海岸防備に重点を置いた西洋流砲術の導入をはかった。

している（芳賀八弥・一九〇二）。

十九世紀後半の火器の発達　ここで、西欧における火器の発達状況について概観しておきたい。

十七世紀の西欧では、歩・騎・砲兵を組み合わせた三兵戦術が普及するが、火器そのものはその後約二〇〇年間にわたって変化しなかった。この段階の小銃は燧《すいせき》石式の前装滑腔銃（マスケット銃と総称）が主流であり、球形弾丸が使用された。火縄銃などと変わらず、実戦ではおおむね一〇〇㍍内外の射程であったため、基本的に敵を近距離まで引き付けておいて、密集部隊から一斉射撃をおこなう戦法が一般的であった。

十九世紀に入ると雷管式の発火装置が開発されたが、銃器そのものの性能を大きく変えることはなかった。雷管式前装滑腔銃は日本ではゲベール銃の名で知られている。

一方、銃腔にらせん状の溝（ライフル）を刻み、鉛玉をさく杖で突いて溝と圧着させ、弾丸にスピンをかけて威力を増す、ヤーゲル銃のような前装施条銃も存在したが、装塡に手間がかかり、狙撃銃として用いられるにとどまっていた。

一八四〇年代、フランスのミニエ大尉によって発明された拡張式弾丸は、椎《しい》の実型弾丸のすそが発射時のガス圧でわずかに広がってライフルへ圧着するように工夫され、装塡の容易さを実現した（図98参照）。フランス陸軍は一八四八年にこのミニエ銃を制式銃に採用し、英国も同様のエンフィールド銃を一八五五年に採用した。この結果、小銃の射程は五〇〇～一〇〇〇㍍程度まで伸び、歩兵が散開して遠距離から敵を射程に捕らえる散兵戦術も可能になった。

その後、一〇年内外のうちに、雷管と弾薬が一体化した弾薬筒が発明され、後尾から弾丸を装填する工夫が生まれた。フランスではシャスポー銃、英国ではスナイダー銃などの後装施条銃が採用される。後装化によって、装填に際しても低い姿勢で敵から身を隠しておこなうことができるなど、戦い方にも大きな変化が生じた。戊辰《ぼしん》戦争で用いられたスペンサー銃は七連発の後装銃であった。

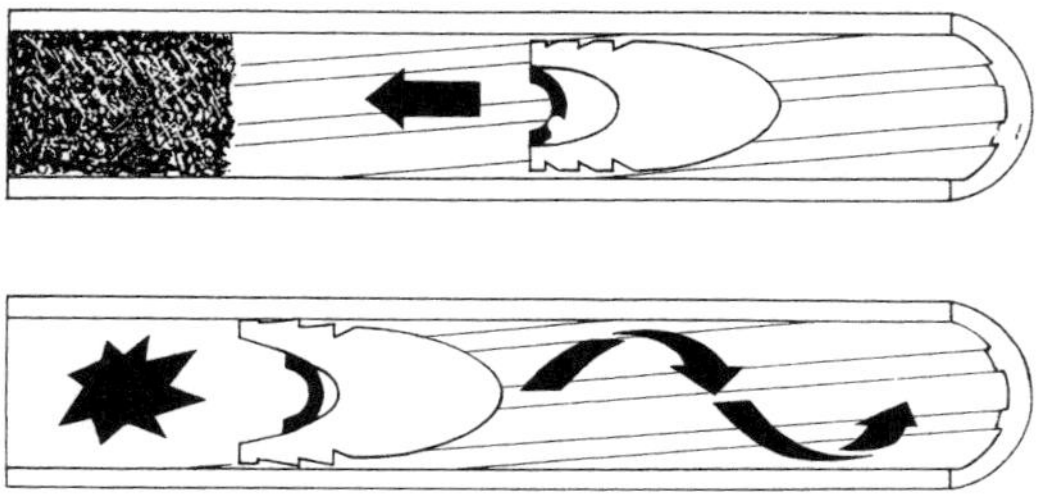

図98　ミニエ弾（拡張式）とライフルの原理
装塡を容易にするため，弾丸は口径よりひと回り小さく，発射薬のガス圧によって拡張した．空洞部にはめこまれた栓も後に必要なくなった．

大砲の分野でも施条化が進んだ。施条砲は長弾を用い、同口径ではるかに大量の弾薬を打ち込むことができた。また、それまでの時限信管に代わり、着発信管の使用が可能となり、射程も数キロ単位まで延ばすことができた。ただし、それまでの鋳銅製や鋳鉄製の砲身では強度が不足していたため、鋳鉄製の砲身に鍛鉄《たんてつ》の箍《たが》をはめる装箍砲など、砲身

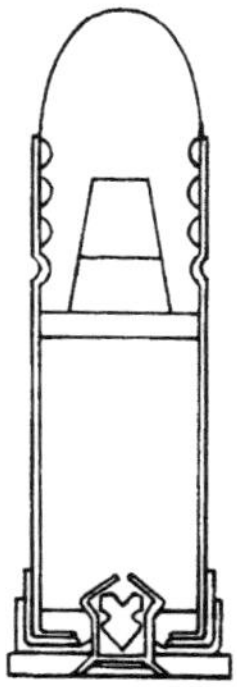

図99　ボクサー実包
これはスナイダー用の弾薬筒（後装式）．中央部に雷管が組み込まれ（センターファイアー式），ガス圧で薬きょうが膨らみ，銃腔に圧着してガスもれを防いだ．

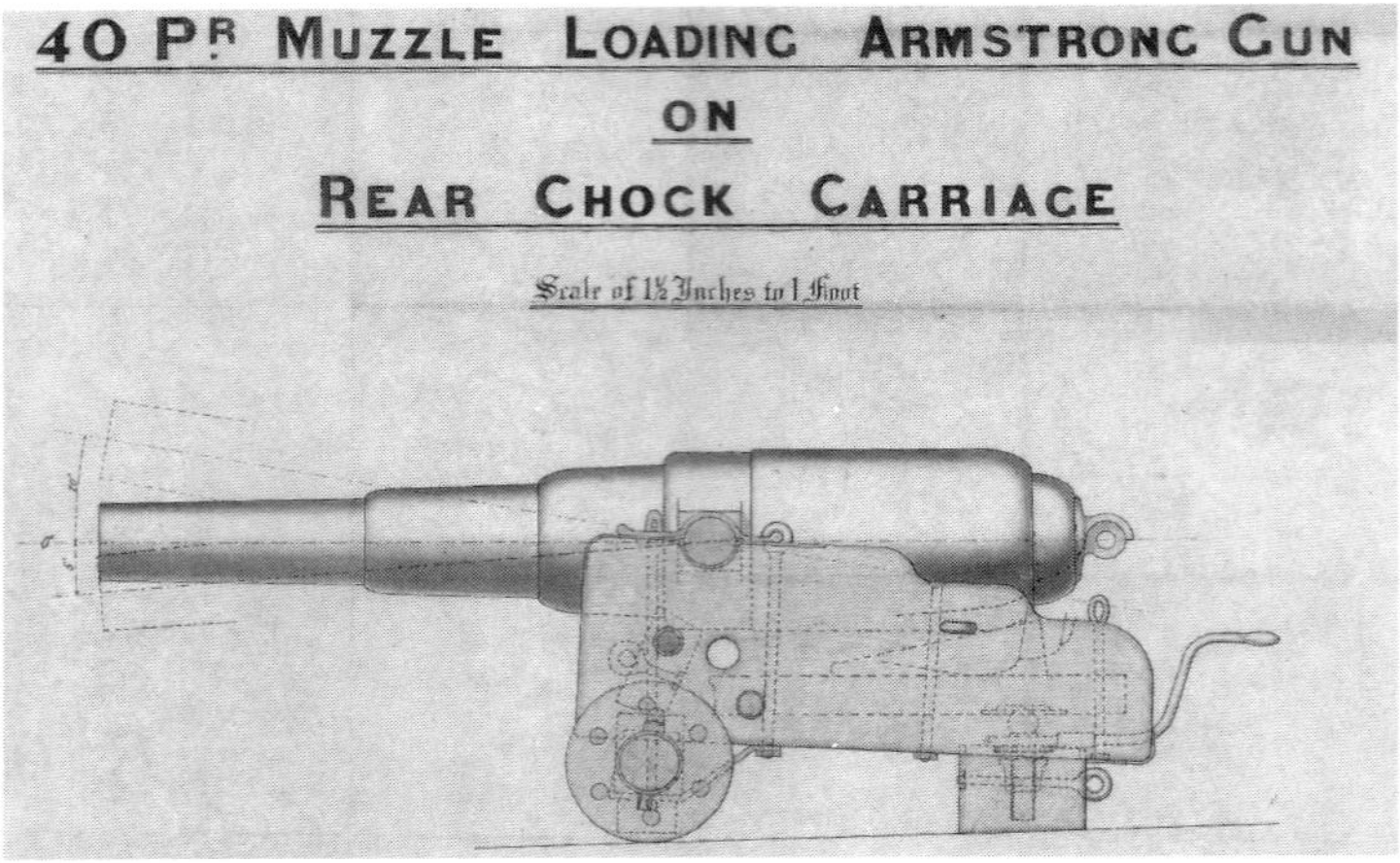

図100　40ポンドアームストロング砲図
1865年，オランダの商社が幕府に売り込もうとした前装ライフル砲．全長は3メートル，重さ1.66トンある．

図101　四斤山砲と弾丸図
山砲は分解して馬で運ぶことができた．砲身は全長82センチ，青銅製で100キロほどであった．

の多層化がすすみ、鋼鉄の内筒をコイル状の鍛鉄で巻いて鍛えたアームストロング砲、あるいはクルップ砲に代表されるような鋳鋼砲が生まれていった。

この過程は小銃から比べると少し遅れて進行した。一八六〇年代から八〇年代にかけて、実際に戦地で用いられたのは前装施条砲であった。砲尾手前の上部に開口部を設け、ここに中子（鎖栓）を入れてスクリュー式尾栓装置で閉鎖したアームストロング後装砲も、一八六三年の鹿児島戦争で試用された結果、この尾部閉鎖装置の損傷が相次ぎ、英国軍部は装備を前装砲に戻さざるを得なかった。また、精密加工を要する多線条タイプではなく、三本から六本程度の巾のある線条で、砲弾に鉛製の突起をつけるフランス式の前装施条砲が広く普及した（図参照）。とくに小型の野砲や山砲《さんぽう》などは十九世紀を通じてこの型の小砲がさかんに用いられ、日本でも幕末から国産された四斤（キロ）山砲は著名なものである。後装砲が普及するのは、無煙火薬が発明され、階段隔螺尾栓が用いられる八〇年代以降のことになる。

コラム　幕末の戦争と首取・生捕・分捕

幕末維新の戦争は、近世的な戦争（いくさ）が行なわれた最後の機会でもあった。近代的な兵器が用いられ、火砲中心の戦術へ急速に移行する一方で、いまだに首を取ることが戦功とされた。近世同様、切迫した戦況では「打ち捨て」にすることが命じられたが、その代わりに耳をそいだり、お互いに戦功を証明しあう（見継ぐ）ことが行なわれた。戊辰《ぼしん》戦争に際して新政府に雇用された英人医師ウィリスが、敵方の負傷兵がほとんどいないことを指摘し、負傷兵を惨殺しているのではないかと強く抗議したことは著名である。実際、銃砲戦で戦死した敵兵から首を取ったり、負傷して動けなくなった兵の首を取ったりすることは当時としては当然のことだったのである。また、軍夫《ぐんぷ》や人足《にんそく》など、味方側で使役できるものは「生け捕《いど》り」にされることも多かった。こうした中には抵抗して虐殺された者もあり、当時の戦中記録をみると実に凄惨たる戦場の実態が描かれている。

次の史料（現代語訳）は、第二次長州戦争の際の熊本藩の記録である。戦目付《いくさめつけ》が首実検の記録を点検していると、「両耳」を取ったとする者と、同じ場所で首を取ったとする者がある、重複していないかというわけだ。

これは、銃撃戦のあとで「首級」を掻き取り、所持品や落し散らしていたのを拾い取りに出たということである。もっとも掻き取った「両耳」のほうは本陣での首実検のあとで差し出され、これは追討の際に死骸を見つけて首を取るはずのところ、首を提げていては追討しにくいのでそうしたのだと申し出たとのことだった。そうであれば、両耳のない首が掻き取ったものの中に混じっていたはずだが、血まみれのものを首実験していたので、耳の有無に一同が気がつかなかったとのことだ。

首取や生捕に加え、戦場での分捕《ぶんどり》もまた戦功として数えられていた。分捕の対象は敵の武器や弾薬、兵糧であったが、落城した城内の資材はすべて勝者の分捕品となっていたようだ。下卒や軍夫・人足の類にいたっては略奪の限りをつくし、戊辰戦争での会津陥落の際にはひとりで一〇両とか二〇両などという分捕があったと伝えられた。分捕品はその場で売り飛ばされ、現金に換えて持ち帰っていたのである。略奪の対象は村々にも及び、とくに敵地の村々を焼き払うことは日常的に行なわれたため、村々では山にこもって戦災を避けたり、あるいは侵攻して来た軍に対して協力を誓って難を避けようとするものもあった。このように、戦国時代さながらの状況を幕末の戦争は生み出していったのである。

4 幕末維新の動乱と軍制改革

幕府の文久改革　一八六一年（文久元《ぶんきゅう》）五月、幕府は旗本池田甲斐守《かいのかみ》以下二一名へ「海陸御備向并御軍制取調御用」（軍制掛《かかり》）を命じた。幕府の文久改革のはじまりである。翌年六月、軍制改革に関する上申書が提出された。そこでは、四面を海に囲まれたわが国では海軍建設が第一の課題であり、次に全国兵備充実の課題がある、しかし当面は実行可能な直属の親衛戦力から整えるべきだと指摘された。

当時の構想によれば、新たに創出される直属親衛隊の規模は以下の通りである。

歩兵…重歩兵六三八一人、軽歩兵八五六人、先鋒軽歩兵一〇三五人

騎兵…重騎兵七四六騎、軽騎兵一八〇騎

砲兵…軽重野砲隊二八四五人

このうち重歩兵が主力であり、一六大隊（一大隊約四〇〇人）に編成され、平時は城門警衛などにあたるものとされた。軽歩兵は親衛隊四大隊と先鋒隊四大隊からなり、いずれも狙撃銃としてミニエ銃（前装ライフル）を配備するものとした。合わせて歩兵八三〇六人である。士官は別途一一五六人の定員があてられた。

騎兵は、騎銃《きじゅう》と太刀《たち》の重騎兵六中隊、短槍《たんそう》の軽騎兵二中隊を本隊とし、これに遊軍を加えて一〇六八騎、さらに士官が八八騎という構成である。

砲兵は、軽野戦砲（六斤砲・一二ドイム砲）六座四八門、重野戦砲（一二斤砲・一五ドイム砲）六座半五二門のほか、遊軍や沿岸砲台の砲手を含んでいた。砲兵隊には砲手《ほうしゅ》八〇〇人・士官一六二人である。

主力となる重歩兵には、旗本から兵卒素材を徴発してこれにあてるものとし、それ以外の兵種はそれぞれ小普請組《こぶしんぐみ》や同心《どうしん》組の軽輩をあてるとした。軽歩兵部隊は、持小筒《もちこづつ》組（のちの撒兵隊）と称され、新規に創設された洋式部隊は歩兵組、持小筒組、騎兵組、大砲組の四編成となった。

この構想に沿って、いわゆる士官相当の役職も次々と新たに設置された。

歩兵組は、役高三〇〇〇石の歩兵奉行を筆頭に、歩兵頭《ほへいかしら》（高二〇〇〇石）・歩兵頭並《なみ》（高一〇〇〇石）・歩兵惣目付《そうめつけ》（高七〇〇石）が置かれ、それぞれ少将・師団長相当、大佐・連隊長、中佐・大隊長、少佐に対応させた。ここまではいずれも老中《ろうじゅう》支配の役職である。この下に、歩兵奉行支配の役職として歩兵差図《さしず》役頭取（大尉・中隊長）、歩兵差図役（中尉・小隊長）、歩兵差図役並（少尉・半隊長）、さらに下士官相当の役職があった。

騎兵組も騎兵奉行以下、同様の役職が作られたが、大砲組は単独行動を行なわない部隊として一等下に置かれ、大砲組之頭（高一〇〇〇石、中佐・大砲一座八門を指揮）以下の役職のみ設定された。

この幕府三兵隊を指揮するものとして、陸軍総裁《そうさい》、陸軍副総裁、陸軍奉行が置かれた。これは元帥《げんすい》、大将、中将に相当する総司令官であり、陸軍総裁・副総裁は老中ないし若年寄《わかどしより》に相当する譜代《ふだい》大名が就任し、陸軍奉行以下は旗本が就いた。指図役以下のいわゆる尉官相当の士官職には、講武所《こうぶしょ》で学んだ旗本の二、三男に登用《とうよう》のチャンスを与えた。

このように、幕府の文久改革は、欧米の軍隊制度を模倣し、これまでの軍団構成の外側に歩・騎・砲の三兵隊を新たに作り出したのである。

海軍建設構想 以上が陸軍編成であるのに対し、海軍の建設においては、海軍士官の養成が最も大事とされ、旗本・大名から成業の人材を選ぶものとした。役職としては、老中があたる海軍総裁（大将相当）、若年寄の副総裁（中将）、海軍奉行（少将）が置かれた。海軍奉行は駿府城代《すんぷじょうだい》の上位に位置づけられ、艦隊司令長官に相当した。一艦隊は一二艦構成である。

以下、老中支配の御軍艦奉行（三〇〇〇石、分艦隊指揮、准将）、御軍艦頭《ごぐんかんかしら》（二〇〇〇石、戦艦・フリゲート艦長相当、大佐）、御軍艦頭並（一〇〇〇石、コルベット艦長相当、中佐）、軍艦奉行支配として御軍艦役（大尉）、同並（中尉）、同並見習（少尉相当か）、その下に軍艦頭支配の下士官職が置かれた。

一八六二年（文久二）閏八月、軍制掛は、〝万国合従《がっしょう》の襲来を防御しうる海軍力〟を見積もって次のように六つの備えと一五組の艦隊編成を提言した。

東海備（江戸）三組…太平洋側金華山《きんかざん》から紀州大島までの沿海および伊豆・小笠原

東北備（箱館）四組…金華山から東海岸および蝦夷地《えぞち》一円

北海備（能登別所）一組…日本海側能代《のしろ》から出雲《いずも》竜崎まで、隠岐《おき》・佐渡を含む

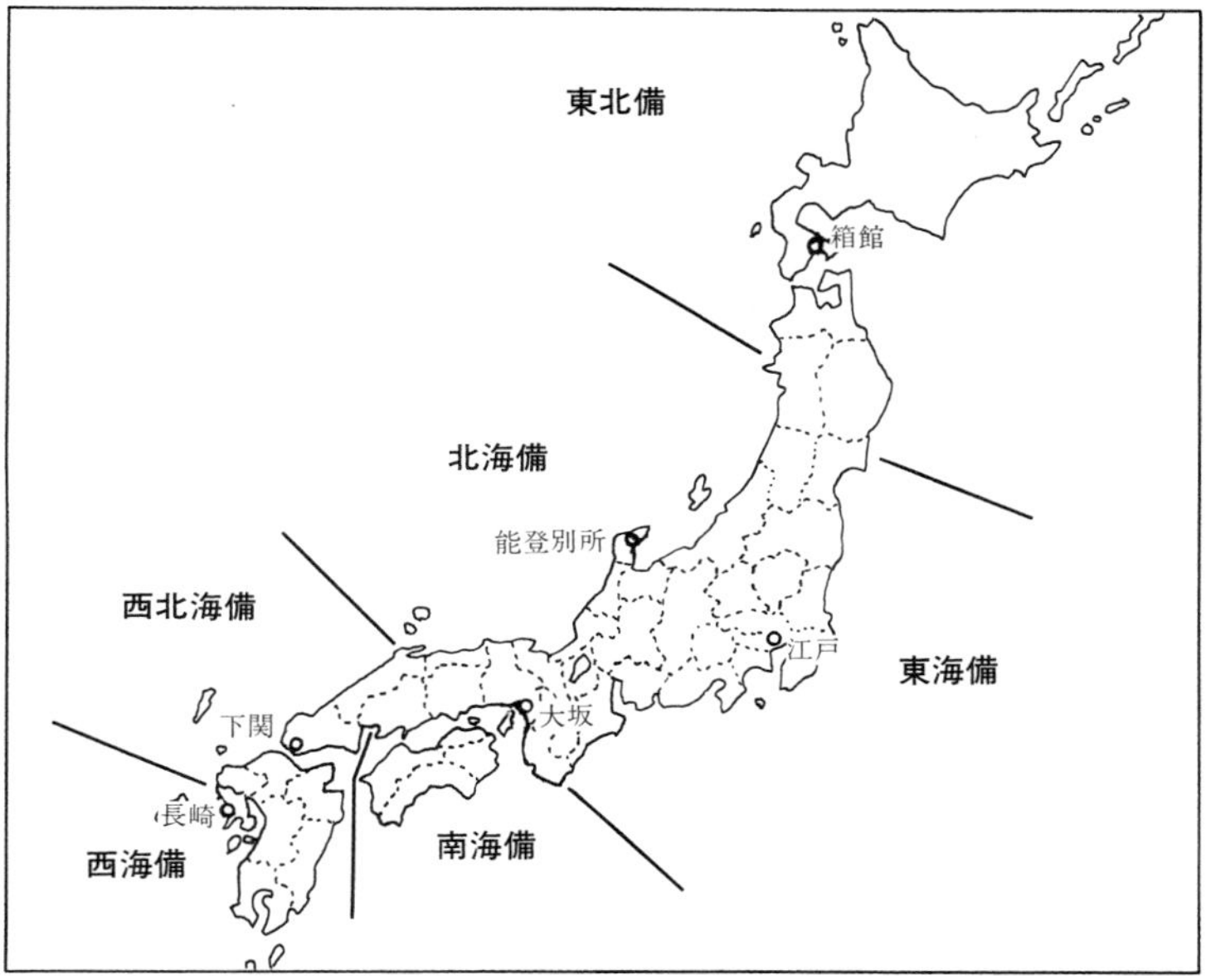

図102　海軍管区構想図

西北海備（下関）一組…日本海側竜
　崎から肥前《ひぜん》田付まで、瀬戸内
　の芸州御手洗までと四国西部
　海域の一部、壱岐《いき》・対馬《つしま》
西海備（長崎）三組…平戸《ひらど》以南の九
　州沿海、琉球国含む
南海備（大坂）三組…紀州大島から
　四国沿岸、淡路《あわじ》

一組はフリゲート三艦、コルベット九艦と小型砲艦などからなり、いずれも蒸気艦である。これは現代風にいえば六管区に一五艦隊を配備しようという計画である。合計すると蒸気フリゲート艦四五隻、コルベット艦一三五隻、小型蒸気船一九〇隻の三七〇隻となり、人員は、士官・下士官五四六〇人、水夫・火焚四万八二三五人、海兵卒七五一〇人の合計六万一二〇五人である。ほかに運送船、ヤーヘル船、相図船などが書上げられている。

これは当時としては途方もない巨大計画であった。この実現のためには諸大名の負担分担が必要であり、その際に海軍大権の統一こそが大事である、と軍制掛は強く指摘している。その上で当面の策として、江戸・大坂に蒸気艦隊をひとつ配置するものとし、フリゲート艦三隻、コルベット艦九隻、運送船一隻、小型蒸気船三〇隻の計四三隻を配備することを提言した。必要な惣人数は四九〇四人である。

結局、全国統一の海軍構想はこの段階では実現できず、幕府や大藩を中心にそれぞれの海軍建設に取り組むことになった。藩のレベルでは中古の小型軍艦や商船を外国から購入することが多かったが、幕府は米国やオランダなどに新鋭の大型艦建造を発注することができた。

施条銃砲の国産と技術移転　日本が開国した一八五〇年代後半は、列強軍事力の大きな転機でもあった。とくに銃砲類は六〇年代にかけて飛躍的な発達を遂げていた。施条（ライフル）銃砲の時代を迎えたのである。

この新式銃砲を日本に紹介したのも米国であった。ペリーはわざわざ本国からシャープス銃を取り寄せて幕府に献上した。若き日の徳川慶喜《よしのぶ》が江戸城中でひそかに見たというのはこの銃である。一八六〇年、米国政府は遣米使節を送り届けるとともに、最新のスプリングフィールド歩兵銃一〇〇丁とライフルカノンを幕府に贈呈した。

鉄砲方江川英敏《えがわひでとし》は、この銃砲をモデルにライフル銃砲の模造生産を行なうことを願い出、湯島製作所における小銃一万丁生産計画のうち、二〇〇〇丁をこれに振り替えて生産しようとした。また、ライフルカノン二五門の試験製造にとりかかる。これが日本におけるはじめてのライフル銃砲国産化の試みであった。

この試みはあまり捗々《はかばか》しい成果を得られなかった。小銃製作の場合、銃身の強度とライフル加工の精度に問題があった。銃身は鍛鉄《たんてつ》製であったが二弾込めの強度試験には耐えられなかった。また当時は十分な旋盤機械もなく、ライフリング作業の失敗も多かったようだ。ライフル砲もまた信頼にたる砲身鋳造ができなかったのである。

一八六四年（元治元）、軍制掛小栗忠順《おぐりただまさ》らはそれまでの銃砲生産が職人の手作業に頼った請負生産であることを批判し、輸入工作機械を用いた直轄工廠《こうしょう》の設立を上申した。関口製作所と滝野川反射《はんしゃ》炉《ろ》の建設である。

慶応年間（一八六五—六八）には、この幕府工廠で大砲製造が開始される。もっとも多く生産されたのはフランス式の四斤山砲《さんぽう》である。幕府は大名からの要望に応じ、最幕末までこの生産を続けている。また、幕府は長崎製鉄所に加え、慶応年間にはフランスからヴェルニー技師を招聘《しょうへい》し、横須賀製鉄所（海軍工廠）を建設した。これらは最新の軍事技術移入の面でも幕府がイニシアチブをとりつづけていくための象徴的事業だったが、本格的展開はフランス軍事顧問団の来日以降のこととなる。

諸藩でも、佐賀藩や鹿児島藩のように自力でライフル砲鋳造を試みる藩もあったが、作ったのは野戦砲や山砲など小型の青銅砲であったと思われる。

図103　国産「ライフル」(上) と木製施条器械 (下)

(上) メイナード式のテープ雷管装置が見え，米国のスプリングフィールド銃を模倣した小銃である.

(下) ハンドルを回すと，左端の切削具がスクリュー状に回転しながら進むように工夫されている.

図104　横須賀製鉄所 (海軍工廠)

る。

一方、幕府や諸藩の輸入小銃は、短エンフィールド銃などを中心に数十万丁に達したといわれている。

この銃砲輸入にかぎらず、多くの軍事物資とその流通が国家の管理のもとにおかれた。硝石《しょうせき》を例にしてみよう。黒色火薬の原料たる硝石は寺院や民家の床下から採取された。幕府は一八六三年（文久三）、江戸と周辺一〇里四方を幕府の「自製場」とし、許可なく軒下の土を採取することを禁止した。江戸には硝石会所が設立され、鑑札《かんさつ》を与えられた請負人が民家や寺院をまわって硝石の原料を採取したのである。この制度は翌々年には関八州と三河・遠江・駿河・甲斐・信濃の幕領にまで拡大された。

図105　硝石採取図

民衆の兵卒徴発　ふたたび幕府の歩兵隊に話題を戻そう。歩兵組は江戸市中四ヵ所に設置された歩兵屯所に収容された。これは従来とは異なる文字通りの常備兵であった。この歩兵組を編成するために大量の兵卒素材をどのように調達するか、これが問題であった。

一八六二年（文久二）十二月、旗本兵賦《へいぶ》令が出され、旗本軍役の半分を割き、知行高《ちぎょうだか》に応じて兵賦を差し出すことが命じられた。兵賦には知行地の農民を徴発するものとし、五年季で年一〇両以下の給金を与え、衣服や脇差《わきざし》は幕府が支給するものとした。

長州戦争が勃発すると、兵力不足の幕府は大決断を行なった。徴発の遅れが目立った旗本兵賦のみならず、直轄領（御料所）から農民を直接に徴発しはじめるのである。

一八六五年（慶応元）五月、御料所兵賦令が発令された。当初は関内（関東）の幕領に限られていたが、十二月には関外一一国、つまり東日本一帯の幕領へ拡大した。また、西国など江戸から遠く離れた地域は金納を命じた。

御料所兵賦は、村高一〇〇〇石につき一人の割合で一律に徴発され、年貢《ねんぐ》の村請《むらうけ》制と同じように村々の責任として差し出させた。これは国役《くにやく》と呼ばれた夫役動員と同じやり方であり、実際には十数ヵ村から数十ヵ村の組合村を単位として徴発が進められていった。東日本一帯では約三〇〇〇人の兵卒徴発が見込まれたが、村々の抵抗によって、徴発できたのはその半数程度にとどまった。

徴発された兵賦は歩兵に編成され、勤務中は脇差を帯びるなど、百姓身分ではなく武家奉公人としての扱いを受けた。つまり一時的に身分を変更することによって兵農分離原則との齟齬《そご》のないように取り計らったのである。幕府の歩兵組に対しては、以下のような申渡書《もうしわたししょ》が出されている。

> 農は四民の元、士は四民の長といへり、扨其方共《さてそのほうども》事四民の元たるべき身分わすれ、かりそめならす御軍役の人数に加り、四民の長たるへき末につらなり候事、其身の冥加《みようが》なる事を能々《よくよく》心得、今此御時節を以て、先祖代々より凡《およそ》三百年の間太平の御恩沢を蒙りたる万か一をも御報ひ

可申上候《もうしあぐべくそうろう》、依而《よりて》は四民の元たる有《あり》かたき其身の根元を忘るる事なく、当御用ニ付出府の間はわけても万事を相慎み、……朝夕屯所の行事より稽古其外骨折相勤、御用済の後帰村候共《そうろうとも》農業其外民間の稼《かせぎ》につき辛苦を不存候様、今日より心掛罷在《まかりある》へく候、……よって銘々の元来の正しき素性を取失はす、猶いつまても質朴正直を旨といたすへき事……

これは、①勤役中は一時的な身分変更をうけて武士の一端に連なること、②それゆえに〝太平の恩沢〟に報いるべきであること、③御用明けに再びもとの身分に復帰できるように心掛けることなどである。②は「御国恩」という言葉で幕末期によく登場する論理である。これまで平和に過ごしてきた国家の恩義に報いるために戦えというのはいかにも身勝手な議論であり、用が済んだらもう一度もとの辛苦の稼ぎに戻れというのもひどい話である。

旗本兵賦は主人から個々に給金を与えられたが、御料所兵賦の場合には年七両と一律に決められた。しかし実際には、村々から余荷金《よないきん》などと呼ばれた増給金を上乗せしないと徴発に応じるものがなかった。この増給金の多くは年三〇両程度であったが、場合によっては八〇～九〇両に達する地域もあった。また、実際に耕作農民を差し出すのではなく、この増給金であぶれ農民や都市の日用層を抱えいれて差し出す場合も多かった。旗本兵賦の場合、もともと多くの奉公人を人宿《ひとやど》と呼ばれた斡旋業者から抱えいれることが多く、兵賦自身もそのような人宿が差出しを請け負う形になることも多かった。

一方、このような直属の歩兵組とは別に、幕領の村々では代官所単位の農兵取立ても行なわれていた。農兵取立ては、伊豆韮山《にらやま》の代官江川英龍《ひでたつ》の献言によるものであった。江川はすでに嘉永《かえい》年間（一八四八―五四）から農兵取立てによる海防強化策を献言していたが、これが認められたのは一八六三年（文久三）であった。江川代官所では組合村単位に農兵隊を組織し、小銃を貸与して調練を行なった。同様の農兵隊は各地で組織され、海防警衛のほか、一揆鎮圧などに出動するなど、代官所の兵力として運用された。

このように、それまで非戦闘員として扱われた下層奉公人を兵卒素材に転用したり、百姓・町人を取り立てて銃卒に採用する手法はひろく諸藩でも行なわれた。えた・非人などの被差別民を取り立てようとするものもあったが、いずれも身分解放の視点から評価しうるものではなく、兵卒素材に利用されたものであった。基本的には一時的な身分変更によって下層奉公人の身分待遇（脇差帯刀・給金支給など）とすることが多かったのである。

列強との緊張（文久・元治期）　一八六二年（文久二）五月の第二次東禅寺《とうぜんじ》（英国公使館）襲撃事件、同八月の生麦《なまむぎ》事件の発生は、日本に対する懲罰的な武力行使の動きを具体化した。英国海軍の海上封鎖計画である。これは計九隻の軍艦で江戸と大坂、瀬戸内の海運を封鎖し、香港に捕獲審検所を設けて日本に圧力をかけようというものであった。日英関係は断交寸前まで行なったが、翌年五月、幕府がぎりぎりで賠償金支払いに応じたため、事態は七月の鹿児島戦争で収束することになった。

しかし、尊王攘夷《そんのうじょうい》運動に押された幕府は奉勅《ほうちょく》攘夷策をとり、列強へ鎖港《さこう》要求を表明した。「奉勅攘夷」とは、天皇の意志にしたがって攘夷を行なうということである。列強は日本が外国人排斥に動き出すのではないかと疑い、英本国では、日本側の実力行使に備えて本格的な対日戦争の可能性も検

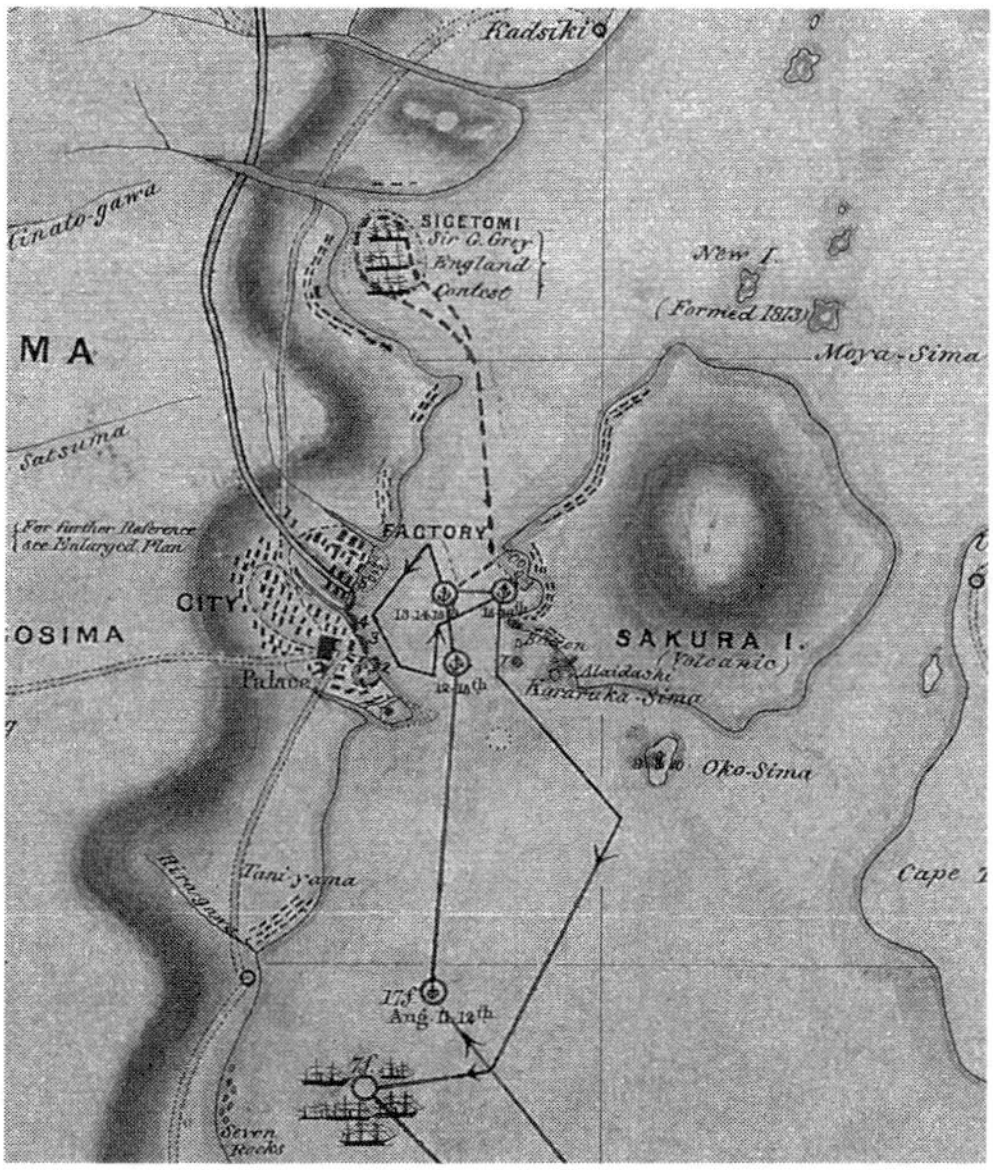

図106　鹿児島戦争図
（1863年）

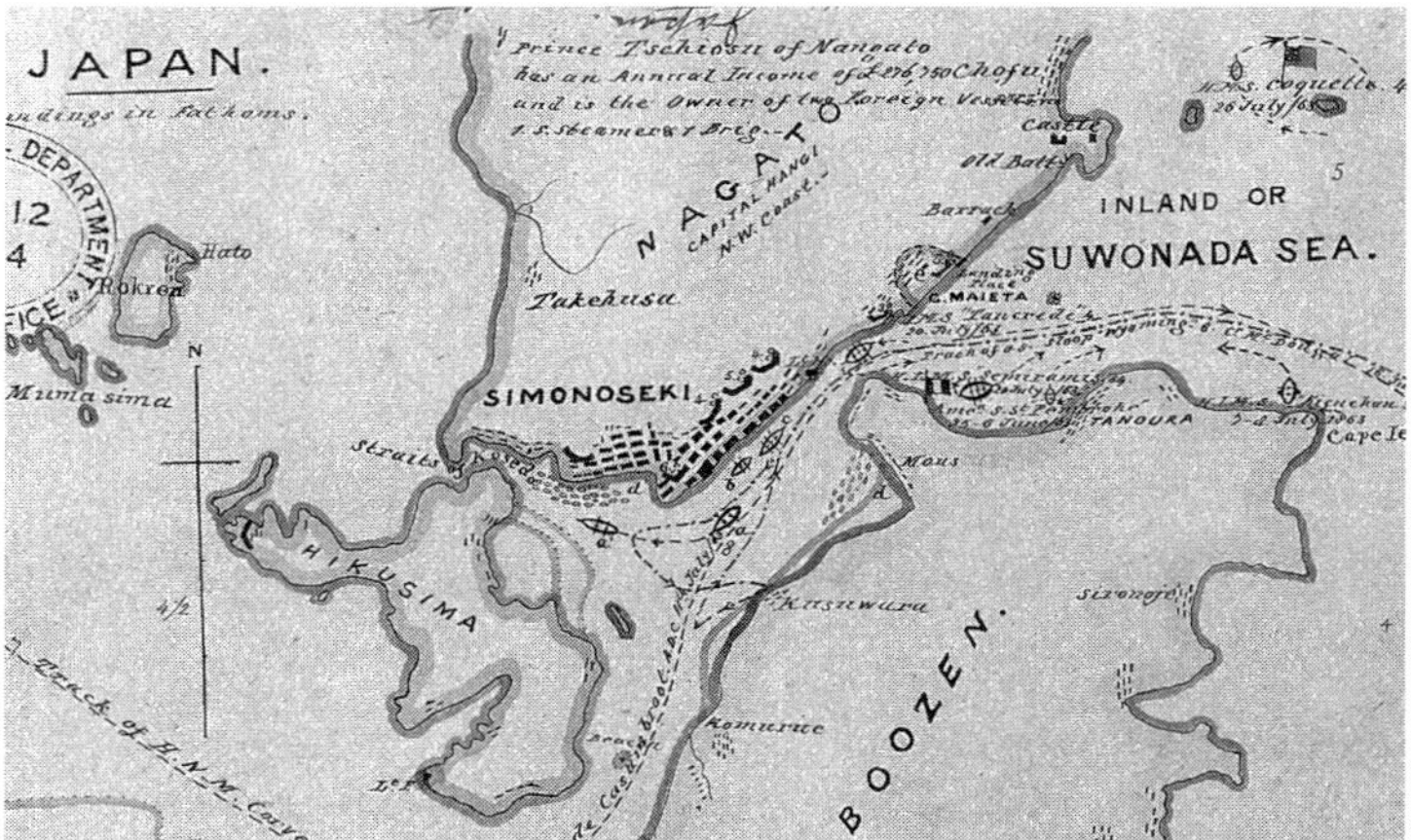

図107　下関砲撃事件への報復攻撃の図（1863年）

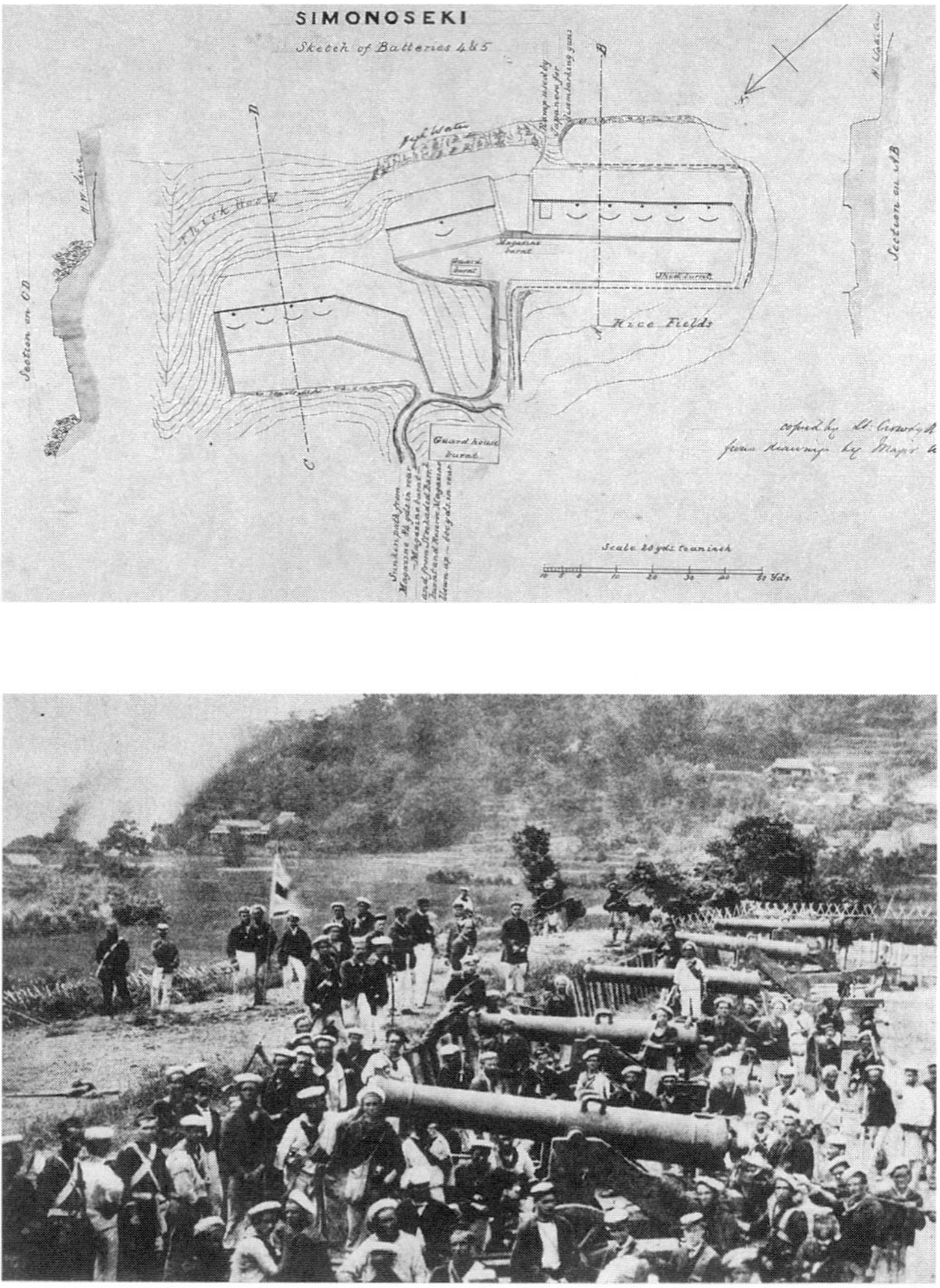

図108　下関台場図と占拠写真（1864年）
上段は英軍が作成した前田茶屋台場の図面．下段の写真は同台場の東側から西を向いて撮影している．

討した。これが一八六四年冒頭の対日戦争計画（戦争シミュレーション）であり、一万二〇〇〇の兵力と四〇〇隻近い艦船を動員する計画案であった。英国軍部はこの計画実施には消極的であり、あくまでも日本側の強攻策への対応であった。

一八六三年（文久三）五月十日、攘夷期日とされたこの日に長州藩は下関で外国船砲撃を開始した。その報復のために出動したアメリカとフランスの軍艦によって長州海軍と台場群は壊滅的打撃をうけたが、それでもなお長州藩は攘夷主義を崩さず、高杉晋作《たかすぎしんさく》が奇兵隊《きへいたい》を組織したのはこの直後だった。奇兵隊はさまざまな出身身分で構成された有志の洋式銃隊であり、長州藩では藩庁直属の諸隊が次々と設けられていった。

英国公使オールコックは、このような情勢のもと、日本の攘夷勢力を武力によって圧倒すべく、一八六四年（元治《げんじ》元）八月、英仏蘭米の列強勢力を取りまとめて下関戦争を断行した。蒸気軍艦九隻・兵力五〇〇〇余で再び下関砲台群を一掃したのである。この結果、幕府は鎖港政策を放棄し、攘夷派も従来の単純な攘夷策を断念せざるをえなくなった。本格的な軍事改革に取り組むとともに、万国対峙に足る公議政体をいかに確立するか、中央政局の課題は大きく変化していった。

一方、これまでの軍事改革の成果が試されるのは皮肉にも内戦の場となった。

長州戦争と軍役体制　攘夷派の最先鋒であった長州藩は、一八六三年（文久三）八月十八日の政変で京都を追われた。翌年七月、再上京を果たそうとして禁門《きんもん》の変を起こし、朝敵となった長州藩は二次にわたる征討軍を迎え撃つことになる。

の幕軍演兵写真

幕府は長州追討の命を諸藩に下し、江戸・大坂の長州藩邸を破却、藩主毛利慶親《よしちか》・定広《さだひろ》父子の官位などを剥奪《はくだつ》した。そして前尾州藩主徳川慶勝《よしかつ》を征長総督に任じ、西国諸藩を中心に三五藩の兵力配置をおこなう。諸藩の出兵基準は「慶安軍役令」とされたが、鉄砲数の増強など、軍事改革に応じた指示が出されている。ただし大名の軍隊編成に表立ってそれ以上の介入はできず、動員された各藩兵の状況はまさに区々であった。

一八六四年（元治元）十一月、防長の周囲四境に幕府軍一五万が集結した。これに対し長州側は福原越後《ふくはらえちご》ら三家老が切腹して恭順謝罪の姿勢を示したため、十二月、征長総督は諸藩兵に撤兵を命じ、第一次戦争は戦闘なしに終結した。

ところが、この直後高杉晋作ら強硬派が藩の実権を握り、幕府はふたたび長州討伐の兵をあげる。第二次長州戦争である。一八六五年（慶応《けいおう》元）五月、将軍家茂《いえもち》は自ら江戸を発って大坂城に入る。大坂には玉造講武所《こうぶしょ》が設置され、文字通りの巨大な宿営地となった。

図109　大坂城

幕府直属軍は三兵隊に加え、講武所隊なども出兵したが、本隊は足軽銃隊を引き連れた番方部隊であった。出陣する旗本には旅扶持や手当金が支給され、彼らは知行地から多くの百姓を従卒や陣夫として動員した。手当金は軍役動員数に応じて支給されたが、中には軍役規定を超えて従者を召し連れるものもあり、その場合に手当金は戦闘員分しか支払われなかった。

また、戦争遂行に必要とされる兵糧《ひょうろう》や物資は膨大な量におよび、大坂や芸州に駐留する経費は月に一七万四〇〇〇両と見積られた（『肥後藩国事史料』）。兵糧米などを戦地へ輸送するために周辺幕領の村々から多くの農民が陣夫として動員された。この陣夫動員は一〇〇〇石五人を基準にするよう命じられたが、実際にはその半分程度に引き下げられた。この動員は幕領の国役と称されることもあり、数十ヵ村単位の組合村を単位に百姓が徴発された（久留島浩・二〇〇二）。

陣夫の徴発は、軍役動員された諸大名軍も同様だったが、村々の負担はより重かったようだ。たとえば紀州藩では郡単位に「在夫」が徴発され、有田郡《ありた》（三万五〇〇〇石余）で計五〇〇人、各村単位では平均数人程度の徴発があったという（豆田誠路・二〇〇四）。

幕府は、紀州藩主徳川茂承《もちつぐ》を長州攻めの先鋒総督《せんぽうそうとく》に任じ、動員した三二藩の配置を定めた。一八六六年（慶応二）六月、幕府軍艦が周防《すおう》大島郡を攻撃し、芸州口・石州口・小倉口の四方面で次々と兵火を交えた。長州藩は下関戦争に敗れた教訓から大量の施条銃を装備し、また大村益次郎《おおむらますじろう》を軍事指導者に迎えて軍制改革を行ない、全部隊を銃隊（諸隊）編成に整えていた。幕府三兵隊をはじめ、訓練された洋式部隊をかかえた諸藩はまだしも、これには旧式装備の部隊では歯が立たなかった。結局七月に将軍家茂が大坂城内で急死すると、幕府軍は石州口や小倉口で大きく敗退したまま停戦せざるを得なかった。

第二次長州戦争の失敗は、幕藩権力に亀裂が入り、幕府の軍役体系が実際に機能しないことを露呈したが、一方で、幕府や雄藩《ゆうはん》が軍制改革をすすめ、軍事的な集中度を強めていく重要な契機となっていく。

慶応改革　停戦後も幕府内では長州藩との決戦論が根強く、怠りなく増強を続けていた。一八六六年（慶応二）八月、幕府は旗本軍役の改定に着手し、旗本が軍役として動員すべき従卒を一手に集中して運用することを目指した。表7は、知行高ごとに差し出すべき「銃手」規定である。六〇〇石以下は金納の規定であったが、実際に部隊が編成されたのは三〇〇〇石以上に限られた。これは三〇〇〇石クラスでようやく一小隊が編成できる数であったからである。知行高六～七万石単位で一大隊と

表7　1866年(慶応2)8月　旗本軍役人数割

100石以下	軍役御免
100～300石	100石につき軍役金3両（2大隊以上出勤の場合のみ）
300～500石	100石につき軍役金3両（大砲隊）
500～600石	100石につき軍役金5両（大砲隊）
600石	銃手3人
700石	銃手4人
800～900石	銃手5人
1000石	銃手6人
1150～1900石	150石につき銃手1人増
2000石	銃手14人
2140～2900石	150石につき銃手1人増
3000石	銃手24人
3000石以上	125石につき銃手1人増（司令役等を含む）
5000石以上	人数外に司令役等

『続徳川実紀』

なるように組み合わされたため、これを組合銃隊と呼んだ。組合銃隊は一大隊五〇〇人前後、一五大隊七五〇〇人が編成された。これは当時の直属兵力の三分の一に相当した。士官職には旗本が任じられ、組合銃隊頭、組合銃隊改《あらためやく》役などが置かれた。

幕府の狙いは彼らを歩兵同様に平時から屯所《とんしょ》に置き、調練を積んで統制の取れた軍隊とすることにあった。徴発対象は当初から武家奉公人層であり、幕府は市中の有力な人宿を歩卒請負人頭取《とうどり》に指名し、人宿が抱えた寄子《よりこ》たちが旗本に雇用されて歩卒として差し出された。このため、江戸の奉公人相場はたちまちはねあがり、幕府が取り決めた「一人扶持七両」の条件では人が集まらず、結局内々に増給金を出すことになった。一旦雇用した者も、旗本主人へ給金引き上げを要求するなど、〝ねだりがましき〟行為が目立ったという。

組合銃隊はこの年の秋から編成順に京坂警衛のために上方へ派遣されたが、徴発がはじまったわずか一ヵ月後、軍制掛は悲観的な上申を行なっている。実際に集まってくる歩卒に、譜代の家来や知行所農民、市中雇用の奉公人が入り混じって、均一の部隊として扱えないというのである。とくに給金が旗本屋敷によって区々だったことは大きな混乱を生んだ。結局、軍隊組織としてのまとまりを得る

図110　フランスのイリュストラシオン紙（1893年９月29日）に掲載された日本軍制の変遷図（部分）

表8　1867年(慶応3)9月段階の幕兵人員表

奥詰銃隊	4大隊	「御旗本以上の人々」
遊撃隊鉄砲隊	1大隊半	「同以上以下鎗剣隊之人の」
大砲隊小銃隊附	2大隊	「同以上以下」
撒兵隊	7大隊半	「同断」
騎兵隊	4大隊	「同断」
御徒銃隊	2大隊半	「御徒より以下半席の人々」
神奈川武兵銃隊	2大隊	「帯刀致候歩兵にて抱之者」
組合銃隊 此分此度廃し二相成	15大隊	「三千石以上より差出候歩兵 但身軽者抱込俗に云宿屋人足」
元歩兵隊	2大隊半	「前年より抱之者」
農兵隊	3大隊	「幕領より差出候百姓共」
町兵銃隊	2大隊	「江戸町々より入用差出抱の者」
横浜歩兵隊	1大隊	「当時横浜にて仏人より伝習受居候者」
江戸伝習歩兵隊	1大隊	「江戸にて同断但仏人より人選之者」

合計48大隊，役人共一隊500人宛，惣兵士24,000人
「右之内此度三千石以上より差出候組合銃隊十五大隊廃しに相成，其内凡五百人計り撰出し抱入に相成，都合七千人程減少」
差引当時惣人数17,000人

東京大学史料編纂所所蔵『風雲秘密探偵録』より

ためには、兵卒は一律の基準で抱えいれておく必要があったのである。

これはきわめてラディカルな改革を生むことになった。一八六七年（慶応三）九月、一〇年間の時限付ではあったが、旗本軍役が半知上納という形で金納化された。旗本の知行所からの平均収入の半分を差し出す規定であった。幕府は、この軍役金の上納によって得た資金を、兵卒雇用のほか、さまざまな軍事財源に用いようとしたのである。戦争遂行過程の中で試行錯誤を続けた結果とはいえ、これはそれまでの武士のあり方を根幹から変えてしまいかねない変更であった。

軍役金納化の結果、旗本・御家人《ごけにん》自体はそれぞれの階層ごとに一律に銃隊

編成とされた。表8は九月段階の幕府の軍団構成である。旧来の番方部隊は奥詰銃隊などの諸隊に編成されている。まだ組合銃隊が含まれているが、その合計は四八大隊二万四〇〇〇人と見積もられた。

同じ九月、組合銃隊は解散され、多くの歩卒が旗本屋敷から解雇された。その数は約五〇〇〇人ともいわれ、一部は歩兵隊に抱えいれられたが、多くは身元引受人たる人宿ないし下宿に引き取られた。それでもなお、憤慨した歩卒数百人が寺院に屯集し、江戸市中を混乱に陥れるなど、彼らの取り扱いは大きな社会問題になった。

このとき事態の収拾を命じられた請負人頭取のひとり、「相政」こと相模屋政五郎（一八〇七—一八八六）は、江戸で知られた侠客《きようかく》であった。政五郎は土佐山内《やまのうち》家の火消し人足《にんそく》を一手に取り仕切り、配下の寄子《よりこ》（子分たち）は一三〇〇人に達したという。組合銃隊解散の際には、「相政の門前は市をなし、……一人に二分ずつやって、ざっと六百両の金が飛び、その上、江戸中どこへ行っても相政の名前で品物を借りては逃げてしまう」有様であったという（『戊辰物語』）。

幕府の歩兵は、しばしば屯所を抜け出して市中でもめごとを起こしている。見世物小屋での喧嘩や吉原への討入り事件はその蛮名をとどろかせた（野口武彦・二〇〇二）。幕府はこれを厳しく取り締まり、軽罪でも死刑になることが多かった。歩兵の命はごく軽かったのである。

諸藩の改革と兵制統一の課題　これまで幕府中心に軍制改革の様子を見てきたが、諸大名の中にも積極的に改革に取り組むものもあった。幕府軍を迎え撃った長州藩では最も徹底した改革が行なわれ、奇兵隊の結成を契機に、幕府に先駆けて正規軍を銃隊編成にしている。西南雄藩とされた薩摩《さつま》藩や肥《ひ》前藩《ぜん》のほか、遅れた藩であるかのように思われている東北諸藩でも規模や編成はさまざまながら、新式銃砲の採用と銃隊の組織化が進んだ。諸藩は外国商人から新式の施条銃などを購入し、最も多く輸入された短エンフィールドが一丁一〇両前後、スナイダーやスペンサーなどの後装銃は一丁二〇〜三〇両かかった。こうした武器・弾薬の手配は最早個々の武士が行なえることではなかった。多くの藩では、銃砲購入費を年賦割にして家臣に強制的に割り当てるなどしたが、上からの改革を進めようとすれば、武士は武装自弁とした従来の原則を維持することは難しかった。ヒトとモノの双方で急速に軍事的集中が強化されていったのである。

一五代将軍となった徳川慶喜は、自ら諸大名を説諭し、軍事改革を行なうよう指示している。第二次長州戦争では洋式化の遅れていた紀州藩へ講武所教師を派遣して改革を促した。一八六六年（慶応二）十一月九日、慶喜は京都の滞在先（小浜酒井邸）の馬場で銃隊演習を行ない、在京の諸大名を呼んでこれを見学させた。この日の演兵は、奥詰銃隊六小隊・歩兵四大隊・撒兵八小隊・砲兵二座が参加する大掛《おおが》かりなものであった。招かれた大名は、加賀金沢の前田慶寧《よしやす》・松江松平定安《さだやす》・福岡黒田慶賛（世子）・徳島蜂須賀茂韶《はちすかもちあき》（同）・津藤堂高潔《とうどうたかきよ》（同）・米沢上杉茂憲《もちのり》（同）と、いずれも大身である。慶喜は彼らに、「皇国の武威《ぶい》」が揺らいでいるところに国内混乱のもとがあり、列強を制するほどの軍事強化の途こそが、国内の人心をおさめる手段となると説いたという。前田慶寧は家老宛の書簡にこう記している。

上京の節、上様御親諭拝聴いたし候ところ、かく容易ならざる世態と相なり候儀、その本《もと》すべて外夷神州を覬覦《きゆ》いたし、夷狄《いてき》の軽蔑を招き、彼に致さるるところこれ有るより、人心の向背、天下の動揺にも及び候儀にて、当今においては皇国の武威を御振起、宇内《うだい》の強国となされ、外国をも制され候ところへ至り候えば、御国内の人心、自ずから居合申すべしとの御深慮、誠にもて御至当の御儀、方今の急務このほかにあるまじくと存じ候

慶寧は同月金沢に帰国後、直ちに軍制改革に取り組み、家中の守旧派を押さえて、翌年三月には軍制を銃隊編成に切り替えた。切り札となったのは慶喜の上意であった。また藤堂家でも、六月に軍制を銃隊化する改革を行なっている。一八六六年から六七年にかけて、幕府の指導によって洋式銃隊を採用した藩は多い。

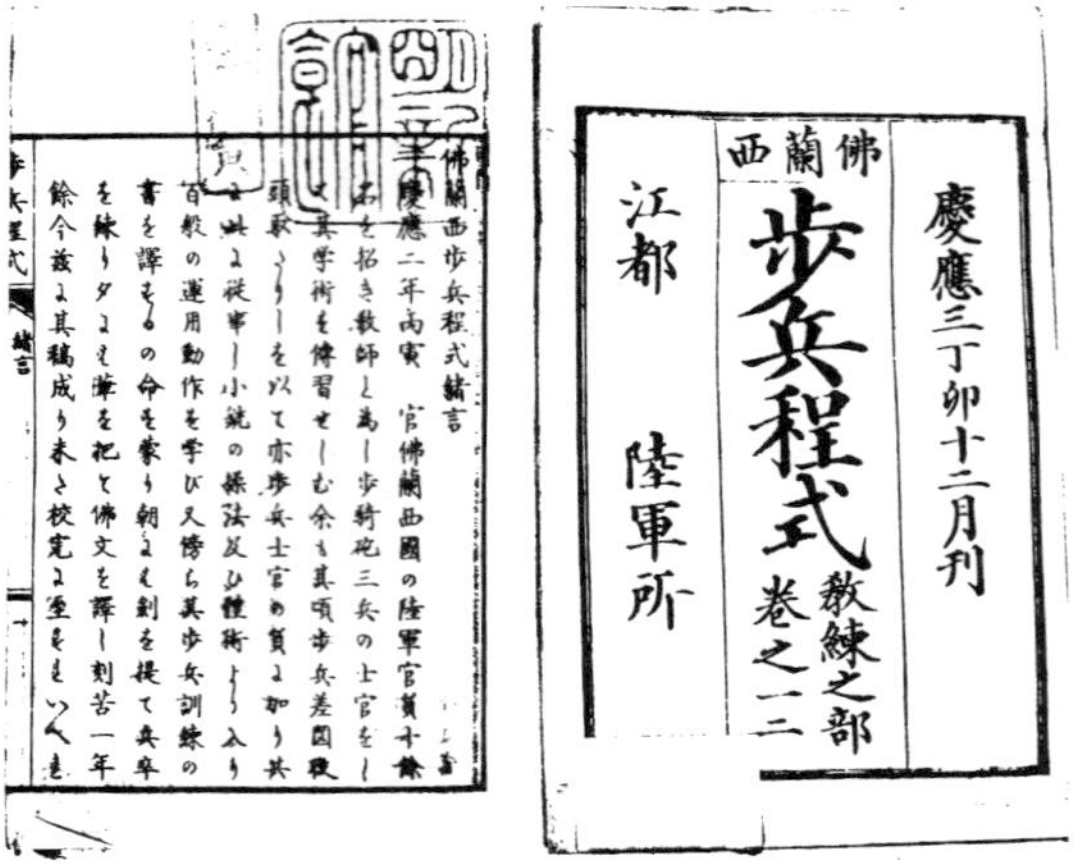

図111　官版軍事書籍（『歩兵程式』）
同種の官版は16種が確認できる．

幕府は欧米の軍事書籍を翻訳し、陸軍所官版として出版した。文久改革で創設された幕府三兵隊はいずれもオランダの教練書を用い、幕府は元来この蘭式で全国兵制を統一しようとしていた。ライフル段階に対応して、オランダでは一八六一年に歩兵教練書が書き換えられるが、幕府もまた三年ほど

遅れてこれを採用した。

その後、横浜に駐屯した英軍について神奈川奉行所の下番部隊（最大時一三〇〇人）へ英式の調練が行なわれた。指揮官は西国郡代《ぐんだい》の子、窪田泉太郎である。これはのちに幕府陸軍へ吸収され、英式部隊となる（西川武臣・一九九九）。

幕府内には、地形など地政学的な位置のよく似た英国式の陸軍軍制を支持する者もいたが、英国の反応は冷ややかであった。「これらの部隊を西欧式に訓練することは、いかに我々自身と戦うのか教えているだけなのではないかと思わざるを得ない」（ド・グレイ陸相の書簡）というわけである。

一八六六年（慶応二）十二月、幕府はフランスから軍事顧問団（団長シャノアンヌ参謀大尉）を招き、横浜、ついで江戸で仏式の本格的な陸軍調練が開始された。一方海軍は英国に学ぶことになり、海軍顧問団（団長トレーシー中佐）が来日したのは一八六七年末のことであった。

このようにして幕府直属軍の内部には蘭式・英式・仏式の陸軍部隊が誕生し、諸藩もまた兵式が混在する状況が維新後まで続いた（鈴木淳・一九九九）。

大名軍役改定案　幕府は諸外国との対抗上も兵式の統一を望み、最終的に仏式で統一するよう指導したが、その意図は最後まで貫徹することがなかった。

幕府直属軍の改革が進展する一方で、陸海軍の全国構想はどのように進展していたのだろうか。一八六六年（慶応二）十月から十二月にかけて、幕府内部では長州藩との第三次戦争に備えて新しい大名軍役令が考えられていた（翌年正月に解兵）。また、欧米列強に対抗しうる〝全国防備体制〟を確立

表9　1866年(慶応2)10月譜代大名軍役案

	銃卒	役人	騎兵	役人	大砲	熕手	役人	合計人数
1万石	60人	10						70人
2万	120	20						140
3万	180	30						210
4万	240	40						280
5万	240	40			2挺	16人	3人	299
6万	300	50			2	16	3	369
7万	360	60			2	16	3	439
8万	420	70			2	16	3	509
9万	480	80			2	16	3	579
10万	480	80	10騎		4	32	8	610
11万	540	90	11		4	32	8	682
15万	780	130	16	2人	4	32	8	968
20万	1020	170	1小隊	4	1座	64	16	1298
25万	1320	200	1小隊	4	16	41	6	1648
30万	1570	232	1小隊	4	16	4	16	1940
尾張殿	3360	560	1中隊	8	31	92	48	4216
紀伊殿	3000	500	1中隊	8	31	92	48	3796
水戸殿	1800	300	1小隊	4	21	28	32	2288
計910万石	5万人		400騎		224挺余			

『肥後藩国事史料』

するためには、大名軍を含め、新たな統一的な基準作成が不可欠であった。

　現在われわれが知りうる大名軍役案は、①譜代《ふだい》大名軍役に関する陸軍奉行らの上申書（『陸軍歴史』）、②譜代大名軍役案（『肥後藩国事史料』巻七）、③外《と》様《ざま》大名軍役案（『陸軍歴史』）の三点である。①②は同年十月付、③は「戌」（文久三年）の干支がついているが、これは誤写であり、記載された大名一覧から見て六六年（慶応二）十二月のものである。また、①に「別紙兵員取調書」とあるのが②にあたり、①②は③に先立って作成されたとあることから、①②③の史料は一連の一体化した構想にもとづくものと考えられる。

この大名軍役構想は、兵種が歩兵（銃卒）・騎兵・砲兵の洋式部隊に限定されたことが大きな特徴である。これ以外に必要な鼓笛《こてき》兵や土工兵、従軍医、職人、小荷駄《こにだ》隊（兵站部隊）などは各大名の負担で準備することになっていた。それまでの軍役規定が、鉄砲・弓・鑓《やり》を武器とし、主力は騎馬武者《きばむしゃ》であったことを考えればこれは大変革であった。

次に、譜代大名と外様大名で大きく二分したことも大きな特徴である。「御軍役は御国内一般の義」とあるように、戦時動員の際の基準量はさして変わらなかったが、外様大名に対しては大隊や中隊などの大まかな単位で表現されたのに対し、譜代大名には高単位の動員基準が細かく定められ、戦時の半役《はんやく》で常備兵を差し出させることも構想された（参勤交代は三分の一役）。譜代と外様の役割を明確化する意図である。

銃卒の差出基準は、一〇〇〇石当たり六人とされ、五万石以上の大名には段階をつけて大砲数（砲兵隊）と騎兵数が指定された。たとえば、一〇万石の場合には、銃卒四八〇・役人八〇、騎兵一〇、大砲四門・砲手三二・役人八、旗一本で、総計六一〇人であった。騎兵一騎が銃卒四人に、大砲一門が一六人に相当するとされたので、これを全て基準人数に換算すると七二三人である。これは「慶安軍役令」の二一五五人に比べれば約三分の一程度の軍役人数だが戦闘員や銃砲の数は大きく上回っている（無論装備の中身が異なることはいうまでもない。常備兵は同一口径のミニエ・ライフル銃を装備するものとされた）。

結局、御三家《ごさんけ》をふくむ譜代大名の軍役は、総計九一〇万石余で銃卒五万人・騎兵四〇〇騎・大砲二二四丁となり、外様大名も総計九一〇万石余に対し、歩兵一一六大隊（五万五〇〇〇人）・騎兵一二中隊（約一二〇〇騎）・大砲五〇座（四〇〇門）の規模となる（ただし敵対する長州藩毛利家とその支藩を除く）。外様のほうが規模の大きい大名が多いので、騎兵や大砲数は多くなる勘定である。幕府直属軍の最大兵力が二万四〇〇〇（六七年九月）であったから、この数字の規模がよくわかる。

このほか、譜代大名から差し出す「常備兵」は席次ごとの組合で大隊を構成し、月二、三回の合同演習をおこなう際には幕府から教官を派遣するなど、幕府のイニシアティブのもとに、より統一性の高い常備軍を大名からの差出兵を加えて編成することが構想されているのである。

また懸案の海軍建設については、海軍大権は幕府が一元的に掌握し、諸大名には「海軍賦金」を負担させることとした。海軍賦金を負担したものは陸軍人数を減らすことも可とし、当面は軍役を半減してそのまた半分を海軍賦金とすべきとした。これは万石あたり七五〇両となる計算である（軍役一人分五〇両で金納）。また、すでに軍艦を所持する大大名には海軍の一部を委任することもありうるなどの上申が行なわれている。

最幕末における幕府と雄藩の海軍力を保有する軍艦数でみると、財政力のある幕府が圧倒していた。幕府は軍艦八隻・買い上げた商船など洋式艦三六隻を所持したのに対し、諸藩では合計で九四隻であった。幕府では、二五九〇トン・大砲二六門（のち三五門）の開陽丸《かいようまる》を筆頭に、富士、回天などの大型艦があったが、諸藩では一〇〇〇トン以上の艦はほとんどなく、また外輪駆動の旧型艦が多い。個別大

図112　開陽丸

表10　海軍艦船表（箱館戦争期の主な軍艦）

	艦名	旧名	推進	排水トン	砲数	製造年と国
榎本軍側	開陽丸		スクリュー	2590	35	1866年オランダ製
	回天	イーグル	外輪	1678	13	1855年プロシャ製
	咸臨丸	ヤーパン	スクリュー	625	12	1857年オランダ製
	蟠龍丸	エンペラー	スクリュー	370	4	1856年イギリス製
新政府側	甲鉄	ストーンウォール	スクリュー	1358	3	1864年フランス製
	春日丸	キャンスー	外輪	1015	6	1863年イギリス製
	第一丁卯丸	ヒンダ	スクリュー	236	2	1867年イギリス製
	陽春丸	カガノカミ	スクリュー	530	6	1861年アメリカ製
	延年丸	カレドニア	スクリュー	700	8	1868年ホンコン製
	富士山丸	フジヤマ	スクリュー	1000	12	1864年アメリカ製
	観光丸	スームビング	外輪	781	6	1850年オランダ製
	朝陽丸	エド	スクリュー	625	12	1857年オランダ製

※富士山丸・観光丸・朝陽丸は幕府艦だったが，江戸開城後に新政府側へ引き渡された．甲鉄も幕府が注文した軍艦だったが，新政府が引き取った．このことによって，大勢はむしろ逆転した．また，老朽化した咸臨丸は帆走輸送船に改造されていた．（元綱数道・2004より）

名の財政力では、新鋭の大型艦を購入する余裕はなかったからである。このことはのちの戊辰戦争にも大きな影響を与えた（表10参照）。

いずれにせよ、新たな技術段階に対応して、統一的な大名軍役体制を築くという幕府の構想はついに日の目をみることはなかった。軍事的集権化の課題は封建権力たる幕府体制の下では徹底できる術がなかったのである。

コラム　奇兵隊と長州藩諸隊

一八六三年（文久三）六月、フランス艦隊の報復攻撃によって下関砲台が壊滅すると、高杉晋作は有志を集めて奇兵隊を設立し、以後数多くの隊（諸隊）が結成された。諸隊は最新の施条銃を配備した銃兵隊であり、六五年までに定員二〇〇〇人を数え、長州藩討幕派の基盤となったと評価されている。

なかでも奇兵隊は身分にかかわらない士庶混成の部隊とされ、「上から監督された反幕府農民暴動の一種」（ノーマン）など、その農民的性格を強調する評価や、「幕藩体制の身分制から相対的に自由で、近代天皇制下の国民的常備軍への過渡として傭兵的常備軍の色彩を色濃く持っていた」（田中彰）など、近代軍隊につながる側面を強調する評価がなされてきた。

一方、奇兵隊や諸隊が、その内部に会議所の体制をもち、藩庁と直結したある種の「自立」性の高い軍隊組織であったことも近年明らかになりつつある。たとえば、奇兵隊員として戊辰戦争を戦った桂太郎《かつらたろう》の自伝には次のように記されている（宇野俊一校注『桂太郎自伝』東洋文庫）。

抑《そもそも》此隊を統馭《とうぎょ》するの困難なるは他にあらず、畢竟《ひっきょう》隊長を自選せんとするに在りて、とかく藩命に依りて任ぜられし隊長に服従するを否むに在り。……隊士等が補助長官たる某を隊長として漸次に各自の権力をほしいままにせんとするより、ここに沸騰《ふっとう》を為したるなりけり

つまり、隊士の自立意識が高く、隊長を自選しようとして藩庁から任命された隊長を受け付けなかったというのである。近代軍隊とは、良くも悪くも指揮系統が一本化され、上部の指揮権が下部へ貫徹されたものでなくてはならない。その点で奇兵隊や諸隊はきわめて統御しにくい軍隊だったのである。このように義勇の意志にあふれ、有志隊としての性格をもった奇兵隊や諸隊は、むしろ幕府の新撰組《しんせんぐみ》や維新期の草莽隊《そうもうたい》に相通じるものであって、武士的な性格の強い組織であるように思われる。

長州藩は慶応年間に入ると、正規軍改革を断行する。家臣団から知行高にしたがって陪臣を差し出させ、これをすべて銃隊に組織した。当初は一〇〇石二人程度の基準だったが、戊辰期には倍以上の負担が課され、ヒトを出せない場合には石米で負担して藩庁が雇い入れていたようだ。主人である家臣たちは、干城隊など一人働きの銃隊に組織され、あるいは大身の諸隊の司令官などに任じられて、もともとの譜代の陪臣とは切り離されたのである。田中彰によれば、主人から切り離された家臣団隊（陪臣部隊）は八〇〇〇人、ほかに郡中から徴発された農商兵（上等は名字帯刀）が一六〇〇人あったといわれる。

このように見てくると、封建軍役の枠組みの中で、部隊の均質性を確保しつつ如何《いか》に銃兵を確保するか、その手法は幕府が取り組んできた試行錯誤の過程との類似点が大きいことに気づかざるを得ない。長州藩というと奇兵隊や諸隊にスポットが集中するが、正規軍改革にもう少し注目することが必要なのではないだろうか。

5 維新変革と統一軍制の模索 一八六八―一八七一

戊辰戦争と軍制一変　第二次長州戦争の失敗によって幕府の権威は失墜し、薩長の連携によってついに討幕派の形成をみる。一八六七年（慶応三）十月十四日、将軍慶喜《よしのぶ》は大政奉還《たいせいほうかん》をおこなって政治的主導権の回復を狙《ねら》うが、十二月九日、討幕派によって王政復古《おうせいふっこ》のクーデターが断行された。幕府制度は廃止され、総裁《そうさい》・議定《ぎじょう》からなる新政府が誕生した。

京都では徳川慶喜の辞官納地《じかんのうち》をめぐって激しい駆け引きが続いたが、十二月二十五日、武力対決を画策した薩摩藩の攪乱工作に対し、旧幕側が江戸の薩摩藩邸を焼き討ちして事態は一変した。

正月二日、大坂城の旧幕軍は討薩の表をかかげて、京都へ進軍する。随行する兵力は、会津・桑名《くわな》両藩兵に加え、姫路・高松・松山・大垣・浜田・忍《おし》・笠間などの諸藩兵であった。薩摩・長州両藩を中心とする新政府軍はこれを鳥羽《とば》・伏見《ふしみ》で迎え撃ち、三日から五日にかけて激しい戦闘が繰り広げられた。旧幕側は兵力一万五〇〇〇、薩長側は五〇〇〇といわれたが、軍略戦法・戦闘意欲に劣った旧幕側が敗退し、慶喜は六日、早々に大坂城から脱出して海路江戸へ帰還した。鳥羽・伏見の戦いである。この緒戦の帰趨がその後の流れを決定付けたともいわれている。

正月七日、ただちに慶喜追討令《ついとうれい》が出されるとともに、新政府は西国掌握に乗り出した。諸道に鎮撫《ちんぶ》総督《そうとく》が派遣され、諸藩への帰順工作が開始された。十四日には、民心の掌握をはかり、旧幕領への年貢半減令《はんげんれい》が発せられたが、西国の諸藩が意外にあっさりと新政府にしたがい、最も困難視された桑名藩もくだったため、月末までにひそかに撤回された。

新政府に結集した大名には「国力相応」の兵力の差出が命じられ、東征軍が組織された。諸道の鎮撫総督には天皇近臣の公家《くげ》が任じられ、実際の戦争指揮は薩長などの参謀《さんぼう》がおこなっていた。二月六日、東海道先鋒総督橋本実梁《さねやな》は薩摩藩以下一二藩兵を率いて江戸をめざし、九日には総裁熾仁《たるひと》親王（有栖川宮）が東征大総督《とうせいだいそうとく》に迎えられた。この東征軍は、近世以来の大名の軍役動員方式を踏襲するものだったが、兵力として期待された中身は大いに異なっていた。新政府は「銃隊・砲隊以外用捨の事」つまり洋式の銃隊・大砲隊以外は必要ないと厳命したのである。旧幕府がなしえなかった大名軍役の洋式化が、大変革の中で有無を言わさず断行されていたのである。この戊辰《ぼしん》戦争を通じて動員された大名家は一九〇余家、参加兵力は総計一一万人余といわれている。

これに対し、旧幕側も関東の譜代《ふだい》大名から万石当たり一〇人の歩兵素材（「強壮の者」）を徴発し、抗戦に備えようとしたが、慶喜自身の強い恭順姿勢もあり、二月に入って撤回している。

武器と兵站　朝敵となった慶喜がひたすら恭順の姿勢をとったため、東征軍はさしたる抵抗にもあわず、四月十一日の江戸開城を迎える。しかし歩兵奉行大鳥圭介《おおとりけいすけ》や差図役古屋佐久左衛門、撤兵頭福田八郎右衛門ら、旧幕内の強硬派は数千の歩兵を率いて脱走し、関東各地を転戦した。また、上野には彰義隊《しょうぎたい》が結集して徳川家存続への圧力をかけた。結局新政府は田安亀之助《たやすかめのすけ》の宗家相続を許し、駿

図113　四斤山砲で邸宅を襲撃する図（「士官心得」）
薩摩藩邸焼討がモデルになっている．

図114　鳥羽伏見戦争図

府七〇万石に移すことを決する一方、五月十五日、上野彰義隊に総攻撃を加えてこれを一掃し、さらに別の一派を武州飯能《はんのう》で壊滅させた（上野戦争・飯能戦争）。ここに戊辰戦争の第一段階が終結し、奥《おう》羽越列藩同盟《うえつれつぱんどうめい》の形成ともあいまって、戦いの局面は北関東から北越・東北、そして蝦夷地《えぞち》へと移っていく。翌年五月まで、約一年四ヵ月にわたった戊辰戦争である。

遠征を伴う戦争で最も大事なことは兵站《へいたん》の確保である。戊辰戦争の場合も、軍団へ扶持米《ふち》を支給することは、動員した新政府の側の負担であった。東征軍を組織するにあたり、新政府は「冗兵・冗官」を省いて軍費を省略するよう指示するなど、いわゆる供回《ともまわ》りの小者（従者）の同行を制限している。主人の身の回りの世話だけの非戦闘員は必要ないばかりか、無駄に兵糧《ひょうろう》を消費することになりかねないからである。

二月に出された新政府軍の扶持米支給基準では、泊まりの場合、兵員一人当て米四合・金一朱、休憩の場合は米二合・銭一〇〇文であった。支給基準は一旦、一日八合まで引き上げられるが、すぐに兵員一名あたり一日白米六合・金一朱に改められた。現人数に応じ、一〇日分ずつ会計方から引き渡すというのである。この額は、北陸道方面の場合、七〇〇〇の兵員で一日八七五両、一ヵ月で二万六〇〇〇両にも相当したという（『復古記』等）。

また、兵糧や弾薬を最前線へ補給するために、陸上では人馬継立《つぎたて》の輸送システムが、海上では艦船を使った輸送が行なわれた。戦線が東北・北越に延びると追加弾薬の調達・供給も個別大名ではなく新政府側で組織された。この際人足として多くの陣夫が村々から徴募されており、野州烏山《からすやま》藩の事例では、のべ六万六〇〇〇人／日の軍夫が半年ほどの間に動員されたという（宮地正人・一九九一）。越後高田藩領の港町直江津では、北越戦争に向かう高田藩兵とともに「夫人」二〇九人が従軍したほか、新政府の物資揚陸と搬送にのべ三万八九六人／日が動員された（小林あつ子・二〇〇二）。これらはほんの一例であり、民衆徴発の実態を明らかにするにはさらに各地のデータをつきあわせていく必要があろう。のちの戦死者名簿をみると、西南諸藩の政府軍の中に現地徴募の陣夫が相当数含まれていたことにも気がつかざるをえない。

そもそも各藩とも前線の兵士はいわゆる足軽《あしがる》・郷士《ごうし》層の卒族が中心であり、もはや「武士」（騎馬武者）の軍隊ではなかった。実際の戦争は多くの下士と民衆の犠牲の上に成り立っていたのである。

戊辰戦争の勝敗を分けたものに、武器・弾薬の調達、とくに海外から直接入ってくる輸入銃砲の問題があった。

長崎ではいち早く長崎奉行が逃亡し、新政府から派遣された九州鎮撫《ちんぶ》総督沢宣嘉《さわのぶよし》の支配下で武器輸入がさかんに行なわれた。たとえば土佐藩などは一月以降、アームストロング砲四門・小銃四〇〇〇丁を長崎で受け取っている。三月十九日、横浜も新政府に接収され、東久世通禧《ひがしくぜみちとみ》が派遣されて横浜裁判所を設置した。石井孝によれば、当時一〇万六〇〇〇丁の小銃が横浜で輸入され、そのほとんどは新政府軍へ渡ったものと思われる（『横浜市史稿』）。

問題となったのは、新潟港である。新潟は一八六八年一月一日（慶応三年十二月七日）に開港されることになっていたが、幕府の要請によって三ヵ月延期されていた。新潟でも戦乱が拡大すると奉行が機能せず、六月には、米沢・仙台・会津・庄内の四藩の会議所による共同管理になっていた。つまり列藩同盟の支配下で新潟は事実上開港することになったのである。プロシャ人武器商人スネルはチャーターした船艦で新潟にのりつけ、列藩同盟の諸藩に一〇〇〇丁単位で小銃や弾薬を売りさばいたという。その総数は不明だが、売上総額は一四万ドルともいわれることから、ざっと一万丁以上が供給されたことは間違いない。

北越戦線の膠着《こうちゃく》は、同盟側に銃砲と弾薬が供給される一方で、新政府側の輸送艦が不足しており、十分な補給ができなかったためといわれている。七月二十五日、新政府側は軍艦二隻を新潟沖に進め、阿賀川東岸に兵一〇〇〇余を上陸させる作戦を強行した。新政府はようやく開港地新潟を掌握し、列藩同盟の武器輸入を阻止することになった。補給を絶たれた以上、勝敗の行方はもはや明らかであった。

新政府と戦費の調達　新政府は参与三岡《みつおか》八郎（由利公正《ゆりきみまさ》、越前藩）と林左門（名古屋藩）を御用金穀取扱方に命じ、一月二十三日、会計基立金三〇〇万両の御用金募集と金札発行を決定した。当初は二〇万両程度の計画であったが、江戸まで攻め込むには三〇〇万両は必要だと由利が主張したという（沢田章・一九三四）。

御用金はまず京都、ついで大坂の豪商・富商から募集された。新政府の財源の基にするという意味で「会計基立金」と称されたが、この御用金は国債の一種であり、数年かけて利子返済されることになっていた。政府の側としては御用金自体は一時的な資金調達策でしかなく、将来的に償却するため

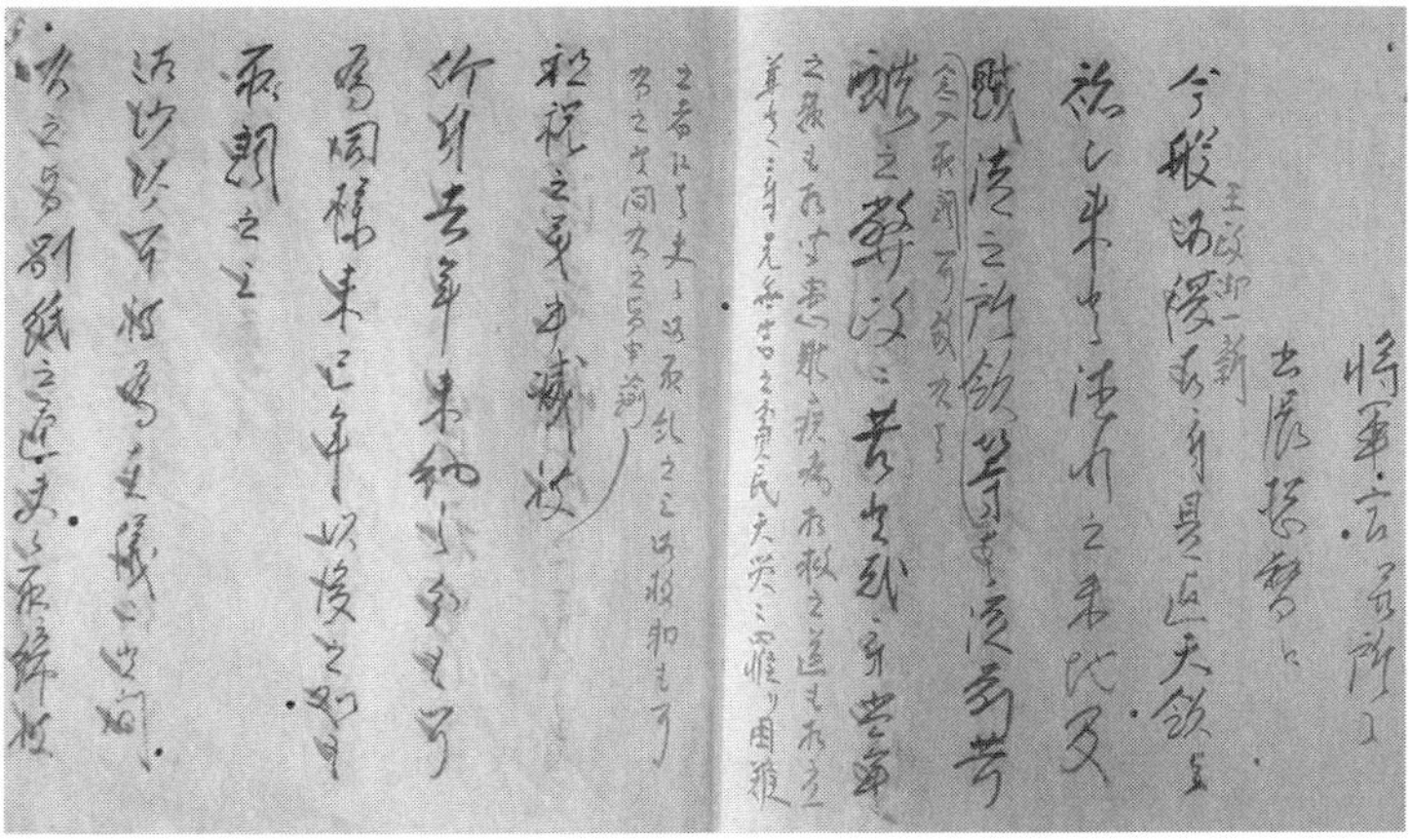

図115　年貢半減令の撤回（内国事務諸達留）
この帳面は政府の内部記録であり，年貢半減令の本文が朱書で訂正され，撤回されている．

図116　函館五稜郭

には基本的な財源を確保する必要があった。幕領に出されていた年貢半減令が撤回されたのもこの直後、一月二十七日のことである。新政府は半減撤回を布告せず、問い合わせに答える形でしか撤回の事実を告げなかったため、現場は大いに混乱した。年貢半減を吹聴した赤報隊《せきほうたい》が偽官軍《にせかんぐん》として処罰されたり、のちに各地で大規模な百姓一揆が起きるなどの騒ぎにつながる。

この御用金調達は遅々として進まなかった。東征軍が江戸に迫った三月末、参謀西郷隆盛《さいごうたかもり》は会計事務局へ軍資を督促せざるをえない事態となっていた。このときは軍票《ぐんぴょう》発行すら考えていたという。幸い江戸は無血開城（四月十三日）されたが、閏四月段階で調達された御用金はようやく一七万両となっていた。この金額は目標金額にはほど遠かった。

この一方で、五月に入ると新政府は大量の太政官札《だじょうかんさつ》の発行にとりかかる。御用金の調達がなかなか進まないため、この金札《きんさつ》は軍資確保にも直接に用いられた。

表11は一〇年以上たって収支決算をとりまとめた統計表である。戊辰戦争の戦費と考えられるものは、狭い意味では征東費と箱館追討費である。統計報告では、「維新征討ノ軍費」は、追給分を含めて、ざっと八一五万円《（両）》と推計されている。各藩が費やした軍費はもちろんこの中には含まれない。同じ統計の、佐賀の乱の一〇一万円、台湾出兵の三六一万円と比較しても、これは巨大な額である。

諸藩に対しては海軍費などの名目で、軍資金の徴収が行なわれたが、もちろん戊辰戦争の最中に上納する財政余力はなく、また総額でも二〇〇万円ほどであり、財源としてはさほどの比重にはならない。

表11　明治初年の財政統計における主な歳入・歳出項目
（『歳入歳出決算報告書』より作成）

歳　入

	地税	海関税	諸藩課賦軍資金	通常歳入小計	調達借入	太政官札発行	民部省札発行	例外歳入小計	歳入総計
第１期(1868)	200	72	7	366	383	2403		2942	3308
第２期(1869)	335	50	7	466	81	2396		2977	3443
第３期(1870)	821	64	37	1004			535	1091	2095
第４期(1871)	1134	107	146	1534			214	680	2214

歳　出

	陸海軍費	通常歳出小計	征東費	箱館追討費	石高割貸付金	勧業貸付金	調達金返済	例外歳出小計	歳入総計
第１期(1868)	100	550	334	12	914	901	26	2499	3050
第２期(1869)	134	936	75	57	358	91	146	1142	2078
第３期(1870)	135	975	23			66	144	1035	2010
第４期(1871)	319	1222	9			83	147	700	1923

（万円）

※第１期は慶応３年12月～明治元年12月，第２期は明治２年１月～８月，第３，４期は９月～翌年８月．

御用金の借入れ（調達借入）によって当座をしのぎ、金札の大量発行によって最終的な収支をまかなっていたことはこの表からも確然としている。

　御用金の総額は最終的に四六四万円にのぼっている。この調達は六、七月になって、ようやく進み、江戸でも八月末に御用金が命じられ、翌年にかけて目標額に到達したという。計三八三万両の内訳として、京都一七四万両、江戸六〇万両、大坂一四七万両という数字もある。個人別にみると、三井などを筆頭に、五万両以上が六人、一万両以上は二九人おり、計九二〇〇余人から集められている。

　このような収支をささえたのは太政官札や民部省札の大量発行であったと思われる。太政官札は最初の二年間で四八〇〇万円、

図117　東京招魂社

さらに民部省札が七五〇万円発行された。このうち各藩に一二七二万円が高割で貸し付けられ（石高割貸付金）、また勧業貸付として民間に一一五〇万円以上が貸し付けられている。このほか金札の流通を意図して強制的に正貨と引き換えられたものもあったという。この金札発行は殖産興業《しょくさんこうぎょう》策として位置づけられたが、当面の軍資金をひねり出すための戦債としての要素も強かったのである。

戦没者慰霊と招魂社　戊辰戦後の論功行賞《ろんこうこうしょう》は、財源を一〇〇万石として、永世・終身・年限・一時の四種の賞典禄《しょうてんろく》を現米で与えるものとした。この一方で、戦没者を国家の祭祀を行なって祀ったことも維新政府の行なった特筆すべきものである。六八年五月、新政府は戦没者および一八五三年（嘉永六）以降の国事殉難者を京都東山・霊山《りょうぜん》（現在の京都護国神社）に祀ることを命じ、その後数度にわたって各藩に戦死者（および戦病死者）を書き上げさせた。上野戦争ののち江戸城内で式典が行なわれ、六九年（明治二）六月、九段坂上に招魂社《しょうこんしゃ》が造営される。ここに戊辰戦争の戦没者三五八八人が合祀された。新政府は祭祀料一万石をこの東京招魂社に与え、これが別格官幣社靖国神社の起源である。各藩でも招魂社を設けたが、いずれも後に官祭となり、かつ祭神は靖国神社に合祀されている。

この招魂社に合祀されたのは官軍側の戦没者に限られ、賊軍とされた旧幕や東北諸藩の戦死者は含まれなかった。最後まで抗戦した会津兵にいたっては、遺体に触れることすら禁じられ、三〇〇〇人の腐乱死体が数ヵ月の間野ざらしにされていたという（今井昭彦・二〇〇二）。死後の慰霊にも目に見えるかたちで官軍・賊軍の区別がつけられていたのである。

もっとも招魂社に祀られた戦没者や国事殉難者がいずれも「官軍」であったわけではない。一八六四年（元治元）の禁門の変では、御所へ攻め込んで「朝敵」となったはずの長州藩兵が祀られるという「逆転現象」すら生じていた。これはいかにも不公平であったが、その当時御所を護って戦死した会津兵や桑名兵が「敵兵」とともに合祀されるにはその後数十年を要したのである。また、当時の国際法的観点からみても犯罪でしかなかったはずだが、外国人や外国公使館を襲撃した事件で捕らえられたり、殺されたりした尊攘《そんじょう》派もこの神社には祀られている。その意味でも、この招魂社（靖国神社）は設立当時から非常に政治的かつ国粋主義的な意味合いの強い神社だったのである。

版籍奉還と軍制論議　戊辰戦争の最中から新政府の軍制をどう整えるかの議論がはじまった。諸大名に対し、いち早く「国力相応」の軍役動員をかけた新政府であったが、閏四月には陸軍編制を布告《ふこく》して軍編制の基準を示した。布告では、万石当り一〇人を政府へ差し出すべき兵力の基準とし、当分の間は万石三人を差し出すものとした。また、在所には万石当り五〇人を備え置き、命令次第に出兵の準備をなすよう命じたほか、万石三〇〇両の軍資金が諸大名に賦課された。

実際の戦場には規定数を超える兵力を送り込む藩も多かったが、これは「大事変」であるので致し方ないものともしている。戦火の中とはいえ、大名軍制に踏み込んだ規定が行なわれていることは注目すべきであろう。

この万石三人の差出兵力は「徴兵」と称され、十八〜三十五歳の強壮の者を三年交代で差し出すよう規定した。「徴兵」は皇居守衛にあてるものとしたように、事実上の親衛隊《しんえいたい》を大名軍役で組織したものであったが、諸大名はこれに十分に対応することが出来ず、「徴兵」は最終期限の七月までに約一二〇〇人ほどが編制されるにとどまった（千田稔・一九七八）。この「徴兵」制度は東征軍の帰休とともに中断する。

千田稔『維新政権の直属軍隊』は、この時期の軍隊編成をめぐって政府内に二派の対抗があったことを論じている。国民皆兵主義にもとづく徴兵取立てを進めようとする大村益次郎《おおむらますじろう》とその後継者のグループ（大村派）と、大名兵（藩兵）を差し出させて親兵を組織しようと主張した薩摩の大久保利通《おおくぼとしみち》らのグループ（大久保派）である。

軍務官副知事（知事は仁和寺宮）として維新政府の軍政を指揮した大村益次郎は、六九年七月、軍務官が兵部省《ひょうぶしょう》となるや兵部大輔となっていた。大村は国民徴兵制度の樹立を目指し、大阪に兵営と兵学寮を建設した。公議所《こうぎしょ》や集議院《しゅうぎいん》では兵制に関する諸藩の意見が交換されたが、いずれも区々でまとまりを欠いた。高割の藩兵差出論を中心に、過重な軍役を忌避する意見や藩兵から親兵《しんぺい》を創出するなどの意見が大半を占め、いわゆる国民皆兵による徴兵の議論は少数意見であったという（千田稔・一九七八）。大村はこの年に暗殺されるが、その遺志は引き継がれた。大阪兵学寮は諸藩士の入学を許し、仏式兵制による士官育成の場として動き出しつつあった。

「藩制」下の軍制　大村の死後、大久保らは国民徴兵による常備軍創設を主張する木戸孝允《きどたかよし》の反対を押し切り、薩・長・土の三藩「徴兵」によって東京の常備軍を作り、版籍奉還《はんせきほうかん》をおこなった（松尾正人・一九九五）。その兵力は予備兵を入れて二五〇〇人であり、一八七〇年二月には佐賀藩兵一大隊がこれに加わった。

一八六九年（明治二）六月、版籍奉還によって旧来の大名はそれぞれ知藩事《ちはんじ》に任じられる一方、諸藩に「諸務変革」が命じられた。

長州藩では幕末に膨れ上がった諸隊組織が財政を圧迫し、常備軍への精選・改編を進めようとしていた。これに反発した諸隊兵士は山口の本営を脱走し、七〇年正月には知藩事公館を包囲した。いわゆる脱隊騒動である。新政府・長州藩当局は強い危機意識のもと、徹底的な弾圧をおこなった。

翌一八七〇年二月、新政府は諸藩常備兵規則を達し、各藩がかかえるべき常備編制の統一基準を指示した。規則では、①歩兵隊の編制…一小隊六〇人、一大隊＝五中隊＝一〇小隊とする、②砲兵隊の編制…一分隊につき砲二門、一隊＝三分隊、③兵士年齢…十八〜三十七歳、④兵式は是《これ》まで通りのもの、⑤軍役高…万石当り一小隊（六〇人）、⑥士卒のほか新規取立を禁ず、と定められた。諸藩の兵式はいまだ英・仏・蘭式とバラバラだったが、少なくとも軍編制の基準は一本化された。さらに軍役として常備すべき兵力数は、前々年の陸軍編制と同じく万石六〇人である。この数字は最幕末に幕府内で構想された大名軍役案（一〇〇〇石六人）の数字と奇しくも一致する。これは単なる偶然ではなく、幕府段階の想定が一定度の合理性を持っていたことの証であろう。

また、五月には新政府の陸海軍費が定額三〇万石と決定した。現米高であるため実際の額面は米価に左右されるが、一石一〇両と見積もられたから年額三〇〇万両である。これを海軍一八万石、陸軍一二万石に分配した。

次に海軍編成である。海軍もまた当初は各藩所有の軍艦を寄せ集めたに過ぎなかった。陸軍同様に、こちらでも諸藩海軍に依拠する方式と新政府のみが海軍建設にあたる方式が議論されたが、こちらはさほどの抵抗もなく、後者に決した。諸藩レベルで海軍を維持することは難しく、また藩兵に占める海軍兵の比重も低かったためといわれている。兵部省は一八七〇年五月、蒸気甲鉄艦五〇隻を含む軍艦大小二〇〇隻を一〇艦隊に編成し、常備人員二万五〇〇〇人を擁する海軍建設を打ち出した。これを二〇年計画で完成させるというのである。

九月には「藩制」が頒布され、各藩では現米高の一〇％を知事家禄《かろく》とし、残り九〇％の一〇分の一、すなわち全体の九％を海陸軍費、残り八一％を士卒家禄および公廨《くげ》（役所）諸費にあてるべきものとした。陸海軍費は当初の原案から半減されたが、このうち半額の四・五％は海軍資金として新政府へ収めることになった。

各藩が所有した艦船については新政府へ献上され、諸藩海軍は解体された。また、この年十月、最終的に陸軍は仏式、海軍は英式を採用することに決し、戊辰戦争によって中断していた軍事顧問団を再度派遣するよう仏英両国に対して要請が行なわれた。築地の海軍操練所は海軍兵学寮となり、大阪兵学寮も陸軍兵学寮として東京へ移される。

ところで、「藩制」のもとでは、士官をのぞき、万石当り兵員六〇人を常備すべきことが確認されたが、二月の基準が草高《くさだか》であったのに対し、これはその約半分から三分の一の現米高であったため、多くの藩ではそれまでの兵力を大幅に削減する必要が生じた。また、中小藩の中には財政負担に耐えられず廃藩を願い出るものもあった。

辛未徴兵　一八七〇年十一月、徴兵規則が布告され、府藩県から一万石につき五人の兵卒徴発が命じられた。これは、実施した翌年の干支をとって辛未徴兵と呼ばれる。

辛未徴兵はいわゆる国民皆兵主義にもとづき、二十〜三十歳／士卒庶人にかかわらず身体強壮の者／四年季などという一律の基準で全国から兵卒を徴発する画期的なものであった。徴発された兵は大阪兵部省が管轄し、これを新政府の直属軍に組織しようという計画である。現石基準であるから全体で六〜八〇〇〇人程度の規模を見込んだものと思われる。

一八七一年（明治四）一月から全国を四地域に区分し、四期に分けて徴発を開始、年末までにやりとげる計画であった。大阪に着いた徴兵人は、「徴兵方」で徴兵下検査をうけ、次いで本検査を経て、合格した者が入営した。一定の「肢体検査」に不合格の者は国元へ帰され、補充人員を差し出すことが求められたのである。

しかし作業の遅れから二期目の途中である五月には、東海道の府藩県に対して差出待機の指示が出され、ついに再開されることがなかったという。結局七月に廃藩置県《はいはんちけん》をむかえてしまうため、徴兵そのものは未完のままとなるが、四月段階の大阪陸軍所には二〇〇〇人規模の兵卒が集められていたという数字もある（小田康徳・二〇〇一）。また、この年の八月ごろまでは徴兵作業が行なわれた痕跡がみられる（相川県徴兵人は八月二日入営…新潟県佐渡支庁文書）。

その実施状況がもっともわかりやすいのは直轄県の場合である。旧幕領を中心とする直轄県では、数十ヵ村単位の組合村が再編成されており、兵賦徴発と同様に組合村単位で徴発がおこなわれていた。兵卒を差し出すために、ここでも村側が増給金を上乗せして徴発に応じているのである。

たとえば新潟県では、兵卒の旅費のみ官費で支出されたものの、実際には兵卒一人三〇両の与荷金《よないきん》（増給金）が村々から拠出されており、さらに病気除隊時一〇〇両・死亡時一五〇両の手当金が保障されていた。県は旅費以外の支給を行なうことを禁じられていたにもかかわらず、これを黙認していた。兵卒を実際に差し出すためにはこのようなシステムに依拠せざるを得なかったのである（新潟県佐渡支庁文書）。

服部敬「大阪兵部省辛未徴兵の一考察」（『大阪の歴史』二一）は、大和国の事例を紹介している。この村々では、一旦徴発を拒否するものの、県から厳しく叱責され、郡中寄合の結果、増給金一人三〇余両を村々で負担して徴兵人を差し出した（七一年正月）。徴兵人の正人での徴発と財政負担の増大は村々の反発を招かざるを得ない。一方で徴発に応じるものがない状況は、徴兵人の立場を一層有利にしていた。五条県のある徴兵人は、大阪の兵営から村々の惣代へ次のように書き送り、増給金の増額を要求したという。

外々は壱か年百両位に相極《あいきま》り居《お》り候えども、私どもよりはいか程とも申す儀は申さず、外々を御聞き合わせくだされ、外並みに御定め下されたく……、もし御（聞き）済ましこれ無き時は、みなみな脱走つかまつるべく候に付き、この段御察し下さるべく候

村々の反発と兵卒の存在形態は制度の桎梏《しっこく》となっていく。徴兵による農村労働力の減少を危惧し、農籍からの徴発免除を上申する県もあった。石高《こくだか》制のもとで、既存のシステムと論理にのって徴発を行なおうとすれば、旧幕時代と全く変わらない矛盾構造にさらされることは明らかであった。

廃藩置県　諸藩連合的な維新政権の性格は、さまざまな局面で改革の妨げとなっていった。新政府の開化政策に対する反感は攘夷派の反政府運動を引き起こし、長州藩脱隊騒動（諸隊反乱）の反省も軍事大権の確立とより強力な直属軍創設の必要を感じさせた。七一年二月、新政府は薩長土の三藩から大規模な兵力を上京させ、これを親兵とすることによって事態の打開を図ろうとした。戊辰を戦った一万二〇〇〇の兵力を抱えていた薩摩藩には願ったりかなったりのことだったとも言われている（松尾正人・一九九五）。上京した三藩親兵は総計八〇〇〇人の規模となった。

七一年四月、中央集権の実を挙げるため、はじめて地方に兵部省管下の二鎮台《ちんだい》が置かれた。石巻《いしのまき》

に東山道《とうさんどう》鎮台、福島・盛岡に分営が設けられ、また、西海道鎮台が小倉《こくら》に、その分営が博多・日田《ひた》に置かれた。これは農民一揆や不平士族に対する治安対策を主眼としたものとされる。

かかる状況下、七月十四日に廃藩置県が断行される。万国対峙の体制創出がその大義名分であった。この結果、封建的大名領有制は最終的に一掃され、統一的な中央集権体制の基礎が築かれていくのである。

近代

1 外征軍隊としての「国民軍」建設 一八七二―一八九四

徴兵令の公布 一八七四年（明治七）、奈良県山中の一農村、添上郡《そえかみ》田原村から徴兵令《ちょうへいれい》による最初の兵士が入営の日を迎えた。しかし彼らの旅立ちは決して後のように盛大なものではなかった。村人は彼らを「大阪鎮台《ちんだい》に行ってくれるて、御苦労なこっちゃ……俺も弟だったら行くとこやが」、「鎮台はお武士のことやから」、とまるで他人ごとのように送り出したのである（帝国在郷軍人会田原村分会『従軍史録』一九二七年）。村人たち、そしておそらく当の兵士たちにとっても戦争とは武士の仕事であり、いきなり当事者意識など持ちようもなかったのである。ところが幾たびかの対外戦争をへて兵士の見送りは熱狂的なものへと変わり、やがてその熱狂の中で日本は世界を相手の大戦争に突入、筆《ひっ》舌《ぜっ》に尽くしがたい惨禍《さんか》を国内外にもたらした。なぜそのようなことになったのか。

十九世紀における欧米列強の東アジア植民地化を目の当たりにした明治新政府は、まず国内の体制を安定させて独立を保つとともに、いずれは国力を高めて自らもアジアに進出しようとはかっていた。そのためにも近代的な軍隊建設は緊急の課題であった。「富国強兵《ふこくきょうへい》」とは当時のそうした政府の指針を端的に表すスローガンである。

一八七一年（明治四）二月、政府は農民一揆《いっき》や不平士族など反政府勢力に備えるべく、薩摩《さつま》・長州・土佐《とさ》藩兵約八〇〇〇人を御親兵《ごしんぺい》と命名して最初の直属軍隊とした（翌年、近衛《このえ》兵と改称）。四月、東山道・西海道《さいかいどう》に陸軍の部隊統括組織・鎮台《ちんだい》を設置して壮兵（＝雇い兵）を募り、鎮台兵と名づけた。その大多数が旧武士身分の士族・卒《そつ》であった。鎮台は八月に東京・大阪・鎮西《ちんぜい》（熊本）・東北（仙台）の四つに変更された。翌七二年二月、兵部省《ひょうぶしょう》を廃して陸軍省・海軍省が設置され、従来からの方針に従い、陸軍はフランス式、海軍はイギリス式の軍制を導入していく。

旧藩意識の抜けない近衛兵・鎮台兵は扱いにくく、政府にとって危険な存在となる可能性もあった。かくして、国民一般から四民平等の建前のもと、安上がりに兵士を募る徴兵制の導入が唱えられるに至った。これより以前の七〇年十一月、太政官《だじょうかん》は「徴兵規則」を出して府藩県に一万石あたり五人ずつ徴兵を差し出すよう命じたが、その時点では政府権力が弱体であったためほとんど実効性はなかった。このため初代陸軍卿山県有朋《やまがたありとも》の手で一八七二年（明治五）十一月、兵役は全人民の義務なりとする内容の詔書および太政官告諭《こくゆ》が、翌七三年一月改めて徴兵令が発布された。十七〜四十歳の男子を兵籍に登録して国民軍に編入、満二十歳（ごく初期のみ数え年を用いた）になると徴兵検査を行ない、適格者とされた成年男子をくじ引きの結果によって常備軍三年（入営して服役、終了後第一後備軍へ編入）・第一・第二後備軍各二年（普段は家にいて戦時に召集、第一のみ一年に一度演習があり、服役終了後第二に編入、第二が終了すれば国民軍に編入）、国民軍（常備軍・後備軍に服さず、「全国大挙」の戦争時のみ服役）のいずれかに入れた。要するに常備軍として入営させられた者のみに三年間もの現役服役と、退営後も戦争となれば真っ先に召集されるという過重な負担が課せられる、非常に不公平な仕組みで

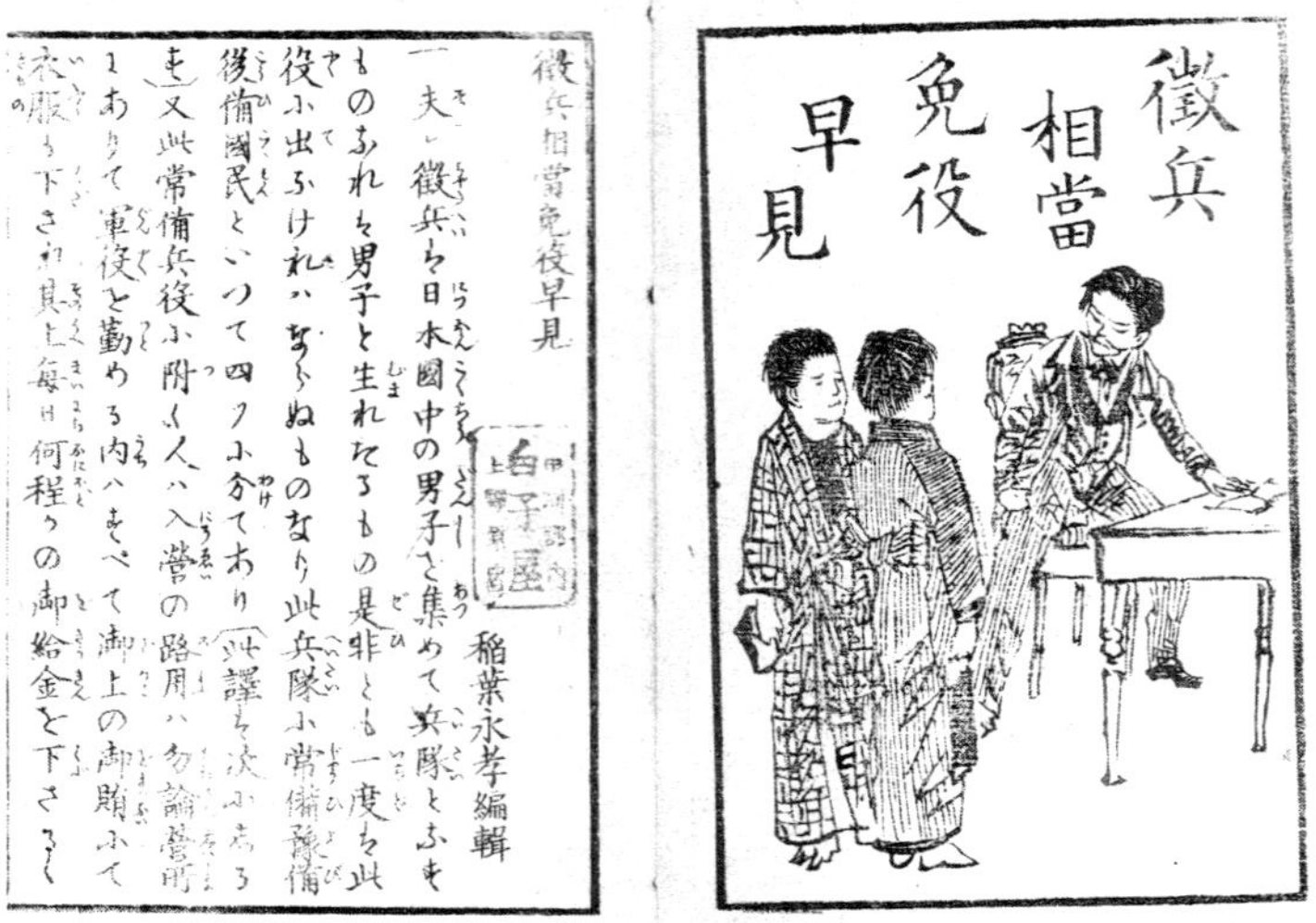

図118　稲葉永孝著『徴兵相当免役早見（ちようへいのがれはやみ）』 1879年発行の免役規定解説書．露骨に徴兵を嫌がる人民．

あった。

ただし制定当初の徴兵令には、租税負担者たる戸主《こしゅ》や嗣子《しし》（跡継ぎの子）・承祖の孫（父に代わって家を継ぐ孫）の兵役免除など、広範な免役規定が存在した。冒頭の「俺も弟やったら行くところやが」との発言はここに由来する。政府は徴兵令制定にともない旧三藩の近衛兵を解官《げかん》、各鎮台からの選抜者をこれに充てた。

陸軍は同じ七三年一月、全国を六軍管に分割、それぞれ東京・大阪・熊本・仙台・名古屋・広島鎮台を設置した。その上で各軍管を二〜三個の師管に分割して中心地に営所を置き、各営所ごとに一歩兵連隊その他の団体を設置した。所要の兵士は毎年、徴兵令によって師管内から集められてくることになる。鎮台の司令長官（少将）は、戦時には旅団《りょだん》司令長官として隷下《れいか》の旅団(二、三個歩兵連隊などで構成)を指揮するとされた。その他、七四年北海道警備・開拓のため屯田兵《とんでんへい》を置いた。六鎮台(歩兵一四連隊、騎兵三大隊、砲兵一八小隊、工兵一〇小隊、輜重《しちょう》六隊、海岸砲九隊)の平時定数三万一六八〇人、戦時四万六三五〇人であった。

海軍は一八七六年(明治九)、横浜に東海鎮守府《ちんじゅふ》を仮設置(のち舞鶴・横須賀・呉《くれ》・佐世保の四鎮守府《ちんじゅふ》となる)、所属艦船・水兵などを管轄させた。水兵の大部分は長期間服務可能な志願兵だった。

徴兵令制定後の一八七三〜七四年、各地で徴兵反対一揆が発生したものの、すべて各府県士族、鎮台兵の手で鎮圧された。以後民衆は徴兵令の免役規定を利用した徴兵逃れを試みていくことになる。財産のある者は、代人料二七〇円を払い服役を免れることができた。

士族反乱・西南戦争 明治政府は四民平等の建前をもとに、武士の特権を徐々に奪っていった。徴兵令で戦争の担い手という存在意義を奪われ、一八七六年(明治九)三月の廃刀令《はいとうれい》により軍人・警察官・官吏などをのぞき帯刀《たいとう》が禁止され、さらに八月には華士族の家禄《かろく》・賞典禄《しょうてんろく》が廃止された。彼らには身分に応じ金禄公債《きんろくこうさい》が渡されたが、要するに手切れ金でありとくに下級の者は額も少なかった。

政府に対する士族たちの不満は急速に高まっていった。そこで彼らの不満をそらそうと政府部内で唱えられたのが征韓論《せいかんろん》である。朝鮮を侵略・支配して欧米列強に備えようという議論は吉田松陰《よしだしょういん》のように幕末より存在したが、士族に活躍の場を与えるためにこれを進めようとする西郷隆盛《さいごうたかもり》派と、内政優先の立場から反対する大久保利通《おおくぼとしみち》派の対立が昂《こう》じ、結局西郷たちが下野《げや》するという事件が起こった。いわゆる明治六年の政変である。

図119　西南戦争錦絵　鮮斎永濯筆「田原坂激戦之図」

一八七四年（明治七）三月、日本は台湾に漂着した琉球漁民が原住民に殺害されたため、その報復・漁民保護を口実に台湾に出兵した（五月二十二日、台湾上陸）。清国との戦争が予想され、このため本来七五年から実施の予定であった各鎮台での徴兵は一年繰り上げられて七四年に実施された（宮川秀一・一九八七）。もはや士族が戦争の担い手となる時代は終わったとされたのである。

清国は大久保利通が北京へ乗り込んでの外交交渉の結果、日本の出兵を「義挙」と認めて償金を支払ったため戦争には至らず、琉球の日本への帰属が確定した。政府は一八七八年（明治十一）四月、琉球藩を廃止し、沖縄県を設置した。

台湾出兵と同じ一八七四年（明治七）、江藤新平《えとうしんぺい》ら佐賀の士族が反乱を起こしたが、政府軍により鎮圧された。七六年十月には熊本で神風連《じんぷうれん》の乱、福岡で秋月《あきづき》の乱、山口では萩《はぎ》の乱と士族反乱が相次いだが、これらもすぐに鎮圧された。

翌七七年（明治十）二月、鹿児島で最大最後の士族反乱・西南戦争が勃発した。西郷隆盛の率いる士族兵二万三〇〇〇人は熊本鎮台のある熊本城を包囲しつつ、南下してきた政府軍と有名な田原坂《たばるざか》ほかで交戦した。約四万六〇〇〇人の政府軍はその半数近くが徴兵以外の兵士で占められていた。徴兵令以前からの壮兵もまだ多数在営していたし、兵力不足のため士族を巡査として採用、「新撰旅団」などと称する部隊に編成して前線に投入したためである（松下芳男・一九五六、彼らをいったん巡査としたのは徴兵制の建前を守るため）。とはいえ、徴兵令によって集められた兵士たちの洋式銃が構成する火網はやがて西郷軍の抜刀《ばっとう》突撃を制圧、海軍による補給力にも支えられて九月に西郷以下を鹿児島の城山で自決に追い込み、戦争は終結した。ここに徴兵制度は国軍の基盤としての地位を不動のものにしたのである。

陸軍部内の混乱　西南戦争の勝利によって、ようやく内乱の根は絶たれた。しかし軍の内実はとうてい確固たるものとはいえず、なお混乱がみられた。

一八七八年（明治十一）八月、西南戦争での奮戦にもかかわらず俸給が削減されたことに怒った近衛砲兵隊は大隈重信《おおくましげのぶ》邸などに発砲する事件を引き起こした（竹橋《たけばし》事件）。政府は死刑五三人という厳罰をもって望むとともに、陸軍卿山県有朋は軍人訓戒を発布して上官への服従、階級の遵守を説くなど引き締めをはかった。一八七九年六月、戊辰戦争の官軍戦死者を祀った東京招魂社《しょうこんしゃ》は、西南戦争の戦死者慰霊のため開催された臨時大祭を契機に靖国神社と改称された。同神社は兵士やその家族たちに、国のため戦争で死ぬことを無上の栄誉として納得、受容させる役割を後々まで果たしつづけた。

一八八一年（明治十四）九月、鳥尾小弥太《とりおこやた》、三浦梧楼《みうらごろう》、谷干城《たにたてき》、曾我祐準《そがすけのり》の陸軍四将官（当時「四将軍」と称された）は天皇に対し、おりから政治問題化していた北海道開拓使官物払い下げに反対する上奏を行なった。山県はこうした動きが当時活発化していた自由民権運動と結びつくことを警戒し、八二年一月四日、いわゆる軍人勅諭《ちょくゆ》を天皇が軍人に直接与えるという形式をもって発布した。忠節・礼儀・武勇・信義・質素という五つの徳目や政治関与の禁止を記したこの勅諭は、軍人の最高規範として一九四五年の敗戦まで神聖視された。一八八一年（明治十四）三月憲兵《けんぺい》条例が定められた。憲兵とは軍人の犯罪を取り締まる兵科である。同十二月には、軍の統制を乱した者に対し死刑を含む厳しい刑罰を規定した陸軍刑法・海軍刑法が定められ、軍内部の統制が順次強化されていった。

軍政・軍令機関の変遷　軍政とは軍隊の編成・維持管理を、軍令とは軍隊の指揮命令をいう。近代日本における軍政を担う機関は一八七二年から敗戦まで陸海軍省であったが、軍令機関は明治初中期にかけてめまぐるしく変化した。以下その過程を概観しよう。

一八七八年（明治十一）十二月、陸軍は一八七〇～七一年の普仏《ふふつ》戦争に勝利したドイツにならい、従来の陸軍省外局・参謀局を廃止して参謀本部を設置、軍政機関から軍令機関を独立させた。作戦に関しては機密保持・迅速を期さねばならないというのが理由であったが、作戦に対する政治の介入を退け、軍の独善を招いたとして悪名高い統帥権《とうすいけん》独立の端緒となった。また、同年監軍《かんぐん》本部が設立され、東部、中部、西部の各監軍部長（中将、ただし監軍本部長というポストはない）を置き、彼らは天皇に直属してそれぞれ管下の二軍管（＝二鎮台）の検閲、軍令の執行を担当、戦時には師団司令長官として管下の二個旅団（三一三頁）などを率いて敵にあたることになっていた。監軍本部は一八八五年監軍部へと改組（監軍部長を大中将に変更、戦時には軍団長となる）され、八六年七月まで存続した。

一八八六年（明治十九）三月、参謀本部条例が改正されて、前出の（陸軍）参謀本部と海軍省軍事部（海軍ではイギリスにならい、軍令機関が軍政機関に従属していた）が合併、参謀本部の下に陸軍部・海軍部が置かれた。参謀本部長は皇族とされ、陸軍大将有栖川宮熾仁《ありすがわのみやたるひと》親王が就任した。帝国陸海軍最初にして最後の〝統合〟参謀本部の設立とされる。対外戦争を見すえての施策ではあったが、陸海軍では戦法が違う、法規が異なるので事務が渋滞するなどの反対論が当初から軍部内では唱えられていた。翌八七年、監軍条例を制定して天皇直属の「監軍」を一人置き、陸軍教育を統括させ（前出の監軍本部長とは異なる。一八九八年教育総監部へと変更）、あわせて陸海軍大臣、参謀本部長、監軍で構成される天皇直属の軍事審議機関・軍事参議官会議を設置した。

一八八八年（明治二十一）、参謀本部条例は参軍官制に改正され、新たに陸軍参謀本部条例・海軍参謀本部条例が公布された。これにより従来の参謀本部は廃止され、皇族大中将より任命される「参軍」を全軍の参謀長とし、その下に陸・海軍両参謀本部が設置された。

しかし翌八九年、参謀本部条例・海軍参謀部条例の公布により、参軍は廃止されて陸軍の軍令事項は天皇直属の参謀本部が、海軍のそれは海軍大臣の下にある海軍参謀部がそれぞれ統括することになった。結局八六年の〝統合〟参謀本部発足前の状態に戻ったわけであるが、（陸軍）参謀本部条例は参謀本部の長を「参謀総長」と称し、さらに参謀総長を「帝国全軍の参謀総長」と規定していたため、海軍の反発を招いた。

一八八九年（明治二十二）大日本帝国憲法が発布され、第一一条で天皇が陸海軍を統帥《とうすい》すること

（統帥大権）、第一二条で天皇が軍の編制・常備兵額（兵力量）を定めること（編制大権）、第二〇条で兵役は臣民の義務であることなどが定められた。ここに統帥権の独立、つまり軍令事項に対する政治の不介入原則は憲法上の規定となったが、軍の兵力量決定が「統帥」の範囲に入るのか、国務事項として内閣もまた輔弼《ほひつ》（補佐）の責任を負うべきかは不明確であり、昭和期のロンドン海軍軍縮条約問題などの火種となった。また同年内閣官制の公布により、内閣総理大臣は各大臣の「首班」として陸海軍省を含む行政各部を統督するとされた。ただし軍令・軍機（軍の機密）事項に関しては陸海軍大臣より報告を受けるにとどまり、それさえ行なわれないことも多かった。

対外戦争への軍備拡張―鎮台から師団へ　一八八四年（明治十七）頃から、陸軍は朝鮮の支配権争い（朝鮮問題については後述する）に端を発した清国との関係悪化をみすえ、重要な改革をいくつか行なった。例えば教育の分野では一八八三年陸軍大学校を設立、八五年ドイツ将校メッケルを教師として招聘《しょうへい》、高等兵学（戦術）教育の充実を図った。メッケルは八八年まで滞日、その後の日本陸軍に多大の影響を与えた。将校を養成する士官学校（一八七四年正式に創立）教育においても、フランスの兵学教程訳本をそのまま使用していたのを逐次ドイツ流へと変更した。これらドイツ式への軍制改革を主導したのは、山県有朋を後ろ盾としたドイツ留学帰りの軍官僚・桂太郎《かつらたろう》（のち首相）であった。

このように陸軍のドイツ化を志向する桂、山県らの主流派と、フランス化を是とする前出の「四将軍」鳥尾、三浦、谷、曾我ら反主流派との間で権力闘争が勃発した。彼らは陸軍が向かうべき方向性についても、前者は外征軍隊への発展、後者は国土防衛に限定と対立していた。この抗争は一八八八年（明治二十二）十二月鳥尾、三浦、曾我が、翌八九年谷が現役を追われたことで主流派の勝利に終わった。主流派は当時陸軍部内で自由・自主的に兵学を研究していた団体・月曜会が自己の対抗勢力化することを懸念、八九年十二月これを解散させて陸軍の主導権をより強固なものとした（月曜会事件）。以後山県は一九二二年死去するまで寺内正毅《まさたけ》、田中義一《ぎいち》（いずれも陸相、首相を歴任）を後継者に据えて陸軍内外ににらみをきかせ、山県閥、長州閥と称される強大な権力基盤を築いた。

こうした権力抗争と前後して、八八年五月に鎮台条例が廃止され、従来の六鎮台は第一～第六師団《しだん》へと改編された。師団とは独立して作戦できる戦略単位のことで、歩兵旅団（歩兵連隊二）二、騎兵大隊・野戦砲兵連隊・工兵大隊・輜重兵《しちょうへい》大隊各一、師団司令部などから構成される。師団では鎮台に比べて輜重兵、騎兵、工兵の数が増加し、かつ野戦病院が付与されたのは、明らかに広大な外地での作戦を想定してのことであった。九一年には近衛師団が新設され、合計七個師団、戦時動員兵力約二三万で日清戦争は戦われる。

一八九〇年（明治二十三）、金鵄勲章《きんしくんしょう》が制定された。将官から兵卒まで戦功を挙げた軍人に与えられ、終生年金がついた。広い意味での対外戦争の準備とみることもできよう。

徴兵令も日清戦争までに、服役年限延長、免役事項縮小の方向で数次にわたる改正が行なわれた。一八七九年（明治十二）十月の第一回大改正では服役年限を一〇年（常備軍三年・予備軍三年・後備軍四年）に延長、免役条項も例えば戸主は国民軍以外免役とするなど、一定度縮小された。一八八三年（明治十六）十二月の第二回大改正では服役年限を一二年（現役三年・予備役四年・後備役五年）に延長、

図120　酒保（売店）で飲食する兵士　彼らのごく少ない楽しみのひとつが食べることだった（河井源蔵『兵営小話』1897年）.

現役志願制を創設した。従来戸主や嗣子、承祖の孫などに広く認められていた免役制は身体上の理由による者をのぞき廃止、徴集猶予制へと改められた。代人料制もこのとき廃止されている。かわって一年志願兵制が新設され、願により官公立学校卒業者の現役服役期間を食費など在営中の費用を自弁する代わりに一年間とした。これは比較的学識を要する看護卒を得る目的だったといわれる。

一八八九年（明治二十二）一月、三回目の徴兵令大改正により、戸主などの徴集猶予が全廃され、「国民皆兵主義」が法文上はほぼ実現した。ただし中学校以上の在学者や外国留学生は二十六歳まで徴集猶予とされ、実際にはそのまま入営しないで済むことが多かった。また一年志願兵制を改正、対象を私立学校卒業者に拡大し、一年間の現役服役後、試験をへて予備役少尉に任官することになった。この制度には高額な在営費用を払える金持ち階級優遇策との批判が当時から、そして戦後の歴史学においても存在したが、むろん陸軍の意図はそんなところにはなく、戦時大量に必要となるであろう下級幹部の員数確保が目的であった。恒産《こうさん》なくして恒心なし、との考え方が根強い時代だったのである。

図121　軍艦扶桑　艦名の「扶桑」は日本の別称.

ただし、以上の改正によっても、軍の定員上ごく少数の現役入営者のみが長期間の負担を強いられるという不公平な仕組みはまったく解消されなかった。八三年の改正から日清戦後に至るまで、各年の成年男子中に占める現役徴集者数の割合は五％前後で推移し、一〇％を超えたのは、一八九七年に至ってのことである。その意味で理念としての「国民軍」と実態との間には相当の開きがあった。

海軍の増強と改革　海軍は幕府・諸藩から接収した軍艦を寄せ集めて出発したが、以後大型艦は外国から購入、小型艦は国産という二本立ての方針をとり、一八七八年（明治十一）には日清戦争でも活躍するイギリス製軍艦「扶桑《ふそう》」（三七七七トン）、「比叡《ひえい》」「金剛《こんごう》」などを購入するなど戦力の増強につとめていった。一八八五年に清国がドイツから購入した巨艦「定遠《ていえん》」「鎮遠《ちんえん》」（三〇センチ砲四門を搭載、七三三五トン）に対抗するため、三二センチ砲一門搭載、四二七八トンの軍艦「厳島」「松島」「橋立」（三景艦という）を建造した。前二艦はフランスからの購入、橋立は横須賀造船部での国産である。日清戦えた。

争開戦時には軍艦二八隻五万七六〇〇㌧（ほか機帆船《きはんせん》三隻など）・水雷艇二四隻一四七五㌧の陣容を整えた。

明治二十年代における海軍改革の立役者となったのが、海軍省主事山本権兵衛《やまもとごんべえ》（のち海相、首相）である。山本は西郷従道《つぐみち》海相を補佐して剰員整理を断行するなど改革に努め、一八九三年（明治二十六）海軍軍令部条例を制定、海軍軍令部を海軍省より独立させた。その背景として、前年の第四議会で政府と対立していた民党が予算案から軍艦製造費を全部削除するという挙にでたため、議会の圧力が海軍大臣を通じて軍令事項にまでおよぶのではないかとの懸念が生じたことや、何より清国との戦争が近いと見られたことが挙げられる。ただし同時に制定された戦時大本営《だいほんえい》条例（大本営とは戦時に天皇を補佐する最高機関）では「帝国陸海軍の大作戦を計画する」のは参謀総長とされ、戦時には海軍が陸軍の下に立つことになり、そのまま日清戦争を迎えた。山本は陸軍と交渉を重ね、日露戦争直前の一九〇三年（明治三十六）十二月の戦時大本営条例改正により、ようやく参謀総長と海軍軍令部長とが対等な地位に立つことになった。

2 日清・日露戦争 一八九四―一九〇五

日清戦争 日本はロシアの南下に対する防衛線として朝鮮に進出する契機をうかがっていたが、それは必然的にその宗主国・清国との深刻な対立を引き起こした。一八七六年(明治九)二月日本は武力を背景に日朝修好条規を結び、漢城(現ソウル)に公使館を置いていたが、一八八二年(明治十五)七月、朝鮮兵士が給料の未払いなどを理由に反乱を起こし日本公使館を襲撃した(壬午《じんご》軍乱)。この事件を契機に、日本軍は公使館警備の軍隊を置く権利を得た。八四年十二月、朝鮮で親日派が軍事クーデターを起こしたが鎮圧され、背後にいた日本軍も清国軍に敗退するという事件(甲申《こうしん》事変)が起こった。日本と清国は翌年四月天津《てんしん》条約を結び、両国が朝鮮から撤兵すること、朝鮮への派兵時には互いに事前通告することなどを定めた。

一八九四年(明治二十七)二月、朝鮮で圧政に対する大規模な農民反乱が起こった(甲午《こうご》農民戦争)。朝鮮政府は清国に応援を求めたため、対抗して日本軍も出兵、七月二十二日朝鮮王宮を武力制圧するとともに清国軍を攻撃した。八月一日に至って両国はたがいに宣戦を布告、日清戦争が開始された。まず海軍が七月二十五日豊島《ほうとう》沖海戦で朝鮮半島西岸の制海権を獲得後、陸軍の第一軍が半島に上陸、北上して九月十六日平壌を陥落させ、清国軍を朝鮮半島から駆逐した。翌十七日、海軍の連合艦隊は

図122　旅順，満州の地図

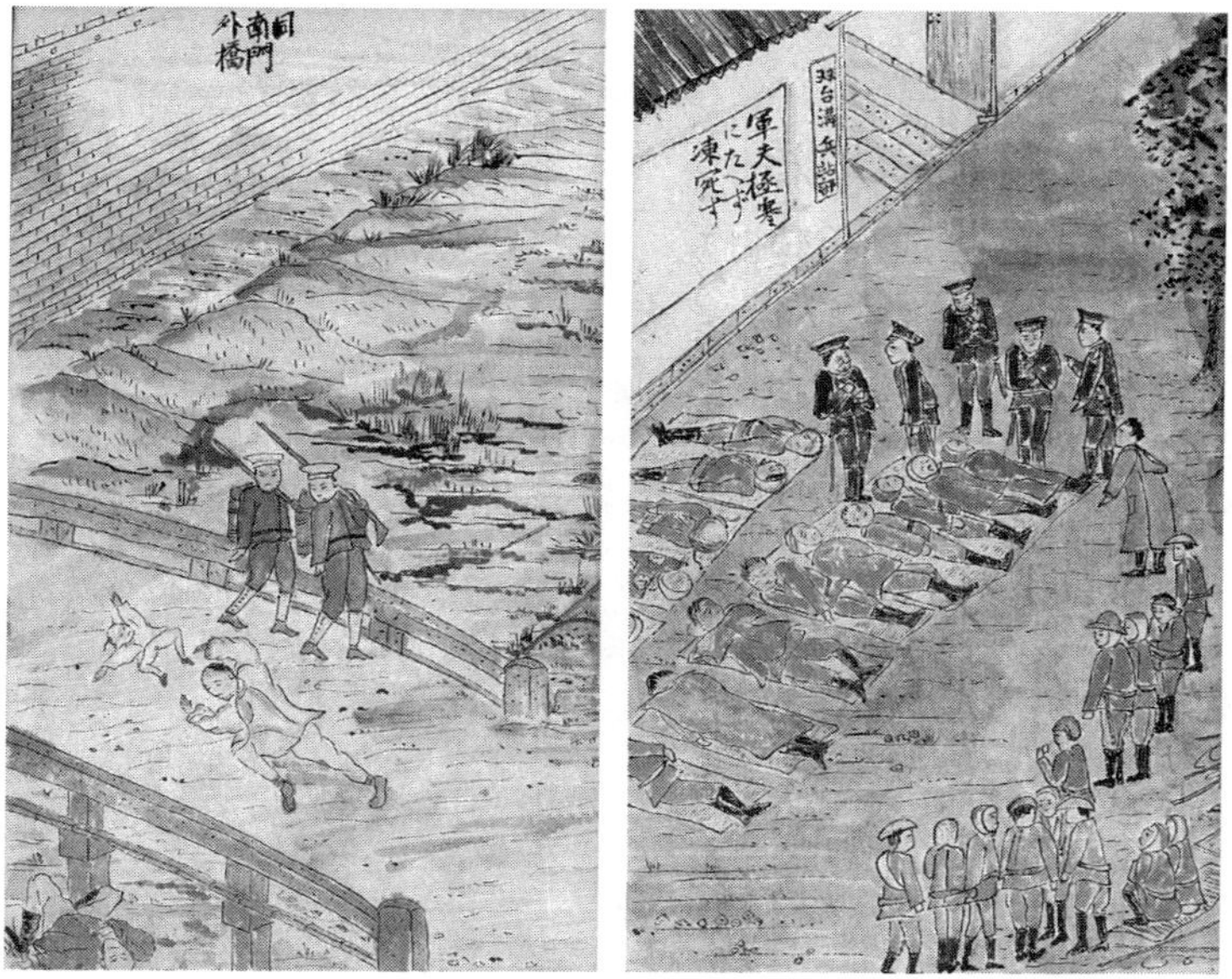

図123　旅順の兵士と凍死した軍夫　『明治二十七八年戦役日記』（コラム参照）挿絵.

黄海で清国北洋艦隊と交戦（黄海海戦）、速力・練度にまさる日本艦隊は、砲の威力不足で清国の主力艦「定遠」などを沈めるには至らなかったが、清国艦隊を旅順《りょじゅん》港、さらに威海衛《いかいえい》へと封じ込め、制海権獲得に成功した。三景艦の三二センチ砲は小型の艦に無理に巨砲を積んだため艦が安定せず、命中精度が著しく悪かったという。

陸軍の第二軍は十月二十四日から三十日にかけて遼東半島に上陸、十一月二十二日旅順を占領したが、ここで民衆までも虐殺する事件を起こし、国際的非難を浴びた。翌八五年二月十二日北洋艦隊が降服、日本軍は天津、首都北京《ペキン》までも攻撃する姿勢を示したため、清国は講和を求め、四月十七日下関で講和条約が締結された。清国は朝鮮を独立国と認めて手を引くとともに賠償金二億三一五〇両（日本円約三億六〇〇〇万円）を支払い、遼東半島、台湾、澎湖《ほうこ》諸島などの領土を割譲することになった。ところが同二十三日、日本の膨張を危険視したロシアがドイツ・フランスとともに遼東半島を返還するよう武力を背景に申し入れてきたため、日本政府はこれを受諾せざるを得なくなった（三国干渉）。以後、日本の各地でロシアへの復讐が叫ばれた。

日本軍は新領土台湾に派兵したが、激しい抵抗にあって全島の制圧に約五ヵ月を要し、しかも衛生体制の不備から脚気《かつけ》やマラリア、コレラなどのため近衛師団長北白川宮能久《よしひさ》王以下の死者九六〇〇人（うち病死七六〇〇人）を出した。これは下関条約締結までの戦死者（八四〇〇人、うち病死七二〇〇人）より多い。

前出の奈良県田原村では戦後の六月、一兵卒から立身して従軍、三人の清兵を斬って凱旋してきた村出身の憲兵中尉のために盛大な歓迎会を行なった。中尉は席上で実戦談を語り、最後に「今後日本はまだまだ他国と戦争をせねばならぬと思ふから、お互に国家の為、不断の努力を怠つてはならぬと思ひます」と述べたという（帝国在郷軍人会田原村分会・一九二六）。徴兵令制定から二〇年、もはや戦争はかつてのような「お武士のこと」ではなかった。日清戦争では全国各地で義勇兵志願者があいつぎ、天皇の詔勅でようやく収まるという一幕もあった。初の対外戦争とその勝利という昂揚を通じて、軍人は郷土の誇り、英雄となり、人々は国家の運命と自己のそれを一体化させて考えるようになっていったのである。

北清事変と戦後軍拡　日清戦争の敗北でその弱体ぶりがあらわとなった清国に欧米列強は相次いで進出、分割支配を進める中で、排外思想を掲げる宗教団体・義和団が一九〇〇年（明治三十三）、「扶《ふ》清滅洋《しんめつよう》」を掲げて山東省《さんとうしょう》から北京、天津など各地に進攻した。各国の公使館・居留地が危機に陥り、清国政府も六月二十一日開戦の詔《みことのり》を出して列強に宣戦を布告したため、日・英・米・露・仏・独・伊・オーストリアの各国は共同して出兵した（北清事変《ほくしんじへん》）。

日本は一個師団という列国中最大規模の兵力を派遣して八月十五日には北京を鎮圧、九月七日に結ばれた講和条約で、清国から北京近郊における駐兵権を獲得した。この部隊が後の一九三七年、日中戦争の端緒となった盧溝橋《ろこうきょう》事件の当事者・支那駐屯軍の前身である。

同事変の過程でロシアは満州に駐兵し、事変終結後も撤兵しなかった。そのうえ本国と極東の根拠地ウラジオストックを結ぶシベリア鉄道の完成を急ぎ、かつて日本が清国に返還した旅順・大連《だいれん》を租借して要塞を建設、韓国にも勢力を伸ばすなど、南下政策を露骨なものにしていった。日本もこれに対抗、日清戦争で得た償金をもとに軍拡を進めた。陸軍は一八九四年（明治二十七）第七師団（司令部所在地・旭川）を、九八年には第八～第一二師団（司令部はそれぞれ弘前、金沢、姫路、丸亀〈のち善通寺〉、小倉）を新設、合計一三個師団をもって一九〇四年（明治三十七）、日露戦争に突入する。

このころヨーロッパでロシアとの対立を深めていたイギリスは、極東で同国の勢力が拡大するのを望まず、日本と同盟してロシアに対抗しようとした。かくして日英同盟《にちえいどうめい》が一九〇二年（明治三十五）一月締結され、日英のいずれかがある一国と交戦するとき他方は厳正中立を守り、二国以上と交戦するときは参戦するとされた。要するに三国干渉の轍《てつ》を踏まず、ロシアと日本一国同士の戦争に限定しようというのである。日本海軍はイギリスから新鋭の戦艦「富士」「八島」「敷島」「朝日」「初瀬」、そして日露戦争時の連合艦隊旗艦となる「三笠《みかさ》」を購入、拡張につとめた結果、戦艦六隻、装甲巡《じゅん》洋艦《ようかん》六隻からなる「六六艦隊」を実現、対露開戦時には軍艦一五二隻（二六万四六〇〇ﾄﾝ）の勢力を持つに至った。

日露戦争 日本は日英同盟を背景に、一九〇二年から日本は朝鮮、ロシアは満州と勢力圏の確定を求める交渉を行なった（いわゆる満韓交換、千葉功・一九九六）。しかしロシアはこれを受け入れるどころか逆に朝鮮の中立化を主張してきたため妥協の余地は失われ、日本は一九〇四年（明治三十七）二月、開戦に踏み切った。日本の国力から見て戦争は一年間が限度であろうとの見通しのもと、陸軍は露軍がシベリア鉄道を使って満州に集結し終わる前に各個撃破する、海軍はまずロシアの旅順艦隊を撃滅して制海権を獲得し、態勢を整えた上でいずれ東欧バルト海から回航してくるであろうバルチック艦隊を迎え撃ち、撃滅するという戦略構想を持っていた。その上で他の強国に講和の斡旋を依頼しようというのである。

陸軍は満州軍を編成（司令官大山巌《いわお》）し、隷下の第一軍、第二軍、第四軍が遼陽《りょうよう》（〇四年八月）、沙《さ》河《か》（同十月）、黒溝台《こっこうだい》（同）と会戦を重ね、露軍を北へと退却させていった。とはいえ、海軍が制海権をとれなければ補給が途絶して作戦続行が不可能となることは明白であった。ところが海軍はロシア艦隊を旅順港に追い込みはしたものの、決定的な打撃を与えることに失敗した。そのため古い船を港口に沈めてロシア艦隊を港内に封じ込める作戦（旅順港閉塞作戦）を行なったが不調に終わった。しかも露軍の機雷により六隻しかない戦艦のうち二隻を失った。

　このため陸軍が陸上から旅順を攻略し、港内の敵艦隊を砲撃することになった。乃木希典《のぎまれすけ》大将率いる第三軍が六月から強固な要塞《ようさい》に正面から突撃を繰り返し、約一万五〇〇〇もの戦死者を出しながらも露軍守備隊を降服させ（〇五年一月一日）、旅順艦隊も全滅させた。満州軍は同年三月の奉天《ほうてん》会戦において多大の損害を露軍に与えたが、完全な包囲撃滅には至らず、多数の敵部隊を北方に取り逃がす結果となった。兵士たちは疲労困憊《こんぱい》して弾薬も予備兵力もなく、もはや追撃する力はなかったのである。

図124　“軍神”の誕生　旅順港閉塞作戦で戦死した広瀬武夫海軍大尉（神田伯龍講演『軍神広瀬中佐』1904年）．

　一方、海軍の連合艦隊は五月二十七・二十八日、はるばる東欧バルト海から回航してきたバルチック艦隊と対馬海峡で激突した。近年の研究によれば、司令長官東郷《とうごう》平八郎《へいはちろう》は敵艦隊の予想来航方向を対馬から津軽海峡へと変更、移動を決心していたが、一部部下の反対で対馬にとどまったという（野村実・一九九九）。きわどいところであった。連合艦隊は戦艦の数では劣ったものの、巡洋

図125　樺太で降伏するロシア軍　『戦時画報』第60号（1905年）表紙．白人に対する積年の劣等感もいくぶんは解消された．

艦などの補助艦数・射撃精度・艦隊運動能力の優越、ロシア艦隊の疲労などの諸要因から、自軍の損害水雷艇《すいらいてい》三隻に対し、戦艦六隻以下一九隻を撃沈、ウラジオストックにたどり着いたロシア艦はわずかに巡洋艦一、駆逐艦《くちくかん》二という、海戦史上に残る一方的な勝利を収めた（日本海海戦）。

六月、日本政府は一連の勝利を契機に、アメリカに仲介を依頼して和平交渉に入った。ロシアはなお余力はあったものの、国内情勢の不穏化などの事情から講和に応じた。九月締結のポーツマス条約により、日本は旅順・大連の租借権、南満州の鉄道とその付属地などのロシア諸権益、樺太《からふと》の南半分を譲渡されるとともに、韓国の事実上の支配権も獲得、一九一〇年に「併合」して自国領とした。満鉄付属地警備のため設置された独立守備隊六個大隊と、内地から交代で現地守備に就いた一個師団が、のちの関東軍となる。

しかし賠償金はゼロであったから、多大の犠牲を払った国民の不満は爆発、一部で暴動を引き起こした（日比谷《ひびや》事件）。とはいえ、白人の大国ロシアに勝利して領土を勝ち取ったことは日本人に「一等国」意識を持たせ、以後奉天を占領した三月十日は陸軍記念日、日本海海戦の五月二十七日は海軍記念日として国民的記念日となった。あまりにも大きな戦争の犠牲は人々の心を強く動かし、郷土出身の戦死者をしのぶべく、多くの市町村に忠魂碑が建てられていった。戦死者は郷土の、ひいては天皇、国のために死んだ「英霊」と位置づけられ、後につづく者の儀表《ぎひょう》となる役割を持たされたのである。この犠牲の記憶は、後年の満州事変時、なぜ満州が日本のものであり、他国は介入すべきでないかを説明する際、「一〇万の生霊と二〇億の国帑《こくど》（国の金）」との言葉に象徴される、一種の国民的記憶としてよみがえることになる。

「銃後」の諸相と戦争体験の語り方　日露戦争を通じての日本軍動員兵力は約一三〇万人に達し、一一万八〇〇〇人もの戦死・戦傷による服役免除者を出した。多くの家庭から働き手が奪われ、困窮に追い込まれた。それは前線兵士の士気に関わる問題であったから、政府は下士卒家族救助令を出して国費による彼らの生活救護をはかったが、同令はあくまで近隣の扶助《ふじょ》で対応できない場合のみ適用とされた。このため多くの市町村が独自に救護団体を設立、留守家族・遺族の生活救護、前線兵士の慰問などを行なった。例えば山形県米沢市では「米沢奉公義団」なる団体が市民から寄付金を徴収して兵士の家族遺族に米を支給した。当初こそ市民の側も救護に積極的だったものの、戦局が有利に進むにつれて地元新聞に「(家族遺族は)力一杯働いて自分の生活するこそ名誉である、救助を仰ぐは無能力者とか怠惰とかを証明しているよ」との投書（〇五年二月十五日付『米沢新聞』）や、寄付金不足を訴える記事が複数掲載されるようになった。

このように、留守家族が一種の〝惰民〟視される事態が発生したことは、当時の兵士、戦争に対する民衆のまなざしを考えるうえで注目に値する。確かに「銃後」国民は前線での勝利に沸きかえったものの、だからといって常に国家の勝利のため一致結束して「前線」を支えていたわけでもなく、後世の者が美化しすぎるのは危険である。ちなみにこの「銃後」なる言葉が生まれたのも、日露戦争でのことであった（陸軍将校桜井忠温の従軍体験記『銃後』による）。

それでも戦後帰還した兵士は、自己の戦場体験を誇りをもって郷土の人々に語った。例えば、これまでたびたびとりあげている前出奈良県田原村出身の陸軍工兵一等卒は、「支那に渡りて、最も深く感じたのは、弱国の悲哀といふ事です、それは、自分の国を戦場とされた支那が、広大な耕地を蹂《じゅう》躙《りん》されながら一言の不服も唱へず、尚《なお》私達の使役となりて用材の運搬等に従事した事です……弱国の国民に対して深く同情し、吾《わ》が国民の幸福を深く感じました」と述べている。確かに彼は〈戦争〉を悲惨なものとして語った。ただしそれは、「だから戦争には決して負けてはならない」、「我が大日本帝国はありがたい」という文脈においてのことであり、聞く者たちもそう受け取ったことであろう。戦前の日本社会の末端で、どのような〈戦争〉像がいかなる経緯で形成されていったのかをうかがわせる、興味深い事例といえよう。

同じ田原村出身のある歩兵一等卒は〇五年六月、第一三師団歩兵第四九連隊の一員として樺太占領に参加、中隊二百数十人で八月十五日より残敵掃討に出発、途中露軍の一等大尉以下六〇人の捕虜を得たが、翌日「隊長密《ひそ》かに死刑を行ふべく命ず、茲《ここ》に於て捕虜全部を銃殺」したと語っている。連れて歩くには数が多すぎたこと、この戦闘で二人の小隊長が戦死、「戦傷者続出して戦闘力極めて薄く、全く苦況に陥」ったことへの復讐が原因だったのか。松山ほか内地収容所での捕虜厚遇などから、のちの昭和期の戦争とは異なり「文明」的戦争とのイメージが強い日露戦争だが、中立諸外国の眼が届かない末端では捕虜殺害も「密かに」行なわれていたし、戦後の社会でそれを語ることは、少なくともタブーではなかった。それは当時の日本社会における「文明」の程度をうかがわせるものとはいえまいか。

国産兵器の開発　明治初期から日清・日露戦争までの、各種陸軍火器の整備・国産化についても概観しておこう。西南戦争では歩兵の携帯する小銃にイギリス製のスナイドル銃以外にエンピール、ワンナール銃など雑多な種類の銃が混用され、弾薬補給に混乱を来したため、銃の統一・国産化が目指された（以下、銃砲関係は佐山二郎・二〇〇〇参照）。

一八八〇年（明治十三）には村田経芳《つねよし》発明の一三年式村田銃（口径一一ミリ）が、八五年（明治十八）には改良型の一八年式村田銃が制定された。八九年、無煙火薬の実用化とともに（従来の黒色火薬では煙が視界をさえぎり、迅速な照準・発射ができなかった）これを連発化した村田連発銃を採用した。日清戦争では近衛師団と第四師団が連発銃を、他の師団が一三、一八年式を使用した。村田連発銃は弾薬の装填《そうてん》に時間がかかったため、改良を加えて三〇年式歩兵銃（六・五ミリ）の名で新規に採用し、日露戦争で全野戦軍が用いた。実戦の経験により、三〇年式の機関部に防塵用の覆いをつけた銃が、一九〇六年三八式歩兵銃として制定され、太平洋戦争まで用いられた。小銃製造は東京砲兵工廠《こうしょう》が主

図126　機関銃　高崎歩兵第一五連隊機関銃隊（1910年）

に受け持った。

火砲は幕末以来のフランス式四斤（斤はキログラム、弾丸の重さを示す）野・山砲を一八七六年（明治十九）ごろまで使用していた。野砲とは口径約七センチのもっとも一般的な火砲で、山砲は野砲と同口径だがより軽量、分解運搬できる砲（野砲より威力は落ちる）である。翌七七年からイタリア式の青銅製七センチ野・山砲を大阪砲兵工廠で生産した。のち同工廠は臼砲《きゅうほう》（大口径だが短砲身）、榴弾砲《りゅうだんぽう》（野砲を拡大して威力を高めた砲、口径一〇〜一五センチ）、加農砲《かのん》（口径は榴弾砲に同じ、砲身を長くして弾丸を最も遠くまで撃ち出せる砲）も製造、いずれも日清戦争において使用された。戦後、有坂成章《ありさかなりあきら》大佐設計、鋼鉄製の三十一年式速射野・山砲が外国製の砲をおさえて採用、〇三年二月までに全野戦軍に配布され日露戦争で用いられた。

同砲は露軍の三インチ野砲より射程が短く苦戦を強いられる場面もあったが、火力密度（軍の兵員数に占める火砲数の割合）では決して劣っていなかった。また機関銃は、日露戦前からフランス・オチキス社製のものを輸入、国産化して量産していた。今日でも一部に残る日本軍イメージとは異なり、奉天戦時にはロシア軍の五倍の数の機関銃を保有するに至っていた（大江志乃夫・一九七六）。対露戦の勝利は、こうした火力の優越にも支えられていたのである。戦後、一部改良を加え、三八式機関銃として採用した。

その他、日露戦争では攻城砲としてドイツ・クルップ社から購入した新式の一〇センチ半速射加農砲、一五・一二センチ榴弾砲、イタリア式の各種旧式青銅砲（旅順攻防戦で有名な二八センチ榴弾砲もその一部で、内地の要塞から外して旅順まで運ばれた）も使用された。陸軍は一九〇五年六〜七月にかけてクルップ社設計の砲身後座式野砲を輸入した。それまでの砲が一発撃つごとに発射の反動で砲・車輪全体がガラガラと後退していたのに対し、反動を受け止める「駐退機《ちゅうたいき》」がついているためそれがなく、結果速射が可能な同砲は、実戦には間に合わなかったが一九〇七年三八式野砲として採用、国産化された。

コラム　日清戦争の軍夫日記

研究の過程で、古書店をまわって生の史料を購入するのは楽しい。丸木力蔵なる日清戦争の軍夫《ぐんぷ》が書いた『明治二十七八年戦役日記』はそのなかでも「当たり」の史料である。軍夫とは物資の輸送にあたる、軍人とも民間人ともいえない不思議な存在である。日清戦争では急遽《きゆうきよ》多数の軍夫が顧用され、それは当時の日本軍の補給体制の貧弱さを端的に物語る。丸木は第二軍第一師団糧食第二縦列（食料の輸送部隊）に所属して開戦直後の一八九四年（明治二十七）十月二十六日遼東半島に上陸、一貫して後方輸送に従事、終戦後無事に帰国している。彼は「残兵を捕《とら》へ来り斬殺するにあたり、係《かゝ》りの人より百人長〔軍夫の長〕にドウダ斬《きつ》てみんかといはれ、物は為《ため》しだやッて見ろと先《まつ》最初《さいしよ》斬形《きりかた》をしへられ、夫から縄《なは》付を引きたり、ひとり後《うし》ろに縄《なは》を持《も》つ、チヤン公はハアヨ〳〵と泣き居り、用意《よふい》よきゆへ刀抜《かたなぬ》きはなせばチヤン公にげか丶る間に首切《くひきり》をとしたり、其の時の百人長のがんしよく〔顔色〕青ざめ惣身《そうしん》ふるへ、只ぼふぜんツー立ッたさま血刀さげたるふう何んとなく驚《をどろ》いた様子《よふす》」（十一月二十六・二十七日）と旅順での捕虜殺害をはじめ、戦地の様子をリアルに描いている。

日記には多数の挿絵があり、戦地での下書きを帰国後清書、一冊の「本」として周囲の者に読ませるべく作成されたものと思われる（三二五頁参照）。丸木はこうした戦地の無惨な有様をみて、「実に敗軍国の人民はあはれな物成《ものな》り」（十一月七日）との感慨を記している。このように、当時の社会の末端における戦争体験の語られ方とは、戦争は「悲惨だからしてはならない」というのではなく、「悲惨だから負けてはならない」というものだったのである（本日記は一ノ瀬・二〇〇二に全文翻刻したので、興味のある方は参照されたい）。

3 「デモクラシー」思潮下の日本軍隊 一九〇五―一九三一

戦後の軍拡と「国防方針」 一九〇五年（明治三十八）八月、日本は第二次の日英同盟を結び、対象地域を東アジア・インド全域に拡大した。ロシアとは〇七年、大陸の権益を相互に認定する協定（日露協約）を結ぶなど関係が深まり、アメリカとの間にも、南満州鉄道に対する米資本の参加排除や一三年日本人移民の土地所有を禁じたカリフォルニア州排日土地法制定などの問題は存在したものの、それ以上の対立要因は見あたらず、当面対外戦争は起こりそうもなかった。このため一九〇七年、陸海軍は国家的政戦略の策定を建前に、実際には軍として自己の存在意義を強調するべく共同で「帝国国防方針」を制定、仮想敵国を第一位ロシア、次にアメリカ、ドイツ、フランスと定めた（以下帝国国防方針に関しては、主に黒野耐・二〇〇〇参照）。

陸軍は国防方針においてロシアを仮想敵国とする北進論をとなえ、平時二五個師団・戦時五〇個師団を国防上の所用兵力とした。しかし現実には日露戦中に急設した四個（第一三〜第一六、それぞれ司令部は高田、宇都宮、豊橋、京都）に加え、一九〇七年（明治四十）さらに第一七（岡山）、第一八（久留米）の二個師団を新設し、合計一九個師団とするにとどまった。

さらなる軍拡をめざす陸軍は一九一二年（大正元）十二月、二個師団増設問題を引き起こした。時の第二次西園寺公望《さいおんじきんもち》内閣が師団増設の予算を認めなかったため、陸軍は上原勇作《うえはらゆうさく》陸相を辞任させて後任を出さず、そのため同内閣は総辞職に追い込まれたという事件である。いわゆる軍部大臣現役武官制、つまり予備役将官や文官は大臣になれないとの規定を楯にしての策動であった。しかしこの制度は一三年、海軍出身の山本権兵衛内閣により廃止され、肝心の師団増設も実現しないと、陸軍にとっては完全な政治的敗北であった。この問題は一九一六年（大正五）第一九師団（朝鮮羅南）、一九年第二〇師団（朝鮮龍山）の設置でようやく解決した。

一方の海軍は南進論を唱え、フィリピンを支配していたアメリカ相手の戦争を意識するに至った。もはや戦力としてのロシア艦隊は存在せず、新たな敵を設定しないと自己の存在意義が失われるという事情もあったからである。海軍は一九〇六年から〇七年にかけて、いわゆる七割海軍という考え方を打ち出した。侵攻してくる米艦隊を迎え撃ち勝利するには、最低その七割の兵力が必要という発想である。これにもとづき海軍は「国防方針」中、竣工から八年以内の戦艦八隻、装甲巡洋艦（一九一二年に巡洋戦艦へと呼称を変更）八隻を第一線艦隊として編成するという有名な「八八艦隊」を国防上必要な戦力として設定したが、その実現には莫大な予算が必要であり、前途は多難であった。

兵士たちへの軍のまなざし　一九一〇年（明治四十三）、陸軍は帝国在郷軍人会を設立、全国各市区町村ごとに分会を設置、区域内在住の在郷軍人を会員とした。大量の兵力を必要とした日露戦争の経験からして、今後の戦争の主力は予備役、後備役の在郷軍人になるだろうとの予測のもと、地域単位で彼らを統制・監視するとともに、彼らをして地域住民の模範たらしめ、これから兵士となる若者の

図127　村の在郷軍人たち　帝国在郷軍人会田原村分会『従軍史録』(1927年)

準備教育をもさせようとしたのである。同会はこれ以後、一九四五年の敗戦まで、軍隊と地域の橋渡し役をつとめることになった。陸軍は一九一三年制定した軍隊教育令でも「軍隊に於《おい》て習得せる無形上の特質は以て社会の風潮を向上すべく」とうたうなど、「良国民の育成」を軍隊教育の主目標として、あるいは自己の存在意義の証明として強調していく。陸軍は日露戦中の大量の兵力動員を転機として、社会を自己の存在基盤ととらえはじめ種々の働きかけを開始したのであり、「良民即良兵、良兵即良民」とは、そうした陸軍の考え方を如実にあらわしたスローガンである。

　陸軍は戦時における兵力数確保のため、一九〇七年から歩兵の二年兵役制の導入に踏み切った。平時において軍の定員は財政の都合もあり、むやみに増やせない。そこで各年ごとの入営者の訓練期間を一年間短縮して二年で我慢するかわりに、より多数の兵士を現役入営させ（こうすれば単年ごとに見た在営兵士数はさほど増えないわけである）、戦時には訓練済みの予後備役兵卒をより多く召集、戦場に送ろうという考えである。

　一方で陸軍は、後年非合理的と批判される体質を自己にもたらす改革も行なった。満州の戦場で兵士たちが統制を失い潰走《かいそう》する事例が多発したことから、歩兵の実戦における守則・歩兵操典を一九〇九年改定して個々の兵士の「攻撃精神」を強調したり、「一旦占有セル地区ハ尺土ト雖《いえど》モ再ヒ之ヲ敵ニ委《まか》スヘカラス」として退却・後退を禁忌化するなど、「精神力」を極度に重視する方針を示したのである。

日露戦争という実戦経験とその反省の中で、捕虜となることも兵士にとっての禁忌とされていった。例えば一九一四年（大正三）、陸軍は既存の「野外要務令」を陣中用務令と改正して、緊急の場合味方の負傷者を敵に委《ゆだ》ねて退却することを認める規定を削除した。それ以外の例として、一一年民間の出版社発行の兵士向け市販教科書『歩兵教程』がある。同書では、「俘虜《ふりよ》は博愛の心を以て取扱ひ決して侮辱虐待を加ふべからず」と教えている。現代における一部のイメージとは異なり、戦前の兵士は捕虜の扱いをまったく教えられなかったわけではない。ところが同書は続いて「我に在りては断じて敵軍に降伏し俘虜となる如き大恥辱、大卑怯の行為あるべからず」、「瓦となりて存せんよりは寧《むし》ろ玉となりて砕けよ」と教えている。約三〇年後、太平洋戦争の随所でみられた「玉砕」の思想はまさしくこの時点で芽生えていたのである。さらにいえば、自ら捕虜となることを「恥辱」視した軍隊が、敵軍のそれを「博愛の心を以て取扱」うはずもなかった。重要なのは、こうした改革が日露戦争という〈教訓〉に即して行なわれ、ゆえに合理的であると信じられたことである。

一方、戦後の軍拡と不景気は、働き手を奪われた兵士家族や廃兵（傷痍《しょうい》軍人）・戦死者遺族の生活難を招いた。それは兵士たちの士気低下につながるとして、彼らの待遇改善が在郷将校や資本家武藤《むとう》山治《さんじ》（のちの鐘紡社長・衆院議員）たちによって主張された。武藤の運動の背景には、兵士たちの士気低下は自分たち資本家が海外で経済活動を展開する際、その後ろ盾たるべき国家の軍事力低下につながるという危機感があった。

彼らが待遇改善の財源として提起したのは、検査・抽籤《ちゅうせん》の結果入営を免れた者からの徴税、兵役税である。この構想は法案化され、一九一四年以降繰り返し議会提出されたが、陸軍はこれを一貫して拒否した。実現すれば入営しない者は金で兵役を免れたことになるし、その金を受け取った兵士は崇高な義務ではなく金のために働く傭兵《ようへい》に堕してしまう、というのである。この意味で兵役税の問題は、戦争のない時代、国民に兵役を納得して受容させることは陸軍にとってけっして自明のことではなく、むしろ深刻な課題であったことを示す（一ノ瀬俊也・二〇〇四）。

ただし兵士の士気維持という兵役税論の目的自体は陸軍にも受容可能であったから、一九一八年に至って留守家族・廃兵遺族中の困窮者に一定の金品を支給する内容の軍事救護法が制定された。同法は数度の改正をへて四五年の敗戦まで存続、兵士たちの「後顧《こうこ》の憂《うれ》いを絶」ち安心して戦場へ向かわせる役割を果たしつづけた。まさに硬軟あわせもった態度をもって、軍は兵士たちと向かい合っていたのである。

第一次世界大戦の衝撃とシベリア出兵　一九一四年（大正三）八月、それまで対立を深めていた英仏ほか連合国と独・オーストリアなどの同盟国は全面戦争に突入、第一次世界大戦がはじまった。日本も日英同盟の名の下に参戦して青島《チンタオ》、赤道以北の南洋諸島（ヤップ・パラオ・サイパンほか）など東洋におけるドイツの権益を奪取、地中海に艦隊を派遣して連合軍の船団護衛を行なったが、欧州への陸軍部隊の派遣は再三の要請にもかかわらず拒否した。派兵しても何の利益も得られないと判断したからであるが、これは英仏の不信を招いた。また大戦の混乱に乗じて一九一五年一月、中華民国政府（一九一二年清朝を打倒して成立）に対し、中国山東省におけるドイツ権益の継承、南満州での日本の排他的地位の承認など二一ヵ条の要求を突きつけたことも、諸外国から非難された。

ヨーロッパの戦場では、開戦当初こそ伝統的な歩兵の銃剣突撃が行なわれた。しかしそれはたちまち機関銃や重火器の弾幕で一掃されたため、両軍とも塹壕《ざんごう》を掘ってにらみ合う長期戦に突入した。膠《こう》着《ちゃく》した戦況を打開するため、戦車や毒ガスといった新兵器が前線に投入された。また海でも潜水艦が通商破壊に活躍するなど、戦争はその国の工業力の総体的質量を競ういわば総力戦の様相を呈した。また急速な進化を遂げた飛行機が相手の都市を空襲し、前線と後方の区別もなくなってしまったが、日本軍はこうした流れから取り残された。

むろん欧州の戦況が無視されていたというのではない。陸軍は一九一五年（大正四）九月臨時軍事調査委員を、海軍は翌十月臨時海軍軍事調査会を設置して、欧州の戦訓・情報入手に多大の努力を払ったが、問題は日本の国力、つまり基礎工業力であった。例えば一七年から陸軍の各歩兵連隊に機関銃隊（機関銃六丁装備）が追加設置されることになったが、生産力・財政の都合上、一年に九個連隊ずつというペースで行なわれることになった。当時歩兵連隊の総数は八六だったから、完了は実に一〇年後という悠長な計画であった（加登川幸太郎・一九七五）。

図128　シベリア出兵　1920年，ハバロフスクで日本軍に使役される革命軍捕虜（『西伯利亜出兵第十四師団記念写真帖』1920年）．

このため政府も国家総力戦体制構築に向けての施策をいくつか行なった。一九一八年（大正七）、戦時の政府は工場・土地家屋、従業者の使用供用、国民の召集徴用を命じうるとした軍需工業動員法を制定、二七年には人的・物的資源の統制運用を行なう資源局を内閣に設置したが、ほとんど戦争らしい戦争をしていない以上、総力戦構想の全面的開花は後の昭和戦時期を待たねばならなかった。

ヨーロッパの戦争はアメリカの参戦で追いつめられたドイツの和平申し出により一八年十一月終結したが、日本は同年七月、シベリアにいるチェコスロバキア軍の救出を掲げてアメリカなどと共同で同地に出兵した（シベリア出兵）。このチェコ軍とはヨーロッパの東部戦線で連合軍の一部としてドイツと戦っていた約七万人の部隊であり、一八年三月ロシア（一七年、社会主義革命成立）とドイツが単独講和したため、シベリア→ウラジオストック経由で本国へ帰還しようとして革命軍と衝突、窮地に陥ったものである。だが、日本の真の目的は勢力圏の拡大、社会主義革命への干渉にあった。

しかしその結果は、一九二〇年（大正九）、現地の日本人居留地が革命軍に攻撃され、数百人の日本軍人と民間人が虐殺された尼港《にこう》事件（尼はニコライエフスク、地名）を招くなど、完全な失敗であった。日本軍は厳寒のなかのゲリラ戦で約二七〇〇人もの犠牲を出し、約九億円もの戦費をつぎ込みながら結局何の成果も得られず、二二年十月シベリアから、二五年五月北樺太（尼港事件の補償と称して占領していた）からそれぞれ撤兵した。

第一次大戦後の国防方針　第一次大戦中の一九一八年（大正七）六月、第一次の帝国国防方針改定が行なわれ、資料が残っていないため確実ではないが、ロシア、アメリカ、中国の順に仮想敵国が設定されたという。対露作戦の目標はシベリア・バイカル湖以東の占領、対米作戦のそれはフィリピン・ルソン島の攻略、侵攻してくる米艦隊の迎撃・撃滅というものであった。

陸軍は目標とすべき所用兵力を、平時二五個師団（戦時五〇個）から二一個軍団（同四一個）に変更した。軍団とは火力を増強する代わりに従来の四個歩兵連隊を三個に縮小した新編制の師団二個で構成される部隊であるが、この構想には初度経費二一億八九〇〇万円、維持費約八三〇〇万円もの巨額が見込まれたため、結局実現しなかった。海軍は既存の八八艦隊構想にさらに主力艦八隻を追加、「八八八艦隊」を所用兵力に掲げた。

第一次大戦終結後、アメリカの提唱で国際連盟が設立され、日本は英仏伊とともに常任理事国となった。連盟規約では侵略戦争が否定され、違反国には制裁を加えると規定されたが、肝心のアメリカが国内の反対で不参加となったため、実効性に疑問が残った。ドイツの旧植民地は、各戦勝国が国際連盟の委任という形式で統治する形態をとった。日本はパラオ、カロリン、米領グアムを除くマリアナなど赤道以北の南洋諸島統治を「委任」されたが、このことは例え建前だけであったとしても、一九世紀的意味での「帝国主義」が世界の大勢として通用しなくなっていたことを示す画期として注目される（ドウス・一九九二）。

一九二二年のワシントン会議で、列強による中国の主権尊重・領土保全・門戸開放をうたった九ヵ国条約（内訳は米・英・日・仏・伊・中・蘭・ベルギー・ポルトガル）が結ばれた。同会議では日英米仏の四ヵ国が条約を結んで太平洋上の各国領土について危険が生じた際、各国が「隔意なく協議」することになり、同時に日英同盟は廃棄となった。この条約と後述するワシントン海軍軍縮条約が、東アジアにおける国際的安全保障体制、いわゆるワシントン体制の基盤となった。日本はこの体制のもと、一九二〇年代を通じて外交政策レベルでは対米協調を指向していくことになる。一九二八年、パリで「戦争放棄に関する条約」（不戦条約）が締結されて国際紛争解決策としての戦争が否定されるなど、いわゆる「戦争の違法化」が国際社会での共通認識となっていった（伊香俊哉・二〇〇二）。ただし「自衛権発動」としての戦争の是非に関しては曖昧さが残り、三〇年代の世界各地における戦争拡大の一要因となった。

反軍平和思想への対抗　第一次大戦はあまりに惨禍《さんか》に満ちたものであったがゆえに、今後それを二度と繰り返してはならないという思いを人々に抱かせ、それは世界的規模の反軍平和論として噴出した。国際連盟の設立も、そうした動きに棹《さお》さしてのことだった。反軍論者といっても軍隊の存在自体を否定する者、軍縮を叫ぶ者とさまざまであったが、いずれにしても日本軍部は自己の存在意義のさらなる説明に追われることになった。ワシントン体制成立後の一九二三年（大正十二）、第二次の国防方針改定が行なわれた。陸軍は戦時の初動兵力四〇個師団（前出の軍団構想は放棄されている）が、海軍の所用兵力では現有の戦艦九隻、航空母艦《こうくうぼかん》三のほか、ワシントン条約の制限対象とならなかった大型巡洋艦が実に四〇隻掲げられた。主な仮想敵国はアメリカであり、フィリピン・グアムを先制攻撃して米艦隊をハワイから誘致、迎撃するという従来の戦略がそのまま維持された。こうした国防方針転換の背景には、それまでの帝政ロシア、ドイツといった仮想敵国が第一次大戦の結果消滅したことがあったが、一方で軍が二四年のアメリカ排日移民法制定など日米関係の冷却化をふまえて、同国への対抗に自己の存在理由を求めたという事情もあった。

軍は自己の存在理由を兵士たちにも教え込んでいた。例えば一九二四年、朝鮮龍山歩兵第七九連隊のある兵士は教育の一環として日々書かされていた日記の中で「教官殿から今朝の新聞を読んで聴かされた、近頃の新聞は言う迄もなく米国の移民法案で持切つて居る。これに伴つて対米感情は日に日に激昂して来る。……この米国の狂暴に対抗して行くにはどうすればよいか。黄色人種の提携だ。満鮮一体となり其処に力強い根を張つて狡猾なる白人の仕打に対抗して行かねばならない」などと反米論を叫んでいる。米国の軍拡も、「口には正義人道をとなへつゝ率先して、国際連盟の締結をしながら自分はその盟に加入せず盛にタンクを作つてゐる軍隊をふやしてゐる……実際思ふだけでぞつとせざるを得ない」と非難の対象である。後年、現実の戦争を引き起こすに至った反米論の萌芽と論理を、ここに見ることができる（一ノ瀬俊也・二〇〇三）。

国民に対する軍の存在理由の説明に関して付言すれば、この時期強調されたのが、日清・日露戦争という〈歴史〉の記憶であった。この時期、帝国連隊史刊行会なる団体が陸軍の各連隊史を多数刊行、廉価で市販しているが、そこでは第一次大戦の「戦禍の波動を被ること未だ甚しからず、為めに其惨《さん》憺《たん》たる状況を忘却して華美驕奢《きようしや》の風漸《ようや》く無智の徒に行われ浸潤《しんじゆん》将《まさ》に国民に洽《あまね》からんす、而して其の余弊或は将に献身護国の任を負ふ者に及ばんとす」、だから兵士たちに先輩たちが過去の戦争で「如何《いか》なる労苦如何なる辛酸を以て護国の任務に尽したるやを知」らしめねばならぬ、と記されていた（一九一七年八月、各連隊史に会長陸軍中将伊藤瀬平が記した序文）。

こうした意図をもった〈歴史〉回顧の動きは、同時代社会の末端レベルでも観察される。本書でたびたび紹介してきた奈良県田原村『従軍史録』は一九二七年、日清・日露戦争の「村内出征軍人の偉大なる勲功を芳記し」、「其の勲功に感化を受け、治に居て乱を忘れず、以つて平和に馴《な》れ、驕奢《きようしや》に流れ、軟弱に傾くを戒め」ることを目的に刊行されたものである。郷土部隊の歩兵第三八連隊長は同書に序文を寄せ、田原村の試みは「或は軽佻浮華詭激《けいちようふかきげき》の謬想《びゆうそう》を信じ或は　先帝の偉業と之を翼賛せる先輩の艱苦《かんく》を忘れて滔々《とうとう》逸楽を追」っている同時代社会への警鐘として意義深いと賞賛している。

反軍平和、「デモクラシー」思想一色のようにみえるこの時期の社会ではあるが、一方で日清・日露戦争という栄光の過去を、軍隊の存在理由を忘れがちな同時代社会への対抗策として象徴化する発想と、それを受容する心情的基盤が存在してもいたのである（一ノ瀬俊也・二〇〇三）。のちの満州事変に対する国民的支持の起源を考える際、興味深い事実である。

建艦競争と海軍軍縮

日露戦争後、列強は建艦競争に突入したが、一九〇六年（明治三十九）イギリスが建造した戦艦ドレッドノートは速力、砲の配置において革新的な進歩をとげ、他国の戦艦を一挙に旧式化させてしまった。このためドイツ、フランス、アメリカ、日本などは相次いで同等の弩《ど》（ドレッドノートの頭文字）級、これを上回る超《ちょう》弩《ど》級《きゅう》戦艦の建造を開始した。日本は軍艦の国産化方針を一時変更して一九一三年、イギリスから三六センチ砲搭載の巡洋戦艦（戦艦より装甲が薄いが速力は上）金剛《こんごう》を購入、以後同型艦三隻（比叡《ひえい》・榛名《はるな》・霧島《きりしま》）を国産化、ついで三六センチ主砲の戦艦扶桑《ふそう》型二隻（扶桑、山城《やましろ》）、同伊勢《いせ》型（伊勢、日向《ひゅうが》）の四隻を建造した（野村実・二〇〇二）。

一九一七年（大正六）、海軍は第一次大戦で生起した英独艦隊決戦・ユトランド沖海戦の戦訓を取り入れ、主砲と水平防御（同海戦では大口径砲弾が遠距離から弧を描いて飛来し、舷側《げんそく》に比べて薄い艦上方の鋼板を貫通した）を強化した戦艦長門《ながと》（四〇センチ主砲八門搭載）を呉《くれ》海軍工廠で起工、二〇年十一月完成させた。三六センチ砲の金剛型・扶桑型・伊勢型は補助戦力にまわして四〇センチ砲搭載の戦艦八隻（含長門）、巡洋戦艦八隻を建造し、しかも各艦完成から八年が経過すれば代わりの艦を建造していくという八八艦隊建造計画の始まりである。一方、競争相手のアメリカは四〇センチ主砲を持つ戦艦一〇隻・巡洋戦艦六隻の建造計画をたてていた。

一九二〇年（大正九）、日本海軍は新しく戦艦四隻、巡洋戦艦各四隻を建造して一九二七年までに

図129　軍艦陸奥　長門の同型艦，40$^{セン}_{チ}$砲８門搭載.

八八艦隊を完成させる予算を議会通過させたが、それは国家財政を破綻させかねないものであった。一九二一年度の国家予算は一五億九一二八万円、うち陸軍予算は二億六三三六円（一六・五%）、海軍予算は五億二一二万円（三二・六%）、合計の軍事予算は国家予算の実に四八・一%にのぼったのである。ちなみに長門型戦艦一隻の建造には約三〇〇〇万円の巨費を要したし、以後毎年の維持費も重くのしかかる。

このような建艦競争はどの国にとっても、国家財政を破綻させかねない危険性をはらんでいた。そこでイギリスは日米仏伊に主力艦の制限条約を提案、一九二二年二月、五ヵ国の間にワシントン海軍軍縮条約が結ばれた。主力艦の制限比率は米英五（五二万五〇〇〇トン）、日本三（三一万五〇〇〇トン）、仏伊二・五（一七万五〇〇〇トン）である。このまま無制限の建艦競争を続ければ、国力上先に行き詰まるのは日本であると踏んだ海軍全権加藤《かとう》友三郎《ともさぶろう》（原敬《はらたかし》内閣の海相）は対英米七割確保を求める部内の反対を押し切って条約に調印、ここに八八艦隊は幻と消えたのである。太平洋上における各国海軍基地の現状維持、強化の禁止を実現できたことも、条約の利点とされた。

同条約の結果、日本海軍の保有する戦艦は扶桑《ふそう》、山城《やましろ》、伊勢、日向《ひゅうが》、長《なが》門《と》、陸奥《むつ》（長門の同型艦、ワシントン条約直前に完成）の六隻、巡洋戦艦は金剛《こんごう》、比叡、榛名《はるな》、霧島の四隻（のち戦艦に格上げ）を数えるのみとなった。すべて数次の近代化改装をへて、後年の太平洋戦争に参加する艦である。なお注目すべきは条約の結果、建造中だった戦艦加賀、巡洋戦艦赤城《あかぎ》が航空母艦への改装を認められたことである（同じく建造中だった戦艦土佐・巡洋戦艦天城《あまぎ》は廃棄）。同じ経緯でアメリカの巡洋戦艦レキシントン、同サラトガも空母に改装され、いずれも後の太平洋戦争で繰り広げられた航空戦に参加することになる。

軍縮期の陸軍とその社会観　第一次大戦後の陸軍も、軍縮を求める世論の前に、大規模な軍縮を強いられた。一九二二年（大正十一）、陸相山梨半造は第一次軍縮を行ない、人員六万、馬匹《ばひつ》一万三〇〇〇を削減、翌二三年の第二次軍縮では要塞《ようさい》、学校、官衙《かんが》（役所）を整理対象とし、両年度で経費四〇三三万円を削減した（山梨軍縮）。二五年、山梨の次の陸相宇垣一成《うがきかずしげ》は第三次軍縮を行ない、一挙に四個師団を廃止して人員三万三九〇〇人、馬匹六〇〇〇を削減、浮いた予算の大部分を遅れていた装備の近代化に投入した（宇垣軍縮）。しかし軍縮は官僚としての軍人たちにしてみれば、めざすべきポストの削減に他ならなかった。二一しかない師団長ポスト（中将）が一挙に四つも減ったことを考えれば、衝撃の大きさが想像できる。

宇垣は部隊廃止で余った将校を学生相手の軍事教練のため現役のまま各学校に配属させるなどの措置を講じたものの、陸軍部内の反発を買い、のちの陸軍内における派閥抗争の火種ともなった。ちなみに軍縮による部隊廃止はその地方の経済に多大な打撃を及ぼすため、陸軍は穴の開いた地域に複数の部隊が集中している都市から一部の部隊を移動させるなど工夫をこらし、結果その影響は最小限に抑えられたとの指摘がある（土田宏成・一九九五、佃隆一郎・一九九五）。この時期における陸軍の社会観を示す挿話といえよう。

一九二七年（昭和二）四月、宇垣の主導で陸軍は明治初年以来の徴兵令を兵役法へと改めた。改正の内容は多岐にわたるが、現役服役期間は二年と法文に明記したこと、青年訓練所の課程を終えた者は一年半とする特典を与えたことが注目される。青年訓練所とは二六年七月から市町村、学校工場などに設置された、入営前の成年男子に修身教育、軍事教練などを四年間施す施設（のち青年学校）であり、これも戦時における大量動員を見越しての施策であった。

宇垣は二九年十一月、自ら兵役義務者及廃兵待遇審議会を設立、軍事救護法（三四一頁参照）改正などの国民負担軽減策を実現してもいる。彼はその審議中、日記に「陸軍と社会との接触面は頗《すこぶ》る広い……此意義よりして国民に苦痛や迷惑を与ふるの恐《おそれ》多き接触面は物質等にて代用し補填し得らる限りは之を減少し狭縮することが賢明なる遣り方である」（三〇年十月二十九日）と記している。部隊廃止問題や服役期間短縮の施策と併せ考えれば、この時期の陸軍が社会との融和を通じて危機乗り切りをはかっていたことが読みとれる。

陸軍装備の近代化　宇垣軍縮の前後における、陸軍装備近代化の内実をみていこう。第一次大戦を通じ、欧州各国陸軍は従来のように中隊単位で密集して戦ったのでは敵砲火の被害を被りやすいため、軽機関銃（個人で携帯できる機関銃）を中核とする分隊（兵士十数人で構成）単位で散開《さんかい》して戦う「戦闘群戦法」を採用していった。これをみた日本陸軍も一九二三年（大正十二）に各兵間の距離を従来の一〜二歩から四歩に拡大、小隊（数個分隊で構成）単位で戦闘する「疎開戦法」を導入、各小隊ごとに軽機関銃分隊を置いた（前原透・一九九四）。そのため前年の二二年、一一年式軽機関銃が制式採用されたが、もちろん最初からすべての部隊に定数が配備された訳ではなく、量産の進展をまって順次配置されていった。

後年の一九三六年に至ってようやく各分隊ごとに軽機関銃を持たせる戦闘群戦法（各兵間の距離六歩）が導入された。これにともない九六式軽機関銃が新規に開発され、ついで口径を七・七ミリに拡大した九九式へと発展していった。ちなみに陸海軍の兵器には、制式採用された年に応じて名称が与えられ、昭和初期までに採用の兵器には元号を、それ以降採用の兵器には皇紀の下二桁を付した。したがって一一年式軽機関銃は大正十一年（一九二二）の、九六式は皇紀二五九六年（西暦一九三六年）の制式採用である。

その他の歩兵が持つ陸戦兵器には、個人が携帯できる一種の曲射砲《きょくしゃほう》・一〇年式擲弾筒《てきだんとう》、一一年式曲射歩兵砲（いずれも弾丸が曲線を描いて飛び、塹壕《ざんごう》などに隠れた目標を上から直撃できる）、敵の機関銃を狙い撃ちする一一年式平射歩兵砲（口径三七ミリ、のち対戦車用の九五式速射砲へと発展）などがある。また毒ガスも研究開発が進められていった。

砲兵が持つ火砲に関しても、戦勝国フランスの技術を取り入れて新規開発が進み、数年の開発期間をへて一四年式一〇センチ加農《カノン》砲、八九式一五センチ加農砲、九〇式七センチ野砲、九一式一〇センチ榴弾《りゅうだん》砲、九二式一〇㌢加農砲、と新型のものが順次採用されていった。ただし各部隊への充足には時間がかかったから、一九二六年以降日露戦時の三八式野砲を改造して射程を延長、日中戦争以降まで使用したりもした。さらに工業力の遅れに由来する弾薬の恒常的な不足は、後々まで日本砲兵の足枷《あしかせ》となった。戦車は一九二五年（大正十四）福岡県久留米《くるめ》と千葉の歩兵学校に戦車隊を各一個設置、当初フランスのルノー社、イギリスのホイペット社製戦車を装備していたが、一九二九年には国産の八九式軽戦車（のち中戦車に改称）が制式化された。当時の日本の工業力を考えれば、異例の速さといえる。

図130　八九式中戦車　「愛国」の字は国民の献金で購入されたことを示す.

　航空機に関しては一九一五年（大正四）、陸軍に初の航空大隊（のち飛行連隊に改称）が設置され、戦後の一九年、戦勝国フランスから航空教官団を招いて技術を習得した。同年陸軍航空学校を設立、二五年航空兵科を独立させて陸軍航空本部を設置、爆撃機部隊の飛行第七連隊（浜松）の新設決定により戦闘機・偵察機・軽爆撃機・重爆撃機の陣容も完成、と一連の整備が行なわれていった。その飛行機を射撃する高射砲も三八式野砲改造の一一年式野戦高射砲、ついでイギリス・ビッカース社製の砲を模倣した八八式野戦高射砲を採用、敗戦まで用いた。一九一八（大正七）～二〇年（同九）にかけて中島飛行機（退役海軍機関大尉中島知久平《ちくへい》設立）や三菱内燃機（のち三菱重工業）などの民間企業が設立され、当初は外国機のライセンス生産を行ない、やがて日本人設計による国産機の開発・生産へと移行していった。海軍は一九一六年横須賀航空隊を設立、二一年にイギリスから教官団を招いて飛行技術を習得するとともに霞ヶ浦・大村海軍航空隊を設置、一九二七年に海軍航空本部を発足させている。

しかし一方でこの時期の陸軍が、金のかかる砲兵戦力を質はともかく量的には削減していったことは見逃せない。山梨軍縮では歩兵戦力の削減に併行して野砲兵旅団三個・独立山砲兵連隊一個など（＝一一五個中隊）を廃止して自動車牽引一〇チセン加農砲装備の野戦重砲兵連隊をわずか二個（＝八個中隊）増設したのみ、宇垣軍縮では砲兵四個連隊（＝二四個中隊）を減らしたのに増設したのは高射砲連隊、野砲兵連隊各一にとどまった。このため、各師団における兵員数中に占める火砲数の割合―火力密度は日露戦時よりも低下してしまった（山田朗・一九九七）。

第一次大戦の戦訓をみれば、機械化装備・火力を向上させる必要があることは、誰の目にも明らかだった。確かに当時、一部の高級軍人たちは師団削減に反対の立場から、将来の日本の相手は装備劣弱にして数だけは多い中国軍であろう、だからまず兵士の数を確保すべきだと主張していたが、財政さえ許せば装備の質も高いほうがいいに決まっていたのである。だが結局は大戦後の不景気による財政逼迫《ひっぱく》、工業生産力の遅れから、「軍紀至厳ニシテ攻撃精神充溢《じゅういつ》セル軍隊ハ能《よ》ク物質的威力ヲ凌駕《りょうが》シテ戦捷《せんしょう》ヲ完ウシ得ル」、「必勝ノ信念」（一九二八年改正の歩兵操典「綱領」）といった言葉に頼って理想と現実との格差を糊塗《こと》する以外に術がなかったというのが実相に近かった（前原透・一九九四）。こうした経緯を無視して昭和陸軍の「非科学性」をいくら批判したところで、なぜそうなったのかを正しく理解することはできない。

ロンドン海軍軍縮条約　一九二九年（昭和四）、イギリスは巡洋艦・駆逐艦など補助艦の制限を目的として、日米仏伊に海軍軍縮条約会議を提案した。海軍部内は補助艦の総トン数対英米七割が確保できないのなら断固反対とする立場の「艦隊派」と賛成する「条約派」に分裂、深刻な対立に陥った。交渉の結果、補助艦総トン数対英米六・九七五割（ただし重巡洋艦は六・〇二割）にまでこぎ着けた浜口《はまぐち》雄幸《おさち》内閣は、条約に反対する枢密院《すうみついん》の顧問官たちに更迭をも辞さずとの強硬な態度を示した。その結果、翌三〇年四月条約（ロンドン海軍軍縮条約）は調印され、同時にワシントン条約も五年間の延長が決まった。こうした内閣の態度の背景には、対英米協調という昭和天皇の意向があった。しかし枢密院や政友会《せいゆうかい》などが内閣の行為は「統帥権干犯《とうすいけんかんぱん》」である、つまり海軍の兵力量決定は天皇が軍令部長のみの補佐により行なうべきもので、政府がこれに介入するのは越権行為—憲法違反であると攻撃したため、国内は深刻な対立に陥った。同年十一月、浜口首相は右翼の一青年に狙撃され後に死亡した。海軍部内では艦隊派が条約派将官を次々に予備役に編入し、実権を握っていった。

一九三六年（昭和十一）にワシントン条約が失効、ロンドン条約からも脱退するまで軍縮条約は海軍の手足を縛りつづけた。海軍は新造艦艇に過重な武装を付与して無理な訓練を行なったため転覆・

破損事故が多発したが、一方で条約はその制限外とした航空軍備の発展をもたらしてもいった。例えば三菱重工業製の九六式陸上攻撃機は第一次大戦で獲得した南洋諸島の陸上基地から発進、フィリピンを目指して侵攻してくる米艦隊を迎撃すべく、長距離飛行と魚雷《ぎょらい》攻撃の能力を重視して設計された。同機は同じ三菱の九六式艦上戦闘機とともに三六年制式採用され、世界水準を抜く高性能と称された。

コラム　陸軍刑法と捕虜

昭和の日本軍が降伏を禁じ、結果アジア太平洋の各戦場で多くの「玉砕」が発生したのは周知のことだが、そうした事態はなぜ起こったのであろうか。この点を歴史的に考える手がかりとして、一九二二年刊行の『法律常識　狐と語る』という奇妙な名の本を掲げる。著者は現役の憲兵大尉《けんぺいたいい》板倉孝なる人物である。内容を一言でいえば、軍事に関わる時事・法律問題の一般むけ解説書（定価一円三〇銭）であるが、その一節に、シベリア出兵時の尼港事件（本書三四四頁）で日本軍の一部隊が赤軍に包囲されて武装解除に応じ、のち虐殺された問題を論じた箇所がある。

板倉は法律を担う憲兵らしく、この問題を陸軍刑法との関わりから論じていく。野戦の指揮官が敵に降服するのは「尽すべき所を尽したる場合と雖《いえど》も」六ヵ月以下の禁固刑（第四一条）であり、さらに第四一条には敵前での逃避は死刑とある、だから尼港の指揮官の行動は法律違反に他ならず、生きていれば必ず軍法会議で処断されたはずであるという。

板倉はこうした「御丁寧に武装解除迄して、酷《むご》たらしい死に恥をかきたる軍人の面汚《つら》し」は二度と起こってはならない、だから万一降服しようとする上官がいれば、その部下はこれを制止すべく「上官を血祭にしても差支えない」と説く。陸軍刑法第二二一条には「敵前にある部隊の急迫に鑑み軍紀を保持する為已《や》むことを得ざるに出でたる行為は之を罰せず」とあり、「降服」という軍紀の保持上ありうべからざる行為を止めるためには、部下が上官を殺傷しても罪には問われない、否むしろ法の奨励するところだというのである。

同年ワシントン条約が締結されるなど反戦平和思想一色にみえる大正の社会であるが、その底流ではかかる陰惨な議論が展開されていた。それが「法律論」「常識」という、一種合理的な装いをもって一般に説かれていたのは印象深い。国を挙げた捕虜の禁忌視という事態は、のちの昭和という時代の突発的な「狂気」のせいにしてすまされる問題ではない。

4　大陸での戦争―満州事変・日中戦争　一九三一―一九四一

満州事変　第一次大戦後における民族自決の流れの中で、中国大陸は動乱の時期を迎えていた。一九二六年（大正十五）、中国国民党の権力を掌握した蔣介石《しょうかいせき》は国内統一、東北軍閥《ぐんばつ》打倒のため兵を北上させた（北伐）。陸軍出身の田中義一《ぎいち》内閣は居留民保護、権益確保を唱えて二度にわたって山東省《さんとうしょう》に派兵、一九二七年（昭和二）五月、両軍の間に戦闘が発生した（済南《さいなん》事件）。同年関東軍は、国民党軍との戦いに敗れて満州に戻ってきた東北軍閥の大物・張作霖《ちょうさくりん》を満州支配の妨げになるとして列車ごと爆殺した。田中は現場責任者の厳罰を昭和天皇に約束したが、陸軍部内の抵抗により、結局軽い処罰しか下せなかった。そのため田中は天皇の叱責《しっせき》を受け内閣は倒壊した。後年の陸軍軍人の統制軽視、独走の端緒となる事件であった。張の息子・張学良《がくりょう》は日本を憎み、国民党政権の傘下に入った。

一九三一年（昭和六）九月十八日、関東軍は奉天近郊の柳条湖《りゅうじょうこ》で満鉄線路を爆破、これを口実として満州全土に侵攻した。首謀者となったのは関東軍参謀石原莞爾《いしはらかんじ》らであった。関東軍は「自衛権の発動」を叫び、迅速な機動をもって張学良などの軍を攻撃、奉天《ほうてん》、長春《ちょうしゅん》、チチハル、ハルビンなどの要地を相次いで占領していった。この間朝鮮軍は中央の不拡大方針を無視して関東軍に増援を派遣、天皇の命なくして兵を動かしたと問題視された。ところが若槻礼次郎《わかつきれいじろう》内閣はこの行動にかかった経費

図131　中国大陸の地図

図132　上海事変の捕虜　この後どうなったのだろうか（歩兵第三五連隊『昭和七年上海出征記念血戦之跡』1932年）.

の追加支出を決定、軍の行動を事実上追認した。同年十月、関東軍が張学良の本拠地錦州《きんしゅう》を爆撃するに至り、国際連盟も日本の行動を問題視するに至った。アメリカのスチムソン国務長官も日本を非難する声明を発した。

翌三二年一月、陸軍は列強の目を満州からそらす目的で謀略を用い、第一次上海事変《シャンハイじへん》を引き起こした。当初は現地の海軍陸戦隊（陸戦を専門とする部隊）が中国軍と対戦したが多大の犠牲者を出し、陸軍部隊の増援を受けて戦闘を継続、五月にいたって停戦した。

陸軍は第一次大戦後の民族自決という国際的潮流を無視できず、満州の領有ではなく独立国家の樹立という形式を選んだ。三二年三月一日、清朝最後の皇帝溥儀《ふぎ》を執政（のち皇帝）に担ぎ、満州国の建国が宣言された。五月十五日、同国の承認を渋った犬養毅《いぬかいつよし》首相は海軍将校たちに暗殺（五・一五事件）されて約八年続いた政党内閣は崩壊、後継の斎藤実《さいとうまこと》内閣は九月十五日同国を承認した。陸軍の一部将校も満州事変をはさんだ三一年三月、十月に未遂ながらクーデターを計画（三月事件、十月事件）した。大陸権益の〝危機〟という国際情勢の変化は、軍部を第一次大戦後とはうってかわって勢いづかせ、政治的に活性化させていったのである。

三三年三月、国際連盟総会は満州における日本の既得権益は認めつつも、満州国を否認する内容のリットン調査団報告書を採択、日本はこれを不服として連盟を脱退した。代表松岡洋右《まつおかようすけ》は意気消沈して帰国したが、待っていたのは国民の熱狂的な歓迎であった。国民は事変を、〈国益〉の確保を支持していたのである。同三三年三〜五月にかけて、関東軍は満州南部の熱河《ねっか》省を平定、五月三十一日中国軍との間に塘沽《タンクー》停戦協定が結ばれてひとまず満州事変は終結した。しかし以後も陸軍は華北五省を勢力下におさめるべく活動をつづけた（華北分離工作）。

事変期の社会とその戦争観　戦争へと傾斜していったこの時期の社会における戦争観とは、どのようなものだったか。その一例として、岡田銘太郎なる退役陸軍中佐が文藝春秋社から一九三二年刊行した『軍事科学講座第二編　軍事政策』なる書籍を掲げよう。当時満州事変勃発をうけてこうした一般向け軍事解説書が多数刊行されたが、そこでは日本が今後の戦争をどう戦うべきかについていかなる議論がなされていたのかをみていきたい。著者岡田は、第一次大戦後の平和な雰囲気を引きずる社会には、平時の兵数を極度に減じて軍費を節約し、その余力をもって産業を振興し、有事の場合には国家総動員を行なって、大軍とこれに要する軍需品を作ればよいとする論者もあるが、それは不可能であると断言する。日本軍は欧州の戦場に直接参加しなかった結果、列強に比し著しく装備も工業力も劣ったままであるという苦い現実があるからである。こうしたシビアな情勢認識が大手の出版社を通じて一般社会に語られていたことは興味深いが、問題は万一戦争となった場合どうするのかということである。

岡田はこの点に関し、隣国とくに露・米両国は国土が広大で、その政治産業の主要地を奪取して続戦の力を奪い、速《すみ》やかに屈服を強いることは地理的に不可能である、だから戦場に現れる敵国の軍隊艦隊を殲滅《せんめつ》し、その戦闘力を根底から覆して戦意を挫《くじ》くより外に方法はない、つまり速戦即決以外に国力の劣る日本が勝利する道はないと主張する。同じく国力に劣るドイツは第一次大戦で速戦即決に失敗したため意外の長期戦に引きこまれ、四面に敵を受けて国民生活は惨憺《さんたん》たる窮地に陥り、ついに降服の憂き目を見たのである。もちろん長期持久の用意も怠ることはできないが、やはり基本は速戦即決なのである。

「国家総力戦」体制構築が無理であるなら戦争は止めておこうなどという発想は、当時の日本人にはなかった。戦争を仕掛けられれば戦わねばならず、万一破れたらドイツのように「他民族の憎悪復仇的迫害を被り」、物価の騰貴《とうき》、食料の不足、失業、思想の悪化、道徳の退廃などあらゆる惨苦をなめるという悲惨な目に遭うのだからどうしても勝たねばならぬ、そのためには「速戦即決」で敵を叩きつければよいという、〈歴史〉に学んだそれなりに合理的、説得的に見える発想なのである。

実はのちの三六年、第三次改定された帝国国防方針中にも、戦争では「作戦初動の威力を強大に」しつつも「長期戦への覚悟と準備」を整えるべし、「主敵」は米露の両国なりと、岡田中佐と同様の思想が盛り込まれている。長期戦との文言はあるものの、付属の「用兵綱領」では先制攻勢・速戦即決を本領とする、とされているから、やはり重点は前者の速戦即決であろう。

岡田にとって戦争は疑いなく〝正しい〟ものであった。日本の人口は年々増加しつつあるにもかかわらず、米、豪その他移民に適当な地域では、不自然な政治的排斥を受け商業的発展を阻止されつつあるし、国民生活に必要な資源さえも海外に仰がねばならぬ状態にある、だから「世界が若《も》しも我が民族に対して現状維持を強《し》ふるならば、我等は生きんがために世界に向つて生存権を主張せねばならぬ。これがため武器を執《と》らねばならぬならばそれは余儀ないことである」。彼がここで主張しているのは疑いなく満州事変の正当性である。そうした考えは決して国防方針のような極秘のものでも、軍部だけの独善的なものでもなく、人々にとってもなじみ深く納得しうるものであった。一九四五年の惨状など、この時点では誰も知らなかった。だからこそ満州事変は国民的支持を獲得し得たのである。

その満州事変に対する社会的まなざしの具体像を、再び奈良県田原村『従軍史録』からみてみよう。同書は満州事変従軍者の功績を記録すべく、一九三七年に増補改訂された。その中である陸軍伍《ご》長《ちょう》は三二～三六年まで北部満州を転戦した部隊が「貧しき者には衣食を与へ、時たま集合せしめて満州建国の由来と皇軍駐屯の使命を説き、治安維持の宣布、集団部落の工作にひたすら邁進《まいしん》した」結果、「土民も又日を逐《お》ふて皇軍に懐《な》つき、安んじて生業に親しみ、部隊が討匪《とうひ》に出発する時等は、皆進んで吾々の行動に従」ったと回想している。従軍者にとっても事変は疑いもない〈正義の戦争〉だったのである。同書は事変の目的を「(旧張学良政権の)苛斂誅求《かれんちゅうきゅう》に呻吟《しんぎん》せる満蒙三千万の民衆」を救い、「我等の生命線確保と、東洋平和確立の為」である、と端的に述べている。同郷の兵士たちの戦いと死はその礎《いしずえ》となった、という同書の語りのあり方は、村の人々に国家の運命をより身近な、自らのものとして考えさせる効果を持ったのではなかろうか。ちなみにこの伍長は除隊後、村の「模範青年」

「中堅農民」として青年団副団長、青年学校指導員を歴任している。

陸軍の派閥抗争　満州事変の後、陸軍上層部内では派閥抗争が激しくなっていた。大正期勢力を誇った長州閥が山県有朋《やまがたありとも》の死去後衰退していく中、永田鉄山《ながたてつざん》、東条英機《とうじょうひでき》、小畑敏四郎らの中堅将校が非長州の真崎甚三郎《まざきじんざぶろう》、荒木貞夫《あらきさだお》、林銑十郎《せんじゅうろう》の三将軍をかつぎ、陸軍の「革新」という名の実権奪取を目指した。荒木が斎藤実内閣の陸相に、真崎が参謀次長（総長は皇族の閑院宮《かんいんのみや》だったため、彼が部内の実権を握った）に就任したことで、彼らの構想は実現したかにみえた。しかし荒木が財政難という現実の前に陸軍の軍拡要求を実現できなかったことなどから、永田や東条ら「統制派《とうせい》」と荒木、真崎、小畑ら「皇道派《こうどう》」へと分裂、権力抗争を繰り広げた。ただし皇道派・統制派といっても、紛争の当事者たちにそうした自己認識があったわけではなく、あくまで周囲の者が情勢説明のためにつけた名称である。両派の特徴としては、統制派は総力戦態勢構築を志向、皇道派は精神主義的性格が強く対ソ戦重視、などの指摘があるが、地縁など個人的・人格的要素で結びついていた面も強い（高橋正衛・一九六九）。

　この抗争のなかで一九三五年七月に真崎教育総監（参謀次長から移動）の罷免、八月に永田鉄山陸軍省軍務局長を皇道派の相沢三郎中佐が白昼斬殺した相沢事件といった出来事が相次いで発生、三六年二月、ついに二・二六事件を引き起こすまでに至った。真崎ら皇道派将官に近かった歩兵第一連隊、同第三連隊などの青年将校が部下とともに「昭和維新」—軍備の遅れを挽回できる強力な政治の実現を叫んで斎藤実内大臣、高橋是清《たかはしこれきよ》蔵相、渡辺錠太郎《じょうたろう》教育総監などを殺害した（須崎慎一・二〇〇三、岡田啓介《おかだけいすけ》首相は奇跡的に難を逃れた）が、結局鎮圧された。参加青年将校の多くは軍事裁判で死刑となり、粛軍《しゅくぐん》の名の下に真崎、荒木などの皇道派将官は予備役に編入され、同派は陸軍中央からほぼ一掃された。テロの衝撃と恐怖は大きく、以後陸軍は後継の広田弘毅《ひろたこうき》内閣の閣僚人事に介入して政党勢力・自由主義勢力排除を叫んだり、大幅な軍拡予算を実現したりするなど、政治的発言力を強めていった。

日中戦争　一九三七年七月七日、北京近郊の北大営で夜間演習中の日本軍部隊に何者かが発砲（犯人は現在も不明）、これをきっかけに日中両軍は全面戦争に突入した。政府の不拡大方針を無視する形で現地軍は戦闘を拡大、南方の上海でも戦闘が起こった（第二次上海事変）が、現地のクリーク（水路）に阻まれて死傷者が続出、苦戦を強いられた。これにともなって戦争の名称も「北支事変」から「支那事変」へと変わっていったが、結局正式な宣戦布告はなされなかった。宣戦布告をしてしまえばアメリカが中立法を発動し、日中双方とも必要な物資の輸入ができなくなってしまうからである。

日本軍は当初の不拡大方針を放棄して三七年十一月二十日、政戦両略の一致を目指して大本営を宮城内に設置、それまで充実に努めてきた航空戦力も生かして各地で有利に戦いを進めた。海軍の九六式艦上戦闘機、陸軍の九七式戦闘機は中国軍のソ連製戦闘機イ一五・一六を圧倒して制空権を獲得し、続いて地上部隊が進撃していった。陸軍は十二月国民政府の首都南京を陥落させたが、この過程でいわゆる「南京大虐殺」（南京事件）を引き起こした。

捕虜のみならず一般市民をも殺害したとされるこの事件での犠牲者は三〇万人（中国政府）から約

図133　南京戦（歩兵第七連隊従軍記念写真帖『戦塵』1939年）.

四万人（秦郁彦・一九八六）、数千人、それ以下と諸説あり、今となっては正確な数字はわからない。しかし旧陸軍将校の親睦団体偕行社《かいこうしゃ》が一九八九年に編纂した『南京戦史』所収の諸資料をみても、連隊以下の各部隊が数百人以上の規模で無抵抗の捕虜を集団殺害したことは、否定できない事実であるように思われる。「捕虜の処断〔処刑〕の総てを不法であると認識しているわけではない」と同書は述べているが、これでは「不法」な捕虜の処断もあったということになる。捕虜のみならず無抵抗の市民まで殺害したことは、当時から国際的な批判を呼んだ。日本軍がかかる事件を引き起こした背景には、伝統的な中国人蔑視の観念に加え、前述の通り、日本軍自らが捕虜となることを厳しく禁じていたこともあった。

　日本軍の期待を裏切り、南京が陥落しても中国軍は抵抗を止めなかった。蒋介石《しょうかいせき》率いる国民政府は日本陸上部隊の手が届かない奥地重慶《じゅうけい》に移転し、中国共産党は随所でゲリラ戦を展開した。南京陥落前後、ドイツの中国大使トラウトマンによる和平工作が行なわれ、陸軍参謀本部は寛大な条件での和平を主張したが、首相近衛文麿《このえふみまろ》らはより有利な条件を求めてこれを拒絶、三八年一月「爾後《じご》国民政府ヲ対手《あいて》トセス」との声明を出した。しかしそれは彼らを徹底抗戦に追い込んだだけであった。

日本軍は一九三八年十月、三〇万の大兵力を用いて大陸中部の漢口《かんこう》を占領、同月中には南部の広東《カントン》を占領した。近衛内閣は十一月「東亜新秩序声明」を出して先の「対手トセス」声明を事実上撤回、和平実現をめざしたが蒋介石政権はこれに応じなかった。よく「点と線の支配」といわれるように、日本軍は兵力の限界ゆえ都市と交通線しか支配できなかったから、それ以上の奥地へも進出できず、中国民衆の支持も得られずと、手詰まりの状態におちいった。

図134　膨大な前線向け物資　「国民の贅沢は前線を貧困にする」との解説つき（中支従軍記念写真帖刊行会編『中支を征く』1940年）.

そこで日本陸海軍爆撃機隊は首都重慶を連日空襲し、国民政府の抗戦意志をくじくことにつとめた。三八年十二月〜四三年八月まで続けられたこの爆撃は世界初の戦略爆撃とされる（前田哲男・一九八八）が、長距離飛行のため戦闘機の護衛がつけられず、ソ連製の中国軍戦闘機の迎撃をうけ多数の被害を出し、しかも中国側の屈服という戦略目的を達成することはできなかった。そのため陸軍は四〇年三月、国民党の大物汪兆《おうちょう》銘《めい》を利用して傀儡《かいらい》政権の「国民政府」を南京に樹立させたが、しょせん中国民衆の支持を得られるものではなかった。ちなみに有名な海軍の零式艦上戦闘機（零戦）は三菱重工業が開発、約三五〇〇キロもの航続距離を誇っていたことから急遽前線に投入され、四〇年九月重慶上空の初戦で中国軍戦闘機を圧倒したが、それだけで戦局を打開することはできなかった。

この間、総力戦体制構築に向けての政策も逐次実行されていった。三七年、企画庁《きかくちょう》（重要政策に関する調査を行なうため三五年設置された内閣調査局の後進）と前出の資源局が合体して企画院となり、物資配分など国家総動員計画に関する政策立案、事務調整を一元的に行なうことになった。さらに政府は一九三八年五月国家総動員法を施行、人的物的資源の「統制運用」や言論統制など、国家総力戦のための具体的な施策をいちいち法案化して議会にはかることなく、勅令によって速やかに実行することが可能となった。ただし、工業力の底上げとはにわかに実現可能な性質のものではなかった。陸軍の兵器を例に挙げれば、確かに満州事変後の軍事費増大にともない、九六式一五チセン加農《カノン》砲・同榴弾《りゅうだん》砲、二四チセン榴弾砲といった火砲や九七式戦闘機・同重爆撃機・同中戦車といった新兵器が開発、前線投入されていた。しかし一方で数的膨張を続ける部隊にあてがう砲が足りなくなり、日露戦時の三八式野砲、三十一年式山砲（三三四頁参照）といった年代物の砲を引き続き使ってもいたのである。

銃後の諸相と兵士たち 一九三七年、日中戦争勃発直前に軍事救護法が軍事扶助法へと改称・改正され、激増した困窮遺族家族の生活援護を行なった。在郷軍人会や国防・愛国婦人会などによる出征兵士見送りや、戦死者の市区町村葬もごく当たり前の光景となっていった。

戦線の拡大に応じて陸軍は一九三七年七個師団を、三八年一〇個師団を新たに編成、総兵力は一一五万人となっていた。四〇年には四九個師団一三五万人、四一年五一個師団二一〇万人へと急膨張したが、それは現役者より高齢で家族と仕事を抱えた予後備役兵を大量動員した結果であり、結果的に軍全体としての質の低下を招いた。

一九三九年四月、全国各市区町村に銃後奉公会なる団体が設立された。会長は首長、会員は区内全戸主として会費を徴収、地域ぐるみで国家の援護を補完するとともに兵士や遺家族を慰問・激励し、その士気を高めようというのである。無味乾燥な慰問文に代わり、郷土の出来事を報じた〝郷土新聞〟的内容の慰問通信誌も多数前線兵士に送られた。奈良県高市郡金橋村の在郷軍人会分会が三九年七月作成した『われらの勇士』なる慰問通信誌は、戦死者の公葬で弔辞《ちょうじ》を朗読した小学生男子の作文をなぜか掲載している。「悲壮きはまる無言のがいせんを迎へやうとは、遂に涙にむせぶのみ。けれども「なき人のごいし〔遺志〕を守り残された仕事に突進して行くのだ。我は」と思ふとぐーッと心が大きくなつたやうな気さへした。……人々の弔辞はその功をほめ、その人を惜み、その悲壮を語る」。

図135　村の招魂祭風景　在郷軍人会(奈良県高市郡)金山村分会『われらの勇士』1939年. 前線兵士に送る「慰問誌」の口絵であることに注目.

前線の兵士たちは、こうした「慰問」(!)通信を通じて、村を挙げての戦死者賛美を知らされたのである。それは彼らが自分だけ生き残ることの禁忌化へと繋がっていった。実際、国家が〝郷土〟の慰問通信を奨励したのは、一九四二年、陸軍省の軍人が銃後奉公会の慰問通信に関して「これがために郷土に甘へるといふことになつてはいけない、……戦友の勇しく戦つた戦況の模様といふやうなものも入れて頂いて、これではいかん、われ〳〵も確《しつか》りやらなければいかんといふやうな感じ」を持たせよ、と述べた(『軍事援護功労銃後奉公会及隣組表彰記録』一九四三年)ように、国家への献身の度合いを同じ〝郷土〟という枠の中で競わせる効果を期待していたからであった。直接ふれられてはいないが、その究極のかたちは「死」である。

兵士たちは、こうした背後からのまなざしをも受けつつ戦っていたのであるが、いつ終わるともしれない戦争は彼らを自暴自棄に陥らせ、強姦・略奪など前線での非行が頻発、それは一層中国民衆を抗日へと追い込むという悪循環となった。このため陸軍は四一年長文の「戦陣訓」(生きて虜囚《りよしゆう》の辱《はずかしめ》を受けず、というくだりが特に著名だが、略奪など占領地での非行を戒める文章も多い)を発して規律回復を図ったが、それだけで状況が変わるはずもなかった。

対ソ紛争 日本軍は中国で戦闘を繰り広げつつ、満州でもソ連軍と国境紛争を繰り返していた。主なものだけでも、三七年六月のカンチャーズ事件、三八年七月の張鼓峰《ちようこほう》事件などがあるが、一九三九年五月〜九月のノモンハン事件では大規模な武力衝突に発展した。

日本軍の砲兵部隊はソ連軍に比べて砲の数や射程、弾薬の集積量などの面で劣っていた。また、その機甲部隊(八九式・九七式中戦車、九五式軽戦車)はもともと数が少なく、しかも戦闘の結果多大な

図136　ノモンハン事件　「攻撃精神充溢せる軍隊はよく物質的威力を凌駕」するとの宣伝（『聖戦美談興亜乃光』1939年）．

損害を被ったため、途中で戦場から後退を命じられた。ただしソ連側も日本軍歩兵の肉薄火炎瓶攻撃や対戦車砲により、多数の戦車を撃破されている。航空戦では、当初こそ日本陸軍の九七式戦闘機が旋回性能を生かした格闘戦にソ連戦闘機を引き込み圧勝したが、火力・速度ではソ連機が勝ったため損害もしだいに増えていった。

八月、ソ連軍の大攻勢で日本軍は第二三師団が約八割の損害を出すなど壊滅的損害を被り、事件を通じての日本側戦死傷病者、行方不明者は約二万にのぼった。九月十五日モスクワで停戦協定が成立、翌日ソ連軍はドイツ軍に呼応してポーランド侵攻を開始した。近年のソ連側資料の公開で、ソ連側も日本と同等かそれ以上の人的損害を受けていたというが、事件終結後、関東軍司令官をはじめ幹部が更迭されるなど、当時の日本軍でこの事件は〝敗北〟と受けとめられた。現場の指揮官たちが前線での敢闘にもかかわらず責任を問われ自決を強いられるなど、日本軍の醜悪な側面があらわとなった。

事件後、火力・機甲戦力の拡充などノモンハンの戦訓活用が陸軍部内の一部で主張された。九七式中戦車の主砲を歩兵支援用の五七ミリ砲から、対戦車用に威力を高めた四七ミリ砲に換装するなどの対策が実行されたものの、抜本的な改革は中国との戦争を抱えている当時の状況では困難だった。ちなみに事件と同じ三九年、三八式歩兵銃の口径を威力増大と重・軽機関銃との弾薬共用化のため、七・七ミリに拡大した九九式小銃が制式化されたが急には生産が追いつかず、三八式も終戦まで一部の部隊で用いられている。

対米戦へ向けての海軍拡張　日中戦争勃発前の一九三六年（昭和十一）六月、第三次帝国国防方針改定が行なわれ、アメリカ・ソ連、ついで中国・イギリスを仮想敵国とした速戦即決の方針が明記された。しかし陸軍が北方への進出を企図したのに対し、海軍は南方進出を主張、相変わらず国家戦略の一致はみられなかった。所要兵力は陸軍が五〇個師団（常設師団二〇個）・航空一四〇中隊、海軍が戦艦一二隻・空母一〇隻・巡洋艦二八隻・水雷戦隊六隊（旗艦六隻・駆逐艦九六隻）・潜水戦隊七隊（旗艦七隻・潜水艦七〇隻）、基地航空兵力六五隊とされた。

一九三七年、日本海軍はワシントン・ロンドン両軍縮条約の廃棄を迎え、第三次補充計画（一九三七〜四二年、大和型戦艦二、翔鶴型大型空母二以下艦艇六六隻の建造、基地航空一四の増設〈累計一二八〉）、第四次軍備計画（一九三九〜四四年）をたてて急速な戦力増強をはかった。

もとよりアメリカ相手に〝数〟の面での競争が困難であることは分かっていたから、例えば大和型戦艦に米海軍が持ち得ないであろう四六センチ主砲を持たせるなど、〃質〃の面での優勢確保が目指された。しかし米海軍も第一次～第三次ビンソン案、スターク案（それぞれ下院海軍委員会委員長、海軍軍令部長の名）という名の建艦計画で日本に対抗、両国の計画がそのまま実現すれば四一年は日本が対米七割の戦力を確保できるものの、それ以降は急激に差が開き、四五年には対米四割にまで低下すると予測された。〃質〃だけでその差を埋めるのは困難とみなされ、そのことが「開戦するなら早いほうがいい」との考えを海軍部内に芽生えさせていった。

第二次世界大戦の勃発　一九四〇年に入っても、中国との戦いは全く解決の見通しすら立たなかった。日本がその原因の一つとみたのが、アメリカ、イギリスによる中国援助である。

満州事変の箇所でみてきたように、アメリカは中国の領土保全、機会均等を主張して日本と対立していたが、日中戦争勃発後の三七年十月、ルーズベルト米大統領が侵略国は伝染病者と同じく隔離されねばならないと演説して日本を非難、十二月には日本海軍機が南京の米砲艦を誤爆、撃沈する事件などもあり、両国の緊張は高まっていった。日本は戦争継続に必要な石油、鉄鋼をはじめとする資源の輸入をアメリカに頼っていたにもかかわらずである。

その後三九年九月、ドイツとソ連が東の隣国ポーランドに侵攻した。ドイツは同国と同盟関係にあった英仏と戦闘を開始、ここに第二次世界大戦が勃発した。翌四〇年春、ドイツはオランダ、フランスなどを相次いで降服させ、ヨーロッパのイギリス軍を本国へ撤退に追い込むという圧倒的な勝利を収めた。

日本はこれを好機ととらえ、アジアにおける日本を頂点とした「指導」秩序、すなわち「東亜新秩序」――のちの「大東亜共栄圏《だいとうあきょうえいけん》」へとつながる――建設を主張、四〇年九月イギリスの対中援助物資を絶つ目的で、宗主国《そうしゅこく》を失った北部仏印（仏印はフランス領インドシナ、現在のベトナム）に進駐、同じ九月、対英米同盟的性格の強い日独伊三国同盟を締結した。するとアメリカは屑鉄《くずてつ》の対日輸出を全面停止した。一九四〇年一月、日米関係険悪化の中で両国間の自由貿易を保証した日米通商航海条約が失効しており、米政府はあえて民間貿易に介入したのである。イギリスも、日本の圧力で一時停止していたビルマ経由の対中国援助物資を再開した。

日本は仏印と同じく宗主国を失った蘭印（オランダ領インドシナ、現在のインドネシア）に活路を求め、現地のオランダ総督府《そうとくふ》に石油などの資源供給を要求した（日蘭会商、四〇年九月〜四一年六月）が、ドイツの同盟国として敵意をいだかれており、不調に終わった。

こうした状況を打開すべく、四一年四月から日米交渉が開始された。その内容をごく単純化すれば、日本は中国から兵を引くから、アメリカは日中和平を斡旋せよというものだったが、問題は日本がいつ、どこまで引くのかということだった。松岡洋右外相は同じ四月、日ソ中立条約を結び、これと先の日独伊三国同盟とを将来的には日独伊ソの四ヵ国同盟に発展させてアメリカに圧力を加えようとしたが、彼の意図は六月の独ソ戦開始によってもろくもついえた。すると日本軍は満州に三五万の兵力を演習と称して新たに送り込み（いわゆる関東軍特種演習―関特演）、既存の部隊と併せて七〇万の大軍がソ連攻撃の機会をうかがったが、極東から欧州に移動したソ連軍部隊が予想より少なかったため断念された。

四一年七月、日本は南部仏印に進駐した。隣接するタイを同盟国に引き入れ、南方攻略の足がかりとするのが目的であったが、これは開戦準備とアメリカにみなされ、七月在米日本資産の凍結、八月石油の対日全面禁輸という報復を招いてしまった。

対米開戦の決意　対米戦争が広大な太平洋上での戦争である以上、海軍が対米戦は不可能といえば本来戦争はできないはずであった。しかし海軍は決してそうはいわなかった。一部の強硬派をのぞき多くの者が内心では勝利の見込みに乏しいと思っていたのだが、長年アメリカと戦うからといって多額の予算を獲得しておきながら、いざとなったら戦争はできないなどとは、官僚機構として存在意義に関わることであり、到底言えなかったのである（森山優・一九九八）。第三次近衛内閣時、及川古志郎《おいかわこしろう》海相が開戦の決定は「総理が判断してなすべき」だと発言して責任を回避した（十月十二日、『杉山メモ』）のも、こうした事情による。

そんな海軍にとって、血液ともいえる石油の禁輸は重大な意味を持った。このままでは備蓄を食いつぶし、対米建艦競争においても差は開く、というせっぱ詰まった認識の中、九月六日の御前会議《ごぜんかいぎ》で「帝国国策遂行要領」、つまり十月上旬までに要求貫徹の目処《めど》が立たなければただちに開戦を決意するとの決定がなされた。対米戦に内心反対ではありながらそれを押し通せなかった近衛首相は十月十六日、内閣総辞職の途を選んだ。

新たに成立した東条英機（陸軍大将）内閣は昭和天皇の意志をうけ、一度は九月の決定を白紙に戻

図137　日露戦争の記憶　第25回陸軍記念日は1940年．あの日露戦争に勝てたのだから次の戦争にも勝てるのでは，と考えた．

して対米交渉を継続した。しかし十一月二十六日、「支那及び仏印」からの撤兵、汪兆銘《おうちょうめい》政権の否認、三国同盟の死文化などを記したいわゆるハル・ノートを突きつけられて断念、十二月一日ついに開戦を決定するに至った。東条が陸相時、開戦決定をしぶる近衛に向かって中国からの撤兵は「心臓ダ」（十月十四日、『杉山メモ』）と叫んだように、撤兵は官僚機構としての陸軍にとって自己の存在意義に関わる問題であり、とうてい受け入れられなかった。もし撤兵となれば、陸軍が過去四年間にわたって国民に負わせた多大な犠牲はいったい何のためだったのかということになる、だから絶対不可というのである。彼らは対米戦の結果日本が立ち至った惨状など知るよしもなかったし、戦争とは不確実な要素が大きい、それはあの勝てた戦争・日露戦争も同じことだと考えていたのである。「其頃、軍人の中にはよく斯ういふことを言ふものがあつた。日清、日露の二大戦役も、百パーセントの成算があつてやつたものでは無い。百パーセント勝算があるなどといふことはあり得ない」とは敗戦後、近衛が開戦直前を回想しての発言である（『近衛日記』）。

その国民感情の具体例をいくつか掲げる。まず一九三九年、福島県石城《いわき》郡在住の一県会議員が郷土出身将兵の慰問・慰霊のため大陸各地を旅行した際の回想記『満支視察の旅』をみてみよう。彼は同郷の兵士が大勢死んだ上海の戦跡に立って、「我が国は（第一次上海事変も含め）二度市街戦の惨苦を嘗《な》めたのである、三度此の惨苦は嘗められない。如何《いか》なる新政府が出来て、如何なる和平条件が提訴されても現在の占領地区には永久に駐兵権だけは確保せねばならない……今や日本は自分の実力を自分でも認め、諸外国もしつかりと認めたのである。誰に遠慮の必要があるか」との所感を述べている。日本は相当の犠牲を払ったのだから、当然その見返りを得るべきだという国民の感情が存在したのである。

また太平洋戦争勃発直前の四一年十一月、佐賀県佐賀市の循誘《じゅんゆう》区婦人会は日中戦争・ノモンハン事件戦死者の招魂《しょうこん》祭を行ない、祭の様子と各戦死者の「戦功」の記録集『嗚呼忠烈』を作成したが、区の有力者が述べた祭詞とは、「蔣政権は申すに及ばず、英米の如き敵性国家群を悉《ことごと》く粉砕して、大東亜の新秩序を建設し、我国三千年の歴史をして永遠に光輝あらしめなければなりません」（国民学校長）、「日米の関係は寸前の危機に迫り一触即発の感を深くするの時希《ねが》わくば英霊永《とこし》へに護国の威徳を垂れ給《たま》はんことを」（在郷軍人会分会長）というものだった。未来を断たれた郷土の若者一七名への追悼の場は、彼らの死の原因を作った（とみなされた）蔣介石や英米への復讐を誓う場ともなっていったのである。陸軍が撤兵を峻拒《しゅんきょ》した背景には、こうした国民感情があった。

ハル・ノートのいう「支那」が満州国まで含んでいたか否かは今日でも議論が分かれる。だが、当時の日本政府の誰もが満州事変前への回帰を求められたと信じて絶望、ないしは激高したのは、同国を〝独立国〟の建前とは異なり、武力をもってようやく獲得し、それゆえ死守すべき〝日本領土〟と強く思い込んでいたからではなかったか。この大博打は、同盟国ドイツがイギリス、ソ連を打倒し、日本が米英艦隊を撃滅して東南アジアの資源をおさえ、長期自活の体制を整えればアメリカも戦意を喪失するだろうという期待（願望?）のもとに行なわれた。この意味で、後世の眼から客観的にみて正しかったかは別として、日本が戦争終結の展望を全く欠いていたという訳ではない。そうした事情も考慮しない限り「なぜあのような無謀な戦争をしたのか」という問いを解くことはできないのである。ただし頼りのドイツはこのころソ連の首都モスクワ攻略戦に失敗（十二月八日撤退開始）、短期決戦による勝利の見込みは失われていた。

コラム　戦死者の墓はなぜ大きいか

近くの墓地のそばを歩くと、ひときわ大きな墓があり、それが戦死者のものであることが多い。なぜ彼らの墓は巨大なのか。日中戦争期、そうした戦死者用の墓の建て方「マニュアル」として編まれた鹿島大賢『遺族よ墓は斯《こ》う建てよ』（一九三九年）なる書物は、その理由を端的に示す。

鹿島は、ある戦死者の母が朝日新聞に投書した文章を引用する。「尽忠《じんちゅう》報国の武勲は対等であっても、富めるが故に墓石が大きく、貧しきが故に小さければ、後代への心残りも伴ひます。私もやがてお上から戴ける賜金で高い墓標を建設しなければならなくなりました。石屋さんも大きなものをとしきりにす〻めてゐ」る、しかしそれは国家の経済のためによくないから国が墓石の規格を決めてくれないか、というのがその要旨である。引用文中の「賜金」とは正式には死没者特別賜金といい、戦死・戦病死者の遺族に国から与えられる金で、陸軍一等兵で一三〇〇円と当時としてはかなりの大金であった（青木大吾『軍事援護の理論と実際』一九四〇年）。遺族たちが墓の大きさ競争に走り得た背景には、そうした事情があった。

こうした競争に対しては「遺族の間に墓標の大きさが競争となって特別賜金まで費消する傾向があるので墓標の大きさを一定せよ」（千葉県君津郡木更津町方面委員〔現在の民生委員〕、鹿島前掲書）といった先の投書と同様の批判が公式におこなわれていたが、その後もやむことはなかった。

遺族たちが墓の大きさにこだわったのは、鹿島の言葉を借りれば、「崇高にして比類無き光栄を標示する為めに建てられた墓碑が、あまりに小さいみすぼらしいものでは故人に申訳ない」という心情によるものだった。だがそれは「遺児の養育、其の他、将来益々家門を顕揚する為」（青木前掲書）という賜金本来の趣旨にも、戦死者の意にも添わなかっただろう。そしてそうした心情は、近隣間の体面、名誉の競争という横の方向へと向かい、けっして〝反戦〟というかたちで上の方に向かうことはなかったのである。

5 太平洋戦争　一九四一―一九四五

対米・英・蘭戦の開始　一九四一年（昭和十六）十二月八日、日本陸軍の大部隊がイギリスの植民地マレー半島制圧を目指してその北部に上陸した。その一時間後、空母《くうぼ》六隻を基幹とする海軍の機動部隊がアメリカ海軍の根拠地ハワイ真珠湾《しんじゆわん》を空襲、ここに太平洋戦争（当時の呼称は大東亜戦争）の幕が切って落とされた。二次にわたる真珠湾攻撃隊は戦艦四隻を撃沈、一隻を大破、飛行機一八八機を破壊するなどの戦果を挙げたが、米空母は偶然出航していて難を逃れたし、海軍の工廠《こうしよう》・燃料貯蔵設備もほぼ無傷のまま残った。そのうえ真珠湾の水深は浅かったから完全に失われた米戦艦は二隻（アリゾナ・オクラホマ）にとどまり、残りは引き揚げられて修理を受け、のちに日本海軍との戦闘に従事することになる。しかも開戦の通告が在米日本大使館の不手際で攻撃開始時刻より遅れたため、だまし討ちとして米国民を憤激させた。

陸軍はマレー半島一一〇〇㌔を南下、二月十五日には南端のシンガポールを占領した。作戦中の十二月十日、海軍の陸上攻撃機隊が独力でイギリス東洋艦隊の戦艦「プリンス・オブ・ウェールズ」「レパルス」の二隻を撃沈、この艦隊に護衛戦闘機がなかったという幸運に恵まれたとはいえ、水上戦力に対する航空戦力の優位を立証した。

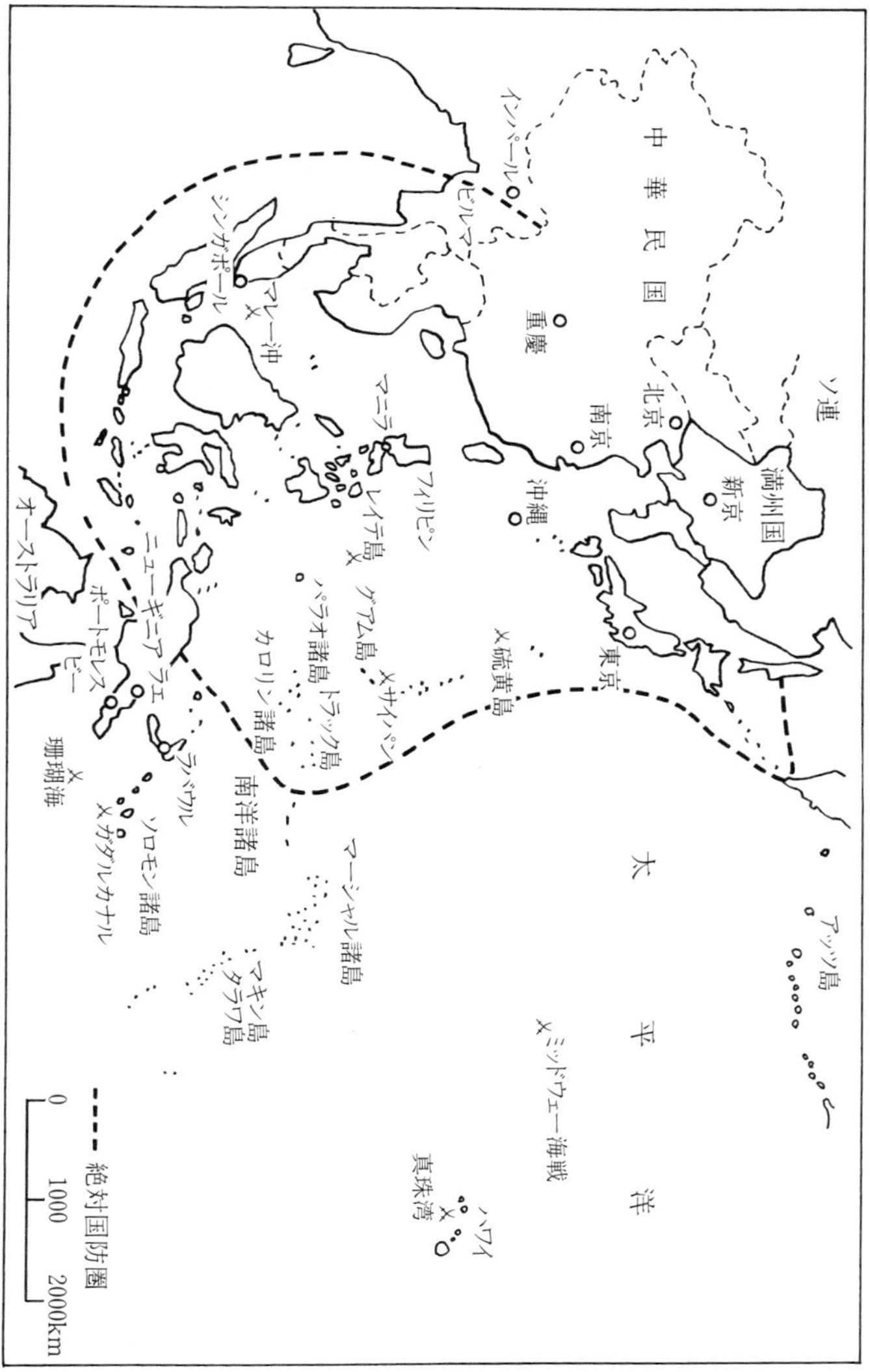

図138　アジア・太平洋全域地図

図139　フィリピン攻略戦　日本兵の背後に廃墟が広がる（渡集団報道部編『比島派遣軍』1943年）.

東洋におけるアメリカ最大の根拠地、フィリピンに上陸した日本軍は、一月にルソン島の首都マニラを占領したが、米比軍は要塞《ようさい》化された同島バターン半島に立てこもり抗戦する方針をとっていた。同半島は四月九日に至ってようやく陥落したが、司令官のマッカーサーはすでにオーストラリアに逃走していた。残された約八万の捕虜をもてあました日本軍は収容所までの道のり六〇㌔を徒歩移動させたが、飢えや疲労、病気のため多数の死者を出してしまい、「バターン死の行進」としてアメリカの宣伝に利用された。

四一年十二月二十五日香港の英軍が降服、翌四二年（昭和十七）一月二十三日にはニューギニア、ソロモン諸島などいわゆる南東方面の重要拠点ニューブリテン島ラバウルが、三月八日には東部ニューギニアの要地ラエ・サラモアが日本軍の手に落ちた。ここまで足をのばしたのは、アメリカとオーストラリアの連絡を絶ち、オーストラリアからの連合軍の反撃を断つという構想にもとづくものであった。三月九日蘭印のオランダ軍が降伏、日本軍は油田地帯の確保に成功した。さらに五月下旬にはビルマ全土から英軍を駆逐、これを占領した。もっともフィリピンやビルマの戦車戦で米製戦車に歯が立たなかったり、ビルマの航空戦では英軍より多くの損失を強いられたりと、後の近代戦における苦戦の兆しはすでに現れていたのだが、緒戦の勝利は誰の目にも圧倒的と映った。しかしそれはわずか半年あまりのことであった。

四二年四月、米海軍は空母ホーネットから長距離飛行が可能な陸軍の双発爆撃機B—25一六機を発進させ、中国大陸に着陸させるという奇策を用いて東京、横浜などを空襲した。被害は軽微であったが、日本軍防空部隊は一機も撃墜できず、その貧弱さを露呈した。五月、日本陸軍は東部ニューギニアの要地ポートモレスビーを攻略しようと攻略部隊を派遣、これを支援する海軍機動部隊と米艦隊との間に、史上初の空母対空母の海戦・珊瑚《さんご》海海戦が起こった。日本軍は米軍の大型空母レキシントンを沈め同ヨークタウンを中破させたが、小型空母祥鳳《しょうほう》喪失、大型空母翔鶴《しょうかく》大破、艦載機《かんさいき》の損害も多数にのぼったため、結局モレスビー攻略は中止された。日本軍は戦術的には勝利したが、戦略的には敗れたとされる。のち陸上部隊による同地攻撃が行なわれたが兵力差、地形の壁にはばまれ失敗している。

六月、海軍はハワイに近いミッドウェー島の攻略作戦を開始した。ハワイ攻略の足がかり獲得、米空母群の撃滅が目的であったが、暗号を解読されて逆に空母四隻・飛行機約二八〇機と貴重な歴戦の搭乗員多数を失うという大敗北に終わった（ミッドウェー沖海戦）。

ガダルカナル　一九四二年（昭和十七）八月、有力な米海兵隊（海上からの敵前上陸専門の部隊）一個師団がはるか南のソロモン諸島ガダルカナル島（ガ島）に上陸、本格的な反攻を開始した。ちなみに同じ八月、アメリカ本国では原子爆弾開発計画・マンハッタン計画が開始されている。戦争の帰趨《きすう》はすでにこの時点で決まっていたといえなくもない。

ガ島周辺海上では第一次〜第三次ソロモン海戦、南太平洋海戦など数次の海戦が起こり、日本海軍が戦艦二隻（比叡《ひえい》、霧島《きりしま》）ほか、米軍が大型空母一（四月に日本本土を空襲したホーネット）ほかの艦艇を失うという激戦が繰り広げられた。しかし陸軍は米陸軍の火力に圧倒され、数次の総攻撃にいずれも失敗した。

海軍航空隊は同方面最大の根拠地・ラバウルから連日ガ島の飛行場、周辺の米艦船を攻撃したが、このころには米陸海軍航空隊も対零戦戦法を確立していた。米海軍の主力艦戦グラマンF4F、陸軍のP—40は運動・速度性能などでは零戦に劣ったが、その得意とする格闘戦に引き込まれるのを避け、頑丈な機体と優越した火力を生かして零戦よりも高い位置から急降下、一撃を加えて離脱する、いわゆる一撃離脱戦法に徹したのである。零戦は機体の軽量化に徹してその強度に劣ったためにこれを追尾できず、また防弾をほとんど考慮していなかったため、わずかの被弾でも火を噴いた。エンジン出力一〇〇〇馬力級の戦闘機としては究極と称されるその飛行性能も、所詮はそうした部分を犠牲にして得たものであった。しかも零戦は搭載の無線機がほぼ役に立たず、米軍機の統制のとれたチームプレーに対抗するのは困難であり、日に日に損害は増えていった。これらの不利な点は、のち米軍にF4U、F6F（海軍）、P—38、P—47（陸軍）などのより強力な二〇〇〇馬力級戦闘機が出現するに至っていっそう明らかになっていった（堀越次郎・奥宮正武・一九五三）。

図140　陸軍一式戦闘機「隼」 性能的には海軍の零戦とほぼ同等で，日本の陸海軍はそうした飛行機を別々に作り続けていた（『航空少年』1943年11月号）.

戦闘機隊が劣勢を強いられた結果、同じく被弾に弱いためその護衛を受けねば戦えない海軍の一式陸上攻撃機、九七式艦上攻撃機、九九式艦上爆撃機の損害も増加、貴重な搭乗員を多数失い、米艦隊・輸送船団に損害を与えることは困難になっていった。四三年四月、山本五十六《いそろく》連合艦隊司令長官が米陸軍機に撃墜され（暗号が解読されていた）戦死した際の搭乗機も、この一式陸攻であった。

海軍の要請を受けて陸軍航空隊も急遽《きゅうきょ》ソロモン、ニューギニア方面に進出したが、その主力・一式戦闘機（隼）、九七式重爆撃機も状況はほぼ同じであった。ただ、海軍との比較で精神主義的傾向の強さを指摘されることの多い陸軍の方が、航空機への防弾鋼板・タンク導入においては海軍より早かったことは興味深い。とはいえ、せっかくの防弾鋼板も現地部隊では少しでも機体の重量を軽くするため取り外してしまうことが多かったという（梅本弘・二〇〇二)。

太平洋上の「玉砕」　日本軍は結局ガダルカナル島方面の制空・制海権の奪取に失敗、したがって同島へ十分な補給・増援を送ることもできなかった。四二年十一月、ガ島向けの兵員や食料・重火器などの物資を積んだ陸軍輸送船団一一隻が米軍の空襲で全滅する事態まで発生したため、ついに同島の確保を断念、四三年二月、高速の軍艦による撤退作戦を敢行した。約一万名の兵力が撤退に成功したものの、半年の攻防戦で約二万人の陸兵が失われた。その過半は戦病死・餓死であった。日本軍は東部ニューギニア方面の防備を固めて米軍の反攻を阻止しようとしたが、四三年三月、ラバウルから要地ラエ・サラモアに一個師団の陸兵を増援輸送中の陸軍輸送船全八隻・駆逐艦《くちくかん》四隻が米軍機の空襲で沈められるなど、日米の戦力差は日に日に開いていった。両地は九月に失陥《しっかん》、敗戦までのニューギニアにおける日本軍戦死者は約一〇万人にのぼった。

陸戦においても彼我の火力装備の格差は明らかであった。たとえば日本軍の三八式歩兵銃・九九式小銃は一発撃つたびに槓桿《こうかん》(レバー)を動かして空薬莢《やっきょう》を排出するという操作が必要であったのに対し、米軍はそれがいらない半自動小銃・M1小銃を採用していた。「相手は自動小銃、撃ち合いをしていたらこちらは負ける」、「ジャングルがあり、これを隠れミノに敵に近づき、油断しているところを突然攻撃して、さっと退くから戦争になっていた」とは、ガ島と同じソロモン諸島のブーゲンビル島で終戦まで戦った、精鋭を自任する熊本第六師団生き残りの兵士の言である(『第六師団の終焉』一九九四年)。これでは上陸してきた米軍を撃退することはできない。日本軍も自動小銃の試作品は三八年の段階でできていたのだが、日中戦争の勃発とそれにともなう三八式歩兵銃の大増産に追われ、量産化に至らなかったのである。もっとも大量の弾薬を消費する自動小銃はそれに見合った輸送力も必要とするので、第二次大戦の各国陸軍中、半自動小銃で歩兵の装備を統一していたのは米軍だけであり、その意味では相手が悪かった。ガ島撤退と同じ二月、ドイツ陸軍の大部隊がソ連のスターリングラードで包囲されて降伏、九月にはイタリアが降伏と、以後洋の東西で枢軸軍は敗北の坂を転げ落ちていく。

四三年五月、北方アリューシャン列島のアッツ島に約二万人の米軍が上陸して二千数百人の日本軍守備隊は全滅、大本営はこれを「玉砕《ぎょくさい》」の美名をもって国民に発表した。十一月米英中の三国はエジプト・カイロで会談、日本が無条件降伏するまで戦う旨を宣言した。

　同じ十一月、新造の大型正規空母エセックス級を陣容に加えた米機動部隊はマーシャル諸島マキン・タラワを空襲、ついで海兵隊

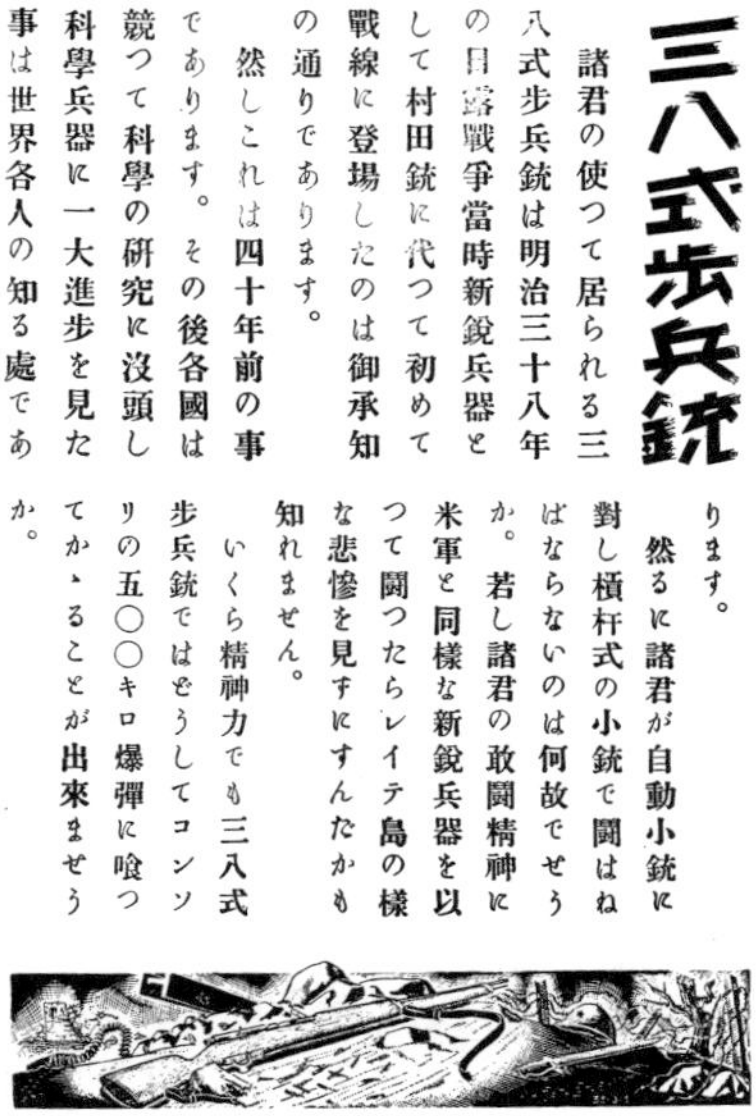

三八式歩兵銃

　諸君の使つて居られる三八式歩兵銃は明治三十八年の日露戦争當時新鋭兵器として村田銃に代つて初めて戰線に登場したのは御承知の通りであります。

　然しこれは四十年前の事であります。その後各國は競つて科學の研究に沒頭し科學兵器に一大進歩を見た事は世界各人の知る處であります。

　然るに諸君が自動小銃に對し横杆式の小銃で闘はねばならないのは何故でせうか。若し諸君の敢闘精神に米軍と同様な新鋭兵器を以つて闘つたらレイテ島の様な悲惨を見すにすんだかも知れません。

　いくら精神力でも三八式歩兵銃ではどうしてコンソリの五〇〇キロ爆弾に喰つてかゝることが出來ませうか。

図141　米軍宣伝ビラ「三八式歩兵銃」　当の戦争相手に装備の遅れを諄々《じゅんじゅん》とさとされる．

が珊瑚礁を乗り越える水陸両用車などの新兵器を駆使して上陸、多大の犠牲を出しながらも占領した。日本軍に背後を突かれないよう、占領地の端から着実に奪回しては飛行場を建設、次の目標を目指すという作戦であった。ちなみにエセックス級は大戦中に一七隻が完成したが、これに対し日本が開戦後完成させた正規空母は「大鳳《たいほう》」、「雲龍」など四隻（しかも後述のマリアナ沖海戦に間に合ったのは「大鳳」のみ）であり、日米生産力の格差は圧倒的であった。それは航空機についても同じだったから、日本は四三年十一月既存の企画院《きかくいん》、商工省などを軍需省に再編、航空機・軍需物資の生産効率化をはかった。しかし実際には陸海軍間の資源争奪戦の場となり、十分な成果は上がらなかった。それでも学徒を動員しての航空機大増産が行なわれたが、結果は粗製濫造、稼働率の低下であった。

四三年九月、日本軍は「絶対国防圏」を設定、戦線を小笠原、マリアナ諸島、西部ニューギニア、スンダを結ぶ線にまで縮小させるかわりに、これより内には米軍を一歩も入れないとの決意を示した。マリアナを失えば日本列島の大部分は米重爆撃機B―29の空襲圏内に入り、戦争継続は不可能となることがわかっていたからである。東部ニューギニア、ソロモン、マーシャル方面にはまだ多数の陸海軍部隊が残っていたが、事実上見捨てられた。つづいて四四年二月、米軍はマーシャル諸島クェゼリン・ルオット島を陥落《かんらく》させるとともに日本海軍の中部太平洋最大の根拠地トラック島を二日間にわたって空襲、輸送船舶三四隻二〇万五〇〇〇トン、艦艇九隻もの損害を与えた。開戦前の船舶損失見積もりが戦争第一年目八〇万トン・第二年目六〇万トン、三年目七〇万トンであったことを思えば、恐るべき数字である。現実の太平洋戦争における船舶損失量は、四二年九五・三万トン、四三年一七九・三万トン、四四年三八三・六万トン、四五年二一六万トンにものぼり、せっかく獲得した南方資源も途絶、日本の工業力は事実上枯死させられていった。

このような戦局悪化をうけて首相・陸相東条英機《とうじようひでき》は四四年二月参謀総長までも兼任、嶋田繁太郎《しげたろう》海相もこれにならって軍令部総長を兼任、「国務と統帥《とうすい》の一致」つまり戦争指導の一元化をはかった。平時であれば「統帥権独立」の原則上、おそらくあり得ない人事であったが、彼らは戦時下の特例として強行した。ソロモンの戦いで多数の艦艇・航空機と搭乗員を失い劣勢の日本海軍機動部隊ではあったが、来たるべきマリアナ・パラオ方面での戦いでは、各島の陸上基地に配置した航空部隊も合わせれば数的に互角どころか優勢な戦いが可能と考えられていた。まさに決戦であった。

サイパン陥落と本土空襲　四四年六月、米軍は空母一五隻を基幹とする機動部隊の援護のもとマリアナ諸島サイパン島に上陸、迎え撃つ日本機動部隊（空母九隻）との間に、機動部隊同士のものとしてはおそらく絶後の大規模海戦・マリアナ沖海戦が起こった。しかし日本海軍期待の陸上機部隊は広大な海域に点在する島々に分散配置されていたため、優勢な米軍に各個撃破されてしまっていた。日本の艦隊から発進した攻撃隊も、母艦の効率的な無線指揮を受けた米戦闘機F６F、対空砲火《たいくうほうか》の迎撃を受け、ほとんど損害らしいものを与えることができなかった。米軍は艦載の高射砲弾にVT信管——電波を発して敵機を感知すると直接命中しなくてもその近くで炸裂する——を使用、撃墜率を向上させたという。日本機動部隊は逆に大型空母大鳳・翔鶴・飛鷹《ひよう》ほかの艦艇と飛行機三九五機、およびその搭乗員を失い、事実上壊滅した。同じ六月、ヨーロッパの連合軍はフランス北部のノルマンディ海

図142　グアム戦で炎上する米M4戦車　日本軍の火力では至近距離で，それも装甲の薄い側面から射撃しないと撃破できない．

岸に上陸、ドイツ本土への猛進撃を開始した。まさに世界規模で連合軍の大攻勢が始まったのである。

孤立無援となったサイパンは陸海軍二万人、民間人一万人の犠牲とともに七月七日陥落、つづいてテニアン、グアム両島も陥落した。こうした「玉砕」の連続は降服、捕虜になることを禁じた日本軍の体質がもたらした悲劇であったが、たとえ降服したとしてもアメリカ軍が常に歓迎してくれるとは限らなかった。激戦ゆえの憎悪や人種偏見から、日本兵捕虜を虐殺する事例も多発していたのである（ダワー・二〇〇一）。

東条内閣はサイパン失陥の責を負って総辞職、十一月には同地を飛び立ったB―29が連日日本本土の各都市を空襲、以後多くの都市が焼き尽くされていくことになる。同機は高空での気圧低下を防止し乗員の自由な行動を可能にする気密室とターボ過給器（排気ガスの圧力でタービンを回して強制的に空気をエンジンに取り込み、空気の薄い高々度でも高出力を発揮させる装置）を装備、一万メートルの高々度から悠々と日本本土に侵入したが、迎撃の日本軍航空部隊はそのどちらも戦力化できず、同じ高度への到達すら困難を極めた。陸軍は震天《しんてん》制空隊と称し、武装・装甲板を外し軽量化した戦闘機による体当たりまで行なったが、対空火器の数・射高不足（撃っても弾が届かない）もあり、B—29群を阻止することはできなかった。

これより先の四四年春、日本陸軍は二つの大作戦を開始した。まず三月、ビルマ戦線でインド領内の要衝・インパール攻略作戦を開始した。相次ぐ太平洋方面での敗北の中、どこかで一勝をあげたいという焦《あせ》りもあって開始された同作戦は当初こそ順調に進んだが、豪雨と当初から危惧されていた補給の欠如、対する英印軍の圧倒的な火力・補給力・航空戦力のため、参加兵力一〇万人中死者三万人・戦傷病者四万五〇〇〇人を出して総退却という惨憺《さんたん》たる敗北に終わった。

ついで四月、中国戦線で一号作戦、いわゆる大陸打通《だつう》作戦を中国沿岸各地に展開する米軍の飛行場を占領し、日本本土への空襲を防ぐ目的で開始した。約四一万もの日本軍が約二〇〇〇キロの距離を南下、中国軍との激戦のすえ各飛行場を占領、十二月に味方南方軍との連絡を成立させて作戦は一応完了したものの、ここでも補給の軽視・貧弱な衛生施設のため多数の戦傷病者・餓死者を出した。しかも作戦終了以前にマリアナ諸島が失陥、米軍は同地の飛行場から多数のB—29を日本本土に発進させていたから、戦略的には無意味な作戦であった。

この日本軍の補給軽視は全戦線に共通のものであった。太平洋上に点在する島々に物資を送り届ける輸送船も、貧弱な護衛しか付けられなかったために、多くが米軍航空機・潜水艦によって沈められていった。日中戦争、太平洋戦争における広い意味での「餓死」（栄養失調—体力低下にともなう病死も含む）者数は、全戦死者数二三〇万中の実に過半数、一四〇万人にのぼったとの推計がある（藤原彰・二〇〇一）。

フィリピン戦と体当たり攻撃の開始　一九四四年（昭和十九）十月二十日、米軍はフィリピンのレイテ島に上陸した。首都マニラのあるルソン島攻略に用いる航空・兵站《へいたん》基地を建設するためである。大本営陸軍部はフィリピンを死守すべく満州の関東軍から第一師団、戦車第二師団ほかの精鋭部隊を抽出するなど増援に努めていたが、兵力の集中しているルソンでの決戦を求めた現地軍の反対を押し切り、レイテ島での決戦に踏み切った。これより前の十月九〜十四日の台湾沖航空戦で、沖縄、台湾を空襲して帰途についた米機動部隊を海軍航空隊（陸軍航空隊の一部に雷撃訓練を施し、指揮下に入れた）が攻撃、空母一一隻、戦艦二隻を撃沈と発表したことが頭にあり、米軍のレイテ上陸は自暴自棄的なものであるからぜひここで叩いて一勝を挙げたいと考えたのである。実際の航空戦の戦果は重《じゅう》巡洋艦《じゅんようかん》二隻大破のみにすぎなかったが、海軍は自己の面子《めんつ》を守るため、この事実を国民はもちろん首相、陸軍にも教えなかった。

日本海軍は艦隊・航空隊の総力を挙げてレイテ島の米輸送船団攻撃を図った。残存空母部隊を囮《おとり》にして米機動部隊をフィリピン北方に誘い出し、その間に栗田、西村、志摩の各中将指揮する三艦隊が各方面からレイテ島をめざすというこの作戦は、囮作戦にこそ成功したが、肝心のレイテ湾突入は栗田中将指揮する大和《やまと》・長門《ながと》以下の主力艦隊が反転、退却したことで失敗に終わった（レイテ沖海戦）。反転の理由はそれを栗田が戦後語らなかったこともあり謎とされているが、恐怖心にかられたとする見解もある（大岡昇平『レイテ戦記』）。この海戦の過程で、囮部隊の空母全四隻と栗田艦隊の戦艦武蔵が航空攻撃で、戦艦金剛《こんごう》が潜水艦の雷撃で失われるなど、連合艦隊はもはや海上戦力としての体をなさなくなった。また西村艦隊の旧式戦艦扶桑《ふそう》・山城《やましろ》二隻以下は米戦艦部隊の夜間砲撃を受けてほぼ全滅したが、その中心となったのは真珠湾で一度沈められ、のち復帰した旧式戦艦群であった。

もはや通常の航空攻撃では戦果が挙がらないと判断した海軍は、飛行機に爆弾を積んでの体当たり、神風《しんぷう》特別攻撃隊を出撃させた。十月二十五日、護衛空母《ごえいくうぼ》一隻を撃沈、一隻を大破するという戦果が挙がったため陸軍もこれに続いた。終戦までに陸海軍あわせて六〇〇〇人あまりが特攻出撃（特攻隊戦没者慰霊平和祈念協会・一九九〇、有名な人間魚雷「回天《かいてん》」や小型艇「震洋《しんよう》」など、航空機以外の各種特攻兵器も含む）、二度と帰らなかった。しかし逃げ回る敵艦船に飛行機で体当たりするには高度な操縦技量が必要であるにもかかわらず、技量未熟者を多数特攻要員としたため、命中率は必ずしも高くなかった。よしんば命中したとしても、特攻機搭載の爆弾では十分な破壊力が得られなかった。本来爆弾は高空からの水平爆撃、または急降下爆撃によって十分な加速をつけない限り、敵艦の装甲を貫徹できなかったからであり、事実戦艦や正規空母などの大型艦は敗戦までついに一隻も沈めることができなかった。志願制を建前としていた特攻隊であったが、事実上強制されて出撃していった隊員も多く、彼らの士気は低下していった（小沢郁郎・一九八三）。

レイテでは開戦以来フィリピンに駐留していた第一六師団に加え、増援の第一師団、第二六師団ほかが米軍を迎撃したが、二六師団などは海上輸送中の空襲で武器・資材多数を失っており、結局は押

図143　フィリピン戦　米軍の宣伝ビラ．フィリピンの喪失によって南方からの資源輸送は最終的に断たれた．

し切られて四四年内にレイテ島の組織的な抵抗は終息した。関東軍中の最精鋭とされる第一師団だが、隷下《れいか》の歩兵第五七連隊長は戦後、すでに優秀な幹部が多数新部隊編制のために転出しており、しかも南下にあたって対ソ戦に備えるため連隊の「半数は在満部隊として残留すること」になったと回想している（宮内良夫・一九五八）。関東軍の〝精鋭〟師団も、内実はこのように弱体なものであった。

レイテ島の日本軍総兵力七万五〇〇〇中、対岸のセブ島などに後退できた者九〇〇人、捕虜八〇〇人、終戦まで留まった者七〇〇人であった。翌一九四五年（昭和二十）一月戦場はルソン島に移り、山下奉文《ともゆき》大将率いる陸軍部隊はマニラ市を撤退して山中にこもったが、海軍部隊二万は同市死守を叫んで米軍と市街戦を展開、多数の市民をまきこんで全滅した。以後、陸軍部隊は戦車第二師団その他の部隊が全滅するなどの大損害を被りつつも、長期持久方針を守って日本降伏までゲリラ戦を続けた。

政府は兵力不足を補うため、一九四三年度（昭和十八）から台湾人・朝鮮人にも兵役義務を課した

（志願兵制は三八年から実施）。さらに四四年から徴兵適齢年齢を満十九歳に引き下げ、その年の徴兵検査受検者中、現役入営した者の割合は実に七七・四％にのぼった。同年十二月末の陸軍兵力は九九個師団・四二〇万人と開戦時の約二倍に急膨張したが、その実態は十分な訓練も受けない高齢の兵士と貧弱な装備しか持たない軍隊に過ぎなかった（大江志乃夫・一九八一）。

硫黄島・沖縄・本土空襲　米軍はさらに攻勢を強め、一九四五年（昭和二十）二月十九日B―29の不時着地、護衛戦闘機P―51の基地を確保するため硫黄島《いおうじま》に上陸した。日本軍守備隊はそれまでの戦訓から、水際で迎撃しても圧倒的な艦砲射撃・航空攻撃を受けて戦力を消耗するだけとして、米軍をほぼ無抵抗で上陸させ、充分引きつけたところで地下陣地から反撃を加えた。この戦術は功を奏し、三月二十五日の全滅までに米軍に与えた損害（戦死・戦傷者）計二万八六八六人という戦果を挙げた。硫黄島は米軍の損害が日本軍のそれを上回った唯一の戦場とされるが、これは日本軍としては高密度の火力によるところが大きかった。二月、米・英・ソの首脳はポーランドのヤルタで会談を行ない、ドイツ降伏の三ヵ月後にソ連が対日参戦するとの密約を交わした。

四月一日、米軍は沖縄に上陸した。上陸当日こそ、硫黄島と同じ戦術がとられて本格的な戦闘はなかったが、首里近郊に日本軍が展開した防衛戦以南での戦いは日本側の軍民あわせて一七万近くの命を奪った凄惨《せいさん》なものとなり、六月二十三日陸軍の牛島満《うしじまみつる》司令官が自決して組織的な戦闘は終結した。この間の五月四日、ビルマの首都ラングーンが英軍により陥落、同方面でも日本軍は総崩れとなった。同月七～八日、頼みとしてきたドイツが降伏、日本は孤立無援となった。

沖縄戦を通じて陸軍八八二機、海軍一〇一九機の特攻機が出撃、米艦隊に多大の損害を与えたが、沖縄攻略を断念させるには至らなかった。また戦艦大和以下の艦隊も沖縄を目指して発進したが、四月七日大和と護衛の軽巡洋艦一、駆逐艦四が米軍の航空攻撃で撃沈され、約三七〇〇人の人命が無為に失われた。昭和天皇の「もう海軍に船はないのか」という発言が出撃のきっかけになったといわれる。どこかで一勝を挙げ、有利な条件で講和に持ち込みたいとしてきた天皇も、沖縄を失うに至ってようやく降伏を考えはじめた（山田朗・二〇〇二）。

これに前後してB—29は日本本土を数百機単位で連日爆撃、三月十日までの空襲で東京はほぼ全焼、以後名古屋、大阪……と各都市が灰燼《かいじん》に帰していった。当初こそ軍事施設・工場のみをねらった高々度からの精密爆撃が実施されたが、戦果が挙がらないとみるや夜間低空からの焼夷弾《しょういだん》による無差別都市爆撃へと方針が変えられた。日本の軍事力は都市に散在する小規模町工場に支えられているからというのがその口実であった。日本軍は貧弱な対空火器、航空用レーダーのない夜間戦闘機しか持たなかったため、迎撃は困難を極めた。やがて硫黄島から第二次大戦の最優秀戦闘機とされるP—51が護衛してくるようになると、戦闘機での迎撃は本土決戦に備えての〝温存〟を名目に、事実上断念されることになる。六月、義勇兵役法が公布され、十五〜六十歳の男子と十七〜四十歳の女子は本土決戦の際、国民義勇戦闘隊に召集されることになったが、持たせるべき武器もなく、およそ戦力と呼べるものではなかった。

降　服　七月二十六日、連合国はポツダム宣言を出して日本の無条件降伏を要求した。以前からソ連に仲介を依頼していくばくなりとも「名誉ある講和」を目論んでいた日本政府は同宣言を「黙殺」すると発表、これに対してテニアン島から発進したB—29が八月六日広島に、九日長崎に原子爆弾を投下した。犠牲者は広島約一四万人（四五年末までの数、広島平和記念資料館・一九九九）、長崎約七万人と推計され、放射能による原爆症の犠牲者も現在にいたるまで多数出ている。アメリカ政府は原爆を投下した理由について、本土決戦で日米双方に予想される多くの犠牲を救うためだったと現在に至るまで主張しているが、当時の米軍部内における犠牲の予測は当時喧伝されたものよりもはるかに少なかったことが今日では明らかになっている。これに関しては、二〇億ドルもの税金をつぎ込んで作った以上使わねばならなかった、人種偏見、といった理由が指摘されている（ロナルド・タカキ・一九九五）。

図144　沖縄の米海兵隊員と少女　米軍が宣伝用に撮ったものだが，両者の表情は対照的．

八月九日、ソ連軍一五七万が中立条約を無視して満州へ侵攻してきた。事ここにいたってようやく日本政府は降伏を決意、十四日連合国にポツダム宣言受諾を通知した。翌十五日国民に対する天皇の放送があり、以後この日が太平洋戦争終結の日として人々に記憶されることになる。しかしその後も千島でソ連軍と戦闘が続き（十九日、ようやく停戦成立）、満州の民間人や戦後のシベリア抑留者などに多くの死者が出た。近衛師団《このえしだん》や海軍厚木航空隊など一部の例外をのぞいて、日本陸海軍は本土、アジア太平洋の全域で従順に降伏・武装解除に応じた。もはや厭戦《えんせん》気分はおおいがたく蔓延していたのである。

日中戦争から太平洋戦争にかけての日本人死者は軍人軍属約二三〇万、民間人約八〇万、計三一〇万人にのぼった。戦場となったアジア各国の死者は、約二〇〇〇万人との推計がある（『戦後史大事典』「戦争被害」）。

戦後

1 冷戦下の再軍備　敗戦—一九七〇年代

「戦前」の清算　一九四五年（昭和二十）九月二日、日本政府代表は米戦艦ミズーリ上で降伏文書に調印、ダグラス・マッカーサーを最高司令官とする連合国軍の支配下におかれることになった。当時、東アジア全域に約六六〇万人もの日本軍人軍属《ぐんぞく》・民間人が駐留・居住していた。ソ連の占領下となった満州、北朝鮮などの地域では多数の民間人が暴行を受け、かつ八六万人もの兵士・民間人がシベリアその他の地域に抑留され重労働を強いられた。そのうち六万八〇〇〇人もが死亡し、最後の引き揚げ（一〇二五人）が完了したのは実に五六年（昭和三十一）のことであった（数字は『戦後史大辞典』「シベリア抑留」による）。

その他の地域では、一部の部隊がインドネシアの独立運動や中国の国民党・共産党内戦に巻き込まれるなどの辛苦をへつつも、四七年までにはおおむね引き揚げを完了した。陸軍省・海軍省は四五年十二月それぞれ第一・第二復員省《ふくいんしょう》へと改称されて復員業務に携わったのち統合縮小されて復員庁となり、ここに帝国陸海軍は消滅したのである。

ポツダム宣言中には戦争犯罪人の処罰が規定されており、これにのっとって連合国側は軍事裁判に着手した。一九四六年五月、もと首相東条英機《とうじょうひでき》ほか二八人を被告とするA級（平和に対する罪）戦犯裁判が東京市ケ谷《いちがや》の旧陸軍士官学校で開始（東京裁判、二五人中三人は裁判の途中で病死・免訴）され、四八年十一月東条ら陸軍軍人六人、文官の広田弘毅《ひろたこうき》が死刑となったほか、全員を有罪とする判決がだされた。一方、東アジアの各地域ではアメリカ、イギリス、中国（国民政府）、オランダ、オーストラリア、フランスによるBC級（捕虜、占領地の住民に対する残虐行為など）戦犯裁判が実行され、死刑約九二〇人、有期刑三四〇〇人の判決が下された。無実の罪で処刑された者がある一方、連合国側の残虐行為は不問に付されるなど、〝勝者の復讐〟として今なお論議をよんでいる。

また、旧陸海軍将校や軍国主義者といった戦争協力者が公職につくことを禁ずる、いわゆる公職追放も行なわれるなど、戦時体制の清算が推進された。しかし戦前陸海軍を統帥《とうすい》する「大元帥《だいげんすい》」であった昭和天皇は、統治政策上利用価値があるとみたアメリカによって東京裁判への訴追をまぬかれ、退位することもなかった。このため、その「戦争責任」をめぐって以後国際的にも国内的にも、根強い批判をうけることになった。

一九四六年十一月、大日本帝国憲法にかわって新しく日本国憲法が公布、翌四七年五月施行された。同第九条において、日本国民は「国権の発動たる戦争と、武力による威嚇《いかく》又は武力の行使は、国際紛争を解決する手段としては、永久にこれを放棄」し、「前項の目的を達するため、陸海空軍その他の戦力は、これを保持しない」、「国の交戦権は、これを認めない」と規定された。しかし実際には、日本は国際情勢の変化のなかで〝再軍備〟を推し進めていくことになる。

冷戦の勃発と日本再軍備　米ソは勢力圏をめぐって一九四七年ごろから対立を深めていった。アメリカなど西側諸国は四九年（昭和二十四）四月に北大西洋条約機構（NATO）を、同年原爆保有を公表したソ連ほかの東側諸国は五五年五月にワルシャワ条約機構をそれぞれ結成して、冷戦へと突入していった。

アジアでは朝鮮半島を分断して一九四八年朝鮮民主主義人民共和国（北朝鮮）、大韓民国（韓国）がそれぞれソ連、アメリカの支援をうけて建国された。中国大陸では四六年から国民党と共産党が内戦を開始、共産党が勝利して四九年十月に中華人民共和国を建国、国民党は台湾にのがれた。アメリカや日本は、台湾を中国を代表する正統な政府として承認した。

一九五〇年六月、北朝鮮は武力による朝鮮半島統一をめざして韓国へ侵攻した（朝鮮戦争）。これに対してアメリカは国連軍を編成（ソ連の合意を得なかったため正式のものではないが、国連章の使用が許された）、ひとたびは中朝国境まで侵出したが、中国が人民義勇軍を名乗って介入してきたため、再び南へ押し返され、北緯三八度線付近で戦線は膠着《こうちゃく》した。

日本はこの戦争を通じて米軍に多額の物資や労役を提供、これが後の高度経済成長の端緒となった。だが日本駐留の米軍が多数朝鮮半島へと出動していったため、治安維持・国土防衛の観点から開戦直後の七月、マッカーサーは日本政府に七万五〇〇〇人の警察予備隊を設置することを「許可」（事実上の命令）した。警察予備隊は旧軍人を排除して文民を幹部としたが、装備は米軍のものを供与され、指揮権も米軍の軍事顧問団が握っていた。またこの時海上保安庁（四八年五月創設）の八〇〇〇人増員も指示された。海上保安庁は朝鮮戦争時、北朝鮮海域に極秘のうちにのべ一二〇〇人の掃海隊を派遣して機雷処理にあたり、一人の死者を出した。

警察予備隊は二年後の五二年七月、保安隊へと発展、警備隊（同年四月、海上保安庁内に設立されていた海上警備隊を八月に改称）とともに、新しく設置された保安庁の管轄下に入った。保安隊は単なる警察の補助的役割にとどまらず、「わが国の平和と秩序を維持し、人名及び財産を保護する」のが使命とされた。保安庁の長官は文官（国務大臣）であり、保安隊・警備隊に出動を命ずるのは総理大臣であると、軍の独走を許した戦前の反省をふまえ、文民統制が貫徹される組織作りがなされた。

さらに二年後の五四年七月、保安庁は防衛庁へと発展した。保安隊は陸上自衛隊に、警備隊は海上自衛隊にそれぞれ改称、新規に航空自衛隊が設置された。自衛隊の目的は「わが国の平和と独立を守り、国の安全を保つため、直接侵略及び間接侵略に対しわが国を防衛すること」（自衛隊法）とされた。自衛隊の最高指揮権監督は総理大臣にあり、防衛庁長官は総理の指揮監督を受けて隊務を統括する。

陸上・海上・航空自衛隊にはそれぞれ陸上幕僚監部《ばくりょうかんぶ》・海上幕僚監部・航空幕僚監部（長・幕僚長）を置き、各隊の隊務に関して長官を補佐する。統合幕僚会議が各幕僚長・専任の議長により構成され、高度な軍事専門的立場から同じく長官を補佐する。五六年、総理大臣を議長、副総理・外務・大蔵大臣・防衛庁長官などを構成員とする国防会議が設置され、国防の基本方針や防衛計画の大綱《たいこう》、自衛隊の防衛出動の可否などを審議のうえ閣議にはかることになった。これも文民統制の一環である。

陸上自衛隊は全国を北部・東北・東部・中部・西部の五区域に分割、それぞれ方面隊を置き、その

図145　海上自衛隊潜水艦「くろしお」　もとは大戦中日本の艦船を多数沈めた米潜「ミンゴ」で，戦後日本に「貸与」された．

下に管区隊《かんく》（旧陸軍の師団に相当、六二年に師団へと改編）を置いた。隊員は徴兵《ちょうへい》制ではなく志願制により採用し、多くの陸海軍将校が幹部として入隊した。その装備のほとんどはアメリカと結んだMSA協定（MSAとは米国の相互安全保障法の略称）にもとづき、米軍から援助されたものであった。これは海上自衛隊、航空自衛隊も同様である。

当然、これらの組織は戦力の保持を禁じた憲法違反ではないかとの批判がまきおこったが、政府は憲法として主権国家の自衛権の存在までは否定していない、自衛隊は自衛のための最小限度の実力部隊であるから、「戦力」にはあたらない、との現在にまで至る公式解釈を展開して自衛隊の存在を正当化した。しかし自衛隊設立時、参議院では「自衛隊の海外派兵を為さざる決議」が行なわれ、自衛隊はあくまで国土自衛に目的を限定した組織であることが確認・強調された。

自衛隊合憲論はいかにも苦しい解釈であり、五四年ごろから保守政党は改憲論を主張したが、五五年の総選挙で護憲勢力が三分の一以上の議席を獲得したため改憲の発議は不可能となった。そのため今日に至るまで、憲法を改正して自衛隊の存在を条文に明記すべきだとの主張が強くなされている。

日米安全保障条約　朝鮮半島の戦いがはじまると、アメリカは日本を東アジア地域における自由主義陣営の橋頭堡《きょうとうほ》として重視する姿勢をつよめ、対日講和実現へとうごきはじめた。一九五一年（昭和二十六）九月、アメリカのサンフランシスコで講和会議が開かれたが、中華人民共和国・中華民国・韓国・北朝鮮ははじめから招かれず、インドやビルマなどは不参加、ソ連やポーランドなどは参加したが調印しなかった。このため国内においても全面講和をすべきとの批判が提起されたが、日本政府はこれをおしきり、アメリカをはじめとする四八ヵ国との間に講和条約を締結した。同条約は翌五二年四月発効、日本は七年にわたる占領状態を脱した。同条約では多くの国が対日賠償請求権を放棄した。

このとき同時に日米安全保障条約が締結され、独立したにもかかわらず、アメリカ軍が日本国内に引きつづき駐留することとされた。しかも同条約において米軍は日本を防衛する義務を負わず、かついわゆる「内乱条項」により、米軍が独立国であるはずの日本の内乱時に出動できる権限を持つとされたことは、条約の不平等性を示すものとして強い批判を浴びた。そして日米行政協定も結ばれ、犯罪者の扱いなど日本におけるアメリカ軍の権利が定められた。沖縄は引きつづきアメリカの施政下におかれ、米軍の基地が多数建設され現在に至っている。

一九五七年（昭和三十二）五月、以後の防衛政策の基礎となる「国防の基本方針」が閣議決定された。国防の目的は侵略を防止・排除して「民主主義を基調とするわが国の独立と平和を守ること」であり、そのために「効率的な防衛力を漸進的に整備」し、外国から侵略を受けた場合には「将来国際連合が有効にこれを阻止する機能を果たし得るに至るまでは、米国との安全保障体制を基調としてこれに対処する」というものであった。

これにもとづき、同年第一次防衛力整備計画（一九五八～六〇年）が策定《さくてい》され、陸上自衛隊の自衛官定数一八万人、海上自衛隊の護衛艦群三、航空自衛隊の航空機一一三〇機などを目標とする整備が目指された（百瀬孝・一九九五）。以後この整備計画は第四次（一九七二～七六年）に至るまで続けられ、通常兵器による局地戦以下の攻撃に有効に対処できることが目標とされた。

安保条約の改定・ベトナム戦争・沖縄返還　一九六〇年（昭和三十五）、日米安保条約は締結後一〇年をむかえて改定されることになった。社会党や労働組合、学生などの革新勢力は大規模な反対運動を展開、多数のデモ隊が国会を包囲するなど国内は騒然たる情勢となった。岸信介《きしのぶすけ》首相は自衛隊の治安出動までも検討したが、防衛庁長官がこれを拒否したため実現しなかった。とはいえ、安保条約は国会の承認をうけて同年六月発効した。条約ではアメリカの日本防衛義務が明文化されて「内乱条項」は削除、日本の施政下にある地域への武力攻撃には日米が共同して対処することが規定された。しかし、沖縄の占領は継続された。

このとき、アメリカが日本に核兵器を持ち込む際には事前協議を必要とすることが定められたが、実際にはそれ以降も日本に寄港する米艦船に核兵器が搭載されていた事実が明らかにされている。日本政府は一九六〇年代以降、核兵器を作らない、持たない、持ち込ませないという非核三原則を標《ひょう》榜《ぼう》しているが、実態とは異なるといえる。

また、このとき従来の日米行政協定が現行の日米地位協定へと改められたが、現在に至るまで、例えば米兵が犯罪を犯しても現行犯をのぞき日本の警察は逮捕できないなど、米軍にとって有利な内容となっている。

同じ一九六〇年、ベトナムは資本主義の南と共産主義の北に分裂して内戦が勃発、東アジア地域の共産化を危惧《きぐ》したアメリカは南ベトナム政府を支援して戦争に介入した。米軍は最大時約五三万人もの兵力を投入するとともに、連日北ベトナムを爆撃した（北爆）。その爆撃機B—52は沖縄の嘉手納《かでな》基地から出動していった。日本本土も米軍の休養・整備補給など、後方支援基地的役割を果たした。沖縄では基地拡張（今日、在日米軍基地面積の七五％が沖縄に集中している）や米軍の引き起こす事故、犯罪などといった犠牲を強いられていたため、本土復帰運動が高揚した。一九七一年日米両政府は沖縄返還協定を結び、翌年五月沖縄は日本に復帰した。

ソ連や中国の支援をうけた北ベトナムの粘り強い抵抗、国内での反戦運動の昂揚をうけ、アメリカは戦争継続を断念、七三年パリで和平協定を結んでベトナムから撤退した。七五年、ベトナム社会主義共和国が建国され現在に至っている。

防衛政策の転換と「ガイドライン」策定　一九六三年（昭和三十八）二〜六月、自衛隊が朝鮮半島での紛争勃発、ソ連軍の日本海沿岸への侵攻を想定、戦前の国家総動員体制なども参照しながらそうした事態への軍事的・法的対処法（有事法制）を独自に研究していた事実（いわゆる「三矢《みつや》研究」）が

図146　災害出動する自衛隊（1968年・十勝沖地震）　こうした活動もあり，自衛隊の存在は国民に受け入れられていった．

六五年二月に国会の場で明らかになった。政府は戦前のような軍の独走につながりかねないとして厳しい非難を浴びた。そのため、以後長い間にわたって有事法制など外国の侵攻に対する具体的対応策は未整備のままとなった。

　その後も自衛隊と旧日本軍とを連想させる出来事があいついで起こった。七〇年の作家三島由紀夫《みしまゆきお》による市ヶ谷クーデター未遂事件、七三年、殉職して山口県護国《ごこく》神社に合祀された自衛隊員の妻が国と隊友《たいゆう》会《かい》（自衛隊員の互助組織）に合祀《ごうし》取り消しを求め提訴した事件などであり、いずれもマスコミなどで批判的に大きくとりあげられた。結局この妻の訴えは最高裁判所で退けられたが、かつての戦争の記憶が根強く残るなか、自衛隊に対する国民のまなざしにはいまだ複雑なものがあった。そのため、自衛隊は七四年、護国神社との関係を公式には断つ通達を出した（渡辺治・一九九〇）。

　そして前出の四次にわたる防衛力整備計画が実行されるなかで、防衛力・防衛費の際限ない肥大化が懸念された。ちょうどこの時期、米ソの間に核軍縮交渉が進展し、東アジアでも七二年、日米がソ連との対立を深めていた中華人民共和国と国交をそれぞれ回復するなど一定度の国際的緊張緩和もあったため、七六年十月に政府は新しく「防衛計画の大綱」を策定した。この「大綱」には、従来のように周辺諸国の戦力に量で直接対抗しようとするのではなく、日米安保体制のもとで最小限度の「基盤的」防衛力を保有しておけばそれでよいとする、いわゆる基盤的防衛力構想が取り入れられた。具体的な数値目標として陸上自衛隊の定員一八万・戦車約一二〇〇両、海上自衛隊の護衛艦約六〇隻・潜水艦一六隻、航空自衛隊の航空機約四三〇機などの数字が示され、以後約二〇年にわたって防衛計画全体の指針となった。その直後、政府は防衛費をGNP（国民総生産）の一%以下におさえるとの方針を示した。

しかしそのことで、日本は日米安保体制にいっそう依存度を強めることになった。おりしもアメリカはベトナムでの敗北後、東アジア地域における自陣営の強化・引き締めをはかっており、七八年十一月、日米両国は「日米防衛協力のための指針」（いわゆる「ガイドライン」）を策定した。これは極東有事における日米防衛協力の具体策として作られたもので、以後自衛隊と米軍の共同演習が強化されるなど、日米関係の緊密化が進められた。

2 対米追従か、国際貢献か 一九八〇年代—現在

「戦後政治の総決算」と日本の防衛 一九八一年(昭和五十六)成立したアメリカのレーガン政権は、「強いアメリカ」を掲げてソビエト連邦を「悪の帝国」と非難、軍拡競争を挑んだ。その背景には、七九年末のソ連アフガニスタン侵攻などによる米ソ関係の悪化があった。八二年、「戦後政治の総決算」を唱えて成立した中曽根康弘《なかそねやすひろ》内閣はこれに追随、八三年には日本列島はソ連に対抗する「不沈空母《ふちんくうぼ》」だとの発言も飛び出した。

これに先立つ七九年、大平正芳《おおひらまさよし》首相がはじめてアメリカを「同盟国」と発言するなど、日米関係の「同盟」化、防衛力の拡充が強く志向されるようになった。そのため中曽根内閣は八六年、従来の国防会議を安全保障会議に変更、あらたに「重大緊急事態への対処措置」も審議することにした。この間防衛費は毎年高い伸びをみせ、一九八七年度の防衛費予算案は既定の方針を破ってGNP(国民総生産)一%を突破するに至った。また、在日米軍の駐留経費負担、いわゆる「思いやり予算」(この名称は予算支出の法的根拠を問われた金丸信《かねまるしん》防衛庁長官が「思いやりによる」と答えたことに由来する)も七〇年代末からはじまり、この時期高い伸びをみせた。

このような一連の政策が進んだ背景には、当時の社会党など革新勢力の防衛論がいわゆる「非武装

「中立論」など、国民感情と必ずしも合致しない理想論に終始したこともあった。ちなみに総理府（現内閣府）が一九五六年から一九八四年にかけて行なった世論調査によると、七五年以降、国民の八割以上が自衛隊を「あった方がよい」と回答している。

図147　ソ連空母ミンスク　冷戦中は“ソ連の脅威”の象徴視されたが，今や中国のテーマパークに（2005年倒産）．

日米「同盟」の緊密化のなかで、いわゆる集団的自衛権の問題がクローズアップされた。集団的自衛権とは「自国と密接な関係にある外国に対する武力攻撃を、自国が直接攻撃されていないにもかかわらず、実力をもって阻止する権利」をいう。これに対し時の政府は主権国家として当然これを有しているが、その行使は憲法上許されていないとの見解（八一年の国会答弁）を示し、現在に至っている。

中曽根首相は、いわゆる靖国《やすくに》問題を引き起こしてもいる。一九七八年に靖国神社はA級戦犯を合祀していたが、中曽根は八五年八月十五日、同神社の「公式」参拝に踏み切った。国のために死んだ者を慰霊しないのでは誰も国に命を捧げない、という思想にもとづく行動であった。しかし戦争責任を忘却するのかという国内外の厳しい批判を浴び、次年以降これを断念している。過去の戦争被害は、周辺諸国にとってはけっして「決算」されておらず、九〇年代に入っていわゆる強制連行や従軍慰安婦など、個人への補償問題が噴出することになる。

冷戦の終結と「湾岸」ショック　一九八〇年代後半、ソ連は核軍拡競争の重圧をうけて社会主義経済に行き詰まりをみせ、冷戦の終結、自由主義経済への移行を模索し始めた。一九八九年（平成元）十一月、ドイツを東西に隔てていたベルリンの壁が崩壊し、翌十二月には米ソ両首脳が冷戦の終結を正式に表明した（ドイツの再統一は翌九〇年）。九一年三月ワルシャワ条約機構が解散、十二月にはソ連自体が解体して独立国家共同体へと移行、ここに四〇年近く続いた東西冷戦は終結し、核兵器の削減にも一定の進歩が見られた。しかし、冷戦の終結は超大国支配のもとで抑圧されていた世界各地域の民族・宗教対立を活発化させることにもなった。

一九九〇年八月、イラン・イラク戦争で疲弊したイラクは油田の確保をねらって隣国クウェートに侵攻した。翌九一年一月アメリカを中心とする多くの国が多国籍軍を編成してイラク軍を攻撃、三ヵ月の戦闘ののちクウェートからの撤退に追い込んだ（湾岸戦争）。日本は約一三〇億ドルにものぼる多額の戦費を負担したにもかかわらず、人的貢献がなかったために国際的評価をまったく得られなかったとする意見が国内に噴出、以後自衛隊の海外派遣が政治的課題として強く唱えられていった。

政府は九二年六月、ＰＫＯ協力法を制定して海外における国連平和維持活動（ＰＫＯ—Peace-Keeping Operation）への自衛隊参加に法的根拠を与えた。この活動は国連決議にもとづく、武力紛争の停戦監視活動などを指す。かつて参議院決議で否定された「自衛隊の海外派兵」にほかならないとの強い反対を押し切ってのことであった。以後、カンボジアを皮切りにゴラン高原、モザンビーク、東チモールなどへの自衛隊員派遣があいついだ。もっとも同法にもとづきPKO活動を実施するには現地の紛争当事者たちが停戦に合意していることなどの制約があり、隊員に武器の使用が許されるのもあくまで自衛の範囲内とされた。そのため隊員は小銃・拳銃程度の武器しか携行できず、これは安全確保上問題であるとの批判も大きかった。

安保再定義と「ガイドライン」の見直し　一九九五年（平成七）、政府は約二〇年ぶりに防衛計画の大綱を改定した。ソ連の大規模侵攻という脅威が減少したため、防衛力の合理化・コンパクト化が目指された。陸上自衛隊の定員一六万・戦車約九〇〇両、海上自衛隊の護衛艦約五〇隻・潜水艦一六隻、航空自衛隊の航空機約四〇〇機などの目標が定められた。

このころ日米両国は冷戦の終結、ソ連との緊張緩和をうけて、安全保障体制の見直しを協議しはじめた。いわゆる「安保再定義」である。九六年四月、クリントン米大統領が訪日して日米共同宣言を発表、日米安保体制の堅持とアジア太平洋地域における米軍の兵力維持を宣言した。そのうえで九七年九月、「日米防衛協力のための指針」いわゆる「ガイドライン」が一九年ぶりに改定された。

この「ガイドライン」では、「周辺事態」（そのまま放置すれば日本への直接攻撃に至るおそれのある事態をさす）発生時における日米両国の緊密な協力がうたわれた。政府は九九年から〇〇年にかけて、周辺事態安全確保法制定などの法整備を行ない、「周辺事態」発生時、「後方地域」において自衛隊が米軍の後方支援を行なうことを可能とした。「周辺」が具体的にどの範囲までを指すのかについて明確な説明がなされることはなかったが、実際に警戒の対象とされはじめたのは、九〇年代に入って「社会主義市場経済」を唱えて経済成長と軍備の近代化を続け、かつ台湾問題を抱える中国、そして北朝鮮であった。

とくに北朝鮮は九〇年代初頭から核兵器開発の疑惑がもたれており、九三年核拡散防止条約（NPT）を脱退、その直後日本海にむかってミサイル発射実験を行ない、九八年八月にはミサイルを日本列島を飛び越えて太平洋へ落下させるという事件を起こしている。北朝鮮はこれを人工衛星と主張したものの、日本列島が同国の長距離ミサイル射程内に入ったことが明らかになった。また、〇一年には日本領海内に侵入した北朝鮮工作船とみられる船を海上保安庁の巡視船が追跡して射撃、沈没させるという事件も起き、緊張が高まった。

このため、同年十二月に政府はアメリカとの弾道《だんどう》ミサイル防衛共同技術研究着手を決定、二〇〇四年度からイージス艦（高度な情報処理・防空能力を持つ護衛艦）・地上配備の迎撃ミサイルによる弾道ミサイル迎撃システムの整備を開始している。

テロへの対抗　二〇〇一年（平成十三）九月十一日、アメリカ本土の世界貿易センター、国防総省などが国際イスラム過激派組織アル・カイダ構成員にのっとられた民間旅客機の体当たりをうけ、五千数百名の死者を出すという惨事がおこった。米英その他の軍はアルカイダの支援を行なっているとみられたアフガニスタンのタリバン政権を攻撃、同政権を壊滅に追い込んだ。日本は同年十月、テロ対策特別措置法を制定して、インド洋上の諸外国軍艦艇に対する給油などの「後方支援」活動にあたった。

このとき自衛隊はインド洋にイージス艦を派遣したが、「後方支援」の範囲をこえて他国の武力行使に協力するものである、つまり集団的自衛権の行使に踏み込むものとして問題となった。

つづく〇二年三月、米英は化学兵器などの大量破壊兵器を隠匿《いんとく》しているとされたイラクにも侵攻、複数の国が追随して軍隊を現地へ派遣した。しかしイラクが本当に大量破壊兵器を保持しているのかなど、攻撃の正当性の有無をめぐって国連内部での合意は得られなかった。イラクのフセイン政権は崩壊し、五月にアメリカは主要な戦闘の終結を宣言した。このとき日本はいちはやく国際貢献の名のもとにイラク人道支援特措法を制定、同国の「復興支援」にのりだした。二〇〇四年一月、従来のPKOとは異なり対戦車砲や装甲車などの兵器で武装した部隊が「非戦闘地域」であるとされたイラク南部の都市サマワへ派遣され、〇五年秋現在も交替を繰り返しつつ「復興支援」活動中である。

図148　イラク派遣の自衛隊員

しかし結局のところ、対イラク開戦の大義であった大量破壊兵器の存在は当のアメリカによっても否定され、同国の治安情勢は悪化を極めたままである。自衛隊が他国の領土で「戦闘」を行なう可能性も消えてはいない。

そして国内でも、テロの脅威が叫ばれるなか、四半世紀にわたって議論の対象とされてきた「有事《ゆうじ》法制《ほうせい》」がついに実現した。二〇〇三年六月に武力攻撃事態対処法などの三法が成立、翌〇四年六月には国民の保護や捕虜の扱いなどの個別案件に対処する七つの法律が成立したのである。しかし、これらの法律で現実の「有事」における国民の円滑な退避、権利の保護が本当に可能なのか、といった批判も強い（小池政行・二〇〇四）。

戦後約六〇年、戦争体験は風化して海外「派兵」も既成事実化されるなか、東アジア地域の不安定化に備えるためにも自衛隊の存在や集団的自衛権の行使を憲法を改正して認めよ、日本は「普通の国」となれという主張が活発化している。二〇〇五年十月、自由民主党は「自衛軍」の保持などを記した憲法改正草案を発表した。明治以降、「国防の強化」を叫んで戦争の惨禍《さんか》を経験し、それゆえ戦争を放棄したはずであった日本の進路は、大きな岐路に立たされている。国策の誤りのつけは結局その国民個人が払うというのが歴史の教えるところである。真の「国防」とは何かを他人まかせにしないで自ら冷静に問うこと、陳腐なようでもそこからはじめるよりほかない。

参考文献

古代・中世

網野善彦『悪党と海賊』法政大学出版局、一九九五年
新井孝重「悪党と宮たち」（村井章介編『日本の時代史一〇　南北朝の動乱』吉川弘文館、二〇〇三年）
石井謙治『図説和船史話』至誠堂、一九八三年
石井　進『日本の歴史七　鎌倉幕府』中央公論社、一九六五年
石井　進『鎌倉武士の実像』平凡社、一九八七年
石尾芳久「日唐軍防令の研究」（『日本古代法の研究』法律文化社、一九五九年）
石上英一「古代国家と対外関係」（歴史学研究会・日本史研究会編『講座日本歴史』二、東京大学出版会、一九八四年）
石母田正『日本の古代国家』岩波書店、一九七一年
石母田正『石母田正著作集第九巻　中世国家成立史の研究』岩波書店、一九八九年
伊藤俊一「中世後期における『荘家』と地域権力」（『日本史研究』三六八、一九九三年）
稲葉継陽・榎原雅治・坂田聡『日本の中世一二　村の戦争と平和』中央公論新社、二〇〇二年
井上満郎『平安時代軍事制度の研究』吉川弘文館、一九八〇年
入間田宣夫『北日本中世社会史論』吉川弘文館、二〇〇五年
漆原　徹『中世軍忠状とその世界』吉川弘文館、一九九八年
榎原雅治「一揆の時代」（榎原雅治編『日本の時代史一一　一揆の時代』吉川弘文館、二〇〇三年）

遠藤　巌「延久元～二年の蝦夷合戦について」（『宮城歴史科学研究』四五、一九九八年）
小田富士雄編『古代を考える　磐井の乱』吉川弘文館、一九九一年
川合　康『源平合戦の虚像を剝ぐ』講談社、一九九六年
川合　康『鎌倉幕府成立史の研究』校倉書房、二〇〇四年
川岡　勉『室町幕府と守護権力』吉川弘文館、二〇〇二年
川尻秋生「武門の形成」（加藤友康編『日本の時代史六　摂関政治と王朝文化』吉川弘文館、二〇〇二年）
神田千里『土一揆の時代』吉川弘文館、二〇〇四年
岸　俊男『日本古代政治史研究』塙書房、一九六六年
北　啓太「天平四年の節度使」（土田直鎮先生還暦記念会編『奈良平安時代史論集』上巻、吉川弘文館、一九八四年）
櫛木謙周「律令制下における技術の伝播と変容に関する試論」（『歴史学研究』五一八、一九八三年）
国立歴史民俗博物館編『倭国乱る』朝日新聞社、一九九六年
国立歴史民俗博物館監修『人類にとって戦いとはⅠ　戦いの進化と国家の生成』東洋書林、一九九九年
小林一岳『日本中世の一揆と戦争』校倉書房、二〇〇一年
五味文彦「平氏軍制の諸段階」（『史学雑誌』八八―八、一九七九年）
近藤好和『弓矢と刀剣』吉川弘文館、一九九七年
近藤好和『中世的武具の成立と武士』吉川弘文館、二〇〇〇年
近藤好和『騎兵と歩兵の中世史』吉川弘文館、二〇〇五年
斉藤利男「軍事貴族・武家と辺境社会」（『日本史研究』四二七、一九九八年）
佐伯弘次『日本の中世九　モンゴル襲来の衝撃』中央公論新社、二〇〇三年
坂上康俊『日本の歴史〇五　律令国家の転換と「日本」』講談社、二〇〇一年

桜井英治『日本の歴史一二　室町人の精神』講談社、二〇〇一年
笹山晴生『古代国家と軍隊』中央公論社、一九七五年
笹山晴生『日本古代衛府制度の研究』東京大学出版会、一九八五年
佐藤進一『日本の歴史八　南北朝の動乱』中央公論社、一九六五年
佐原　真『戦争の考古学』岩波書店、二〇〇五年
設楽博己編『歴史研究の最前線一　揺らぐ考古学の常識』総研大日本歴史研究専攻・国立歴史民俗博物館、二〇〇四年
下向井龍彦「日本律令軍制の基本構造」(『史学研究』一七五、一九八七年)
下向井龍彦「捕亡令「臨時発兵」規定について」(『続日本紀研究』二七九、一九九二年)
下向井龍彦「捕亡令「臨時発兵」規定の適用からみた国衙軍制の形成過程」(『内海文化研究紀要』二二、一九九三年)
下向井龍彦『日本の歴史〇七　武士の成長と院政』講談社、二〇〇一年
白石太一郎「倭国誕生」(白石太一郎編『日本の時代史一　倭国誕生』吉川弘文館、二〇〇二年)
鈴木隆雄「本当になかったのか　縄文人の集団的戦い」(小林達雄編『最新縄文学の世界』朝日新聞社、一九九九年)
髙橋典幸「武家政権と本所一円地」(『日本史研究』四三一、一九九八年)
髙橋典幸「武家政権と幕府論」(五味文彦編『日本の時代史八　京・鎌倉の王権』吉川弘文館、二〇〇三年)
髙橋昌明『武士の成立　武士像の創出』東京大学出版会、一九九九年
田中克行『中世の惣村と文書』山川出版社、一九九八年
田中文英『平氏政権の研究』思文閣出版、一九九四年
田中正日子「筑後に見る磐井の乱前後」(門脇禎二編『日本古代国家の展開』上巻、思文閣出版、一九九五年)
田中　稔『鎌倉幕府御家人制度の研究』吉川弘文館、一九九一年
戸田芳実『初期中世社会史の研究』東京大学出版会、一九九一年

野口　実『坂東武士団の成立と発展』弘生書林、一九八二年
野口　実『武家の棟梁の条件』中央公論社、一九九四年
橋口達也「弥生時代の戦い」(『考古学研究』四二―一、一九九五年)
橋本　裕『律令軍団制の研究　[増補版]』吉川弘文館、一九九〇年
早川庄八『天皇と古代国家』講談社、二〇〇〇年
日野市史編さん委員会編『日野市史　史料集　高幡不動胎内文書編』日野市史編さん委員会、一九九三年
福田豊彦『平将門の乱』岩波書店、一九八一年
福田豊彦『室町幕府と国人一揆』吉川弘文館、一九九五年ａ
福田豊彦『中世成立期の軍制と内乱』吉川弘文館、一九九五年ｂ
藤木久志『飢餓と戦争の戦国を行く』朝日新聞社、二〇〇一年
藤本正行『鎧をまとう人びと』吉川弘文館、二〇〇〇年
本郷和人『中世朝廷訴訟の研究』東京大学出版会、一九九五年
松木武彦『人はなぜ戦うのか』講談社、二〇〇一年
松本政春『律令兵制史の研究』清文堂出版、二〇〇二年
松本政春『奈良時代軍事制度の研究』塙書房、二〇〇三年
村井章介『アジアのなかの中世日本』校倉書房、一九八八年
村井章介『日本の中世一〇　分裂する王権と社会』中央公論新社、二〇〇三年
元木泰雄『武士の成立』吉川弘文館、一九九四年
元木泰雄『源満仲・頼光』ミネルヴァ書房、二〇〇四年
森　公章『「白村江」以後』講談社、一九九八年

森浩一・辰巳和弘「武器・武具に古代の戦闘をさぐる」（岸俊男編『日本の古代六　王権をめぐる戦い』中央公論社、一九八六年）
森　茂暁『闇の歴史　後南朝』角川書店、一九九七年
山陰加春夫「「悪党」に関する基礎的考察」（『日本史研究』一七八、一九七七年）
山口英男「八・九世紀の牧について」（『史学雑誌』九五―一、一九八六年）
山家浩樹「室町時代の政治秩序」（歴史学研究会・日本史研究会編『日本史講座四　中世社会の構造』東京大学出版会、二〇〇四年）
吉田賢司「中期室町幕府の軍勢催促」（『ヒストリア』一八四、二〇〇三年）
吉田　孝『律令国家と古代の社会』岩波書店、一九八三年

戦国時代

『神奈川県史』資料編三（古代中世三下）
『戦国遺文　後北条氏編』一～六
『山梨県史』資料編四（中世一）
『静岡県史』資料編七（中世三）・資料編八（中世四）
『上越市史』別編一（上杉氏文書集一）・別編二（上杉氏文書集二）
『大日本古文書　家わけ第八　毛利家文書』一・二
『大日本古記録　上井覚兼日記』上・中・下
『大日本史料』第十二編之十五～二十
『雑兵物語』岩波文庫、一九四三年

『雑兵物語と総索引』深井一郎編、武蔵野書院、一九七三年
『信長公記』角川文庫、一九六九年
稲葉継陽「村の武力動員と陣夫役」（歴史学研究会編『戦争と平和の中近世史』青木書店、二〇〇一年）
宇田川武久『鉄砲伝来』中公新書、一九九〇年
宇田川武久『鉄砲と戦国合戦』吉川弘文館、二〇〇二年
笠谷和比古『関ケ原合戦と近世の国制』思文閣出版、二〇〇〇年
北島万次『豊臣秀吉の朝鮮侵略』吉川弘文館、一九九五年
久保健一郎「戦国社会の戦争経済と収取」（『歴史学研究』七五五、二〇〇一年）
久保健一郎「兵粮からみた戦争・戦場」（小林一岳・則竹雄一編『戦争Ⅰ—中世戦争論の現在—』青木書店、二〇〇四年）
黒田基樹「戦争史料からみる戦国大名の軍隊」（『戦争Ⅰ』二〇〇四年）
小林清治『秀吉権力の形成』東京大学出版会、一九九四年
酒井紀美「応仁の「大乱」と在地の武力」（『戦争と平和の中近世史』二〇〇一年）
佐脇栄智「後北条氏の軍役」（『日本歴史』三九三、一九八一年、のち『後北条氏と領国経営』吉川弘文館、一九九七年）
鈴木眞哉『鉄砲と日本人』洋泉社、一九九七年
高木昭作「「公儀」権力の確立」（『講座日本近世史』一、幕藩制国家の成立、有斐閣、一九八一年、のち『日本近世国家史の研究』岩波書店、一九九〇年）
高木昭作「乱世」（『歴史学研究』五七四、一九八七年）
谷口眞子「移行期戦争論—大坂冬の陣の総合的検討—」（『戦争と平和の中近世史』二〇〇一年）

中野　等『豊臣政権の対外侵略と太閤検地』校倉書房、一九九六年
藤木久志「村の動員」(『中世の発見』吉川弘文館、一九九三年、のち『村と領主の戦国世界』東京大学出版会、一九九七年)
藤木久志『雑兵たちの戦場—中世の傭兵と奴隷狩り—』朝日新聞社、一九九五年
藤木久志『戦国の村を行く』朝日新聞社、一九九七年
藤木久志『飢餓と戦争の戦国を行く』朝日新聞社、二〇〇一年
藤本正行『信長の戦国軍事学—戦術家・織田信長の実像—』JICC出版局、一九九三年
藤本正行『戦国合戦の常識が変わる本』洋泉社、一九九九年
松岡　進「城館跡研究からみた戦争と戦場」(『戦争Ｉ』二〇〇四年)
峰岸純夫「戦国時代の制札」(同編『古文書の語る日本史5　戦国・織豊』筑摩書房、一九八九年)
峰岸純夫『中世災害・戦乱の社会史』吉川弘文館、二〇〇一年
綿貫友子「戦争と海の流通」(『戦争Ｉ』二〇〇四年)

近　世

『復古記』一九二九—三一年
『山口県史』史料編　幕末維新六、二〇〇一年
『陸軍歴史』『海軍歴史』ほか
青山忠正『明治維新と国家形成』吉川弘文館、二〇〇〇年
浅倉有子『北方史と近世社会』清文堂、一九九九年
荒木康彦『近代日独交渉史研究序説』雄松堂出版、二〇〇三年

有馬成甫『火砲の起原とその傳流』吉川弘文館、一九六二年
石井　孝『戊辰戦争論』吉川弘文館、一九八四年
石井　孝『維新の内乱』至誠堂、一九六八年
維新史料編纂会『維新史』明治書院、一九三九―四一年
井上勝生「奇兵隊は革命軍だったのか」(『日本近代史の虚像と実像』一、大月書店、一九九〇年)
井上　清『日本の軍國主義一　天皇制軍隊と軍部』東京大学出版会、一九五三年
今井昭彦「幕末における会津藩士の殉難とその埋葬」(国立歴史民族博物館監修『人類にとって戦いとは』V、東洋書林、二〇〇二年)
宇田川武久『江戸の砲術』東洋書林、二〇〇〇年
大橋周治編著『幕末明治製鉄論』アグネ、一九九一年
大山　柏『戊辰役戦史』時事通信社、一九六八年
小田康徳『維新開化と都市大阪』清文堂、二〇〇一年
賀川隆行『江戸幕府御用金の研究』法政大学出版会、二〇〇二年
加藤栄一『幕藩制国家の形成と外国貿易』校倉書房、一九九三年
加藤栄一『幕藩制国家の成立と対外関係』思文閣出版、一九九七年
金子　功『反射炉』法政大学出版局、一九九五年
菊池勇夫『幕藩体制と蝦夷地』雄山閣出版、一九八四年
菊池勇夫「海防と北方問題」(『講座日本通史一四　近世四』岩波書店、一九九五年)
菊池勇夫編『日本の時代史一九　蝦夷島と北方世界』吉川弘文館、二〇〇三年
北村陽子「公儀御用鉄炮師と幕末」(『歴史評論』五四七、一九九五年)

吉良芳恵「幕末維新期の軍制と英仏駐屯軍」（国立歴史民俗博物館編『人類にとって戦いとは』Ⅲ、東洋書林、二〇〇〇年）
国友鉄砲研究会「鉄砲の里・国友」（一九八一年）
久留島浩『近世幕領の行政と組合村』東京大学出版会、二〇〇二年
小池　進『江戸幕府直轄軍団の形成』吉川弘文館、二〇〇一年
小林あつ子「戊辰戦争における人員の徴発について」（『上越市史研究』八、二〇〇二年）
小林紀子「戊辰戦争時の軍夫負担と在地支配」（『史学雑誌』一一三―三、二〇〇四年）
佐々木克『戊辰戦争　敗者の明治維新』中公新書、一九七七年
沢田　章『明治財政の基礎的研究』一九三四年
篠原宏『陸軍創設史：フランス軍事顧問団の影』リブロポート、一九八三年
篠原宏『海軍創設史：イギリス軍事顧問団の影』リブロポート、一九八六年
下山三郎『近代天皇制研究序説』岩波書店、一九七六年
鈴木　淳「蘭式・英式・仏式」（横浜対外関係史研究会・横浜開港資料館『横浜英仏駐屯軍と外国人居留地』東京堂出版、一九九九年）
芹澤正雄『洋式製鉄の萌芽（蘭書と反射炉）』アグネ技術センター、一九九一年
千田　稔『維新政権の直属軍隊』開明書院、一九七八年
高木昭作『日本近世国家史の研究』岩波書店、一九九〇年
高木昭作「近世の軍勢」（『日本史研究』三八八、一九九四年）
田中　彰『明治維新政治史研究』青木書店、一九六三年
所　荘吉『火縄銃』雄山閣出版、一九九三年

中山茂編『幕末の洋学』ミネルヴァ、一九八四年
西川武臣「神奈川奉行所の軍制改革」（横浜対外関係史研究会・横浜開港資料館『横浜英仏駐屯軍と外国人居留地』東京堂出版、一九九九年）
根岸茂夫「所謂『慶安軍役令』の一考察」（『日本歴史』三八三、一九八〇年）
根岸茂夫『近世武家社会の形成と構造』吉川弘文館、二〇〇〇年
E・H・ノーマン『日本の兵士と農民』大窪愿二訳、岩波書店、一九五八年
野口武彦『幕府歩兵隊』中公新書、二〇〇二年
芳賀八弥『由利公正』一九〇二年
原　剛『幕末海防史の研究』名著出版、一九八八年
原口　清『戊辰戦争』塙書房、一九六三年
藤井譲治「平時の軍事力」（『日本の近世』三、中央公論社、一九九一年）
藤田　覚『幕藩制国家の政治史的研究』校倉書房、一九八七年
藤田　覚「鎖国祖法観の成立過程」（渡辺信夫編『近世日本の民衆文化と政治』河出書房新社、一九九二年）
藤田覚編『十七世紀の日本と東アジア』山川出版社、二〇〇〇年
藤田　覚『近世後期政治史と対外関係』東京大学出版会、二〇〇五年
布施賢治「安政期川越藩における高島流砲術の採用」（『埼玉地方史』四七、二〇〇二年）
保谷（熊澤）徹「幕府軍制改革の展開と挫折」（『講座日本近現代史』Ⅰ、岩波書店、一九九三年）
保谷（熊澤）徹「黒船と軍事改革」（別冊歴史読本『江戸の危機管理』新人物往来社、一九九七年）
保谷（熊澤）徹「慶応軍役令と歩卒徴発―幕府組合銃隊一件―」（『歴史評論』五九三、一九九九年）
保谷（熊澤）徹「幕府の米国式施条銃生産について」（『東京大学史料編纂所研究紀要』一一、二〇〇一年）ほか

洞　富雄『鉄砲』思文閣出版、一九九一年
松井洋子「フェートン号事件の顚末」（別冊歴史読本『江戸の危機管理』新人物往来社、一九九七年）
松尾正人『維新政権』吉川弘文館、一九九五年
豆田誠路「幕末期紀州藩における在夫徴発と村」（『和歌山地方史研究』四八、二〇〇四年）
三谷　博『明治維新とナショナリズム』山川出版社、一九九七年
三宅紹宣「幕長戦争における良城隊の戦闘状況」（『山口県地方史研究』八六、二〇〇一年）
宮地正人「『復古記』原史料の基礎的研究」（『東京大学史料編纂所研究紀要』一、一九九一年）
元綱数道『幕末の蒸気船物語』成山堂書店、二〇〇四年
柳谷慶子「江戸幕府城詰米制の成立」（『日本歴史』四四四、一九八五年）
山本博文『寛永時代』吉川弘文館、一九八九年
山本博文『鎖国と海禁の時代』校倉書房、一九九五年
湯次行孝『国友鉄砲の歴史』サンライズ出版、一九九六年

近　代

『戦後史大事典』三省堂、一九九一年
伊香俊哉『近代日本と戦争違法化体制』吉川弘文館、二〇〇二年
一ノ瀬俊也「資料紹介　明治二七八年戦役日記」（『国立歴史民俗博物館研究報告』九七、二〇〇二年）
一ノ瀬俊也「第一次大戦後における一年現役兵教育」（『国立歴史民俗博物館研究報告』一〇八、二〇〇三年）
一ノ瀬俊也『近代日本の徴兵制と社会』吉川弘文館、二〇〇四年
梅本　弘『ビルマ航空戦　上・下』大日本絵画、二〇〇二年

大江志乃夫『日露戦争の軍事史的研究』岩波書店、一九七六年
大江志乃夫『徴兵制』岩波新書、一九八一年
大島明子「廃藩置県後の兵制問題と鎮台兵」（藤村道生編『国際環境の中の近代日本』芙蓉書房出版、二〇〇一年）
小沢郁郎『つらい真実　虚構の特攻隊神話』同成社、一九八三年
加藤陽子『徴兵制と近代日本　一八六八―一九四五』吉川弘文館、一九九六年
加登川幸太郎『三八式歩兵銃』白金書房、一九七五年
鎌倉英也『ノモンハン　隠された「戦争」』日本放送協会、二〇〇一年
共同通信社編『近衛日記』同社、一九六八年
熊本県ブーゲンビル島生存者会編『第六師団の終焉』同会、一九九四年
黒野　耐『帝国国防方針の研究』総和社、二〇〇〇年
桑田悦・前原透編『日本の戦争　図解とデータ』原書房、一九八二年
軍事保護院・軍人援護会編『軍事援護功労銃後奉公会及隣組表彰記録』一九四三年
小山弘健『近代日本軍事史概説』伊藤書店、一九四四年
佐山二郎『大砲入門』光人社NF文庫、一九九九年
佐山二郎『小銃　拳銃　機関銃入門』光人社NF文庫、二〇〇〇年
参謀本部編『杉山メモ　上・下』原書房、一九六七年
ジョン・ダワー『容赦なき戦争』平凡社、二〇〇一年
須崎慎一『二・二六事件　青年将校の意識と心理』吉川弘文館、二〇〇三年
関内正一『満支視察の旅』非売品、一九四〇年
高橋正衛『昭和の軍閥』中公新書、一九六九年

千葉　功「満韓不可分論＝満韓交換論の形成と多角的同盟・協商網の模索」（『史学雑誌』一〇五―七、一九九六年）
佃隆一郎「宇垣軍縮と〝軍都・豊橋〟」（『愛大史学』四、一九九五年）
土田宏成「陸軍軍縮時における部隊廃止問題について」（『日本歴史』五六九、一九九五年）
帝国在郷軍人会田原村分会編『従軍史録』（同分会、一九二七年）
特攻隊戦没者慰霊平和祈念協会編『特別攻撃隊』（同協会、一九九〇年）
野村　実『日本海海戦の真実』講談社現代新書、一九九九年
野村　実『日本海軍の歴史』吉川弘文館、二〇〇二年
秦　郁彦『南京事件』中公新書、一九八六年
ピーター・ドウス「植民地なき帝国主義―「大東亜共栄圏」の理想」（『思想』八一四、一九九二年）
広島平和記念資料館『図録　ヒロシマを世界に』同館、一九九九年
藤原　彰『餓死した英霊たち』青木書店、二〇〇一年
堀越次郎・奥宮正武『零戦』初刊一九五三年
前田哲男『戦略爆撃の思想』朝日新聞社、一九八八年
前原　透『日本陸軍用兵思想史』天狼書店、一九九四年
松下芳男『明治軍制史論　上・下』有斐閣、一九五六年
宮内良夫『歩兵第五七連隊戦闘概況　英霊記』私家版、一九五八年
宮川秀一「徴兵令による最初の徴兵と臨時徴兵」（『歴史と神戸』二六―一、一九八七年）
武藤山治『軍人優遇論』ダイヤモンド社、一九二〇年
森山　優『日米開戦の政治過程』吉川弘文館、一九九八年
山田　朗『軍備拡張の近代史』吉川弘文館、一九九七年

山田　朗『昭和天皇の軍事思想と戦略』校倉書房、二〇〇二年
由井正臣・藤原彰・吉田裕編『近代日本思想大系四　軍隊・兵士』岩波書店、一九八九年
ロナルド・タカキ『アメリカはなぜ日本に原爆を投下したのか』草思社、一九九五年

戦　後

植村秀樹『自衛隊は誰のものか』講談社現代新書、二〇〇二年
小池政行『戦争と有事法制』講談社現代新書、二〇〇四年
厚生省編『援護五〇年史』ぎょうせい、一九九七年
佐道明広『戦後日本の防衛と政治』吉川弘文館、二〇〇三年
自衛隊十年史編集委員会編『自衛隊十年史』防衛庁、一九六一年
防衛庁編『平成一六年版　日本の防衛　防衛白書』国立印刷局、二〇〇四年
百瀬　孝『事典　昭和戦後期の日本　占領と改革』吉川弘文館、一九九五年
渡辺　治『戦後政治史の中の天皇制』青木書店、一九九〇年

古代東北の兵乱（日本歴史叢書）　新野直吉著　二九四〇円
弓矢と刀剣―中世合戦の実像―（歴史文化ライブラリー）　近藤好和著　一七八五円
騎兵と歩兵の中世史（歴史文化ライブラリー）　近藤好和著　一七八五円
鉄砲伝来の日本史　火縄銃からライフル銃まで（歴博フォーラム）　宇田川武久編　三〇四五円
鉄砲と戦国合戦（歴史文化ライブラリー）　宇田川武久著　一七八五円
鉄砲とその時代（読みなおす日本史）　三鬼清一郎著　二二〇五円
戦国武将・合戦事典　峰岸純夫・片桐昭彦編　八四〇〇円
幕末の海防戦略　異国船を隔離せよ（歴史文化ライブラリー）　上白石　実著　一七八五円
徴兵制と近代日本　1868〜1945　加藤陽子著　三〇四五円
徴兵・戦争と民衆　喜多村理子著　二三一〇円
日本海軍の歴史　野村　實著　五四六〇円
銃後の社会史　戦死者と遺族（歴史文化ライブラリー）　一ノ瀬俊也著　一七八五円
第二次世界大戦　現代世界への転換点（歴史文化ライブラリー）　木畑洋一著　一七八五円
対日宣伝ビラが語る太平洋戦争　土屋礼子著　二四一五円
戦後政治と自衛隊（歴史文化ライブラリー）　佐道明広著　一九九五円
米軍基地の歴史　世界ネットワークの形成と展開（歴史文化ライブラリー）　林　博史著　一七八五円
〈沖縄〉基地問題を知る事典　前田哲男・林　博史・我部政明編　二五二〇円
日本軍事史年表　昭和・平成　吉川弘文館編集部編　六三〇〇円

日本軍事史

二〇〇六年（平成十八）二月十日　第一刷発行
二〇一三年（平成二十五）四月一日　第三刷発行

著　者　高《たか》橋《はし》典《のり》幸《ゆき》
　　　　山《やま》田《だ》邦《くに》明《あき》
　　　　保《ほう》谷《や》徹《とおる》
　　　　一《いち》ノ《の》瀬《せ》俊《とし》也《や》

発行者　前田求恭

発行所　株式会社　吉川弘文館
郵便番号一一三—〇〇三三
東京都文京区本郷七丁目二番八号
電話〇三—三八一三—九一五一〈代表〉
振替口座〇〇一〇〇—五—二四四番
http://www.yoshikawa-k.co.jp/

印刷＝株式会社　平文社
製本＝誠製本株式会社
装幀＝清水良洋

ISBN978-4-642-07953-2

著者紹介

高橋典幸（たかはし　のりゆき）　担当＝古代・中世
一九七〇年宮崎県生まれ。一九九七年、東京大学大学院人文社会系研究科博士課程中退。現在、東京大学大学院人文社会系研究科准教授。
〔主要論文〕
鎌倉幕府軍制と御家人制　源頼朝

山田邦明（やまだ　くにあき）　担当＝戦国時代
一九五七年新潟県生まれ。一九八四年、東京大学大学院人文科学研究科博士課程中退。現在、愛知大学文学部教授。
〔主要著書〕
鎌倉府と関東　戦国のコミュニケーション　戦国の活力　室町の平和

保谷(熊澤)徹（ほうや〔くまざわ〕とおる）　担当＝近世
一九五六年東京都生まれ。一九八七年、東京大学大学院人文科学研究科博士課程中退。現在、東京大学史料編纂所教授。
〔主要論文〕
幕府軍制改革の展開と挫折（『シリーズ日本近現代史Ⅰ』）　幕末の鎖港問題と英国の軍事戦略（『歴史学研究』七〇〇）

一ノ瀬俊也（いちのせ　としや）　担当＝近代／戦後
一九七一年福岡県生まれ。一九九八年、九州大学大学院比較社会文化研究科博士課程中退。現在、埼玉大学教養学部准教授、博士（比較社会文化）。
〔主要著書〕
近代日本の徴兵制と社会　銃後の社会史

索　　引

あ 行

か 行

さ　行

た　行

な　行

は　行

ま　行

や　行

ら　行

わ　行

図 版 一 覧

年　表

西暦	和　暦	事　　　　　項
2世紀末	この頃	「倭国乱」の結果，卑弥呼が邪馬台国の女王となる
239		6 卑弥呼，魏に朝貢
247		卑弥呼，狗奴国と抗争，魏に軍事支援を求める
369		倭，百済と軍事同盟を結ぶ
391		倭，朝鮮半島に侵入．以後しばしば新羅・高句麗と交戦
527		筑紫君磐井，新羅遠征軍の渡海を妨害する（磐井の乱）
602	推古10	2 厩戸皇子（聖徳太子），新羅攻撃軍を編制
658	斉明 4	4 阿倍比羅夫，齶田・渟代の蝦夷を攻める
660		百済滅亡
663	天智 2	8 白村江の戦い．百済・日本軍，新羅・唐軍に大敗
672	天武元	6-7 壬申の乱．大海人皇子，皇位を奪取（天武天皇）
701	大宝元	8 大宝律令完成．この頃，軍団制整備される
709	和銅 2	3 朝廷，征蝦夷軍を派遣する
719	養老 3	10 軍団制縮小
720	4	3 隼人反乱．9 蝦夷反乱
730年代		日本・新羅関係悪化
732	天平 4	8 東海道・東山道・山陽道・南海道に節度使派遣
739	11	5 一部の国を除き軍団制廃止（746年12月に復活）
740	12	9-11 藤原広嗣の乱
759	天平宝字 3	9 新羅征討計画
774	宝亀 5	7 東北三十八年戦争始まる
780	11	3 陸奥国で伊呰麻呂が蜂起（伊呰麻呂の乱）
789	延暦 8	6 征東大使紀古佐美，巣伏村で阿弖流為に大敗
792	11	6 陸奥・出羽・佐渡・大宰府管国以外の軍団を廃し，諸国に健児を置く
802	21	1 坂上田村麻呂，胆沢城を築く．4 阿弖流為投降
811	弘仁 2	10 文室綿麻呂，閉伊・爾薩体地方を平定する
869	貞観11	5 新羅海賊，博多来襲
878	元慶 2	3 出羽国の夷俘蜂起（元慶の乱）
893	寛平 5	5 新羅海賊，肥前・肥後来襲

西暦	和　暦	事　　項
9世紀末〜10世紀はじめ		延喜東国の乱 「僦馬の党」など，東国で大規模な群党蜂起頻発
939	天慶2	11-12 平将門，藤原純友蜂起(天慶の乱，〜941年)
1019	寛仁3	4 対馬・壱岐・筑前に女真族来襲(刀伊の入寇)
1028	長元元	6 平忠常の乱(〜1031年)
1051	永承6	前九年合戦(〜1062年)
1069	延久元	延久蝦夷合戦(1070年とする説もある)
1083	永保3	9 後三年合戦(〜1087年)
1107	嘉承2	12 平正盛，白河院の命により，源義親を討つ
1156	保元元	7 保元の乱
1159	平治元	12 平治の乱
1167	仁安2	5 平重盛，東山・東海・山陽・南海の山賊・海賊取締を命ぜられる
1180	治承4	5 以仁王挙兵．8 源頼朝挙兵．治承・寿永の内乱
1185	文治元	3 平氏滅亡．11 頼朝の奏請により守護・地頭設置
1189	5	7-9 奥州合戦．奥州藤原氏滅亡
1191	建久2	3 建久新制．頼朝，諸国の山賊・海賊取締を命ぜられる
1221	承久3	5-7 承久の乱．
1271	文永8	三別抄，日本に救援要請
1274	11	11 文永の役
1275	建治元	12 鎌倉幕府，異国出兵を計画
1276	2	3 幕府，博多湾岸に石築地の築造を始める
1281	弘安4	5-閏7 弘安の役．8 鎌倉幕府，再び異国出兵を計画
1333	元弘3	5 鎌倉幕府滅亡，建武新政始まる
1336	建武3・延元元	12 後醍醐天皇，吉野へ移る(南北朝内乱の始まり)
1348	貞和4・正平3	1 室町幕府，吉野攻撃．南朝，賀名生に移る
1350	観応元・正平5	11 観応の擾乱始まる(〜1352年)
1363	貞治2・正平18	9 山名時氏，室町幕府に帰順．この年，大内弘世も帰順
1371	応安4・建徳2	征西将軍懐良親王，明より「日本国王」に封じられる

西暦	和　暦	事　　　　　項
1390	明徳元・元中7	閏3 室町幕府，土岐康行を討つ(美濃の乱)
1391	明徳2・元中8	12 室町幕府，山名満幸・氏清を討つ(明徳の乱)
1392	明徳3・元中9	閏10 南北朝合一
1395	応永2	8 今川了俊，九州探題を解任される
1399	6	11-12 室町幕府，大内義弘を討つ(応永の乱)
1403	10	足利義満，明より「日本国王」に封じられる
1419	26	6 朝鮮，対馬に来襲(応永の外寇)
1428	正長元	8-12 北畠満雅，小倉宮を奉じて挙兵．9 正長の土一揆
1433	永享5	7 永享の山門相論．室町幕府，比叡山攻撃(～1434年)
1438	10	8 永享の乱．室町幕府，足利持氏を討つ(～1439年)
1440	12	3 結城合戦(～1441年)
1441	嘉吉元	8 嘉吉の土一揆
1454	享徳3	12 鎌倉公方足利成氏，上杉憲忠を殺す(享徳の乱)
1457	長禄元	5 コシャマインの反乱
1467	応仁元	5 応仁・文明の乱(～1477年)
1485	文明17	12 山城国一揆
1488	長享2	6 一向一揆，富樫政親の加賀高尾城を攻略
1510	永正7	4 対馬宗氏と朝鮮三浦の恒居倭人ら，蜂起(三浦の乱)
1543	天文12	8 ポルトガル人，種子島に鉄砲を伝える．翌年，近江国友の刀工が鉄砲2丁を足利将軍に献上(鉄砲製造の起源)
1560	永禄3	5 織田信長，尾張桶狭間で今川義元を破る
1570	元亀元	6 信長・徳川家康，浅井・朝倉軍を破る(姉川の戦い)
1575	天正3	5 長篠合戦
1576	4	2 信長，安土城を築き，移る
1578	6	織田水軍が鉄船で毛利水軍を破る
1581	9	2 信長，京で大規模な馬揃えを行う
1582	10	6 本能寺の変により，信長死没．羽柴秀吉，山崎の合戦で明智光秀を破る
1583	11	4 賤ヶ岳合戦．8 大坂城築城開始
1584	12	3-4 小牧・長久手の合戦
1588	16	7 刀狩令・海賊禁止令を発布

西暦	和　暦	事　　　　　項
1592	文禄元	1 秀吉，諸大名に朝鮮出兵を命ずる
1594	3	この年，全国検地が行われる
1596	慶長元	9 秀吉，朝鮮への再出兵を命ずる
1600	5	9 関ヶ原の戦い
1609	14	薩摩島津氏，琉球王国に侵攻し，軍事的な支配下に置く
1614	19	11-12 大坂冬の陣
1615	元和元	5 大坂夏の陣，豊臣氏滅ぶ．閏6 一国一城令．7 武家諸法度を制定
1633	寛永10	幕府，軍役規定を改定する(寛永軍役令)
1637	14	9 島原の乱(～1638年2月)
1639	16	7 ポルトガル船来航を禁じる(鎖国体制の完成)
1669	寛文9	蝦夷地のアイヌがシャクシャインをリーダーに蜂起
1792	寛政4	9 ロシア使節ラクスマン根室へ来航
1804	文化1	9 ロシア使節レザノフ長崎へ来航，幕府は通商要求拒否
1806	3	9 レザノフ部下による樺太襲撃(北方で紛争続く)
1808	5	8 イギリス軍艦フェートン号による長崎侵入事件
1825	文政8	2 幕府，異国船打払令を出す
1837	天保8	6 浦賀入港のアメリカ船モリソン号を砲撃
1841	12	5 高島秋帆，武州徳丸が原で西洋式調練を行う
1842	13	7 薪水給与令．9 幕府，諸藩に海防の強化を命ずる
1853	嘉永6	6 ペリー，浦賀に来航(翌年再来航，日米和親条約を締結)．9 幕府，大船建造を解禁．品川台場の建設
1854	安政元	この頃幕府・諸藩の軍制改革(安政改革)
1855	2	幕府，講武所を開設．7 長崎海軍伝習所開設(後の軍艦操練所)
1858	5	6 日米修好通商条約締結
1862	文久2	この頃，文久の軍制改革．攘夷主義が高揚する
1863	3	7 鹿児島戦争(薩英戦争)
1864	元治1	8 下関戦争．第1次長州戦争が勃発
1866	慶応2	8 幕府，第2次長州戦争に敗れ，停戦．この頃，慶応の軍制改革
1867	3	10 大政奉還．12 王政復古クーデターで新政府成立
1868	明治元	1 鳥羽・伏見の戦いで旧幕府軍敗北(戊辰戦争)

西暦	和　暦	事　　　　　　　項
1869	明治2	5 五稜郭の戦い(戊辰戦争終結). 東京九段に招魂社建立
1870	3	11 新政府, 徴兵規則布告(辛未徴兵)
1871	4	2 御親兵の編成(翌年4月近衛兵と改称). 4 兵部省下に2鎮台を置く. 廃藩置県. 8 東京・大阪・鎮西・東北の4鎮台とする 軍制は, 陸軍はフランス式, 海軍はイギリス式をとった
1872	5	兵部省を廃し, 陸・海軍省設置. 11 全国徴兵詔を発布
1873	6	1 徴兵令公布. この年, 徴兵令反対などの農民騒擾多発. 東京・大阪・熊本・仙台・名古屋・広島の6鎮台とする
1874	7	5 台湾出兵
1876	9	3 軍人・警官などを除き帯刀を禁止(廃刀令) 8 海軍, 東海・西海(のち舞鶴・横須賀・呉・佐世保の4軍港)鎮守府を設置
1877	10	2-9 西南戦争
1878	11	8 近衛砲兵隊による発砲事件(竹橋事件). 8 軍人訓戒発布. 12 陸軍, 参謀本部設置
1879	12	6 東京招魂社, 靖国神社と改称
1882	15	1 軍人勅諭発布
1885	18	5 屯田兵条例定める
1888	21	5 鎮台条例廃止, 6鎮台を第1～6師団に改編
1889	22	1 徴兵令を改正, 国民皆兵主義を実現する. 2 大日本帝国憲法発布(統帥権の独立)
1893	26	5 海軍軍令部条例により, 海軍省より海軍軍令部が独立
1894	27	8 日清戦争(～1895年2月)
1900	33	6 義和団事件に対し, 列強と清国へ出兵(北清事変)
1902	35	1 日英同盟締結
1904	37	2 日露戦争(～1905年6月)
1910	43	11 帝国在郷軍人会設立
1912	大正元	11 二個師団増設問題
1913	2	6 軍部大臣現役武官制の廃止
1914	3	8 イギリスの要請で, ドイツに宣戦(第一次世界大戦)
1918	7	8 シベリア出兵
1920	9	8 海軍八八艦隊建造予算公布される

西暦	和　暦	事　　　　項
1922	大正11	2 ワシントン会議にて海軍軍備制限条約などが調印される．8 陸相山梨半造による第一次軍縮(翌年第二次軍縮)
1925	14	陸相宇垣一成による第三次軍縮
1927	昭和2	4 徴兵令を兵役法と改める
1930	5	1 ロンドン海軍軍縮会議
1931	6	9 関東軍，奉天を占領(満州事変の開始)
	この頃	陸軍部内の派閥抗争激化
1932	7	5 海軍将校ら，犬養首相らを殺害(五・一五事件)
1934	9	10 陸軍省，パンフレット「国防の本義とその強化の提唱」(陸軍パンフレット)を配布
1935	10	8 永田鉄山陸軍省軍務局長暗殺事件(相沢事件)
1936	11	2 陸軍青年将校ら，首相官邸などを襲撃(二・二六事件)
1937	12	7 盧溝橋で日中両軍衝突(日中戦争)
1938	13	4 国家総動員法公布．7 張鼓峰で日ソ両軍衝突
1939	14	5 ノモンハン事件起こる，日ソ両軍衝突拡大．9 ヨーロッパで第二次世界大戦勃発
1940	15	9 日独伊三国同盟調印
1941	16	6 独ソ戦開始．12 太平洋戦争開始
1942	17	6 ミッドウェー海戦で，日本海軍敗北
1943	18	2 日本軍，ガダルカナル島撤退．5 アッツ島玉砕
1944	19	7 マリアナ沖海戦で日本海軍敗退．10 日本海軍，レイテ沖海戦にともない神風特別攻撃隊を組織
1945	20	3 東京大空襲．米軍，沖縄上陸(沖縄戦開始，～6月)．9 広島・長崎に原爆投下．9 日本政府代表，降伏文書に調印，戦争終結
1946	21	1 GHQ，軍国主義者の公職追放．5 極東軍事裁判開廷．11 戦争の放棄を記した日本国憲法公布
	この頃	米ソの冷戦顕著となる
1950	25	1 マッカーサー，日本の軍事基地化を表明．2 GHQ，沖縄に恒久的基地建設を発表．6 朝鮮戦争勃発．8 警察予備隊設置
1951	26	1 マッカーサー，日本再軍備の必要を説く．9 サンフランシスコ講和会議．日米安全保障条約調印

西暦	和　暦	事　　　　　　項
1953	昭和28	10 池田・ロバートソン会談，日本の防衛力増強を発表
1954	29	7 防衛庁・自衛隊発足
1960	35	1 日米新安保条約調印
1963	38	2-6 自衛隊による有事法制研究（三矢研究）発覚
1965	40	2 アメリカ，北ベトナム空爆開始
1976	51	11 政府，防衛費の上限をGNP１％以内と決定
1978	53	11 日米防衛協力のための指針（ガイドライン）決定
1989	平成元	12 冷戦体制の終結
1991	3	1 湾岸戦争．4 自衛隊の掃海艇６隻をペルシア湾に派遣
1992	4	5 国連平和維持活動（PKO）法成立．9 自衛隊，カンボジア出動（PKO活動）
1999	11	3 日本海の不審船に自衛艦が威嚇射撃
2001	13	11 アフガニスタンの米軍支援のため自衛艦を派遣
2003	15	3 イラク戦争
2005	17	10 政府与党自民党の憲法改正案に，自衛軍保持を明記